최초의 가축, 그러나 개는 늑대다

The First Domestication
How Wolves and Humans Coevolved
by Raymond Pierotti & Brandy Fogg.

최초의 가축,
그러나 개는 늑대다

늑대-개와 인간의 생태학적 공진화

레이먼드 피에로티, 브랜디 R. 포그 지음 | 고현석 옮김

뿌리와
이파리

언제나 슬기롭게 나를 이끌어주는 신시아 애넷에게,
그리고 동지이자 친구이자 스승이었던
타바나니카, 니마, 피터에게 이 책을 바칩니다.

차례

일러두기

– 본문에 나오는 학술용어는 대한해부학회 홈페이지에서 제공하는 해부학·조직학·발생학 용어집(2014)과 한국생물과학협회 홈페이지에서 제공하는 생물학용어집(2014)을 참고했다.

– 원서에서 사용한 마일mile이나 파운드pound 등의 단위는 미터나 그램 등 SI 단위로 바꿨다.

– 저자가 인용한 외국 도서 중 우리나라에 번역·출판된 것이 있을 경우, 그 번역서의 서지 정보도 참고문헌에 적었다.

– 단행본, 장편소설, 정기간행물, 신문, 사전 등에는 겹낫표(『 』), 편명, 단편소설, 논문 등에는 홑낫표(「 」), 그 외 예술 작품, TV 프로그램 등에는 홑화살괄호(〈 〉)를 사용했다.

최초의 현생인류가 아프리카를 떠나 광활한 아시아 대륙으로 진입했을 당시, 북반구 전체에 걸쳐 존재했던 늑대는 세계에서 가장 널리 퍼진 포유동물이었다. 이렇게 널리 퍼지기 위해서 늑대는, 아시아 남부 아열대에서부터 아시아·북아메리카의 극지방에 이르는 환경에 고도로 적응할 수 있어야 했다. 늑대가 두발보행을 하는 영장류와 연대를 이룬 이유는 분명하지 않다. 또한 많은 사람은 늑대가 초기 인류와 연대를 맺기로 선택했다기보다, 그렇게 할 수밖에 없었을 것으로 생각한다.

　많은 연구가 이뤄지고 있는 분야에 의미 있고 새로운 기여를 하기 위해, 우리는 인류 진화 및 다른 종들과 인류의 생태학적 관계에 관한 연구에서 지금까지 거의 무시돼왔던 자료를 살펴봤다. 전 세계 원주민 부족들의 이야기에 들어 있는 확실한 정보가 그것이다. 우리가 이 책의 원고를 쓰기 시작했을 때, 브랜디 포그는 미국 캔자스대학 원주민 민족 연구 프로그램에 속한 석사과정 학생이었고, 레이먼드 피에로티는 이 프로그램과 캔자스대학 생태학·진화생물학과에 겸직 발령을 받은 교수였다. 우리의 목표는 원주민 부족들이 가축화되지 않은 늑대와 자신들의 관계를 어떻게 묘사하고 특징 짓는지 연구해 그 관계를 고찰하는 것이었다.

이런 관점에서 늑대와 인간의 관계를 살펴보는 것은 중요한 의미를 지닌다. 늑대 가축화의 역사를 고찰한 다른 모든 책은, 하나의 예외라고 볼 수 있는 책 한 권(Rose 2000, 2011; 아래 참조)을 빼면, 주로 또는 완전히 현대 서양(유럽 또는 유럽—미국)의 관점에서 쓰였기 때문이다. 이런 책은 대부분 훌륭하고 통찰로 가득 차 있지만, 서양의 전통을 따르는 저자들은 인간과 늑대의 초기 관계가 협력과 공존이 아닌 경쟁, 폭력, 적대 행위를 포함한다고 거의 항상 가정한다. 이런 관점은 다음의 두 가지 주요 가정 중 하나에 의존한다. (1) 인간은 늑대 굴에서 늑대 새끼를 '훔쳤다.' 또는 (2) 자기 힘으로 사냥할 능력이 없는 일부 늑대들이 인간이 먹다 버린 쓰레기 더미에서 남은 음식을 가져갔고, 그 과정에서 스스로 개로 진화했다. 이 두 가지 가정의 공통점은 늑대가 인간에 의존하게 되었으며 인간이 늑대와의 관계를 통제했다는 점이다. 결국 늑대를 오늘날 우리가 보는 가축화된 개로 변화시키기기 위해 수천 년에 걸친 선택교배(selective breeding, 품종개량—옮긴이)가 이루어졌다고 가정하는 것이다.

원주민 부족들의 이야기는 이런 서양의 관점과 두드러진 대조를 이룬다. 원주민들은 한결같이 늑대와 인간 사이의 우호적인 상호작용을 이야기하며, 여기서 늑대는 원할 때마다 자유롭게 인간이 머무는 곳에 오갔다. 이런 이야기는 그 우호적인 관계가 최근까지도 지속됐다는 증거이며, 원주민들이 살던 곳에서 추방당해 전통적인 삶의 방식에서 벗어나는 동시에 늑대가 식민주의의 압박을 받으며 대량 학살을 당하게 되면서야 그 관계가 끝났다는 증거가 된다. 원주민 부족들은 많은 이야기에서, 그들의 동반자인 늑대가 유럽의 침입자들에게 자신들과 비슷하거나 더 심한 박해를 겪었음을 분명히 보여준다. 원주민들의 이야기에는 인간이 늑대 새끼를 훔치는 내용은 없으며, 늑대 새끼와 같이 노는 내용이 들어 있다. 부모 늑대가 새끼들을 전부 먹여 살리지 못할 때는 원주민들이 그 새끼들을 늑대 굴에서 구출한 경우도 있었다고 그들은 이야기한다. 인간이 이 늑대 새끼들을 키웠고, 실제로 자신의 젖을 먹여 새끼를 보살핀 여자들도 있었다. 이 늑대 새끼들은 성적으로 성숙해졌을 때 인간의 곁을 떠났지만, 인간과 함께 사냥을 하거나 혹독한 겨울을 협력해서 나기 위해 주기적으로 돌아오기도 했다. 기본적으로 늑대와 원주민 부족들 모두 서로 삶을 공유했을 때 더 오래 살고 더 안전하다는 사실을 알았다.

비록 야생동물이 아니라 가축화된 동물의 이야기이기는 하지만, 어느 아메리카 원주민 학자가 최근에 한 이야기는 늑대와 원주민들 사이의 그런 관계를 잘 설명해준다.

… 내가 마주친 여행자는 개였다. 그 개가 어디서 왔는지, … 우리와 같이 지낸 다음에는 어디로 갈지 우리는 알지 못했다. 어느 날 저녁, 한바탕 소동이 벌어졌다. … 할아버지와 나는 곧 그 이유를 알게 됐다. 깡마른 회색 개 한 마리가 … 버티고 서 있었다. … [우리 개들이] 으르렁거리며 겁을 줬지만 그 개는 거의 신경도 쓰지 않았다. 소동이 끝나자 할아버지는 개에게 고기 조각을 던져주었다. 그 그레이하운드는 조심스럽게 고기를 물고 사라졌다. … 나는 개가 아주 가버렸다고 생각했다. … 하지만 그렇지 않았다. 다음날 아침, 그 개는 앉아서 … 기다리고 있었다. … 나는 그 개를 무시하기로 했다. 할아버지가 … 그 개에게 먹이를 줬다. 개가 토끼를 잡는 모습을 보기 전까지, 나는 그 개가 고기 조각을 얻어먹기 위해 근처에 있기로 결심했다고 생각했었다. 산토끼가 낮은 덤불에서 튀어나와 풀밭을 가로질러 뛰어갈 때 …, 할아버지와 나는 그 그레이하운드가 … 우리를 따라다닌다는 사실을 … 깨달았다. 그레이하운드는 번개처럼 우리를 앞질렀다. … 토끼는 속력을 높였다. 내가 지금까지 봐온, 살아 움직이는 어떤 것보다 더 빨리 달렸다. 토끼는 풀밭 위에서 미끄러지는 것처럼 보였다. 바보 같은 개, '그 토끼는 못 잡을 거야'라고 … 나는 생각했다. … 토끼가 최고 속도에 이르렀을 때, 개는 왼쪽으로 방향을 바꾸는 듯했다. … 개는 풀밭을 통과하는 흐릿한 회색 물체처럼 보였다. … 산토끼는 … 추격을 당할 때 반경이 큰 원을 만들

며 도망가는 특이한 버릇이 있다. 풀밭 위에서 네발 달린 동물은 토끼의 직선 속도를 따라갈 수 없다. 토끼는 결국 큰 원을 만들고 근처의 … 토끼 굴이나 은신처에 다다른다. 어떤 추격이라도 이렇게 쉽게 따돌린다. … 저 멀리서, 아마 대략 90미터 거리에서, 두 개의 회색 형체가 충돌한 뒤 희미한 비명이 나더니 조용해졌다. … 그 그레이하운드는 … 사선으로 비스듬히 접근하면서 거리를 좁히더니, 달리는 산토끼를 중간에서 따라잡았고 … [그리고] 훌륭한 먹이를 잡아낸 것이다. … 나는 개가 토끼보다 영리하다는 사실이 믿어지지 않았다. … 그 개는 풀밭을 가로질러 죽은 토끼를 질질 끌고 온 다음, 잡은 먹이를 우리 개들과 나눠 먹었다. … 그 개는 다음해 이른 봄이 될 때까지 겨울 동안 우리와 함께 지냈다. 그러던 어느 날, 갑자기 나타났던 그날처럼 갑자기 떠나버렸다. (Marshall 2005, 41-44)

이 이야기를 들려준 라코타족 학자 조지프 마셜 3세는 우리에게 영감의 원천이 된 사람 중 한 명이다. 그의 책 『늑대와 퍼스트네이션 부족들을 대표해서』(1995)는 우리 주장 중 일부의 기본 뼈대를 제공했으며, 우리가 제대로 된 길을 가고 있다는 확신을 줬다.

우리의 연구 방법은 1998년 「개에게 인간성이 있는가?Is humaneness canine?」라는 의문을 제기한 통찰 가득한 독일 동물행동학자 볼프강 슐라이트의 연구에서 영감을 받았다. 슐라이트는 현생인류의 행동 중 대부분의 기원을 늑대·개와 인간의 관계에서 찾을 수 있다고 주장했다. 슐라이트는 "개의 가축화에 대한 또 다른 관점An Alternative View of Dog Domestication"을 사실로 상정한 더 정교한 논거를 바탕으로 자신의 주장을 뒷받침했다. 그러면서 현생인류의 학명은 호모 호미니 루푸스*Homo bomini lupus*(Schleidt and Schalter 2003)가 더 적당하다고 제안했다. 우리는 슐라이트가 처음 밝혀준 길을 따라, 그의 생각과 우리의 지식 그리고 원주민 부족들의 경험과 전통을 결합했다.

개와 가축화에 대한 폭넓은 연구결과들은 창의적이고 기발한 고고학자인 다시 모리가 꼼꼼하게 검토해줬다. 모리는 인간에 의한 개의 매장을 연구하는 분야에서 세계 최고 전문가 중 한 명이며, 인간과 개의 관계에 관한 훌륭한 책『개: 가축화와 사회적 유대의 발생』(2010)의 저자다. 1960년대부터 시작된 이 분야의 다른 연구들에 대한 믿을 만한 리뷰를 원한다면, 모리의 책 제1장을 반드시 읽어야 할 것이다. 모리는 고고학과 인류학을 연구했기 때문에, 그의 책은 우리 책과 주제는 일치하지만 구조와 내용 면에서는 사뭇 다르다. 모리의 책은, 출간 당시 가축화된 개의 진화를 연구하는 데에 기초가 되었던 올슨의 책『가축화된 개의 기원: 화석 기록』(1985)으로부터 상당히 의미 있는 진전이 있었음을 보여준다.

우리가 앞에서 언급한 패턴—인간과 늑대의 초기 관계가 협력과 공존이 아닌 경쟁, 폭력, 적대 행위를 포함한다는—의 예외이면서 우리의 주제와 매우 잘 맞아떨어지는 책이 있다. 로버타 홀과 헨리 샤프가 편집한『늑대와 인간: 평행 진화』다. 홀과 샤프는 "우리 사회에서 자연과 문화의 대립" (1978, xi)을 탐구하기 위해 인간 수렵채집자와 늑대의 유사성을 연구한 통찰력 풍부한 인류학자다. 이들은 "우리의 조상과 그 조상의 놀라운 생존 역사에 공감하고 존경을 표하면, 우리는 영감의 세번째 원천을 얻을 수 있다. 늑대와, 늑대와 유전자풀이 비슷한 종인 코요테와 개에 대한 존경이다"라고 말한다. 이어서 "북아메리카 원주민 부족들의 … 의식ritual과 신화에 담긴 놀라울 정도로 다채로운 전통을 보면 충분히 알 수 있듯이, 원주민들은 늑대와 코요테를 존경했으며 이들의 존재에 전혀 불쾌감을 느끼지 않았다" (xii)라고 말한다. 홀과 샤프는 종간의 협력관계를 고려하지는 않았지만(그때가 1978년이라는 사실을 감안하자), 두 학자는 흥미로운 문제들을 제기했다. 우리가 이 책에서 다루는 주제 중 일부를 피에로티가 생각하기 시작했을 때, 그 문제들은 그에게 영감을 주었다.

개의 진화 메커니즘과 늑대를 다루는 책을 쓰는 사람이라면, 레이 코핑어와 로나 코핑어 부부의 책『개: 개의 기원, 행동 그리고 진화에 관한 놀라울 정도로 새로운 이해』(2001)에 감사해야 한다. 이 책은 과학적인 주제로 쓰인 책으로는 드물게 어느 정도 대중과 언론의 주목을 받았다. 미래의 연구가 이 책을 어떻게 다룰지는 확신할 수 없다. 하지만 우리는 이 책의 기본 전제를 철저히 비판적으로 평가할 것이다.

인류학자 팻 시프먼의 책『애니멀 커넥션』(2011)은 초기의 영감으로 가득 찬 금광 같은 책이다. 시프먼의 최신 저서로『침입종 인간: 인류의 번성과 미래에 대한 근원적 탐구』(2015, 조은영 옮김, 푸른숲, 2017)가 있다. 이 책은 네안데르탈인에 관한 고고학적 기록을 구체적으로 조사하고, 네안데르탈인의 멸종과 현생인류 출현의 시기적 밀접성과 현생인류와 개(늑대)의 관계를 살펴봄으로써 우리 연구에 도움을 주었다. 시프먼은 현생인류가 개와의 밀접한 관계로 생태학적 경쟁에서 우월한 지위를 차지했고 (분명히) '개가 없었던' 네안데르탈인을 대체할 수 있었다고 주장한다.

벨기에 고고학자 미체 헤르몽프레와 연구팀은 아주 초기에 가축화가 일어났음을 보여주는 매력적인 증거를 제시했다. 적어도 이는 그동안 발견된 어떤 것과도 다른, 인간과 늑대의 유대를 보여주는 증거가 될 것이다. 헤르몽프레는 기꺼이 원고와 논문, 확고한 통찰을 제공해 우리 연구에 도움을 주었다.

호주의 인류학자이자 민속학자인 또 다른 동료 데버라 버드 로즈는 자신의 책『딩고가 우리를 인간으로 만든다』(2000),『야생 개의 꿈: 사랑과 멸종』(2011)에서 호주 원주민 부족과 딩고의 관계에 대한 깊은 통찰을 제공했다. 로즈는 우리가 연구하는 내내 영감을 주었다.

신시아 애넷 박사는 늑대와 비슷한 웨스트시베리안라이카들이 거리를 돌아다니는 시베리아 남부의 상황을 우리에게 알려주었다. 웨스트시베리안라이카는 사냥꾼과 목축업자가 모두 반려견으로 선호하는 개다. 갯과 동물에 대한 애넷 박사의 전문적 지식은 우리에게 영감을 주고 방향을 제시했으며, 그의 편집 능력은 우리의 글을 다듬는 데에 큰 도움이 되었다.

러시아의 고대 견종과 라이카 전문가인 블라디미르 베레고보이는 우리 연구에 실례와 유용한 통찰을 제공해주었다. 베레고보이의『러시아의 사냥견종 라이카』(2001)는 이 분야를 연구하는 사람이라면 반드시 읽어야 하는 책으로, 우리의 책 제5장을 쓰는 데에 큰 도움이 되었다.

블랙풋족과 아니시나베족에 속한 우리의 동료 니마치아 에르난데스 Nimachia Hernandez는 우리 주제와 연관된 수많은 사례를 자신의 부족에서 찾아내 제공해주었으며, 원주민들의 이야기를 조사하면서 확실한 정보에 기초한 것과 그렇지 않은 것을 가려내는 데에 도움을 주었다.

노린 오버림 박사와 그녀의 파트너 트레이시 맥카티는 피에로티가 잘 사회화된 늑대들을 이용해 자원봉사 강연을 진행할 때 참여했다. 이들의 우정과 도움이 없었다면 '피터'라는 늑대를 알지 못했을 것이다. 피터는 이 책의 여러 부분, 특히 제11장을 쓰는 데에 가장 주요한 영감의 원천이 됐다.

슬프게도 이제는 우리 곁에 없는 동료 두 명이 우리에게 준 영감에도 감사를 표한다. 사로잡힌 늑대를 키워서 분명하게 모순된 존재—가축화된 늑대—를 만들어낸 고든 스미스는, 인정받지 못했지만 훌륭한 책『늑대 무리의 노예』(1978)에서 카니스 루푸스(*Canis lupus*, 회색늑대)와 인간의 관계에 대한 통찰을 제공했다. 알래스카에서 늑대를 40년 넘게 연구하며 늑대를 멸종시키려는 시도에 맞서 운동을 펼쳤던 고든 헤이버는 인간이 야생 늑대와 계속해서 가깝게 살 수 있음을 보여주었다. 니컬러스 잰스의 놀라운 이야기『로미오라고 불린 늑대』(2015)에는 알래스카주의 도시 주노에서 몇 년 동안 인간, 가축화된 개들과 함께 어울리기로 한 늑대가 나오는데, 여기서도 인간과 늑대가 계속해서 가깝게 살 수 있다는 사실이 잘 드러난다(이 책의 결론 부분 참조).

피에로티는 같이 지냈던 늑대들에게도 감사의 말을 전한다. 피에로티가 어리고 아무것도 몰랐을 때 참을성 있게 견뎌준 리지, 종 사이의 협력이 실제로 일어날 수 있음을 보여준 코난, 독립성을 유지하면서도 집단의 중요한 일원으로 남는 방법을 보여준 '사회관계 비서' 니마, 늑대가 다른 몇몇 종의 구성원들과 사회적 관계를 맺을 수 있음을 가르쳐준 '과학자' 타바, 피에로티가 만났던 가장 훌륭한 외교관이자 신사였던 피터가 그들이다. 피에로티는 현재 함께 지내는 늑대들에게도 감사의 말을 전한다. 피에로티가 존재를 몰랐던 들쥐 군집을 찾아내는 법과 너구리를 믿어서는 안 되는 이유를 가르쳐준 나키 사리, 온화하면서도 사나운 정신을 가졌으며 자신의 무리에 들어와 신뢰를 다시 구축하는 법을 배우라고 권한 토사 키위수, 사회집단에서 가장 낮은 서열의 개가 된다고 해서 활기차고 강력한 정신을 가지지 못하는 것은 아니라는 사실을 보여준 투카 나미가 그들이다.

브랜디 포그는 가족에게 감사를 전한다. 랜들과 제넷에게는 이 모든 사랑과 도움에 감사를, 동생 데리언에게는 사랑을 전한다. 진정한 힘은 흔들림이 없으며 조용하다고 가르쳐준, T로 불리는 타이슨(복서)에게도 감사를 전한다. 강철로 만든 위를 가졌으며 포그가 다섯 살 때부터 대학에 진학할 때까지 항상 발을 따뜻하게 해주었던, 포그의 가장 오래된 친구인 작고 털 많은 개 태너(시추), 상실의 슬픔을 겪고 나서도 마음속에 다른 개가 들어올 자리가 항상 있다고 가르쳐준 자르(올드잉글리시불도그), 알파(alpha: 사회적 동물의 무리 안에서 가장 서열이 높은 동물—옮긴이)는 여성을 의미한다고 가르쳐준 작은 디바 샤일(시추), 인내를 가르쳐주고 스스로의 힘으로 삶을 시작할 때 변함없는 동반자 역할을 한, '리오'로 불리는 카니스 레오니두스(보스턴테리어)에게도 고마운 마음을 전한다. 이 연구는 자신들의 개를 낮 시간 동안 포그에게 맡긴 대학생들과 행정 직원들 덕분에 시작되었다. 덕분에 포그는 개의 행동을 이해하기 위한 여정의 시작이면서 인간과 개 사이 관계의 기원을 더 깊게 연구하도록 영감을 준 사회적 실험을 진행할 수 있었다.

마지막으로 우리는 문화적 전통을 고수하면서 자신들의 형제인 늑대와 굳은 결속을 유지한 캐나다 퍼스트네이션(First Nation: 북극 아래 지역에 사

는 캐나다 원주민–옮긴이) 부족들과 미국의 원주민 부족들 모두에게 감사를
드린다. 그들은 원주민 보호구역 안에 있는 늑대들에게 안전한 피난처를 제
공하고, 늑대를 멸종시키려는 노력에 저항해왔으며, 법적 소송도 마다하지
않고 주 정부와 연방 정부에 사회·경제적 압력을 행사하기도 했다.

개는 우리와 함께 살게 된 늑대다.

팀 플래너리, 『영원한 경계The Eternal Frontier』

지난 10만 년 사이 어느 날, 젊은 암컷 늑대 하나가 홀로 남겨져 있었다. 어미에 의해 무리에서 추방된 상태였다. 새끼를 뱄지만 이 암컷은 알파 암컷이 아니었기 때문이다. 이 늑대가 무리에 머물렀다면 나이가 더 많고 더 '지배적인' 암컷이 이 암컷 늑대를 계속해서 괴롭혔을 것이며, 결국 이 늑대를 밀쳐내고 막 태어난 새끼들을 죽였을 것이다. 집단은 한 암컷에서 나온 새끼들밖에는 챙길 수 없다. 늑대는 큰 포유동물 중에서 일부일처 성향이 가장 강한 종이며, 그 젊은 암컷은 자신과 태어날 새끼들을 보살펴줄 파트너나 새로운 가족이 필요했다. 이 암컷의 예전 가족은 지역의 지배자였다. 따라서 이 암컷의 친척이 아닌 젊은 수컷이 이 암컷을 발견해 가족을 새롭게 시작하는 일은 방해받거나 금지되기까지 했다. 늑대들이 모두 그렇듯이, 이 암컷 늑대도 다른 늑대들을 필요로 하는 매우 사회적인 개체였다. 단순히 보호자가 아니라 자신의 삶을 공유할 동반자가 필요했다.

암컷은 늑대 굴로 삼기에 적당한 구멍들이 있는 곳을 떠올렸다. 작은 강계곡 위에 있는 암벽으로, 암컷의 가족이 더운 여름날 쉬곤 했던 곳이다. 계곡에 도착한 암컷은 인간 무리가 구멍들 주위에서 부락을 만들어 놓은 것을 발견했다. 등장한 지 얼마 안 되는 인간도 늑대 가족과 다르지 않아 보이는 무리에서 살아가는 사회적인 종이었다. 인간은 붉은사슴과 들소를 사냥했다. 인간이 처음 등장했을 때 암컷은 자신의 가족이 사냥해서 먹은 뒤 버린 고기를 인간이 뒤져 먹는 모습을 본 적도 있다. 암컷은 가깝게 지내고자하는 욕망을 못 이기고 인간에게 접근했지만, 안전한 거리를 두고 멈춰서 뒷발로 앉아 지켜보기만 했다. 인간 중 하나가 암컷의 존재를 알아채곤 다른 사람들에게 손짓을 했다. 인간들은 소리를 냈지만 놀라거나 격한 반응을 보이지는 않았고, 암컷은 작은 구멍들 중 하나로 재빨리 숨어들었다.

태양이 하늘을 가로질러 몇 차례 떠오르고 지는 동안, 암컷은 토끼, 뇌조, 얼룩다람쥐를 사냥해 잡아먹었다. 인간들은 대부분 암컷을 못 본 척했지만, 어린 아이들은 암컷이 사냥할 때 근처 바위에 앉아 자세하게 관찰하거나 심지어는 암컷을 따라다니기도 했다. 하지만 암컷의 사냥을 방해하거나 동참하지는 않았다.

이후 달이 모습을 바꾸며 하늘을 한 바퀴 돌자, 암컷 늑대의 배는 더 불러 올라 사냥하기는 더 힘들어졌다. 이 늑대는 인간의 행동에 점차 익숙해졌다. 인간은 늑대보다 더 다양한 음식을 먹었다. 이 늑대 생각에 암컷으로 보이는 작고 털이 적은 인간은 식물을 따 모으고 뿌리를 캤다. 다른 암컷 인간들은 덫을 놓아 토끼와 뇌조를 잡았다. 더 덩치가 크고 털이 많은 인간들은 커다란 먹이를 사냥했다. 보통은 숨어 있다가 달려드는 식이었다. 이들은 뒷다리로만 뛰어다녔다. 발굽이 있는 동물을 뒤쫓기에는 너무 느렸지만 가끔 먹이 사냥에 성공했고, 그 먹이로 무리 전체를 먹여 살렸다.

어느 날 수컷 인간들이 붉은사슴 암컷을 사냥해 왔다. 암컷 늑대는 인간 암컷들이 돌로 만든 도구를 이용해 사슴 고기를 자르는 모습을 보았다. 젊고 날씬한 인간 암컷 하나가 늑대 굴 입구에 암컷 늑대가 앉아 있는 곳을 가리키더니 소리를 냈다. 살이 찐 다른 인간 암컷 하나가 사슴 고기의 목과 머리를 잘라내 젊은 인간 암컷에게 건넸고, 이 인간 암컷은 늑대 암컷에게 다가왔다. 몸 전체가 긴장한 상태였다. 인간 암컷은 늑대 굴에서 스무 발자국 정도 되는 곳에서 멈추더니, 사슴 고기 조각을 땅에 내려놓고는 늑대 암컷에게 다가오라는 듯이 손짓을 했다. 그러더니 인간 암컷은 다시 고기를 해체하는 곳으로 가서 사슴의 다리를 떼어냈다.

인간의 이런 행동은 한 번도 경험하지 못한 것이었다. 늑대 암컷은 호기심이 일었지만 조심스러웠다. 하지만 결국 암컷은 허기에 굴복했다. 암컷은 사슴 고기의 머리와 목을 굴 안으로 끌고 들어와 몇 주 만에 처음으로 배를 채웠다. 먹이를 가져다주는 수컷 파트너를 가진 것만큼이나 좋았다.

그 후 젊은 인간 암컷들은 자기들이 먹는 음식을 자주 가져왔다. 어떤 때는 토끼나 물고기를 가져오기도 했다. 암컷이 쉬면서 출산을 하기에 충분할 정도였다. 인간 암컷들은 늑대 암컷이 새끼들을 돌보는 동안에도 계속 먹이를 가져왔다. 새끼는 암컷 세 마리, 수컷 한 마리였다. 새끼들은 이빨이 나고 자유롭게 보고, 듣고, 돌아다닐 수 있게 되자 굴 밖으로 나가기도 했다. 인간 아이들 그리고 심지어는 성인 여성들도 늑대 새끼들과 어울려 놀았으며, 작은 고기 조각을 주기도 했다. 이 인간과 늑대 들은 마치 한 무리에 속해 있는 듯했다.

늑대들이 자라면서 새끼들과 어미는 인간들 사이에서 돌아다닐 만큼 인간과 편한 관계가 됐다. 새끼가 인간이 먹을 음식을 훔치려고 할 때는 충돌이 있었지만, 이런 충돌은 늑대 무리 안에서 일어날 수 있는 싸움보다 심하지 않았다. 인간들은 어미 늑대가 새끼들을 훈육시키고 그들 사이의 다툼을 주시하는 모습을 보면서, 늑대의 기본적인 행동을 곧 파악하게 됐다.

늑대 암컷이 새끼들에게 사냥법을 가르치기 시작한 가을에는 인간 아이들도 같이 참여해 배우기도 했다. 성인 남성들은 이 과정을 지켜봤고, 그중 일부는 같이 참여하기 시작했다. 이런 협력은 서로에게 이득을 주었다. 늑대를 사냥 파트너로 삼은 인간은 이제 빠르게 사냥감을 추격할 수 있게 됐고, 인간이 사냥감을 죽이는 일을 도와줌으로써 늑대는 다칠 위험이 줄어들었다.

날이 짧아지고 추워지면서 인간들은 저지대로 옮겨 겨울 야영지를 꾸려야 했다. 어미 늑대와 새끼들은 인간과 함께 움직였다. 인간과 늑대는 이제 함께 살아가고 함께 사냥하는 한 무리였다. 여러 해가 흐르면서, 두발 달린 인간과 네발 달린 늑대로 이뤄진 이 가족은 그들이 사는 곳에서 가장 사냥을 잘하는 집단이 됐다. 자신이 태어난 무리에서 떨어질 수 있을 정도로 성장한 늑대 새끼들은 자유롭게 그렇게 했다. 그러면서도 이들은 인간을 두려워하지 않았고 인간도 이들을 두려워하지 않았다. 어린 늑대 중 일부는 다른 인간 무리에 들어가기도 했고, 다른 일부는 늑대끼리 가족을 이뤘다. 이 늑대들은 땅과 무리를 두발 달린 친척과 네발 달린 친척 모두와 공유했다.

이 시나리오는 늑대, 늑대와 인간의 상호작용, 늑대 간의 상호작용을 관찰했던 30년 동안의 조사 경험에 기초한다. 이 조사는 북아메리카(Pierotti 2011a, 2011b; Fogg, Howe, and Pierotti 2015), 호주, 중앙아시아의 원주민 부족들에게 전해 내려오는 자연에 관한 전승과 그들의 사고방식에 대한 면밀한 연구와 병행한 것이다. 앞에서 말한 사건과 비슷한 일들이 이 모든 지역에서 일어났다. 지난 4만 년 동안 이런 사건이 여러 번 일어난 곳도 있을 것이다. 현생인류가 새로운 거주지로 영역을 넓힐 때마다, 늑대는 기꺼이 인류와 함께 살아갈 준비를 한 채 이미 그곳에 존재했다(호주는 예외, 제6장 참조). 많은 늑대는 스승이자 동반자로서 역할을 했다(Schlesier 1987; Marshall 1995; Fogg, Howe, and Pierotti 2015).

늑대 무리에는 흔히 '예비용' 또는 여분의' 늑대들이 있었다. 이들은 주로 무리를 떠날 준비가 됐지만 짝을 쉽게 찾지 못하는 젊은 성체였다. 사피나의 2015년 연구를 보면 이런 늑대들과 무리 내 역학관계의 복잡성에 관한 흥미로운 논의가 있다. 이런 늑대들은 인간과 어울려 우호적이고 대체로 상리공생적인 관계를 맺을 수 있다. 소설이자 오스카 수상작인 영화 〈늑대와 춤을〉에 나오는 늑대 '투삭스Two Socks'는 그러한 늑대를 가상으로 만들어 낸 것이다. 이런 늑대는 최근에도 실제로 볼 수 있었는데, 로미오, 주노의 검은 수컷 늑대(Jans 2015; 이 책의 결론 참조), 사피나의 2015년 연구에 나오는 옐로스톤 늑대 755번와 820번이 그들이다(연구자들은 옐로스톤의 몇몇 늑대들에게 목걸이를 달았으며, 대체로 목걸이의 번호가 곧 그 늑대들의 이름이 됐다−옮긴이). 820번의 이야기는 특히 가슴이 시리다. 한배에서 난 새끼 중 우세했던 820번은 활기차고 카리스마가 있는 젊은 늑대가 됐다. 오바마 정부가 늑대보호령을 철폐한 후 820번의 어미와 삼촌이 죽임을 당했다. 뒤를 이어 820번의 아비는 820번보다 서열이 낮은 자매들과 짝을 이룬 더 젊은 수컷 두 마리에게 자리를 뺏겼고, 이 여동생들은 서로 같은 편을 먹고 820번을 쫓아냈다. 자신의 아비와 짝을 지을 수는 없었던 820번은 아비가 새로운 짝을 찾은 뒤 옐로스톤 공원을 떠났고, 무시무시한 인간에게 어미와 삼촌처럼 죽임을 당했다.

앞에서 다룬 이야기에서처럼, 최정상에 위치한 암컷, 즉 '알파' 암컷이 아닌 다른 암컷이 새끼를 가지면 무리 또는 가족집단 안에서 긴장이 발생하게 된다(Haber and Holleman 2013, 10−11). 새끼들이 태어나면 지도자 암컷은 하위 암컷의 굴로 들어가 새끼들의 털을 골라주고는, 후회를 할 것이 분명한데도 새끼들을 죽인다. "알파 암컷이 하위 암컷에게서 태어난 새끼를 죽이는 것은, 가둬놓은 늑대 무리와 야생에 돌아다니는 늑대 무리 모두에서 흔히 나타나는 현상일 것이다"(McLeod 1990, 402; Safina 2015도 참조). 이런 행동은 늑대와 비슷한 개 품종에서도 관찰된다. 집단 전체가 이런 행동에 동요하고 혼란을 겪지만, 결국 구성원들은 모두 이 행동이 불가피하다고 받아들이는 듯하다(Marshall Thomas 1993).

알파 암컷의 새끼 살해는 사로잡힌 늑대들에서도 관찰돼 기록으로 잘 남아 있는데, 그런 행위는 새끼를 밴 하위 암컷들에게 엄청난 압력으로 작용한다(Safina 2015). 이로 인해 가능한 시나리오에는, 인간이 "늑대 새끼를 어미의 굴에서 훔치는 것"이나 늑대가 "인간이 버린 쓰레기 더미를 뒤지는"(Coppinger and Coppinger 2001) 행동이 포함되지 않는다. 또한 이 시나리오에는 서로 다른 종 사이에 존재했던 가장 밀접한 유대—인간과 늑대의 유대—의 기원으로 지금까지 제시돼온 다양한 모델 중에서 그 어떤 것도 포함되지 않는다. 우리의 시나리오에는 하나의 종과 다른 종이 서로 영향을 미쳐 공진화 관계를 이뤘음이 명백하게 드러난다(E. Russell 2011). 결국 한 종은 현재의 인류로, 다른 한 종은 인류와 가장 가까운 비인간 동반자이자 우리가 개라고 부르는 가축화된 늑대로 진화했다고 할 수 있다(제1장, 제9장 참조). 우리 관점으로 보면, 이 공진화 관계는 서로 공존이 가능하다는 사실을 알게 된 두 종 사이에서 형성되었다. 늑대가 시작한 이 관계에 인간이 결국 협력적인 방식으로 응답한 것으로 보인다. 두 종은 서로에게서 생존 가능성과 후손을 더 많이 남길 가능성 모두를 극대화해줄 능력과 감성 역량을 알아본 것이다.

우리 모델과 다른 학자들이 제안한 모델 사이의 또 다른 차이점은, 공진화 관계를 가정할 때 우리는 두 종 중에서 어느 한쪽도 사소하게 여기지 않았다는 점이다. 많은 서양 과학자와 그 지지자들에 따르면, 초기 현생인류는 늑대가 울부짖거나 사자가 으르렁거리는 소리가 들리면 밤에 불 주위에 모여 떨면서 끊임없는 공포에 사로잡혀 살았다(Francis 2015). 이러한 시나리오는 현재도 TV에서 끝없이 되풀이되고 있으며, 인간의 진화를 다룬 프로그램은 구석기시대에 무력한 인간이 공포에 사로잡혔다는 모델을 최근까지도 부각하고 있다. 인간 수렵채집자들은 과거에도 그랬지만 현재도 끊임없는 공포에 시달리지는 않는다. 그들은 포식자들이 자신들을 공격할 때 위험을 무릅써야 할 만큼 자신들이 강력한 존재였다는(그리고 지금도 강력하다는) 사실을 알았다. 엘리자베스 마셜 토머스는 이런 상황을 잘 나타내주는 1950년대 나미비아의 예를 든다(1994, 2006). 늑대 무리보다 훨씬 더 위협적인 사자 무리와 환경을 공유하는 주와시족은 자신감과 존경심을 섞어 이 강력한 포식자를 다루면서(Pierotti 2011a도 참조), 인간과 사자 두 종 모두 공포나 적대감 없이 공존할 수 있도록 만들었다. 이런 제휴 관계는 "동물 나라와 조약을 맺는 것"으로 설명할 수 있다(Simpson 2008). 주와시족을 포함해 아프리카에서 이런 관계는 현생인류가 기원한 때까지 멀리 거슬러 올라가서도 찾을 수 있다(Marshall Thomas 2006). 초기 현생인류는 훨씬 더 쉽게 늑대를 다뤘다. 아프리카 조상들이 사자를 다룬 경험은 이들이 늑대와 협력적인 관계를 구축하는 데에 큰 도움이 됐을 수도 있다.

포식자와 공존하는 초기 인류의 능력은 중요한 생존 능력의 하나였을 것이다. 방어 면에서뿐만 아니라 협력을 통해 더 효율적인 사냥도 가능해졌다(Schlesier 1987; Fogg, Howe, and Pierotti 2015). 역사시대가 시작된 이래 이런 관계를 가장 잘 보여주는 예는, 민족지학 연구와 그 연구의 일환으로 드러나곤 하는 이야기와 전승에서 찾을 수 있다. 인간과 야생 갯과 동물 사이의 상호작용에 대한 이야기는 북아메리카, 호주, 시베리아, 아시아 동부 원주민 부족들에게서 들을 수 있다. 이런 관계는 상호 존중과 서로 협력해서 역할을 수행하는 능력에 기초한다(Marshall 1995). 1770년대에 쇼니족과 생활한 어느 유럽인은 이 부족의 강인한 기질을 언급하면서, 같이 살았던 그 경험을 "사자들과 함께 사는 것"(Gilbert 1989, 20)으로 묘사했다. 구석기시대의 인간은, 원주민이든 원주민이 아니든 카니스 루푸스의 작고 가축화된 형태인 현재의 개를 편하게 여기는 현대 아메리카인과는 같지 않았다. 수렵채집과 농경으로 살아가던 초기 현생인류는 튼튼하면서도 기운이 좋은 갯과 동물을 동반자로 선호했다. 초기 현생인류는 새로운 생태 환경에 직면했을 때 길들여지지 않은 카니스 루푸스가 인간에게 사냥법을 '가르친다'고 믿었고, 그들을 사회적인 파트너로 여겼다(Marshall 1995; Fogg, Howe, and Pierotti 2015).

서양의 '과학적인' 접근방법과는 대조적으로, 전 세계 원주민 부족들은 거의 공통적으로 늑대와 인간 사이의 긍정적인 상호작용을 이야기한다(제 5~8장 참조). 한 지역에 새로 온 인간들이 처음에는 늑대가 먹다 버린 것들을 주워 먹고 살던 때를 다룬 이야기도 있다(e.g. Schlesier 1987; Marshall 1995; Fogg, Howe, and Pierotti 2015). 매우 흥미롭게도 이 이야기에서 인간은 지배하는 존재가 아니라, 한 사회의 연장자에게 지시를 받는 더 나이가 적은 구성원이다. 원주민 부족들은 이런 전통을 지키며 사냥한 것의 일부를 지도자와 멘토 역할을 한 늑대·큰까마귀·까치에게 주면서 자신들이 진 빚을 수천 년 동안 되갚았다. 갯과 동물을 자신들의 창조자로 여긴 원주민 부족들도 있었다.(Buller 1983; Schlesier 1987; Pierotti 2011a; Fogg, Howe, and Pierotti 2015).

우리가 아는 한, 가축화의 기원을 연구하는 학자 중 원주민 부족들의 이야기에서 인간과 늑대의 관계 또는 '개'의 기원에 대한 지식을 얻으려고 한 사람은 없었다. 우리의 목표는 그 이야기와 지식을 자세히 검토하는 것이다. 왜냐하면 원주민 부족들은 늑대와의 역학관계에 적극적으로 참여한 유일한 사람들이기 때문이다(Gordon Smith 제외, Smith 1978 참조). 우리는 이 정보를 과학적 연구결과와 결합해, 로페즈(Lopez 1978)가 처음 제안하고 슐라이트(Schleidt 1998), 슐라이트와 샬터(Schleidt and Shalter 2003)가 발전시킨 모델을 뒷받침할 것이다.

우리가 인간과 늑대의 관계를 논하는 방식을 이해하기 위해서는, 이 관계가 언제든지 변할 수 있으며 동적이라고 생각해야 한다. 이 관계는 시간대에 따라, 사회생태학적 맥락에 따라 속성이 변해왔기 때문이다. 또한 이 관계는 종들이 때로는 협력하지만 독립적으로 기능하기도 하는 공진화 관계로 시작됐다. 초기에 인간과 늑대 두 종 사이에서는 이런 공진화 관계가 지배적이었으며, 그 관계는 2만 년 또는 그 이상 꾸준히 지속하는 것으로 보인다. 다음 장들에서 우리는 이 공진화 관계가 북아메리카와 시베리아 같은 세계의 일부 지역에서 지난 몇 백 년 전까지 어떻게 지속됐는지 살펴볼 것이다.

　세계의 다른 지역들―예를 들어 아시아 남부―에서 인간은 늑대를 확실히 가축화된 형태로 만들기 시작했다. 이 형태의 동물은 표현형(발현 형질) 면에서, 특히 몸 크기에서 늑대와 확실히 구분된다(Crockford 2006; Morey 2010). 이 과정에서 늑대의 유전자 풀이 본질적으로 나뉘는 다양한 양상이 나타난다. 순수한 늑대로 남아 있는 개체도 많은 반면, 자신의 늑대 혈통과의 유전적 연결고리, 즉 늑대와 상호교배가 가능한 능력을 잃지 않으면서 형태가 변해 우리가 현재 '개'라고 부르는 동물이 되는 개체도 있다. 이 분리 과정의 첫번째 단계는 현재로부터 1만 4000~1만 5000년 전쯤 시작된 듯하지만(Morey 2010), 오늘날 보이는 것처럼 뚜렷이 구별되는 품종은 지난 몇 천 년 전까지는 출현하지 않은 듯하다. 현재 대부분의 품종은 기껏해야 몇 백 년밖에 안 된 것들이다. 딩고/뉴기니싱잉도그 표현형은 인간이 주도한 과정으로 만들어졌다고 확인할 수 있는 가장 오래된 형태일 것이다. 기본적인 표현형에 변화가 있었지만, 이 개는 야생, 즉 어느 정도 '늑대 같은' 생활방식으로 쉽게 돌아갈 수 있을 것으로 보인다. 야생에서 이 개는 인간과 어울리기를 선택하거나 선택하지 않을 수 있으며, 늑대와 완벽히 상호교배가 가능한 상태를 유지한다.

　이런 유동적인 상황들을 고려한 결론으로, 우리는 인간과 늑대의 관계에 다음과 같은 절차가 있다고 생각한다. 인간과 상호작용하지 않았던 다른 늑대의 표현형과 물리적인 수준에서 쉽게 구별되지 않는 표현형을 늑대가 유지했던 과정, 그리고 인간이 주도한 표현형 변화를 확실히 보여주는 약간 다르고 더 최근에 진행된 과정―즉 가축화다. 리트보(2010, 208)가 지적했듯이 '야생wild'과 '가축화된domesticated'이라는 개념은 연속선상에 있으며, 이 두 개념 사이의 경계는 대체로 모호하다. 최소한 늑대에게서는 그 경계가 한 번도 명확히 드러난 적이 없다.

　이 공진화 관계의 초기에는 두 종 모두 주로 행동이 변했다. 행동 특성은 다른 특성에 비해 매우 빠르게 변한다. 행동 특성은 다른 특성에 비해 유전이 잘 되지 않으며 쉽게 변하기 때문이다. 다른 모든 특성 중에서 가장 유전 가능성이 높은 해부학적 특성에 비하면 특히 그렇다(Roff 1992). 행동 특성은 화석으로 남지 않는다. 행동 특성은 주로 현재의 행태에서 유사한 상황들을 살펴봄으로써 추론만 할 수 있을 뿐이다(아래 참조). 따라서 인간과 늑대의 관계 초기에 두 종은, 두드러진 물리적 변화를 나타내지 않으면서 엄청난 행동의 변화를 보였을 가능성이 높다.

모든 가축화 과정은 다음과 같은 방식으로 진행된다. 물리적인 변화가 거의 관찰되지 않는 초기 단계를 거쳐 어느 정도 시간이 지나면, 인간이 다른 표현형을 제치고 특정 표현형을 선호하는 매우 집중적이고 의도적인 선택이 뒤를 따른다. 의미 있는 물리적 변화는 이 후반 과정에서만 관찰된다. 이러한 물리적 변화의 예시는 시베리아의 모피동물 사육장에서 볼 수 있는 여우 '가축화' 과정에서 확인할 수 있다(Belyaev 1979; Belyaev and Trut 1982). 처음에는 (성격 면에서의) 행동 변화가 관찰됐다. 이런 변화는 연관된 물리적 표현형의 변화를 나타내지 않으면서 분명 수천 년 동안 일어났을 것이다. 눈에 띄는 물리적 변화가 드러나기 시작한 때는 인간이 집중적으로 행동 변화를 선택하고 난 이후다. 행동 면에서 인간과 긍정적인 상호작용을 한 첫번째 종이자, 가축화를 어떻게 정의하든 인간이 가축화한 첫번째 종이 카니스 루푸스인 것은 분명하다. 그런 의미에서 우리는 이 책의 제목을 '최초의 가축화'(The First Domestication: 이 책의 원제—옮긴이)로 지었다.

방법론에 대해

이 공진화 관계의 진화론적 변천 과정을 효율적으로 살펴보기 위해, 우리는 진화생물학, 생태학, 역사학, 민족생물학에서 자료와 소재를 얻어 통합 연구를 했다. 민족생물학은 그 자체로 생태학과 인류학의 혼합물이기도 하다

(Pierotti 2011b). 하버드대학교의 저명한 고생물학자이자 자연사학자인 스티븐 제이 굴드는 과학과 역사, 특히 진화생물학과 과학사의 **융합**을 연구했던 석학이다(2003; Prindle 2009 참조). 굴드는 자신의 마지막 책『고슴도치, 여우, 마기스테르의 두창』에서 과학의 모든 문제를 환원주의적으로 접근해 다루는 것을 비판했다. 더 중요한 사실은 그가 과학과 인문학의 융합을 연구하는 방법론을 제시했다는 것이다. 굴드는 이러한 연구를 21세기에 인간이 생각해내야 하는 중대한 사업 중 하나로 여겼다.

우리는 과학과 인문학 사이에서 시너지를 창출하는 방법을 제시한 굴드의 논의를 따라, 역사학과 민족지학에 생태학과 진화론을 합쳐 우리의 주장을 만들어낼 것이다. 굴드는 "원칙적으로는 예측이 불가능하지만 발생한 후에는 사실에 근거해서 완전히 이해할 수 있게 되는 특별한 역사적 '우연들'"로 정의되는 **우발사건**contingency의 중요성을 주장했다. "환원주의로는 점점 설명이 불가능해지는 복잡성의 과학(예를 들어 생태학과 진화)을 설명하는 요소로서 우발사건의 역할이 커지고 있다"(2003, 202). 이는 중요한 의미를 가진다. 복잡계가 어떻게 기능하는지 이해하려면, 창발성(emergent property: 구성 요소에는 없는 특성이 전체 구조에서 돌연히 나타나는 성질−옮긴이)의 존재와 그 중요성을 먼저 이해해야 하기 때문이다. 굴드는 역사적으로 독특한 사건(우발사건)은 항상 "고전적인 교육을 받은 과학자들에게 골칫거리"(224)가 돼왔다고 주장했다. "고도로 복잡한 계에서 독특한 역사적 사건들은 '우연히' 발생하며, 고전적인 환원주의로는 설명이 불가능하기" 때문이다.

적절한 과학적 이해를 위해 수많은 우발사건이 불가피하게 설명되어야 한다면, 환원주의가 과학 문제를 해결하는 유일한 방법인 상황은 존재할 수 없게 된다. 생태 피라미드의 일반 원칙은 [지구상의] 모든 생태계에서 왜 먹잇감의 생물량이 포식자의 생물량보다 많은지 이해하는 데에 도움을 줄 것이다. 하지만 티라

노사우루스라는 공룡이 왜 6500만 년 전 몬태나주에서 최상위 포식자 역할을 했는지, … [또는] 유대류(캥거루나 코알라처럼 주머니 안에서 새끼를 기르는 동물—옮긴이)인 태즈메이니아늑대*Thylacine*가 왜 [그 역할을] 호주 대륙에서 수행했는지 알고 싶을 때는 … 역사에 관한 특정한 질문을 하게 된다. 이야기를 이용한 역사 분석으로는 답할 수 있지만 고전적인 과학의 환원주의적 방법으로는 해결할 수 없는, 확실한 실제이면서 설명 가능한 사실에 관한 질문이다. (225)

우리는 원주민의 이야기에서 수많은 사례를 얻는다. 그 이야기에는 역사적인 관점이 나타나기는 하지만, 면밀하게 읽고 해석해야 한다. 우리는 역사에 나오는 우발사건들에 대한 굴드의 접근방법과, 저명한 민족생물학자 유진 앤더슨이 원주민 생각의 과학적 기초를 검토하기 위해 고안해낸 분석 기법을 결합할 것이다(1996, 103-4).

1. 이야기에 포함된 실제 정보를 찾는다.
2. 확실히 현실적이거나 경험적이지 않아 보이는 모든 정보는, 그것이 문화적으로 독특한 방식으로 기술된 정상적이고 정확한 관찰 결과인지 확인하기 위해 전부 분석한다.
3. 무엇이 실제로 경험한 관찰 결과인지, 즉 무언가가 경험에 의해 사실로 확인되지만 가상의 생각 의지해 설명되는지 식별해낸다.
4. 외견상 '오류'로 보이는 것이 이미 알려진 원칙에 따라 논리적 추론으로 설명될 수 있는지 생각한다.
5. 신화나 우화 같은 이야기를 가르침의 도구로 이용한 결과, 어떻게 사실과 반대되는 몇몇 지식이 믿음 체계에 침투하는지 알아낸다. 그런 이야기는 아이들에게 도덕(그리고 생태학적 원칙)을 가르치는 데에 효율적이기 때문에 교육 도구로 사용된다.

원주민들의 지식은 역사적인 정보를 얻을 수 있는 믿음직한 원천이 되기면서, 동시에 그들이 이야기의 틀 안에 있는 생태학적 관계를 확실히 이해하고 있음을 보여주기도 한다(Pierotti 2011a, 2011b).

서양의 학자들은 원주민들의 이야기를 동화나 '신화' 정도로 생각해 계속해서 무시한다(Pierotti 2011a; Fogg, Howe, and Pierotti 2015). 우리는 이런 '이야기'가 원주민 부족들의 오래된 전통에 관한 역사적 근거를 가졌다고 주장한다. 크고 길들여지지 않은 갯과 동물과의 유대로 인간의 문화가 진화한 북아메리카에서의 이야기들이 특히 그렇다. 그러한 이야기들은 오래전에 시작돼 최근까지 계속됐던 관계를 말해준다. 비록 아메리카 원주민의 이야기가 '역사적인' 사건들이 일어난 정확한 시간을 말해주지는 않더라도 그렇다. 이런 사건 대부분은 아주 오래전에 일어났기 때문에 '기억의 저편'에 존재한다(Marshall 1995, 207; Pierotti and Wildcat 2000도 참조).

늑대는 가축화된 최초의 종으로 널리 인정된다(Morey 2010; Shipman 2015). 인간으로 구성된 거의 모든 사회는 다른 가축화된 종은 없어도 카니스 루푸스(대부분은 개)는 반려동물로 삼는다(Hemmer 1990; Morey 1994; Shipman 2011, 2015). 이런 가축화가 정확하게 언제 시작됐는지는 상당히 많은 논쟁이 있다. 일부에서는 현재로부터 10만 년 전까지 거슬러 올라간다는 근거를 제시한다(Vilà et al. 1997; Derr 2011; Shipman 2011, 2015). 가축화의 기원이 최대 약 1만 5000년 전까지 거슬러 올라간다는 주장을 포함해 어떤 경우든, 분명한 점은 인간과 같이 살았던 '개'의 대부분이 골격의 해부학적 구조나 유전자 면에서 길들여지지 않은 늑대와 아주 오랫동안 구별이 불가능했다는 것이다(Morey 1994, 2010; Derr 2011; Shipman 2011).

이런 가축화가 늑대에게서 실제로 얼마나 많이 그리고 세계의 얼마나 많은 지역에서 발생했는지도 논쟁이 있다(제1장). 개의 다른 혈통들이 유럽, 중동, 아시아 북부, 중국, 그리고 아시아 남부에서, 이렇게 적어도 다섯 번은 늑대로부터 분화했다는 것이 기본적인 주장으로 보인다(Morey 1994; Crockford 2006; Thalmann et al. 2013). 우리는 이런 가축화 사건이 북아메리카에서도 있어났으며, 그로 인해 북부 대평원과 서부 산간 지역의 많은 원주민 부족이 짐을 나르는 짐승이자 사냥 동반자로 사용한 더 큰 '개'가 생겨났다고 생각한다. 북아메리카의 이 늑대와 비슷한 혈통들은 지금은 멸종했을 것이며, 현재의 개가 생겨나는 데에 그다지 큰 기여를 하지 않았을 것이다. 에스키모개, 아메리카 원주민의 개, 알래스칸말라뮤트가 이 역사의 일부를 보여줄 수 있을지는 모른다.

서양의 (환원주의적) 관점

서양의 전통에서는 '개의 기원' 또는, 우리가 선호하는 표현인 '인간−늑대 관계의 시작'과 관련하여 상당히 많은 모순적인 추측이 분명하게 드러난다. 왜냐하면 개의 기원에 관해서는 전형적으로 서양의 사상적·사회적 관점으로만 사고의 틀이 잡혔기 때문이다. 이런 사고방식을 보여주는 대표적인 예는 이 주제를 다룬 최근의 책에서 찾아볼 수 있다. "이 경이로운 진화 이야기를 훨씬 더 주목할 만하게 만드는 사실은 수천 년 동안 늑대와 인간의 모든 상호작용이 명백하게 적대적이었다는 것이다. 늑대와 인간은 같은 먹이를 두고 치열하게 경쟁했으며, 기회가 될 때마다 서로 죽였을 것이다"(Francis 2015, 25). 이보다는 극단적이지 않지만 비슷한 주장을 코핑어와 코핑어의 2001년 연구에서 찾아볼 수 있다. 이런 주장은 현대 유럽−미국이 세계를 이해하는 방식에서 보이는 편견을 반영한다(Pierotti 2011a; Medin and Bang 2014).

가축화된 개들이 단일 기원을 가진다는 가정에도 편견이 개입돼 있다. 일부 유전학자들은 모든 가축화된 개가 동아시아 혈통에서 기원했다고 주장한다(Savolainen et al. 2002). 이 주장의 문제점은 동아시아에서 발견된 어느 것보다 시간적으로 상당히 앞선, 현재 '가축화된 개'로 여겨지는 동물의 화석이 다른 곳에서 발견됐다는 데에 있다(Morey 1994, 2010; Germonpré et al. 2009; Ovodov et al. 2011; Shipman 2011, 2015; Thalmann et al. 2013). 이런 비판에 대응해 최근 사볼라이넨 연구팀은 아시아 내에서 여러 개의 기원이 있다는 주장을 펼쳤지만(Niskanen et al. 2013), 이 주장도 유럽 지역에서 발견된 증거는 여전히 다루지 못한다(Thalmann et al. 2013). 가축화된 개의 단일 기원을 찾으려는 편견은, 여러 개의 기원이 인정되면 개가 독립된 종 또는 아종이라는 믿음을 접어야 한다는 생각에서 나온 것이다. 현대 계통분류학에서 특정한 종이 다계통발생적polyphyletic이라고, 즉 기원이 하나가 아니라 여럿이라고 주장하기는 쉬운 일이 아니다. 각각의 혈통은 서로 다른 진화 경로를 따라왔을 수 있기 때문이다(Pierotti 2012b). 이는 보존생물학에서도 문제가 된다. 일부 보존 반대파—모두 유럽-미국인이다—는 늑대가 개와 같은 종이라면 개는 너무 흔하고 전혀 멸종 위기에 있지 않기 때문에 늑대를 보호할 필요가 없다고 주장해왔다(O'Brien and Mayr 1991; Coppinger, Spector, and Miller 2010; Pierotti 2011a).

현장을 조사하고 문헌을 검토하는 모든 연구 과정에서 우리는, 개에 대해 책을 쓰거나 연구하는 사람 대부분이 늑대를 거의 또는 전혀 알지 못한다는 사실과, 그 역으로 늑대를 거의 또는 전혀 알지 못하는 사람이 개에 대해 책을 쓰거나 연구한다는 사실을 알게 됐다. '개의 진화'를 연구하는 학자 대부분은 유전학이나 고고학에 집중한다. 개의 행동을 연구하는 이 얼마 안 되는 연구자들도 같은 주제를 연구하는 코핑어와 코핑어(2001), 미클로시(2007) 같은 고고학자보다 늑대를 훨씬 더 모르는 듯하다. 갯과 동물의 유전학을 연구하는 사람들은 관찰보다는 DNA 분자에서 발견되는 증거에 의존하며, 표현형보다 유전자형을 연구하는 게 진화의 역사를 이해하는데에 도움이 된다고 믿는 듯하다. 행동 연구자들은 다음의 두 가지 주 요인을 가정하는 듯하다. (1) 늑대와 인간의 초기 관계는 협력적이 아니라 경쟁적이었으며(Coppinger and Coppinger 2001; Francis 2015), (2) 이 관계를 구축하는 과정에서 인간이 주도권을 잡아왔을 수밖에 없다. 이런 생각들이 결합돼, 유럽인의 영향을 받은 편견은 더 심화된 것으로 보인다. 유럽 혈통을 가진 사람들 대부분이 그런 것처럼, 이 연구자들은 다른 종이 능력 면에서 인간보다 우월하거나 인간과의 관계 초기에 더 지배적이었을 수 있다는 상상을 하지 못한다. 이는 우월감과 공포라는 두 가지 측면으로 표현된다(앞의 Francis 2015 인용 참조). 이 분야에서 가장 통찰이 깊은 학자들 중 한 명도(Shipman 2011, 2015) 늑대를 묘사하면서 **공격적**aggressive, **위험한**dangerous, **사나운**ferocious 같은 용어를 사용한다. 이와 비슷한 태도는 코핑어와 코핑어의 늑대행동 연구(2001)에서도 나타난다. 이 연구에서 레이 코핑어는 자신이 늑대공원Wolf Park에서 어떻게 '공격당했는지를' 설명한다(이 사건에 대한 논의는 제1장 참조). 이런 생각은 창세기에서 시작된, 인간이 '세상의 지배권'을 가지고 있다는 생각에 뿌리를 둔 듯하다. 게다가 코핑어는 인간이 성체 늑대와는 한 번도 긍정적인 관계를 맺은 적이 없었다고 가정한다. 모리(1994, 2010)가 지적했듯이 애당초 대부분의 유럽-미국인은, 현생인류가 가축화된 동물들과 이루는 강한 공생관계와 가축화된 동물이 처음 생기게 된 과정을 분리해서 생각하기가 어려운 사람들이다.

반면 원주민 부족들은 **형제**brother, **할아버지**grandfather, **친척**relative, **동반자**companion, **스승**teacher, 심지어는 **창조자**creator라는 말로 늑대를 묘사한다(Ramsey 1977; Buller 1983; Schlesier 1987; Marshall 1995; Pierotti 2011a, 2011b; Fogg, Howe, and Pierotti 2015). 이러한 사실은 "늑대와 인간의 모든 상호작용이 명백하게 적대적이었다"라는 프랜시스의 생각이 아무리 좋게 본다고 해도 지나치게 단순한 것임을 암시하며, 가장 나쁘게 본다면 그 생각이 **유럽 편견**Euro-bias의 예시임을 시사한다. 오직 유럽인과 유럽-미국인의 경험만이 종 사이의 생태적·사회적 관계를 평가할 때 중요한 의미를 가진다는 생각을 가리켜 용어를 만들자면, 이를 '유럽 편견'이라고 할 수 있을 것이다(제7장 참조). 아메리카 원주민 사회는 유럽인이 가축화된 개를 데리고 아메리카를 침략하기 이전에 이미, 가축화된 정도는 저마다 다르지만 모두 개를 가지고 있었다. 원주민들의 이야기와 유럽인, 유럽-미국인 학자들 사이 분명한 태도의 차이를 보면, 서양이 아닌 지역의 문화적 전승에서 원주민들이 늑대를 다룬 경험과 늑대에서 개로 전이되는 과정에 대한 그들의 지식이 어떻게 묘사되는지 연구할 가치가 있음을 짐작할 수 있다(e.g., McIntyre 1995; Coleman 2004).

우리는 오늘날 존재하는 개의 수백 가지 '품종'의 기원을 설명하려는 것이 아니다(Morris 2001; Spady and Ostrander 2008; Hunn 2013). 그 품종 대부분은 지난 200년 사이에 인간이 만든 것이며, 훨씬 최근에 만들어진 품종도 많다. 미니어처푸들과 페키니즈를 이종교배한 '피카푸'처럼, 기존의 품종을 섞어 '디자이너' 도그를 만드는 추세가 최근 들어 번지는 현상을 보면 알 수 있다. 우리의 목적은 인간과 늑대가 공진화 관계를 구축한 결과로 우리가 '가축화된 개'라고 부르는 갯과 동물이 만들어진 초기 과정을 논의하는 것이다. 일부 유전학자들이 함정에 빠졌던 이유는 현대의 품종 사이에서 유전적인 관계를 알아내려고 시도했기 때문이다(vonHoldt et al. 2010). 가축화된 늑대 또는 반 정도 가축화된 늑대(개, 늑대 같은 개)의 다양한 혈통 사이에는 너무나 많은 상호교배 과정이 있었기 때문에, 비록 최근의 교배 상황이 어땠는지 알 수 있더라도 이런 시도는 일반적인 품종 외에 다른 종류는 거의 밝혀내지 못했다(Coppinger, Spector, and Miller 2010; Pierotti 2014). 게다가 아메리카 원주민들이 기른 대형 개 같은 일부 중요한 품종은 멸종되거나 전반적인 '개' 유전자 풀에 흡수돼버렸다(Fogg, Howe, and Pierotti 2015).

우리의 생각을 따라가다 보면, 왜 러시아의 수많은 '늑대'와 '개'를 DNA(Vilà et al. 1997) 또는 해부학적 구조(Germonpré et al. 2009)를 이용해서 구별해내기가 다른 동물에 비해 더 힘든지 그럴듯한 설명을 들을 수 있다. 중앙아시아에서 늑대와 '개'는 비슷한 상태를 유지해왔으며 계속해서 상호교배를 해왔다. 오늘날 시베리아에 존재하는 많은 개는 늑대와 구별하기 힘들며, 실제로 현대 미국인들에게는 늑대로 보일 것이다. 이 분야의 전문가로 여겨지는 많은 사람의 눈에도 그럴 것이다(제5장과 10장 참조).

　서구적인 개념에 이렇게 특혜를 부여하고 늑대와 인간의 관계를 현대 서양의 용어로밖에 상상할 수 없는 무능력(유럽 편견)은 수없이 어려운 상황을 만들어낸다. 행동주의 학자와 유전학자는 모두, 결국에는 '가축화의 기원'에 대해 논쟁하면서 가축화가 딱 한 번 발생한 사건이라고 여긴다(e.g., Coppinger and Coppinger 2001; Savolainen et al. 2002; von-Holdt et al. 2010). 두 집단 모두 호모 사피엔스와 카니스 루푸스의 관계와 가축화를 이해하는 데에 최소 두 가지 핵심적인 의문이 존재한다는 사실은 인식하지 못한다. 첫번째 의문, 언제 이 사건이 처음 발생했는가? 몇몇 고고학적 증거에 따르면 현재로부터 최소 3만~4만 년 전에 시작됐을 것으로 추정되지만, 정확한 시점은 밝혀지지 않을지도 모른다(Germonpré et al. 2009; Ovodov et al. 2011; Pierotti 2014; Shipman 2015; 다른 관점을 보려면 Morey 2010, 2014 참조). 두번째 의문, 최소 19세기까지 여러 지역에 존재했으며 현재도 시베리아 중부와 동부, 북아메리카 같은 일부 지역에 존재할 가능성이 있는 비교적 최근의 개 같은 늑대(또는 늑대 같은 개)에 관한 문제를, 왜 위에서 언급한 학자 중 누구도 다루지 않았는가(Beregovoy and Porter 2001; Beregovoy 2012; Pierotti 2014; Fogg, Howe, and Pierotti 2015)? 인간이 계속해서 가축화를 했거나 적어도 최근까지 다양한 형태의 카니스 루푸스와 긴밀하고 사회적인 관계를 가졌다면, 이 두번째 의문은 특히 중요한 문제가 된다. 이는 그런 별 관계 없는 사건들이 언제 어디서 처음 일어났는지 문제를 제기한다. 늑대라기보다는 개로 판명되는, 현재로부터 3만 2000년 전의 해골이 유럽에서 발견된 적이 있다(Germonpré et al. 2009; Shipman 2011, 2015; Thalmann et al. 2013). 현재로부터 최소 3만 3000년 전의 비슷한 해골이 중앙아시아에서 발견된 적도 있다(Ovodov et al. 2011). 늑대의 가축화는 다양한 시간대에 유럽, 중동(레반트 Levant: 그리스와 이집트 사이에 있는 동지중해 연안 지역—옮긴이), 중앙아시아, 동아시아, 그리고 아마도 인도와 북아메리카 등 다양한 지역에서 발생한 것으로 보인다(Morey 1994, 2010; Savolainen et al. 2002; Verginelli et al. 2005; Ovodov et al. 2011; Skoglund, Götherström, and Jakobsson 2011; Thalmann et al. 2013).

문제를 복잡하게 만드는 주요한 요소는, 지난 몇 백 년 동안 인간이 현재보다 더 앞선 초기 형태의 개를 교배시켜 오늘날의 품종들을 만들어왔으며, 그 반대로 오늘날의 개를 교배시켜 초기 유형의 개도 만들어왔다는 점이다(G. K. Smith 1978; vonHoldt et al. 2010). 인간의 이런 행위는 주로 오래된 원시 품종, 즉 토착 품종에 야생 늑대가 주기적으로 유전자 침투 introgression를 한 것과 결합돼(G. K. Smith 1978; Beregovoy 2012), 단일한 기원으로 연결할 수 없는 수많은 종류의 개를 만들어냈다(Coppinger et al. 2010; Pierotti 2014). 우리는 원주민 부족들이 늑대, 늑대 같은 개와 매우 다른 관계를 유지한 중앙아시아, 일본, 호주, 북아메리카에 특별히 집중해, 이 가축화가 어떻게 시작됐고 시간이 지나면서 어떻게 확장됐는지 살펴볼 것이다(제5~7장). 우리는 늑대, 늑대 같은 개와의 관계를 다룬 원주민 부족들의 이야기에서 그 가축화 과정이 최근까지 어떻게 계속됐는지 살펴봄으로써, 현재 인간과 가축화된 개 사이 관계의 기원을 탐구할 것이다.

회색늑대(카니스 루푸스)가 인간이 가축화한 최초의 종이 된 데는 많은 이유가 있다. 늑대는 인간과 가족 구조가 비슷하며, 크게 확장된 사회집단에서 살지 않는 코요테(카니스 라트란스Canis latrans) 같은 종들보다 더 쉽게 인간 집단에 합류한다(Lopez 1978; Schleidt 1998; Haber and Holleman 2013; 더 자세한 내용은 제3장 참조). 현생인류는 늑대와 삶을 공유하면 이득을 얻을 수 있다는 사실을 아마 진화 역사의 초기부터 배웠을 것이다 (Schleidt 1998, Schleidt and Shalter 2003; Shipman 2014, 2015).

이 논의의 일부는 늑대와 초기의 개를 구분하기 어렵다는 사실에 집중한다. 늑대와 초기의 개는 골격 면에서는 거의 구분이 불가능하다(Morey 1986, 1994, 2010; Franklin 2009; Shipman 2011). 과학자들은 두개골의 형태학적 특성을 이용해 늑대와 개를 구분하지만, 이 방법에는 여러 가지 문제가 있다. 현대의 많은 견종은 골격 구조와 행동이 늑대와 매우 유사하며, 이 견종들은 최초의 개와 비슷할 수 있다(Morey 1986, 2010). 또한 늑대가 존재한 대부분의 기간 동안, 늑대의 표현형은 주로 초기 인류의 사냥 동반자라는 역할을 수행한 가축화된 동물의 기본 형태였을 가능성이 있다.

어떤 종이 가축화된 개의 조상인지 논쟁은 있지만, 현대 과학자들의 결론은 한결같다. "종 사이에 확연한 차이점이 있기는 하지만, 코요테나 자칼보다는 늑대가 개와 더 비슷하다"(Hemmer 1990, 38). 늑대와 개가 유전적으로 아주 비슷한 것은 분명하다(Vila et al. 1997; vonHoldt et al. 2011; Thalmann et al. 2013). 현대의 갯과 동물은 약 600만 년 전인 마이오세에 북아메리카에서 진화했다(R. Nowak 1979; Wang and Tedford 2008). 카니스 루푸스로 이어진 계통은 플라이오세에 베링육교(Beringia: 신생대 빙하기에 해면이 저하되면서 생긴, 북아메리카와 아시아를 연결하는 땅—옮긴이)를 건너 아시아로 이동해 그곳에서 카니스 루푸스로 진화했고, 그 후 플라이스토세에 베링육교를 다시 건너 북아메리카로 돌아왔다(Wang and Tedford 2008). 이러한 패턴은 생물지리학적으로 이해가 된다. 회색늑대는 개가 기원한 곳으로 추정되는 모든 지역에 살았던 유일한 대형 갯과 동물이기 때문이다. 이와는 대조적으로 코요테(카니스 라트란스)와 친척이라고 할 수 있는 붉은늑대(카니스 루푸스*Canis rufus*), 동부늑대(카니스 리카온*C. lycaon*), 다이어울프(카니스 디루스*C. dirus*)는 북아메리카에서 진화해 그곳을 떠난 적이 없다. 이는 이들 늑대가 오늘날 가축화된 개의 조상이 될 수 없다는 뜻이다

(P. J. Wilson et al. 2000, 2001).

　우리가 다루는 또 다른 주제는 늑대와 코요테를 유럽-미국인이 대하는 태도와 북아메리카의 원주민 부족들이 나타내는 태도 사이의 뚜렷한 차이다. 이 태도의 차이는 캔자스 서부에서 1861~1862년 사이에 늑대를 독으로 죽이면서 겨울을 보내던 한 전문 늑대 사냥꾼의 이야기에서 분명하게 나타난다. "버펄로의 시대에 늑대를 잡는 것은 공인된 일이었다. 사람들은 소규모로 무리를 이뤄 … 버펄로 방목장에 가서 야영지를 만들고는, 버펄로를 죽이고 그 사체에 스트리크닌(독성 신경자극제, 질식이나 근육 경련을 일으킨다-옮긴이)을 주입하면서 겨울을 지내곤 했다. 독이 주입된 버펄로의 사체를 먹은 늑대는 그 주변에서 죽고, 사람들은 죽은 늑대의 가죽을 야영지로 가져가 펴서 말린다. … 늑대를 잡는 미끼로 쓰기 위해 수없이 많은 버펄로를 죽이고 엘크(와파티사슴), 영양, 사슴, 그리고 다른 작은 동물들까지 죽이는 늑대 사냥꾼들의 행위에 인디언들은 거세게 반발했다"(Grinnell 1972). 유럽인과 유럽-미국인의 관점에서 늑대는 멸종시켜야 할 종이었으며, 그러기 위해 어떤 방법을 써도 잔인하다거나 비인도적이라고 생각되지 않았다. 이러한 생각은 사냥꾼들의 행위에 반대했던 원주민 부족들이 늑대에 대해, 늑대가 원주민의 세계에서 하는 역할에 대해 생각하는 방식과는 하늘과 땅 차이였다.

　북아메리카 대평원에 살던 여러 부족의 이야기에 따르면, 늑대는 인간과 아주 비슷한 삶을 산다. 따라서 늑대들은 존중되어야 하는 또 다른 부족인 것이다. 블랙풋, 라코타, 샤이엔(치스치스타) 족은 늑대한테서 사냥을 배웠다고 주장한다(Schlesier 1987; Marshall 1995, 2001; Pierotti 2011a; Hernandez 2014; Fogg, Howe, and Pierotti 2015). 사냥으로 살아가는 부족이 새로운 사냥 방법을 배우는 일은 창조 행위와 맞먹는 의미를 지닌다는 사실에 주목하는 것이 중요하다. 이 배움으로 부족 사회의 모습이 근본적으로 바뀌었기 때문이다(Pierotti 2011a).

우리는 세계 곳곳 원주민 부족들에게 전해 내려오는 이야기를 연구해, 그들이 늑대와 인간의 관계를 어떻게 묘사하는지 알아봤다. 어떤 경우에는 초기 유럽의 관찰자들의 이야기가 원주민의 이야기를 뒷받침하기도 한다. 18세기 캐나다의 한 탐험가는 다음과 같이 전한다. "북쪽의 인디언들은 거의 늑대를 죽이지 않는다. 늑대가 보통 동물 이상의 존재라고 생각하기 때문이다. … 늑대 굴에 들어간 인디언들이 늑내 새끼를 데리고 나와 함께 노는 것을 본 적이 한두 번이 아니다. … 인디언들이 늑대 새끼의 얼굴을 황토로 붉게 칠하는 것을 본 적도 있다"(Hearne 1958, 224). 이런 묘사를 보면 원주민 부족들이 의도적으로 늑대와 관계를 형성했음 알 수 있다. 원주민 부족들은 좋은 동반자가 될 수 있는 특정한 늑대 새끼를 알아보았을 수도 있다. 만약 그렇다면 인디언들이 늑대 얼굴에 황토를 칠한 이유가 설명된다. 새뮤얼 헌이 기술한 사건들은 사냥꾼과 늑대의 관계가 어떻게 구축되었는지 설명하는 듯하다. 또한 유럽인들이 도착한 후에도 여전히 늑대가 인간 집단에 유입되었을 수 있다는 점을 암시한다.

가축화 과정 동안 대부분 행동과 관련된 변화가 일어났으며, 유해의 형태에서는 이런 변화가 관찰되지 않는다. 원주민 집단들은 처음에 가축화되지 않은 늑대와의 관계에서도 이득을 봤을 것이다. 하지만 시간이 흘러 인간이 그들의 삶에서 늑대에게 바라는 역할이 변하면서, 늑대의 형태적인 변화가 더 두드러졌다. "[개에게서] 형태적인 변화를 유발하는 행동의 변화가 보이지 않는다고 해도, 머리뼈의 유형성숙(neoteny: 몸의 발육이 어느 단계에서 정지하고 그 상태로 생식기관만 성숙하는 현상—옮긴이)은 그대로 유지된다"(Schwartz 1997, 10)라는 주장은 설득력이 있어 보인다. 머리뼈에는 특정 화석이 늑대인지 개인지 과학자들이 알아내는 데에 필요한 중요한 특징들이 있다. 늑대가 개가 되는 과정에서 얼굴 길이가 짧아지는 현상을 보통 가장 중요한 판단 기준으로 삼으며, 포유동물학자들은 분류학상의 위치를 판단할 때 머리뼈를 주로 살핀다(Morey 1994, 2010; Schwartz 1997 참조)

그 '짧아지는 현상'에는, 주둥이의 길이가 줄어들고 두 눈의 높이가 높아지면서 그 사이에 움푹 들어간 부분(stop: 뇌머리뼈와 코뼈 사이 눈두덩에서 두개골의 각도가 변하는 부분−옮긴이), 즉 '이마forehead'가 생기는 과정이 포함된다. 대부분의 개에서는 이 부분이 보이지만 늑대에서는 보이지 않는다.

　개를 변화시킬 수 있다는 사실을 인간이 알게 되자, 개는 특정한 일을 더 효율적으로 할 수 있도록 특정 품종으로 몸의 형태가 발달되었다. 인간은 트러보이(travois: 막대기 두 개를 묶어 동물에게 끌게 하는 썰매의 일종−옮긴이)나 썰매를 끄는 데에 적합한 넓은 어깨 같은 분명한 특징들을 선택했다. 가축화된 동물로 변한 늑대 한 마리 한 마리는 인간이 더 쉽게 통제할 수 있게 됐다. 이와는 대조적으로 가축화를 피해간 야생 늑대는 완전히 별개의 개체로 남았다.

이 책의 구성

제1장에서 우리는 '늑대wolf', '개dog', '늑대개wolfdog'라는 개념의 의미를 진화론적 관점에서 논의할 것이다. 이 논의가 중요한 이유는 햄프셔대학의 레이먼드 코핑어와 그의 동료들이 「늑대라는 것이 존재한다고 한다고 해도, 과연 늑대란 무엇인가?What, if anything, is a Wolf?」라는 글에서 그 개념들을 혼란스럽게 만들었기 때문이다. 늑대를 대하는 코핑어의 이런 접근방법은 그의 2001년 책에서 보이는 약점을 그대로 드러낸다. 그는 종의 속성에 대한 현재의 계통분류학과 진화론적 사고, 그리고 밀접하게 연결된 형태들의 진화가 일어날 때 이종교배가 수행하는 역할을 거의 이해하지 못한다. 이런 커다란 약점이 있음에도, 그의 책은 내셔널지오그래픽, PBS 등 여러 대중매체에 소개되면서 상당한 관심을 받았으며, 코핑어의 주장을 평가하는 것은 중요한 일이 되었다.

　제1장의 제목은 진화생물학에서 잘 알려진 논문의 제목 「산마르코 대성

당의 스팬드럴」(Gould and Lewontin 1979)에 약간 덧칠한 것이다. 이 논문은 유기체의 모든 생물학적 측면을 적응으로 설명하려는 시도가 많은 경우 왜 잘못인지 다룬다. 많은 문헌에서는 개가 늑대에서 진화한 과정에 관하여 비슷하게 단순하면서 대부분 잘못된 가정이 담겨 있다. 사람들은 대부분은 '늑대'와 '개'라는 분류학적 범주 사이에 분명한 경계가 있을 것이라고 생각한다. 이는 18세기에 린네가 가축화된 개와 회색늑대를 확실히 구분되는 별개의 종으로 분류했을 때 시작된 문제다. 이 문제의 전형적인 예가 코핑어의 2001년 책이다. 이 책은 개의 진화와 종 사이의 관계를 논의하면서 수없이 많은 오류를 범한다. 우리는 인간의 모든 문화적 전통이, 고유한 생활방식을 공유할 수 있었던 (아마도) 갯과 동물에 대한 특정한 이미지와 함께 발전했음을 보여줌으로써 결론을 지으려 한다. **개**라는 용어를 정의하기 매우 힘든 이유가 바로 여기에 있다. 서로 다른 문화적 전통, 그리고 이런 전통 속에 있는 개인들조차 어떤 종류의 갯과 동물이 인간과의 관계에 가장 적당한지 서로 매우 다른 이미지를 갖고 있다.

제2장에서는 매우 다양한 종에서 보이는 협력적인 사냥의 사례들에 집중해, 종 사이의 협력적인 행동에 대한 연구를 살펴볼 것이다. 그런 연구의 맥락에서 보면, 인간과 늑대 사이의 협력적인 사냥—현재 인간과 개의 관계로 발전한—이 가능하다는 생각은 이상하지도 놀랍지도 않을 것이다. 우리는 생태학적 공동체를 구성할 때 종 사이의 경쟁이 협력보다 중요하다는 생각을 비판할 것이며, 그 과정에서 그런 생각이 어떻게 인간을 자연의 다른 종들과 철학적으로 분리시켰는지 논의할 것이다. 여러 가지 면에서 서양 과학은 의도치 않게 이런 생각에 연루되어 있다. 우리는 서로 다른 종의 구성원들 사이 장기적인 관계를 포함한 복잡한 협력에 대해 논의하는 것으로 장을 마칠 것이다.

제3장에서는 생물학적 종 호모 사피엔스의 구성원인 인간이 된다는 게 어떤 의미인지 고찰할 것이다. 우리는 인간의 생물학적 속성의 본질을 탐

구하고, 인간을 오늘날의 사회적 포유동물로 만든 생물학적·문화적 압력이 무엇인지 검토할 것이다. 인간을 다양한 영장류와 비교해, 다른 어떤 종―특히 유인원 친척들―도 핵가족을 기본으로 한 다양한 크기의 사회적 집단들로 이뤄진 인간과 비슷한 사회구조를 가지지 않는다는 것을 보일 것이다. 마지막으로 우리는 어떻게 이런 특징, 특히 문화적인 특징이 카니스 루푸스와의 경험을 공유해 형성되었을 수 있는지 살펴볼 것이다. 이 장에서 우리는 인간과 갯과 동물의 공진화와 관련해, 헤이버와 홀먼(Haber and Holleman 2013)이 뒷받침한 슐라이트와 샬터(Schleidt and Shalter 2003)의 아이디어가 가진 의미를 살펴볼 것이다. 또한 인간을 다른 모든 유기체와 구분되는 존재로 정의하려는 서양의 철학적 시도를 고찰하고, 어떻게 그런 생각이 예외 없이 창조론적 사고에 뿌리를 두는지 보일 것이다. 인간은 확실히 독특한 존재이지만 인간의 적응은 이례적인 사건들이 모여 이뤄진 것이며, 현생인류가 진화해온 역사의 대부분은 늑대 그리고 늑대의 후손인 개와의 유대에 영향을 받은 것으로 보인다. 우리는 오늘날 포식자를 대하는 우리의 태도가 어떻게 과학적 지식이 아닌 종교적 전통에서 비롯됐는지를 보여주면서 장을 마칠 것이다.

제4장에서는 고고학 연구결과를 살펴보고 늑대가 개로 변하는 과정을 설명하는 데에 고고학이 어떤 역할을 하는지 알아볼 것이다. 그러면서 왜 이 주제가 논쟁을 불러일으키는지도 설명할 것이다. 고고학 발굴 현장에서 발견된 늑대의 유해를 침입자나 인간에 의한 살육의 증거로 간주하는 경향 때문에, 인간과 늑대의 사회적 결합이라는 또 다른 가능성은 무시되고 있다. 인간이 만든 가축화된 동물로 여겨질 정도로 그 표현형이 충분히 구분되기('개 같은' 형태가 되기) 전까지 늑대가 인간과 어떤 관계를 맺었는지 보여주는, 상당히 많은 초기 증거가 제대로 평가되지 않은 이유는 아마 그런 경향 때문일 것이다. 일부 고고학자들은 인간과 늑대가 수천 년 동안 서로 표현형의 변화 없이 상호작용하고 공진화했을 가능성을 인정하지 않는다. 따

라서 인간과 같이 살거나 함께 사냥한 초기의 늑대들은, 분명한 물리적 변화만을 살피는 학자들에 의해 인정받지 못했을 것이다. 우리 관점에서 보면, 최근 고고학자들 사이에서 일어나는 논쟁은 서로 다른 집단이, 연결은 돼 있지만 서로 다른 문제를 다루고 있기 때문에 발생하는 것이다. 이 논쟁은 인간이 적어도 19세기까지는 길들여지지 않은 늑대와의 긴밀한 사회관계를 유지했던 북아메리카에서 특히 두드러진다.

제5장에서 제8장까지는 아시아에서 인간과 갯과 동물의 역사부터 시작해 늑대, 늑대 같은 '개', 인간 사이의 관계를 살펴볼 것이다. 서양 문명의 역사를 보면, 다른 부족들, 특히 영토나 자원을 두고 잠재적인 경쟁자가 될 수 있는 부족들을 악마나 짐승으로 묘사하는 오래된 전통이 존재한다는 것을 알 수 있다. 현대 사회에서 이런 태도는 엔터테인먼트 업계가 '늑대인간'에 집착하는 것으로 나타난다. 늑대인간 같은 존재—개-인간dog-men 또는 개머리인간cynocephali—의 잡종 속성은 '문명화된' 나라와 사회에서 가장 끈질긴 골칫거리로 여겨진다. 언제나 이런 무시무시한 존재의 무리들이 사는 곳은 지도에 없는 머나먼 '황야wilderness'였다. 이런 생각은 중앙아시아 부족들의 관습에 근거한다. 남자들은 늑대나 '늑대 같은' 개와 함께 사냥했고, 싸울 때면 때때로 개의 가죽으로 만든 가면 또는 망토를 걸치곤 했다. 시베리아에서는 오늘날까지 비슷한 관습이 이어진다. 남자들은 늑대 같은 원시 견종인 라이카와 함께 사냥 야영지에서 한 해의 대부분을 보낸다. 러시아 늑대와 개의 DNA를 연구해보면 야생 갯과 동물과 가축화된 갯과 동물 사이에 뚜렷한 차이점이 없다는 사실이 드러난다. 일본에서는 지난 19세기까지 인간과 그 지역의 늑대들이 기본적으로 협력적이고 좋은 관계를 유지했다. 일본인들은 전통적으로 '늑대'를 선한 존재로 생각했기 때문에 그들과 늑대 사이의 유대가 정확히 어떠했는지는 분명하지 않지만, 일본인들은 자신들이 '야마이누山犬'라고 부르는 존재는 조심히 다뤘다(Walker 2005).

제6장에서는 호모 사피엔스와 딩고가 수천 년 동안 공존했던 호주의 특

이한 상황을 논할 것이다. 이 두 종은 유대류 포유동물과 대형 파충류가 지배했던 대륙에 사는 유일한 대형 태반 포유류였으며, 인간과 딩고의 관계를 둘러싼 신화도 상당히 많이 생겨났다(Rose 2000, 2011). 이 딩고 집단은 갯과 동물의 가축화 과정에서 독특한 위치를 차지한다. 딩고는 야생 딩고든 반쯤 야생인semi-wild 딩고든 독립적으로 생활하지만, 인간과 함께 사냥하고 심지어는 같이 잠을 자기도 하면서 협력관계를 맺는다. 딩고는 이전에 가축화된(인간이 만든) 동물이 인간 없이도 성공적으로 생존하고 번식할 수 있음을 보여주는 예다. 딩고와 호주 원주민의 관계는 갯과 동물의 가축화 과정을 조사하는 데에 쓰이는 모델을 제공해주며, 가축화가 여러 단계로 진행되고 어쩌면 거꾸로 되돌릴 수도 있는 과정임을 보여준다. 또한 그 관계는 갯과 동물이 인간과 함께 살지, 살지 않을지를 선택할 수 있는 상황에서 어느 쪽이 됐든 자신의 역할을 충실히 수행하며 잘 살아갈 수 있음을 보여주기도 한다.

제7장에서는 북아메리카, 특히 대평원과 서부 산간 지역 원주민 부족들의 이야기에서 나타나는 아메리카 원주민과 늑대 관계의 역사를 고찰한다. '개'의 기원에 대한 학문적인 고찰이나 가축화 연구에서 부족민의 이야기가 인용된 적은 없었다. 대평원 지역 모든 부족(샤이엔, 라코타, 블랙풋, 포니, 쇼쇼니)을 면밀하게 연구한 결과에 따르면, 이들의 이야기에는 두 종이 서로에게 먹이를 제공하거나 공유하는 호혜적인 관계를 이루는 상황에서 늑대가 안내자, 보호자, 또는 인간에게 직접 사냥법을 가르쳐주거나 보여준 존재라는 내용이 있다. 코핑어와 코핑어(2001)는 인간과 협력했던 최초의 늑대가 인간이 먹다 버린 쓰레기를 뒤지거나 고기 조각을 기다리면서 인간의 부락 근처를 어슬렁거렸다고 주장한다. 이와는 대조적으로 부족들에게서 얻을 수 있는 증거에 따르면, 호모 사피엔스와 아메리칸 카니스 루푸스의 공진화적 호혜관계가 적어도 19세기까지는 이어졌음을 짐작할 수 있다.

제8장에서는 북아메리카와 시베리아 동부의 일부 지역에서 보이는 인

간과 늑대 관계의 흥미로운 측면을 다룰 것이다. 이 관계에서 늑대는 '창조자'로 여겨지는데, 이는 인간이 새로운 환경조건에 적응하면서 스스로 자신의 존재를 되돌아볼 때 늑대가 중요한 역할을 했음을 암시한다. 따라서 사냥꾼으로서 늑대를 기꺼이 존경하고 늑대들의 행동을 모범으로 여기는 부족민들에게, 늑대는 스승이자 창조자 역할을 했다고 볼 수 있다. 창조자 역할과 많이 헷갈리는 관련된 비유는, 코요테와 여우 같은 작은 갯과 동물을 '사기꾼' 역할로 생각하는 것이다. 원주민 사회에서 '창조'라는 개념은 서양의 종교적 전통에서와는 다른 의미를 갖는다. 원주민 사회에서 창조는 새로운 문화적 전통의 기원을 비유적인 형태로 묘사하는 개념인 반면, 서양 사회에서 창조의 개념은 우주, 지구, 또는 생명의 시작 같은 어떤 알 수 없는 사건을 묘사하려는 시도라고 할 수 있다. 레비-스트로스의 1967년 연구를 따라, 우리는 여러 아메리카 원주민 부족이 왜 코요테나 큰까마귀 같은 청소동물과 잡식동물을 사기꾼으로 여기는지 논의할 것이다. 이들은 초식동물과 육식동물 사이를 생태학적으로 중재하며 '중간자'라는 생존 전략을 취한다. 마찬가지로 인간도 잡식동물이며 초기에는 청소동물 역할을 했다.

　제9장에서는 가축화 과정의 역사를 개념적으로 살펴보고, **가축화된** domestic, **야생의**wild, **길들인**tame이라는 용어의 의미와 **야생으로 돌아간** feral이라는 개념이 이 틀에 어떻게 들어맞는지 생각해볼 것이다. 또한 여우의 행동과 형태에 대한 대표적인 러시아 연구결과들을 참고해, 표현형을 만들어내는 과정에서 보이는 특징들의 차이를 살펴볼 것이다. 가축화된 개들은 자연적인 집단이 아니다. 이 개들은 계통 간의 광범위한 이종교배를 거쳐 다중 혈통(다계통발생polyphyly)을 가지고 있기 때문이다(망상진화 reticulate evolution: 서로 다른 종이 교잡을 통해 그물망처럼 복잡하게 진화하는 것-옮긴이). 따라서 개를 하나의 종으로 인식하는 데에 이용될 수 있는 특징들이 불명확해진다. 특히 '개'로 인식되는 일부 동물은 그 야생 조상과 매우 비슷한 반면, 다른 종류의 '개'는 그 야생 조상과 비슷한 점이 거의 없다. 갯

과 동물들의 유형성숙과 서로간의 성장 속도 차이가 이런 현상이 발생하는 데에 어떤 역할을 했는지 궁금증을 불러일으킨다. 다계통발생적 기원의 증거는 가축화된 다른 동물, 특히 고양이·소·돼지에서도 찾을 수 있다. 동물의 **길들인** 상태와 **가축화된** 상태 사이에는 차이가 존재한다. 하지만 이 개념들은 대중 문헌에서, 심지어는 과학자들에 의해서도 자주 혼동되며 융합되기도 한다. 이런 이유에서 광견병 백신을 다른 동물에 사용하는 것에 대한 검토가 이루어지며, 이로 인한 논란이 왜 진화생물학자로 여겨지는 사람들 사이에서조차 비과학적이고 창조론적인 사고를 불러일으키는지 고찰할 것이다. 많은 대형 견종에서 '개'와 '늑대', '늑대개' 사이의 구분은 거의 의미가 없다.

제10장에서는 미국애견협회AKC에 등록된 품종들을 포함해 얼마나 많은 종류의 '개'가 일부 늑대생물학자와 더불어 늑대에 고정관념을 가진 사람들에게 늑대로 오인되는지 다룰 것이다. 우리는 그런 잘못된 구분을 시도하는 '전문가들'의 생각을 해체할 것이다. 이 전문가 중에는 주 정부와 연방 정부 의원들에게 조언을 하는 사람도 있다. 또한 우리는 늑대/개와 관련된 소송에서 개와 늑대를 구분하는 전문가 증인으로 활동한 피에로티의 경험을 평가해, 사회적 동반자로서 인간과 늑대(가축화됐건 가축화되지 않았건) 사이의 관계를 살펴볼 것이다. 늑대와 개를 오인하는 불분명한 사고 때문에, 효율적으로 행정을 펴고 사회의 기능을 개선하기 위한 법이 아닌 감정적인 반응에 기초를 둔 나쁜 법이 만들어진다.

제11장에서는 늑대와 개의 잡종들, 심지어는 순수 혈통의 늑대들과도 오랫동안 같이 지냈던 우리와 동료들의 경험을 살펴보고, 인간과 여러 종류의 갯과 동물 사이에 존재하는 유대와 관계에 대해 느꼈던 점들을 살펴볼 것이다. 우리는 늑대 수십 마리, 늑대와 개의 잡종 약 100마리, 다양한 조건의 개 수백 마리를 소유주, 동반자, 학자, 멘토, 훈련사, 교육자, 전문가 증인의 입장에서 다루었다. 중요한 것은 가축화된 개로 변한 늑대와 인간 사

이의 사회적 결합이 인간과 갯과 동물 동반자에게 큰 즐거움을 주면서 동시에 갈등의 주요한 원인이 된다는 점이다. 가축화된 대형견은 주요 포식자와 해부학적인 구조가 같으며, 인간과의 상호작용에 자신감을 가지고 있어 인간을 공격하거나 인간과 심각한 갈등을 일으킬 수 있다. 이와는 대조적으로 늑대와, 늑대와 개가 서로 상당히 많이 섞인 잡종은 소심한 경향이 있어 모르는 인간을 만났을 때는 뒤로 물러선다. 우리는 늑대와 늑대개를 포함한 다양한 품종이 드러내는 '위험'을 논의하고, '야생의wild'와 '위험한danger-ous'을 같은 말로 여기는 사람들의 생각에 포함된 수많은 문제점을 지적할 것이다. 갯과 동물로부터 오는 주요한 '위험'은 무엇보다 크기와 연관이 있다. 커다란 포식 동물과 상대할 때를 생각하면 된다.

우리는 최초의 가축화에 존재하는 커다란 수수께끼를 다루면서, 마지막 요점을 짚으며 결론을 낼 것이다. 이 요점이란, 늑대와 개는 아주 다정한 데다가 강하고 지속적인 사회적 유대를 맺으려는 의지가 넘치지는 않더라도 충분한 것으로 보이기 때문에, 우리와 수월하게 삶을 공유하는 이 네발동물을 인간이 인격화하고 이상화하기 쉬워진다는 점이다. 하지만 늑대와 개는 여전히 포식자이자 고도로 진화한 육식동물이며, 죽이는 법을 알고 있다. 기회가 주어지면, 이들은 인간이 소중히 여기는 것들, 예를 들어 다른 가축들을 때때로 죽일 것이다. 하지만 인간이 자신을 그들의 동료 포식자로 생각하는 동안 우리는 늑대와 함께 편안하게 살았다. 늑대는 우리와 같이 사냥하고 사냥한 동물을 공유하면서 대체로 동등한 호혜관계를 맺으며 함께 살았던 동반자였다. 우리는 수년에 걸쳐 반복적으로 인간과 우호적인 관계를 맺은 한 야생 늑대의 예를 살펴보는 것으로 결론을 맺고, 그런 경험이 지니는 의미를 논의할 것이다.

1

산마르코스의 스패니얼: 개란 무엇인가? 그리고 누가 그걸 신경쓰는가?

'모든 개는 늑대다. 하지만 모든 늑대가 개는 아니다.' 이 간단한 개념은 우리가 '개'라고 생각하는 동물이 진화해온 역사를 이해하는 데에 엄청난 영향을 미친다. 대부분의 사람들은 '늑대'와 '개'라는 분류학적인 범주 사이에 어떤 명확한 경계선이 있을 것으로 생각한다. 이런 오해는 18세기에 린네가 가축화된 개를 카니스 파밀리아리스*Canis familiaris*(흔히 보는 개)로, 회색 늑대를 카니스 루푸스(늑대개)로 분류했을 때 시작됐다(Linnaeus 1792). 린네의 분류 체계는 전형적으로 야생 형태와 가축화된 형태를 구분한다(제9장 참조). 린네는 가축화를 진화 측면에서 생각하지 않았기 때문이다. 18세기 주류 창조론자였던 린네는 '신의 마음'을 이해하려고 노력했다. 따라서 그는 야생 형태와 가축화된 형태가 그의 분류 체계 안에서 연결될 만큼 충분히 비슷하다고 해도, 각각 특별한 방식으로 창조됐다고 생각했다. 우리는 린네가 어떤 품종의 개를 카니스 파밀리아리스의 모식표본(type specimen: 새로운 생물 종을 동정할 때 기준이 되는 개체의 표본─옮긴이)으로 사용했는지 모른다. 따라서 카니스 파밀리아리스라는 분류군이 어떤 표현형을 기초로 삼

았는지도 모른다. 린네가 카니스 파밀리아리스의 기초로 택한 견종이 현재
는 존재하지 않을 가능성마저 있다(E. Russel 2011). 이는 린네의 분류군 중
하나인 카니스 루푸스에 대해 논의할 때는 문제가 되지 않는다. 가축화되
지 않은 회색늑대는 일관된 표현형을 가진 진정한 종이므로, 모식표본을 기
초로 해서 식별이 가능하기 때문이다. 가축화된 '개'인 카니스 파밀리아리스
는 이런 방법으로 식별힐 수 없다. 현대 계통분류학에 따라 미국포유동물학
자협회ASM는 가축화된 개와 이 개의 야생 조상을 카니스 루푸스라는 단일
분류군에 넣어, 개와 늑대 사이에 분명한 경계선이 있을 것이라는 오해를
바로잡았다. 카니스 루푸스 분류군은 더 이상 하나의 종으로 인식되지 않는
카니스 파밀리아리스를 포함한다(D. E. Wilson and Reeder 1993 연구에서
크리스 워젠크래프트의 육식동물 부분 참조).

    불행히도 워젠크래프트는 개와 늑대를 하나의 종으로 결합하면서, (J.
H. Honacki, K. E. Kinman and J. W. Koeppl 1982 논문이 10년 전에 그랬
던 것처럼) 육식동물 계통분류 체계를 작성할 때 파밀리아리스를 루푸스의
'이명'으로 사용해 또 다른 혼란의 단초를 제공했다. 이 결정은 그동안의 분
류 기록을 나타내기 위해 이뤄진 것이다(계통분류학에서는 흔히 있는 일이다).
워젠크래프트는 우리가 현재 카니스 루푸스에 포함된다고 인정하는 종의
다른 모든 라틴어 학명을 루푸스의 이명으로 열거하고, 린네 이후 250년 동
안 분류된 카니스 루푸스의 다양한 형태를 각 학명으로 구분했다. 열거된
다른 이명들은 늑대의 아종으로 인정된 동물의 이름이었다. 하지만 카니스
파밀리아리스마저 이명으로 열거하여 일부 저명한 생물학자들을 포함한 많
은 사람이 오해를 하기 시작한다. 사람들은 가축화된 개를 늑대의 아종인
카니스 루푸스 파밀리아리스*Canis lupus familiaris*로 오해했다(Coppinger
and Coppinger 2001 참조; Safina 2015).

    근본적인 문제는 '가축화된 개'로 정의 가능한 분류학적 실체(종 또는 아
종)가 없다는 점이다. 가축화된 개는 늑대 또는 다른 갯과 동물과 구별되는

특정한 물리적·행동적·생리학적 특성이 없다. 가축화된 개를 식별해내는 유일한 기준은, 어떤 개의 형태가 불마스티프, 치와와, 알래스칸말라뮤트, 시베리안라이카, 바센지, 코커스패니얼, 샤페이 등 다양한 개체들처럼 카니스 루푸스가 가축화된 특정 형태를 띠는지 여부다. 이 방법은 생물학적·진화론적 현실을 반영하지 않는다.

개와 늑대가 다른 종이기를, 최소한 서로 다른 아종이기를 바라는 사람들의 생각에는 심각한 문제가 있다. 늑대처럼 생긴 대형 '개'(말라뮤트, 시베리안라이카 등)와, 파생된 지 오래되어 다양하게 분기된 현대의 품종(닥스훈트, 미니어처푸들 등)이 모두 '가축화된 개'로 정의된다는 점이다. 하지만 **개**라는 용어의 정확한 의미는 분명하지 않다. 예를 들어 요한 프리드리히 그멜린은 1788년에 린네의 책『자연의 체계』를 자신이 개정하면서 포메라니안 품종의 모식표본을 카니스 포메라누스*Canis pomeranus*라고 기술했다(Linnaeus 1792). 이 이름은 종의 이름으로서는 유효했지만, 카니스 루푸스 포메라누스*Canis lupus pomeranus*라는 학명을 포메라니안 혈통의 아종을 가리키는 이름으로 사용해야 한다고 말한 사람은 아무도 없었다. 따라서 몇몇 주장처럼 가축화된 개가 유효한 종이라고 해도, 카니스 파밀리아리스는 '카니스의 가축화된 형태'라는 것 외에는 다른 분명한 특징이 없다. 이 경우 종의 정체성은 **가축화된**이라는 용어의 정의에 전적으로 의존할 수밖에 없으며, 이 용어는 많은 사람이 생각하는 것과는 달리 이해하거나 정의하기가 결코 쉽지 않다(더 자세한 내용은 제9장 참조).

이 책을 읽으면서 독자들이 염두에 두어야 할 중요한 점은, 어떤 동물이 개로 생각되는지 늑대로 생각되는지는 그 동물의 행동으로 결정되지 않는다는 것이다. 코핑어와 파인스타인(2015) 그리고 다른 '개 전문가들'의 주장과 달리, 인간을 좋은 사회적 동반자로 대하며 아마 지금까지 항상 그래왔을 가축화되지 않은 늑대는 실제로 존재한다. 반면에 더 완전히 가축화됐으면서도 인간에게 우호적이지 않으며 공격적인 개가 있다. 겉으로 보면 이 개들은 가축화되지 않은 늑대와 비슷할 수도 그렇지 않을 수도 있지만, 이 개들을 '늑대 같은' 개로 만드는 것은 이들의 '공격적인 속성'이 아니다.

민간 분류 대 생물학적 분류

'개'는 기준이 무엇인가에 따라, 민간에서 만들어낸 분류군이거나 '생활형'(life form: 생물이 유전자 변이나 여러 가지 생활환경 등에 장기적으로 적응하여 나타내는 생활양식—옮긴이) 분류군으로 기능할 수 있다는 주장이 계속돼왔다(Hunn 2013). 이 논리에 따르면 **개**라는 용어는 린네의 분류학 범주인 속genus에 대응한다. 인간의 경우 **호모***Homo*에 해당하는 부분으로, 호모라는 범주는 네안데르탈인, 베이징원인, 호모 에렉투스, 호모 사피엔스 같은 확연하게 서로 다른 종들을 포함한다. 그렇다면 스피츠, 허딩, 레트리버, 사이트하운드, 스패니얼, 마스티프, 테리어, 센트하운드 같은 개가 속한 범주는 린네의 체계에서 종species으로 분류되어야 할 것이고(vonHoldt et al. 2010에 나오는 범주), 이 범주 안에 있는 코커스패니얼, 저먼셰퍼드 같은 특정 품종은 '아종subspecies'으로 분류될 것이다(Hunn 2013에서는 변종varietals으로 기술). 따라서 대부분의 사람들에게 개라는 범주는 개념적으로 볼 때 카니스*Canis*라는 속에 해당한다. 예를 들어 레트리버 같은 개의 기능형(functional type: 어떤 환경에서 동일한 자원을 동일한 방식으로 이용하는 종들의 모임. 기능군functional group—옮긴이)은 루푸스*lupus*라는 종에 해당할 것이다. 코커스패니얼이라는 품종은 아종에 해당할 것이다. 대평원늑대(카니스 루푸스 누빌리스*Canis lupus nubilis*), 즉 버펄로늑대의 경우도 누빌리스*nubilis*는 아종의 이름이 될 것이다. 하지만 제대로 된 계통분류학에서는 서로 구분되는 속의 구성원들은 상호교배가 불가능하다고 생각된다. 예를 들어 카니스 속은 리카온(*Lycaon*, 아프리카들개) 속, 쿠온(*Cuon*, 승냥이) 속과는 상호교배가 불가능하다. 실제로는 어떤 범주와 어떤 품종에 속해있더라도 모든 개는 상호교배가 가능하다. 개들끼리만 가능한 것이 아니라, 가축화되지 않은 카니스 조상인 늑대와도 가능하다.

개의 범주와 그 하위 범주가 민간에서 만들어지면서, 엄청난 유사과학적 혼란이 발생했다. 계통분류학이나 린네의 분류 체계를 잘 모르는 보통 사람은 헌의 2013년 연구에서처럼 민간 분류에 의지하게 된다. 불행히도 이런 혼란은 실생활에도 영향을 미친다. 입법기관, 동물통제 단체, 법원, 그리고 일반 대중은 늑대와 현대 견종을 구별해낼 수 있다고 자신한다. 하지만 실제로 이들은 늑대, 늑대 같은 개, 토착 견종, 오래된 견종, 늑대와 개의 잡종을 구별하는 법을 전혀 알지 못하며, 심지어는 벨지언시프도그처럼 확실히 식별되지만 덜 알려진 견종과 늑대조차도 구별하지 못한다. 이 지점에서 법적·사회적·감정적 혼란이 발생한다.

유럽-미국인들이 늑대와 개의 관계에 대해 생각하는 방식 때문에 이 혼란은 가중된다. **늑대개** 같은 용어를 사용함으로써 대부분의 사람들은 이 동물이 프렌치푸들 같은 한 '품종'에 속한다고 생각하는 듯하다. 사람들에게 '늑대'는 '개'의 한 범주이지 그 반대는 아니다. 이 논리를 따라가면서 헌이 주장한 분류 체계를 적용하면(앞의 내용 참조), 늑대는 테리어나 하운드 같은 품종 범주에 해당하게 된다. 논리적인 결함은 분명하다. 늑대는 모든 개의 조상이다. 따라서 늑대를 다양한 견종과 교배시켜 새끼가 나왔을 때, 그 새끼를 단순히 또 다른 품종(늑대개)이라고는 결코 생각할 수 없다. 늑대는 보통 말라뮤트나 저먼셰퍼드처럼 늑대와 비슷한 대형 견종과 교배하기 때문에 더욱 그렇다(Morris 2001).

이 상황은 늑대와 늑대개를 '개'와 구별할 수 있다고 주장하는 수많은 '전문가'에 의해 더 악화된다. 그들은 동물통제 단체에 자주 고용되어 그런 구별 업무를 맡는다(제10장 참조). 인디애나주에 있는 자신의 늑대공원에서 그 '전문가들'을 위한 교육 프로그램을 운영한 에리히 클링하머가 좋은 예다. 늑대(그리고 상황으로 보면 늑대개) 행동의 '전문가'가 되기 위한 클링하머의 교육은, 주말 과정은 350달러, 5일 과정은 500달러를 받는다. 동물의 행동과 늑대와 개의 품종별 행동의 의미를 파악하는 복잡한 분야에서 어떻게 그 짧은 시간 안에 전문가 인증을 받을 수 있는지, 우리는 강한 의심이 든다. 하지만 클링하머가 교육한 많은 사람은 늑대공원에서 '자원봉사 과학자'로 활동한 경험을 이력서에 써넣는다. 이 사람들 중에는 뉴에이지 계열의 '전체론'(모든 것은 본래 하나며 우주 만물은 서로 연결되어 있다는 사상—옮긴이)을 신봉하는 비전문가도 많이 포함돼 있다(구글 검색만으로도 이런 사람들 수십 명은 찾아낼 수 있다).

클링하머는 늑대 행동 분야에서 잘 알려진 인물이지만, 그가 늑대를 설명하기 위해 사용하는 방법에는 논란의 여지가 있다. 포식자로서 늑대의 행동을 사람들에게 보여주기 위해, 잡힌 늑대들이 있는 울타리 안에 들소를 집어넣은 것이 특히 문제가 됐다(http://wolfpark.org/animals/info/bison). 이런 일은 다른 어떤 곳에서도 이뤄지지 않으며 동물행동 연구 규약의 기본 기준을 충족시키지도 못한다(Animal Behaviour Society 2012).

클링하머의 영향으로 혼란이 일어났던 사건의 가장 극명한 예가 코핑어와 코핑어의 2001년 연구에 기술돼 있다. 이 사건은 레이 코핑어가 1인칭 시점으로 기술했으며, 이 책 전체에서 우리가 다루는 문제들을 잘 보여준다. 코핑어와 코핑어의 연구에서 그 사건을 기술하는 부분 전체를 인용한 후 의미를 해체해보도록 하겠다.

사실 인간을 두려워하지 않는 늑대는 야생 늑대보다 인간에게 더 위험하다. 야생 늑대는 접근하면 달아나지만, 길들인 늑대는 두려워하지 않고 가깝게 다가와 문다. 20년 전 [클링하머가] 나를 [늑대공원에서] '사회화된' 늑대 무리가 있는 제일 큰 우리 안으로 데려간 적이 있었다. 늑대들은 모두 갇힌 상태에서 몇 세대 동안 태어났고, 강아지처럼 길러졌으며, '길들인' 상태였다. 이 늑대들은 모두 늑대공원의 볼거리 중 하나였으며 매일 사람의 손길을 탔다. 그런데 난 왜 그렇게 주저했을까? …

"그냥 개처럼 대하세요." 클링하머가 권위적인 말투로 말했다. 난 그 말대로 했다. 캐시의 옆구리를 탁 치고 '착하지' 같은 말을 했다. 캐시가 이빨을 모두 드러낸 것은 바로 그때였다. 살짝 무는 정도가 아니라, 전면전이었다. 똑바로 서 있기가 힘들었고, 그때 클링하머가 흥분해 외치는 소리에 반응했다. "나와요! 나와! 거기 있으면 죽어요." … 늑대 무리가 모이는 것이 흐릿하게 보였다. 늑대 한 마리가 내 바지를 물어서 잡아당기고 있었고 캐시는 내 왼팔에 집중했다.

"캐시를 왜 때린 거지요?" 클링하머가 물었다. … "때린 게 아닙니다. 쓰다듬어준 겁니다. 개처럼 대하라고 하셔서 그렇게 쓰다듬어준 겁니다. 그리고 내가 개한테 잘못을 했다고 해도 개가 내 머리를 물어뜯지는 않아요. 그리고 당신네들은 늑대를 사회화한다고 하는데 왜 몸에 상처들이 있는 거지요?" 거위 털 재킷의 뜯어진 팔 부분에 지혈대를 대면서 나는 단숨에 이렇게 말해버렸다. 그 후로 나는 길들인 늑대를 개처럼 다룰 수 있다고 생각한 적이 없다. (44)

이 이야기를 도널드 맥케이그가 상상으로 만들어낸, 스코틀랜드 하이랜드의 유명한 보더콜리와의 만남과 비교해보자. "개가 아주 편한 상태에 있었고 내가 침입자였다는 걸, 나는 너무 잘 알았다. '내 머리를 쓰다듬으면 안 돼.' 처음에 자신 있는 표정으로 자세하게 날 살피던 시라[개]의 요구는 부드러운 기색을 거둬들였고, 나는 서둘러 안심하려고 노력했다. 개는 내 말을 그대로 믿지 않으려고 했다. '당신네 미국인들은 최악이야. 나름 이유가 있어 돌아다니고 있는 개를 건드려보지 않고는 못 견디니까 말이야. 나를 쓰다듬는다면 그 결과에 난 책임을 질 수 없을 거야'"(1991, 112). 맥케이그는 비전문가지만, 과학자이자 대학교수인 레이 코핑어가 이해하지 못하는 것을 이해하고 있다. (탁 치는 것은 고사하고라도) 처음 보는 개를 부주의하게 쓰다듬어서는 안 된다는 것이다. (가축화된 개인) 시라는 (반쯤 가축화된 늑대인) 캐시와 같은 메시지를 보내고 있었다. '나를 쓰다듬는다면 그 결과에 책임을 지지 않을 것'이라는 메시지다. 맥케이그에게 시라의 독립성과 성실함은 시라의 정체성을 이루는 주요 측면이다. 코핑어는 자신이 개를 통제하지 못하자 스스로 겁을 먹었으며, 동물에게도 자신만의 의견과 느낌이 있을 수 있다는 생각은 그가 가진 '개다움'에 대한 견해를 무너뜨렸다.

늑대와 개의 행동에 관한 전문가로 여겨지는 두 사람 사이에서 일어난 일임을 감안할 때, 코핑어의 이야기는 수준 높은 드라마와 저질 코미디의 요소를 모두 갖추고 있다. 코핑어는 사람이 접근했을 때 늑대가 달아난다는 사실은 아는 듯하다. 예외가 있기는 하지만(Jans 2015), 우리도 대체로 늑대가 그럴 것이라는 데는 동의한다. 늑대공원에 있는 동물들은 몇 세대가 지나는 동안 갇혀 있었으며, 이 동물들이 표현형에 상관없이 가축화되는 과정에 잘 들어섰을 것이라고 추측할 수 있다. 몇 세대 동안 인간의 통제 하에서 (아마 선택적으로) 번식한 집단은 가축화 과정을 겪고 있다고 할 수 있다 (Morey 2010; Shipman 2011; Pierotti 2012b). 더 나아가 코핑어는 자신이 이 동물들에가 다가가는 것을 '주저했다'고 인정했다. 이 말은 코핑어의 보디랭귀지가 두려워한다는 신호를 보냈을 가능성이 있다는 뜻이고, 이 신호에는 공격성이 담겼을 것이다. 그 후 클링하머의 "그냥 개처럼 대하세요"라는 충고가 나온다. 이 말은 클링하머가 이 동물들을 개처럼 생각하며, 마치 정말로 그의 개인 것처럼 상호작용했음을 뜻한다. 이 시점에서 코핑어는 처음 보는 대형 갯과 동물의 옆구리를, 자신의 표현으로는 '탁 쳤다.' 클링하머는 코핑어의 이 행동을 '때리는 것'으로 해석했다. 이 부분이 코핑어의 이야기 중에서 제일 이상한 부분이다. 개 행동 전문가라는 사람이 자신의 행동을 적절하다고 생각했다는 것이다. 캐시의 반응은 편하지 않은 낯선 사람이 '때렸을' 때 어떤 품종의 개라도 나타낼 수 있는 것이다. 늑대가 공격성을 보이면서 반응할 때, 클링하머는 극심한 공포를 드러냈고 상황은 더 나빠졌다. 클링하머는 빨리 개입해 늑대의 공격을 멈췄어야 했다. 과장이라고 말할 수도 있겠지만, 코핑어가 자신의 (그리고 클링하머의) 마음속으로 생각했던 정도를 넘어서는 위험 상황에 실제로 있었다는 증거는 거의 없다. 코핑어는 먹이로 생각돼 공격당했다기보다는, 붙잡혔다고 해야 맞다. 코핑어는 어떻게 자신이 '탈출'했는지는 말하지 않는다. 코핑어는 혼비백산해서 동물들로부터 빠져나왔을 뿐이다. 코핑어는 옷이 찢어진 것 외에 실제로 부상을 입었다고는 기술하지 않았다.

이 사건은 늑대를 낯선 인간 성인과 어울리도록 사회화하는 방법에 대한 논의와 비교할 수 있다. "자신감이 늘어나면서 늑대의 두려움과 불안은 공격 행위로 모습을 바꾼다. 늑대는 관찰자의 옷을 물고 잡아당길 수도 있다. 이렇게 하면서도 늑대는 여전히 자신에 대한 확신이 없으며 서로 상충하는 신호들을 보낸다. 이때 다른 사람은 우리 밖에 서 있어야 하고, 늑대가 더 공격적이 될 때만 다가와야 한다. 이렇게 하면 늑대는 행동을 멈추고 뒤로 물러난다"(Woolpy and Ginsburg 1967, 360). 오랫동안 늑대개를 사육했던 고든 K. 스미스는 다음과 같은 말을 한다. "다 자란 야생 늑대를 완전히 무시하면서, 우리에 들어가서도 늑대를 보지 않는[늑대가 보이지 않는 듯 행동하는] 것이야말로 최고의 훈련 방법이라고 생각한다. … 우리 안에 들어가서 새끼들을 살펴보면서도 공격받지 않을 수 있다"(1978, 141). 클링하머는 이런 명쾌하고 단순한 방법 두 가지 중 어느 하나도 알지 못했던 것으로 보인다. 이 두 가지 방법 모두 늑대공원에서 사건이 일어나기 몇 십 년 전에 발표된 것이다.

피에로티도 코핑어와 비슷한 경험을 했다. 늑대가 팔을 잡고 바지 자락을 당긴 일이었다. 만약 여러분이 이와 같은 상황에 처하더라도, 계속 가만히 있으면 아무 일도 일어나지 않는다. 옷을 물고 늘어지는 것은 단순히 시험을 하거나 상대방의 움직임을 통제하기 위한 시도이지, 포식자의 공격은 아니다. 피에로티를 잡은 늑대들은 마찬가지로 당신의 종아리, 아래팔, 손둘레를 에워싸겠지만 세게 물지는 않을 것이다. 당신이 갑자기 확 움직여서 늑대 이빨에 스스로 다치거나 옷을 손상시키지 않는다면, 다칠 일은 없을 것이다(그리고 재킷에 쓸 '지혈대'도 필요 없을 것이다). 캐시의 행동이 깨물기가 아니었다는 점은 아무리 강조해도 지나치지 않는다. 깨무는 동작은 입을 꽉 다물고 머리를 뒤쪽으로 빠르게 확 움직이는 과정을 포함해야 한다. 늑대가 무언가의 움직임을 제어하는 방법은 입을 사용해 잡는 것밖에 없다.

늑대공원에서 코핑어가 겪은 일은 그의 전반적인 태도를 형성하기도 했지만, 특히 코핑어가 개 진화의 '쓰레기 더미' 모델을 지지하도록 연구 방향을 잡아준 계기가 된 것으로 보인다(Coppinger and Coppinger 2001). 이단 한 번의 경험으로 인해, 코핑어는 인간이 늑대와 밀접한 관계를 이루며 공진화했을 수 있다는 생각을 '늑대 길들이기에 대한 피노키오 같은 접근'이라고 대놓고 비웃게 된다. 코핑어의 이 말이 정확히 무슨 뜻인지는 분명하지 않다. 피노키오는 살아 움직이는 무생물 물체이며 상호작용에 관한 자신의 생각과 관심을 가진 독립적인 생명체가 아니기 때문이다.

가축화된 개의 기원에 관한 코핑어의 이론

코핑어와 코핑어의 2001년 책『개: 개의 기원, 행동 그리고 진화에 관한 놀라울 정도로 새로운 이해』는 세심하게 살펴볼 가치가 있는 책이다. 이 책은 미디어(PBS 특집 프로그램으로 두 편이 방영되었다)와 학계(e.g., Morey 2010; Francis 2015) 모두에서 어느 정도 관심을 받아왔다. 근거는 거의 없지만 코핑어와 코핑어는 이 책에서 인간이 모든 늑대/인간 상호작용을 통제한다는 믿음을 드러낸다(Bekoff 2001 참조). 자연에서 늑대를 경험했던 한 학자는 코핑어의 모델을 다음과 같이 설명한다.

[개가 늑대로부터 어떻게 진화했는지에 대한] 생각 중 하나로, 인간이 모여 사는 곳 주위를 배회하던 늑대가 청소동물로서 진화했다는 견해가 있다. 늑대가 많은 곳에서 살아본 사람이라면… 그 견해가 설득력이 없다고 생각할 것이다. 늑

대는 굶어 죽을 정도가 되거나 닥치는 대로 먹어치우는 과정에서 다른 포식자가 죽여놓은 동물을 우연히 발견하지 않는 한, 죽은 동물은 먹지 않는다. 그리고 인간의 부락에서는 대체로 늑대를 끌어들일 만큼 많은 양의 고기 쓰레기가 나오지 않는다. 다만 늑대가 호기심으로 인간의 부락에 오는 경우는 꽤 많다. … 큰 포유동물의 사체라면 늑대를 끌어들일 수 있을 것이다. 하지만 인간은 뼈에서 고기를 깨끗이 발라내기 위해 100만 년이 넘게 도구를 사용해왔으며, 최초의 개가 고고학 기록에 확실하게 나타나는 약 1만 5천 년 전부터 인간은 뼈를 발라내고 골수를 빼먹는 데에 아주 능숙해졌다. 인간이 남긴 것은 늑대 무리는커녕 한 마리가 먹기에도 모자랐다. 인간의 정착지에서는 충분한 쓰레기가 나온다. 하지만 인간의 정착지가 출현한 것은 농경이 시작되기 직전인 약 1만 년 전에 불과하다. (http://leesnaturenotes.blogspot.kr/2010/08/dog-evolution-camp-scavenger-hypothesis.html, [2010년 8월 25일 게재])

이 마지막 포인트가 특히 중요하다. 약 1만 년 전까지만 해도 인간은 늑대나 더 위험한 다른 청소동물을 끌어들일 만한 쓰레기가 나오는 정착지에 살지 않았다(Morey 2010). 반면에 인간/늑대 관계는 더 일찍, 즉 현재로부터 최대 10만 년 전에 시작되었다는 상당한 증거가 있다(Vilà et al. 1997; Ovodov et al. 2011; Shipman 2011, 211, 2015; Germonpré, Lázničková-Galetová, and Sablin 2012).

늑대 행동에 관한 논문을 검토한 한 논평에서는 코핑어와 코핑어의 생각을 다음과 같이 설명한다. "일반적인 가설에 따르면, 인간이 길들인 최초의 늑대는 모닥불 주위에서 숨어 있다가 남은 음식을 뒤져 먹던 늑대였다. 시간이 지나고 늑대와 인간이 여러 세대를 거치면서 몇몇 동물이 결국 두려움을 버리고 길들었다. 이런 가설에는 의심의 여지가 많다. 다 자란 늑대는 사회화하기 힘들다. 인간과 충분히 상호작용한 최초의 늑대는 아직 어릴 때 인간이 늑대 굴에서 데려와 사회화한 것이 틀림없다"(Spotte 2012, 211). 이 설명은 너무 단순한 데다가, 우리가 서론에서 언급한 '[인간이 밤이면] 공포에 떨며 모닥불 주위에 모여 있던' 시나리오를 넌지시 제시한다. 하지만 코핑어와 코핑어의 '쓰레기 더미' 모델이 가진 또 다른 문제들을 드러내주기도 한다.

코핑어와 코핑어는 늑대가 스스로 가축화됐으며, 시베리아에서 연구된 가둬서 키운 은여우가 진화한 방식과 유사하다고 추정되는 과정을 거쳐 개와 비슷한 표현형으로 스스로 진화했다고 주장한다(Belyaev 1979; Belyaev and Trut 1982; Safina 2015도 참조). 러시아에서 이루어진 그 흥미로운 연구는 가축화된 개의 현재 형태에서 보이는 특징이 어떻게 나타나게 되었는지 통찰을 제공할 수도 있을 것이다. 하지만 이 연구는 유라시아 전체에 분포하는 사회화된 늑대 같은 대형 갯과 동물의 진화나, 유럽인들이 도착하기 전 북아메리카 원주민 부족들이 알고 있던 갯과 동물의 진화는 거의 다루지 않는다(Fogg, Howe, and Pierotti 2015).

여우의 가축화 모델이 늑대에게 적용되지 않는 이유는 여우의 사회 체계가 늑대가 속한 가족집단과는 매우 다르기 때문이다. 여우는 갯과 동물이지만 늑대나 개와는 다른 갈래로 진화했으며, 그리 사회적이라고 할 수 없다(Francis 2015). 여우는 무리를 이루거나 협력적인 사냥을 하지 않는다. 따라서 여우는 인간과 늑대 사이에서 사회적 관계가 어떻게 형성되었는지를 이해하는 좋은 모델이 될 수 없다. 여우를 연구한 결과는 적어도 한 종의 갯과 동물을 단 몇 세대 만에 인간을 덜 두려워하도록 선택적으로 번식시킬 수 있으며, 형태의 변화가 행동의 변화와 연관될 수 있음 보여준다(Morey 1994, 2010; Crockford 2006). 이와는 대조적으로 늑대는 인간과 관계를 처음 맺은 후 수천수만 년 동안 계속 늑대의 모습을 유지했음이 거의 확실하다. 이는 여우 연구로부터 얻은 결과 또는 그 결과에 대한 코핑어와 코핑어의 해석이 늑대에 바로 적용될 수 있는지 의문을 갖게 한다.

코핑어와 코핑어 모델에 숨겨진 몇 가지 가정은 이들이 직접 제시한 증거에 의해서도 훼손된다. 이들은 이 '쓰레기 더미' 늑대들에게 늑대의 특징을 유지하는 쪽으로 선택이 일어나지 않았다고 가정한다. 이 늑대들이 쓰레기 더미를 뒤지면서도 계속 사냥을 했다면 늑대의 특징을 유지하는 쪽으로 선택이 있었을 것이다. 호주, 아시아, 북아메리카에는 원주민 부족들이 갯과 동물을 동반자로 삼아 사냥을 한 이야기가 많다. 하지만 이 이야기 중 어떤 것에도 쓰레기 더미나 심지어는 두엄 더미에서 늑대들이 먹이를 찾아 먹었다는 내용은 없다. 더 나아가 코핑어와 코핑어는 늑대와의 동반자 관계가 인간에게 득이 될 것이 전혀 없다고 가정한다. 재미있는 점은 늑대들 사이의 복잡한 사회적 역학관계를 기술한 사피나(2015), 헤어와 우즈(2013) 모두 야생 늑대에서 가축화된 개로의 변화를 논의할 때 코핑어 모델에 기댄다는 것이다. 이 백인 미국인들의 생각은 모두 인간이 버린 쓰레기를 주워 먹는 행위에 전적으로 의존하는, 유사-기생 동물을 만들어내는 강한 선택을 가정한다. 하지만 시궁쥐*Rattus norvegicus* 정도를 제외하면 그 어떤 포유동물도 그런 틈새를 채우기 위해 진화한 적이 없다.

코핑어와 코핑어의 책에서 가장 핵심적인 부분은 제4장 「발생 환경」이다. 이들의 연구에 따르면, 다양한 현대 품종 사이의 주요 차이점은 그 품종들의 행동 연쇄(먹이 섭취, 짝짓기 등 특정한 욕구를 만족시키기 위한 조직적 행동들의 합─옮긴이)가 불완전하다는 것이다. 예를 들어 늑대의 포식자 행동은 순서대로 일정하게 정해진 행동들, 즉 **방향 설정**orient/**주시**eye/**몰래 접근하기**stalk/**추격**chase/**물어 잡기**grab-bite/**물어 죽이기**kill-bite/**해체**dussect라는 행동의 합이다(Coppinger and Coppinger 2001, 116). 다양한 현대 품종은 이 행동 연쇄에서 하나 이상의 부분이 빠져 있다. 보더콜리는 이 행동 연쇄에서 물어 잡기까지 모든 행동을 하고, 그 다음에는 멈춘다. 앞서 보았듯이 입으로 잡는다고 해서 반드시 실제로 깨무는 것은 아니다. 경험이 많은 조련사들은 양을 물어 잡는 능력이 충분한 보더콜리가 양을 몰 때 그렇게 하지 못 하도록 훈련시킨다(McCaig 1991). 이와는 대조적으로

트링워커하운드는 추적(몰래 접근하기/추격)하는 데는 능하지만 물어 잡기는 하지 않는다. 이 개는 동물을 구석에 몰아넣고 멈춘 다음, 인간과 다른 하운드들의 관심을 끌기 위해 큰 소리로 으르렁거린다. 코핑어와 코핑어는 아프리카 동쪽 해안에 위치한 펨바섬에 사는 야생으로 돌아간 개들에 대한 연구에서, 이 개들이 모든 포식자 행동 패턴을 보이지 않았으며 완전히 청소동물로 변해버렸다고 주장한다. 여기서 그 개들이 토끼 같은 실제 사냥감을 만났을 때 어떻게 반응했는지를 만약 코핑어와 코핑어가 봤다면 재미있었을 것이다.

개들의 행동 연쇄를 관찰하는 일은 흥미롭다. 그 관찰을 통해 다양한 견종을 어떻게 가장 효율적으로 훈련시킬 수 있는지, 인간의 선택이 개들의 행동을 어떻게 변화시켰는지 통찰할 수 있다. 그런데 전체 행동 연쇄를 온전하게 보여주는 품종도 있다. 스피츠 종류의 개, 바센지, 딩고, 놀라울 정도로 다양한 중·대형 교잡종 품종이 그 예다. 이런 품종에는 가장 늑대 같은 견종들 중 일부가 포함된다. 이 견종들의 행동과 겉모습을 보면, 어떻게 개가 늑대와는 완전히 다른 모습으로 만들어지게 되었는지를 주장하는 모든 논의는 힘을 잃는다. 이 동물들은 행동과 겉모습 모두 늑대와 매우 비슷하며, 어떤 개들은 죽은 동물을 먹는 것에 의지하지 않고도 스스로의 힘으로 생존할 수 있다.

이런 예는 앨버트 페이슨 터휸이 1935년 발표한 고전 『진짜 개들의 진짜 이야기』 중 「에어로플레인, 늑대가 된 개Aeroplane, the Dog Who Turned Wolf」 이야기에서 찾을 수 있다. 에어로플레인은 빗장 열기 챔피언 보더콜리였다. 새 주인에게 팔려가던 에어로플레인은 탈출해서 버려진 천막 밑에 보금자리를 틀었고, (빗장을 쉽게 열 수 있었기 때문에) 닭장을 습격하고 토끼와 새를 잡아먹으면서 살았다. 에어로플레인의 상태는 갇혀 있을 때보다 더 좋아졌다. 더 건강해지고 강해졌다. 이런 자세한 상황을 알 수 있는 이유는 에어로플레인이 1년 만에 자기 발로 붙잡혀 원래 주인에게 돌아갔기 때문이다. 에어로플레인은 다시 '개'로 살기 시작했고, 세계 챔피언 타이틀을 따냈으며, 캐나다 최고의 보더콜리로 갈채를 받았다. 이 이야기는 인간에 의해 길러졌지만 야생으로 돌아갔다가 다시 인간 동반자들과 함께 사냥을 한 딩고와 늑대에 관한 이야기와 비슷하다.

레이 코핑어는 (그의 관점에서) 중석기시대와 흡사한 환경에서 사는 개의 집단을 찾기 위해 의도적으로 펨바섬 개들을 연구했다(Coppinger and Coppinger 2001). 하지만 그런 개의 집단과 관련된 몇몇 문제를 생각해보면, 펨바섬 개들에게서 개 조상의 모습을 볼 수 있다고 생각하기는 쉽지 않다. 우선 펨바섬에는 이슬람인만 산다. 이슬람인들에게는 개를 불결하다고 생각하는 관습이 있다(Foltz 2006). 따라서 코핑어가 펨바섬 사람들에게 애완견이 있냐고 물어보았을 때 없다고 대답한 것은 당연한 일이었다. 펨바섬 개들은 진정한 의미에서 청소동물이며, 비교적 일관된 표현형으로 진화하면서 일종의 평형 상태에 다다른 것으로 보인다. 중요한 점은 이 개들이 오늘날 개 조상의 모습을 나타내느냐, 또는 그 조상이 진화해 만들어질 수 있는 여러 모습 중 단지 하나를 나타내느냐의 문제다. 펨바섬의 개들은 세계 여러 지역의 원주민 부족들이 기르던 개들과 전혀 닮지 않았다. 몸무게가 17킬로그램 정도 나가는 이 개들이 주로 죽은 동물을 먹는 이유는 그 외에 먹을 것이 거의 없기 때문이다. 이와는 대조적으로 초기의 개/늑대에게는 먹잇감이 될 만한 것이 매우 많았기 때문에 사냥이 가능했다.

코핑어와 코핑어의 책은 몇 안 되는 개의 품종 또는 범주에 대한 정보를 제공할 뿐이다. 늑대가 진화해온 역사와 늑대와 인간의 상호작용이 전 세계 수많은 문화의 역사에서 중요한 측면을 차지하고 있음에도, 이 책에는 그에 관한 데이터나 통찰이 전혀 없다(Pierotti 2011a; Fogg, Howe, and Pierotti 2015). 코핑어와 코핑어는 늑대의 여러 행동 특성이 개에서도 나타난다는 사실을 인정하면서도, 개에게서 보이는 모든 특징이 개가 늑대로부터 분리된 후에 진화한 것처럼 쓴다. (썰매개처럼) 짐을 나르는 동물로 이용되는 많은 견종의 지구력을 높여주는, 적혈구가 많다는 특징조차도 늑대와 완전히 분리된 개에게서 진화한 것으로 취급한다. 이런 특징이 장거리 추격을 하는 늑대에게 유리한 것일 수 있음에도 그렇다.

이런 접근방법은 엄청난 혼란을 일으킨다. 썰매개에 대한 코핑어와 코핑어의 논의는 달리기 시합에서 달리는 속도를 최대화하는 방법만을 다룬다. 레이 코핑어가 개썰매 경주에 참가했었기 때문이다. 썰매개는 본래 속도를 내도록 길러진 개가 아니라 짐을 끄는 힘이 커지도록 길러진 개다. 말라뮤트와 허스키가 늑대보다 어깨가 튼튼하고 가슴이 넓으며, 이들이 늑대보다 더 천천히 달리는 이유가 여기에 있다. 이런 개들은 유럽 혈통을 가진 사람들이 스포츠를 즐기기 위해 길러진 개가 아니다.

실제로 코핑어와 코핑어는 오직 유럽 혈통을 가진 사람들만 관심을 가지는 부분 외에 개의 다른 어떤 역할에 대해서도 논의하지 않는다. 이는 또 다른 유럽 편견의 예시이며, 인간/늑대의 역학관계가 상리공생적이 아니라는 그들의 주장에서 그 편견이 가장 극명하게 드러난다. 이 결론의 비논리성은 현대 인간이 개 없이도 생존할 수 있으며 따라서 개는 기생동물, 즉 편해공생amensal 동물로 생각돼야 한다는 의견에서 비롯된다. 이와는 대조적으로 원주민 부족들이 제공한 증거로 뒷받침받는 우리의 주장은, 인간이 유럽과 북아메리카에 도착했을 때 늑대와 협력해 사냥하고 먹이를 공유하지 않았다면 살아남지 못했을 수도 있었다는 것이다(Schleidt and Shalter 2003; Shipman 2015).

코핑어와 코핑어의 생각을 이해하려면, 이들이 집에서 기르는 개를 설명한 장을 읽어보아야 한다. 이들은 집개와 인간의 관계를 노예공생dulosis, 즉 '노예 만들기'로 묘사한다. 개는 인간을 위해 '강제로' 일하기 때문이라고 설명한다(2001, 255). 이들은 딩고를 "농작물 해충crop pests"(280)이라고 부른다. 딩고가 인간의 활동에서 생겨난 쓰레기를 먹음으로써만 생존할 수 있다는 생각이 분명히 담긴 경멸적인 용어다. 호주 원주민들이 그런

농작물을 기르지 않는다고 언급하지 않더라도, 이 용어는 대부분의 호주 원주민 부족에게 불쾌한 감정을 일으킬 것이다(Rose 1996, 2000, 2011; 제6장). 따라서 이런 모욕적인 말은 전적으로 식민주의자의 생각에 기초한 것이라고 할 수 있다.

코핑어와 코핑어는 개가 경제와 생태계를 크게 갉아먹는다고 주장한다. 개를 키우려면 음식이 많이 소비되며 손도 많이 가기 때문이다. 이런 생각은 인간/개 관계의 본질을 놓치고 있다. 많은 사람은 자기가 키우는 개를 사람만큼 소중하게 생각한다. 이 사람들은 개를, 인간을 도와주고 보호해주고 위로하며 심지어 먹을 것도 가져다주는 동반자라고 생각한다. 시베리아 중부의 덫사냥꾼과 목축업자들(제5장), 아메리카 대륙의 원주민 부족들(제7~8장), 호주 원주민들(제6장), 갯돼 동물을 동반자로 소중히 여기는 유럽과 북아메리카의 수많은 사람 모두 이러한 인간/개 관계의 본질이 무엇인지 잘 알고 있다.

인간과 갯돼 동물 사이의 강한 유대를 이해하거나 최소한 인정이라도 하지 못하는 태도를 보면, 왜 코핑어와 코핑어가 쓰레기에 의존했던 늑대로부터 개가 진화했다고 생각하는지 어느 정도 납득이 된다. 그런데 늑대들 사이의 복잡한 사회적 상호작용을 인식하고 있는 사피나(2015)가, 늑대가 인간이 버린 쓰레기를 먹고 살았다고 주장하는 것은 매우 이상한 일이다. 마찬가지로 헤어와 우즈도 인간이 늑대와 협력적이 아니라 경쟁적이었다고 정교하게 주장한다(2013, 29). 이들은 또한 늑대가 "인간에 의해 키워진다고 해도 인간과 협력하지는 않으며, 인간에게는 비교적 관심이 없다"(178)라고 말한다. 헤어와 우즈는 협력해 먹이를 찾는 관계에서 공진화한 호모 사피엔스와 카니스 루푸스의 호혜적인 관계를 상상하지 못한다. 코핑어와 코핑어는 인간/개 관계에서 이득을 얻을 수 있는 쪽은 인간이 아니라 개라고 생각한다. 코핑어와 코핑어의 책을 읽어보면, 이들이 진짜로 개를 좋아하지 않는다는 인상을 받는다. 이들은 끊임없이 개의 '결함'을 언급하고 '도구'가 쉽게 개를 대체할 수 있다고 단정한다. 기계가 따라잡을 수 없었고 앞으로도 그럴 수 없을 것 같은 후각을 개가 가지고 있다는 사실을 생각하면 의문이 들 수밖에 없는 주장이다(Morey 2010).

레이먼드 코핑어가 그렇게 생각하게 된 이유는 최근에 나온 그의 책을 읽어보면 분명하게 알 수 있다(Coppinger and Feinstein 2015). 이 책을 보면, 이들의 썰매개 연구는 약 4000마리를 대상으로 했으며 목축용 개 연구에도 개 1500마리가 추가로 동원된 것을 알 수 있다. 이 정도의 마릿수는 강아지 공장puppy mill에서나 볼 수 있는 수다. 그렇게 개가 많으면 관계를 발전시키기가 쉽지 않다. 개 각각의 성격이 잘 보이지 않게 되기 때문이다(Pierotti 2011a).

이 점을 강조해서 지적하자면, 코핑어와 파인스타인의 이 최신 책은 그저 인간이 아닌 동물을 왜 '기계'로 생각해야 하는지만 장황하게 주장한다. 이는 데카르트식 사고에 기원한 생각이다. 이들은 행동을 '공간과 시간 안에서의 움직임'으로 정의한다. 이 판단 기준 하에서라면 비행기와 자동차도 '행동'한다. 이들은 또한 개가 복잡한 정신을 가질 수 없으며 감정도 느낄 수 없다고 주장한다. 이 책에서는 레이먼드 코핑어가 생명체로서 개를 얼마나 존중하지 않는지 드러난다(Bekoff 2001도 참조).

코핑어와 코핑어의 2001년 책 제10장에서는 갯과 동물의 계통 분류를 평가하기 위해 DNA를 동원하면서, 빌라 등의 1997년 논문에 크게 관심을 표한다. 이 논문은 유일하게 그들의 책이 쓰이기 전에 발표된, 카니스의 DNA에 관한 주요 논문이다. 그런데 빌라 등의 논문은 코핑어와 코핑어를 곤란하게 만든다. 이 논문에 따르면, 개와 늑대가 분리된 시점이 현재로부터 10만 년 전 이전까지 거슬러 올라갈 수 있기 때문이다. 이는 현재로부터 1만 2000년 전쯤 인간의 영구 정착지가 생길 때까지 개가 존재하지 않았다는 코핑어와 코핑어의 생각과 충돌한다.

코핑어와 코핑어는 '길들여짐'이 사회 환경에 대한 조건부 반응이 아니라 유전적으로 일어나는 반응이라고 주장하는 듯하며, 이로써 진화론 그리고 현대 계통분류학의 접근방법과 불협화음을 내고 있다. 앞서 우리는 쓰레기를 뒤지며 살았다고 추정되는 늑대가 그 이후에도 여전히 늑대로 남도록 하는 선택압을 코핑어와 코핑어가 고려하지 못하는 문제를 언급한 적이 있다. 쓰레기를 뒤지는 것은 먹이를 구할 수 있는 수많은 방법 중 하나일 뿐이다. 코핑어와 코핑어는 이 개의 조상에게 가해진 모든 선택이 기생동물로서 인간과 공존하는 특징 쪽으로만 향했던 것처럼 쓴다. 하지만 실제로 특징은 표현형의 다른 측면과 관계없이 진화하지 않는다. 어떤 특징은 그야말로 다른 특징과의 상관관계에 따라 발현되며, 또는 무작위로 나타나는 발생학적 잡음(developmental noise: 유전형과 환경 요소가 모두 같은데도 표현형이 개체에 따라 다르게 나타나는 현상—옮긴이)에 의해 나타난다. 굴드와 르원틴의 1979년 논문 「산마르코 대성당의 스팬드럴」에서 주장한 바가 바로 이것이다. 이 논문은 지나치게 단순한 적응주의 패러다임을 해체한 논문으로, 코핑어와 코핑어의 연구는 그런 단순한 패러다임의 예를 잘 보여준다.

코핑어와 코핑어는 자신들의 생각에 들어맞는 견해만 택했다. 이들은 "늑대, 개, 코요테, 자칼은 모두 실제로 그리고 잠재적으로 상호교배할 수 있으며, 스스로 생존 가능한 새끼를 낳을 수 있다. 따라서 이 동물들은 마이어Ernst Mayr의 정의에 따른 '적절한' 종이 아니다"(생물학적 종 개념BSC)(2001, 276)라고 말한다. 이는 21세기 종의 속성에 대한 매우 순진한 입장을 드러내며, 동물보존에 반대하는 사람들이 가진 관점으로 수렴한다. 이런 주장은 이종교배가 진화에서 차지하는 역할에 관한 최근의 사유와 종의 형성에 관한 현재의 사고방식을 전혀 모르는 것이다.

레이 코핑어는 흥미롭지만 만족스럽지는 않은 어느 논문에서 이런 생각을 더 자세하게 발전시켰다. 그 논문은 다음과 같은 문장으로 시작한다. "종은 움직이는 과녁에 비유할 수 있다"(Coppinger, Spector, and Miller 2010, 41). 이러한 시작은 이들의 주장을 곧바로 잘못된 길에 빠뜨리며, 결론은 혼란스러워진다. 끊임없이 움직이는 과녁은 환경조건이며, 종은 이 움직이는 과녁을 겨냥하느라 어려움을 겪는 사수에 불과하다. 1973년 밴 베일런은 이 현상을 붉은여왕 가설Red Queen hypothesis로 설명한다. 이 가설은 생물체가 생식의 유리함을 확보하기 위해서 뿐만 아니라, 끊임없이 변하는 환경에서 끊임없이 진화하는 적에 맞서 생존하기 위해서도 거듭 적응하고 진화하고 확산할 것이라고 가정한다(Bell 1982).

환경이 아니라 종을 움직이는 과녁으로 인식함으로써, 코핑어, 스펙터, 밀러(2010)는 또 다른 형태의 유럽 편견을 드러낸다. 종은 변하지만 환경은 일정하게 유지된다는 생각, 즉 '자연의 균형balance of nature'이라는 생각이다(Pierotti 2011a). 코핑어, 스펙터, 밀러는 갯과 동물의 진화를 연구하는 방식에 심각한 영향을 미칠 수 있는 문제를 인식한다. 가축화된 개는 기원이 하나밖에 없으며, 새로운 형태가 일단 나타나면 그 형태는 생식 측면에서 조상 형태와 분리돼야 한다는 생각이다(이 문제는 뒤에서 더 자세히 논의할 예정이다). 이들은 멸종 위기의 종을 보존하는 책임을 진 많은 사람이, 종이 무엇인지, 특히 멸종 위기의 종과 그렇지 않은 가까운 종과 이종교배가 이루어지는 경우 가장 좋은 보호 방법이 무엇인지에 대해 매우 순진한 생각을 가졌다고 지적한다. 맞는 말이다. 이는 멸종위기종보호법Endangered Species Act과 생물학적 종 개념에 결함이 있음을 드러낸다(O'Brien and Mayr 1991; Pierotti and Annett 1993).

하지만 코핑어, 스펙터, 밀러(2010)는 카니스 속 안에서 이종교배는 논리적이고 예측가능하다는 것을 알지 못한다. "[척추동물의] 속 안에서 자연적으로 잡종이 나타나는 현상은 짝짓기 시스템 측면에서 보면 무작위적인 현상이 아니며, 실제로는 진화론적 결과를 수반하는 적응 행동에 의한 것일 수 있다"(Pierotti and Annett 1993, 670). 암컷이 수컷을 선택할 때 그 수컷에게 부모와 부양자로서의 자질이 있는지 판단하는 척추동물 혈통에서, 그 암컷이 얻을 수 있는 최고의 짝은 가깝게 연결된 또 다른 종의 구성원일 수 있다(Good et al. 2000). 수컷이 부모 역할을 하는 종(늑대는 이런 포유동물의 가장 좋은 예다)은 이종교배 빈도가 더 높으며 생식격리가 나타날 확률은 더 낮다(Pierotti and Annett 1993). 반면에 생물학적 종 개념의 기초는 생식 면에서의 완전한 격리(분리)다.

"[늑대와 개 사이에] 최근 이종교배가 있었다면, 이는 개가 맨 처음 생겼을 때부터 이종교배가 계속돼왔다는 뜻이다"(Coppinger and Coppinger 2001, 289)라는 코핑어와 코핑어의 주장이 맞을 수도 있다. 피에로티는 다음과 같이 주장해왔다. "개의 진화는 계통수(phylogenetic tree: 진화에 의한 생물의 유연관계를 나무에 비유한 그림—옮긴이)가 아니라 태피스트리에 비유해서 상상하는 것이 가장 좋다. 현재로부터 최소 4만 년 이전에 시작돼 일부 지역에서는 현재까지 계속되고 있는, 인간과 늑대 사이에서 일어난 여러 번의 가축화 사건이 개가 진화한 원인이다. 이런 각각의 가축화 사건들로 인해 혈통 사이의 혼합이 일어났다. … 우리가 개라고 부르는 동물의 진화 역사는 다양한 늑대들이 전체적인 탄력과 유전적 다양성을 제공하는 일종의 금실 역할을 하여 수많은 줄 안에서 완전히 섞여 짜였다"(Pierotti 2014). 코핑어, 스펙터, 밀러의 2010년 책의 〈그림 1.2.10〉은 망상진화가 카니스 속 안에서 빈번하게 유전자 침투를 일으키는, 이런 '태피스트리'의 예를 보여준다. 이 저자들이 알아내지 못한 점은 혈통들이 이렇게 섞여 짜이는 이유가 환경적 교란 때문임이 거의 확실하다는 점이다. 이 교란에는 늑대를 멸종시키려고 한 유럽 혈통 인간의 시도도 포함된다(McIntyre 1995). 유럽인들이 북아메리카에 침입하기 전, 회색늑대, 코요테, 붉은늑대(카니스 루푸스), 동부늑대(카니스 리카온)는 아마도 생물학적 종 개념에 부합했던, 즉 생식 면에서 분리된 서로 다른 혈통이었다. 현재 아메리카의 카니스에서는 모든 포유동물 중에서도 가장 복잡한 이종교배 패턴이 나타난다. 이 패턴은 지난 150년 동안 인간이 모든 종류의 늑대를 심하게 괴롭혀 이 늑대들이 이전에 살던 곳이 대부분 사라지면서 나타난 것이다. 결국 가족을 떠나 짝을 찾아

나선 성체 붉은늑대와 회색늑대들이 코요테를 만날 확률이 같은 늑대를 만날 확률보다 더 높아진다.

마이어의 생물학적 종 개념에 기초해 북아메리카 갯과 동물을 이해하는 것은, 늑대가 변하지 않는 환경에서 살았다고 가정한다면 이치에 맞는 학문적 입장일 수 있다. 가축화된 개가 하나의 종이라고 주장하는 다른 사람들처럼, 코핑어와 코핑어 역시 그렇게 주장하면서도 다음과 같은 질문에는 대답하지 못한다. 만약 정말 그게 사실이라면, 개를 하나의 종으로 구분할 수 있는 특징은 무엇인가? 이는 사소한 질문이 아니다. 앞에서 강조했듯이, 우리는 치와와, 토이푸들, 코커스패니얼, 블러드하운드, 그레이트데인, 불마스티프, 시베리안라이카, 딩고, 말라뮤트, 에스키모개 등 다양한 형태를 포함하는 분류 집단을 논의하고 있다. 이 논의에는 구체적으로 혈통에 늑대가 들어 있는 샤를로스늑대개, 체코슬로바키안늑대개, 우토나간, 심지어는 저먼셰퍼드 같은 품종은 특별히 포함되지 않는다.

코핑어와 코핑어(2001)는 「카니스 파밀리아리스라는 이름에는 무엇이 들어있나?What's in the Name Canis familiaris?」라는 장에서 학명이 어떻게 확립되는지 다룬다. 하지만 이들은 한 집단에 학명이 할당된 이후, 그 집단의 진화 역사에 대한 이해가 높아지면서 어떻게 그 학명이 바뀌는지 기준에 대해서는 전혀 말하지 않는다. 과학계에서는 카니스 속의 어떤 구성원이 가축화된 개의 조상인지에 관한 모든 의문을 제거하기 위해, 늑대와 개는 같은 종의 구성원으로 생각돼야 한다고 올바르게 판단이 내려졌다. 이러한 판단이 내려진 과정은 앞에서 말한 것처럼, 그동안 존재했던 카니스 루푸스의 모든 이명이 실린 최근의 계통분류학 개정 내용에서 살펴볼 수 있다. 그런데도 코핑어와 코핑어는 이 상황을 정확하게 반영하지 못한다. 오늘날 계통분류학에 따라, 일반적으로 가축화된 개들은 그저 늑대의 여러 가지 형태로 여겨진다. 코핑어와 코핑어의 불만은 종(그리고 아종)의 진화적 기원이 단 하나라고 가정하는 현대 계통분류학의 관례를 겨냥해야 할 것이다.

코핑어와 코핑어는 『세계의 포유동물 종들: 분류학·지리학적 참고 서적』 1982년 판의 수석 편집자인 J. H. 호나키를, 가축화된 개의 학명을 카니스 파밀리아리스에서 카니스 루푸스 파밀리아리스로 바꾼 사람이라고 지목한다. 그리고 이는 결과적으로 상황을 더 혼란스럽게 만든다. 수석 편집자인 호나키가 실제로 이 특정한 결정(월슨D. E. Wilson과 리더D. M. Reeder의 책[1993, 『세계의 포유동물 종들: 분류학·지리학적 참고 서적』의 제2판―옮긴이]에 육식동물 부분을 집필한 고 크리스 워젠크래프트가 이와 비슷한 결론을 내렸다)과 조금이라도 관련이 있을 것 같지는 않다.

이 점은 혈통 간의 이종교배(잡종화) 문제와 관련이 있다. 개가 늑대에서 파생한 과정처럼, 가축화 과정은 세계의 서로 다른 지역에서 다른 시점에 독립적으로 진행됐을 가능성이 높다(Morey 1994, 2010; Tsuda et al. 1997; Vilà et al. 1997; Leonard et al. 2002; Savolainen et al. 2002; Derr 2011; Shipman 2011; Thalmann et al. 2013; Pierotti 2014). 이렇게 다중 기원을 가졌다는 점에서, 다양한 종류의 개들이 처음에는 서로 떨어진 늑대 집단들의 후손이었다고 추측할 수 있다. 따라서 그 다양한 개들이 최초의 가축화 이후 수백 또는 수천 년 동안 서로 교배했다면, 그 후손들은 진화 계통에서 하나 이상의 조상을 갖는 **망상진화**의 결과일 것이다(e.g., Frantz et al. 2016) 코핑어와 코핑어의 기본적인 주장이 맞을 수도 있다. 하지만 중요한 문제는 그들이 주장하듯 망상진화의 결과로 발생하는 형태를 종이나 아종으로 생각하는 것은 적절하지 않다는 점이다(Pierotti 2012a, 2014).

DNA, 가축화된 상태, 그리고 혼란

DNA 염기서열 분석DNA sequencing이 카니스 속 안에서의 진화 패턴을 이해하기 위한 도구로 유용한지를 검토하는 연구자들에게, 아메리카 야생 갯과 동물에서 보이는 이 복잡한 잡종화 패턴은 수많은 문제를 안겨준다(Coppinger, Spector, and Miller 2010 참조). 많은 과학자는 우리가 생명체에서 완전한 DNA 염기서열을 확보하기만 하면 종의 정체성과 진화적 혈통에 관한 모든 종류의 문제를 풀 수 있을 것이라고 생각했다. 예를 들어 '늑대와 비교했을 때 개란 무엇인가?' 같은 문제도 그중 하나다. 지난 25년 동안 유럽과 북아메리카의 수많은 사람이 이 문제를 연구해왔지만, 연구가 처음 시작됐을 때에 비해 개 품종 사이의 진화적 관계에 관한 합의가 더 이뤄진 것은 거의 없다. 하지만 이 DNA 연구결과가 확실하게 보여준 것은 있다. 처음에는 늑대와 코요테의 차이만큼 분명해 보였던 문제들에 대해서조차 우리의 가정은 대체로 복잡하게 변해왔다는 점이다.

코핑어, 스펙터, 밀러(2010)는 이 분야에서 처음 이뤄진 연구(e.g., Vilà et al. 1997)의 결과 중 일부를 문제 삼는다. 이들의 제일 큰 문제는 늑대와 개의 '분리'가 이뤄졌을 가능성이 있는 시점과 관련이 있다. 빌라 등은 미토콘드리아 DNAmtDNA의 돌연변이율에 기초한 '시계'를 사용해, 이 분리가 현재로부터 10만 년 전 이전에 발생했을 수 있다고 추정한다. 이 '시계'는 미토콘드리아 DNA가 세포 안에서의 위치 때문에 선택이 지연돼 돌연변이율도 고정됐다고 가정한다. 빌라 등은 시기가 상당히 잘 확립된 사건 하나를 선택했다. 늑대와 코요테가 분리된 사건이다. 늑대와 코요테의 DNA 염기서열 차이를 비교한 다음, 늑대와 다양한 유형의 개 사이의 DNA 염기서열 차이를 비교하는 방법으로 늑대와 개가 분리된 시기를 추정했다.

이 추정을 반박하기 위해 레이 코핑어는 린 밀러에게 의존했다. 코핑어는 "밀러를 설득해 그 논문[Vilà et al. 1997]을 읽는 방법을 가르쳤다"(Coppinger and Coppinger 2001). 밀러의 분석은 빌라 등의 주요 연구결과가 아니라 시기의 문제에 집중됐다. 빌라 등의 논문은 (1) 개의 혈통이 다계통발생적임을 확인하고, (2) 늑대가 가축화된 개의 유일한 조상임을 최초로 분명하게 밝힌 중요한 연구다. 코핑어(그리고 밀러)가 이것을 이해했다면, 왜 개를 하나의 종이 아닌 동족 관계 동물들의 조합으로 생각해야 하는

지 의문을 품지 않았을 수도 있다. 이 동족 관계 동물들의 조상도 고대 늑대들의 조합이며, 이 늑대들 각각은 현재 '개 유전체'로 알려진 유전정보의 서로 다른 부분이 만들어지는 데에 기여했을 것이다(Pierotti 2012b, 2014).

우리가 코핑어와 코핑어와 의견이 일치하는 지점이 있다. 빌라 등(1997)이 자신들의 연구 '대상인' 종을 어떤 종류의 학명으로도 부르기를 꺼려했다는 점이다. 카니스 루푸스, 카니스 파밀리아리스, 또는 이 학명들의 어떠한 변형도 그들의 출판물에서는 보이지 않는다. 우리가 알기로는『사이언스』저널이 주요 생물학 논문을 게재할 때 저자에게 연구 대상 생물의 학명을 밝히라고 요구하지 않은 것은 이때가 처음이다. 이 관행은 이제『사이언스』에 게재되는 '개의 진화'에 관한 모든 논문에 통상적으로 적용된다. 이는 가축화된 개의 복잡한 진화 역사가 암묵적으로 인정된 것이라고 우리는 보고 있다(Pierotti 2014). 코핑어와 코핑어는 개가 별개의 종이어야 한다거나, 그렇지 않으면 개, 늑대, 코요테, 자칼은 상호교배가 가능하기 때문에 모두 같은 종으로 생각돼야 한다고 주장하며, 이 지점에서 우리는 이들과 다를 수밖에 없다.

이렇게 학명을 사용하기 싫어한 것은, 빌라 등의 1997년 논문의 일부에서(그리고 이 주제를 다룬 후속 논문들에서) 늑대와 개를 모두 같은 종으로 인식할지 말지가 늑대를 멸종 위기 종 리스트에서 빼려는 시도로 이어질 수 있다는 불편한 감정이 반영된 결과다. 이는 정당한 걱정이다. 그 이전에 나온 논문 하나(Wayne and Jenks 1991)는 붉은늑대(카니스 루푸스)가 늑대와 코요테의 잡종으로 보인다고 주장했고, 이는 붉은늑대를 멸종 위기 종 리스트에서 빼려는 시도로 이어진 적이 있다. 잡종은 멸종위기종보호법의 보호를 받지 못한다는 논리였다(Coppinger, Spector, and Miller 2010; 이 주제에 관한 논의로 Pierotti and Annett 1993도 참조). 실제로 종 보존에 반대하는 우익 세력은 마이어의 생물학적 종 개념을 이런 식으로 오용했다. 이에 따라 유전적 증거가 종의 지위를 결정하는 데에 어떻게 사용돼야 하는지,

생물학적 종 개념이 종을 효과적으로 보존하려는 노력에 방해가 되는 건 아닌지 논란이 일기도 했다(O'Brien and Mayr 1991).

코핑어와 코핑어와 그들의 공동 연구자들, 그리고 UCLA 연구 집단(UCLA 로버트 웨인의 연구실은 갯과 동물의 유전학에 관한 논문을 수없이 생산해 낸 곳이다. e.g., Vila et al. 1997; vonHoldt et al. 2010)은 서로 경쟁적이고 확실히 양립할 수 없는 관점을 내비친다. 이 문제는 과학을 하는 다양한 방식에서 비롯된다. 코핑어와 코핑어는 행동을 주로 연구하면서 해부학적 구조는 피상적으로만 살피는 반면, UCLA 연구 집단은 DNA 염기서열을 주로 연구하면서 행동과 해부학적 구조는 대체로 무시한다. 두 집단 모두 생물지리학과 생태학은 신경을 쓰지 않는다. 갯과 동물을 연구하는 마크 데어는 DNA 증거에 대해 다음과 같이 말한다. "최근 빠르게 발전하고 있는 유전체 염기서열 분석은 가축화의 생물학적 연구에만 너무 집중해왔고, 같은 정도로 중요한 문화적 영향은 간과돼왔다. … 대부분의 가축화[사건]는 한 번에 두 곳 이상에서 일어났고… 때때로… 멀리 떨어진 곳에서 거의 동시에 일어났다는 확실한 유전적 증거 [때문이다]"(2011, 51). 문화적 요인들을 고려하지 않으면, 유전학자들과 헌(2013), 모리(1994, 2010), 크록포드(2006), 시프먼(2011, 2015) 같은 생물인류학자들 사이의 논리적 간극은 더 확실하게 드러나게 된다. 이 학자들은 모두 인간과 늑대가 서로를 만들어내는 데에 역할을 했다고 강조하는 사람들이다.

생물지리학과 생태학은 모두 문화적 요인과 밀접하게 연결돼 있으며, 인간과 늑대의 관계를 이해하는 데에 핵심적인 학문이다. 현생인류가 진화한 아프리카 사하라 사막 이남 지역은 늑대가 없는 곳이다. 인간은 자칼이나 코요테와는 밀접한 편리공생 관계를 맺은 적이 없는 것으로 보인다. 이 동물들은 무리를 이루지 않으며 집단의 일원으로 쉽게 사회화되지 않는다. 아프리카를 벗어나 아시아를 거쳐 유럽과 북아메리카에 진입한 인간은 이때 진짜 늑대를 만나게 된다. 그리고 곧이어 우리가 논의하고 있는 바로 그 관계가 시작됐다.

개의 혈통 연구는 확실히 연구 간에도 서로 들어맞지 않는다. 하지만 이 연구들은 시간적으로든 공간적으로든 다중 기원이 개의 특징이며, 이 종교배가 다양한 종류의 개와 개의 야생 조상들 모두에서 복잡하고 다채로운 혈통을 만들어냈을 가능성이 높다고 일관되게 설명한다(Verginelli et al. 2005; Ovodov et al. 2011; Shipman 2011, 2015; Pierotti 2014). 개에서 두드러지는 표현형·유전형의 다양성은 개의 조상이 수가 많고 다양한 늑대 집단에서 모집되었음을 강력하게 시사한다(Verginelli et al. 2005). 개와 늑대의 계통수에서 나타나는 극도로 변이율이 높은 미토콘드리아 DNA 염기서열을 보면, 개가 여러 개의 계통군으로 나뉜다는 것을 알 수 있으며(Tsuda et al. 1997; Vilà et al. 1997; Leonard et al. 2002; Savolainen et al. 2002; Frantz et al. 2016), 이는 개가 다양한 늑대 모계에 서로 다른 기원을 둔다는 주장과 일치한다.

DNA를 이용한 연구 중 어떤 것을 인용하느냐에 따라 다르지만, 지난 20년 동안 가축화된 개의 서로 다른 '기원'이 최소 네 개(최대 여섯 개)가 발표됐다. 아시아 동부(Savolainen et al. 2002, Niskanen et al. 2013), 레반트(Leonard et al. 2002, vonHoldt et al. 2010), 아시아 남부(Skoglund, Götherström, and Jakobsson 2011), 그리고 최근에는 유럽(Thalmann et al. 2013)에서다. 이 네 지역들은 모두 개가 기원한 '최초의' 그리고 '유일한' 지역으로 제시됐던 곳이다. 이런 분석들은 구석기시대에 인간과 갯과 동물의 관계가 확립된 이래 수천 년에 걸쳐 일어난 중요한 교배를 무시한다(T. N. Anderson et al. 2009; Coppinger, Spector and Miller 2010; Pierotti 2014). 비슷한 연구들에도 분명한 약점이 존재한다. 예를 들어, 널리 인용되고 있는 폰홀트 등의 2010년 연구는 아메리카에 원래 살았던 개들, 알래스칸허스키, 시베리안라이카를 분석 대상으로 포함시키지 않았다. 이 개들은 '개' 품종 중에서도 가장 늑대 같은 품종인데도 그렇다(〈그림 1.1〉)

그림 1.1 알래스칸허스키의 한 표현형. 다양한 북쪽 견종들 사이의 교배로 나타난 품종이다.

(Pierotti 2012a, 2012b). 탈만 등의 2013년 연구도 "개의 기원지로 서로 대립하는 중동과 중국의 표본"을 포함하지 않았다. "1만 3000년 이상 된 개의 유해가 이 지역들에서 발견되지 않았다"(873)라는 이유였다.

늑대가 초기의 가축화된 형태로 변한 기원지가 여럿 있음을 연구자들이 인정했다면, 이런 누락은 그렇게 중요한 문제가 아니었을 것이다. 최근에 발표된 한 논문에서는 "가축화의 중심지로 추정되는 지역에서 시작된 늑대 혈통 중 그 어느 것도 개 혈통의 원천이라고 확인할 수 없다. 또한 개와 늑대는 1만 1000~1만 6000년 전에 분화됐으며, 이 과정에서 대대적인 혼합과 그 뒤를 이은 늑대의 병목현상(짧은 시간 내에 개체수가 급속도로 줄어들어 유전자 빈도와 다양성이 급격하게 변하는 현상 현상—옮긴이)이 발생했다"라고 주장한다. 이 논문의 저자들은 더 나아가 "가축화 과정이 처음 시작될 때의 개는 오늘날의 개보다 육식성이 강했을 수 있다. 이때 개들은 초기 수렵채집자와 먹이를 공유했기 때문이다"라고 말한다(Freedman et al. 2014, 2). 이렇게 단순하게 표본추출이 이뤄지는 것을 보면, 갯과 동물 가축화가 일어난 시점과 장소 모두에 대한 논쟁이 상당히 많이 벌어진다는 것을 알 수 있다. 이 주제에 관한 최근 연구(Frantz et al. 2016)는 결국 가축화된 개의 다중 기원을 인정했다. 물론 앞에서 언급한 논문만 비판적으로 읽어도, 그 논쟁의 결론이 개가 다중 기원을 가졌다는 쪽을 오랫동안 가리켜왔음을 알 수 있지만 말이다(Pierotti 2014). 프란츠 등의 이 연구에서는 개의 기원지로 위에 제시된 모든 곳에서 각각 독립적으로 가축화 사건이 일어났다고 주장하며, 다양한 종류의 늑대에서 가축화된 갯과 동물이 파생한 사건은 1만 3000년 또는 3만 5000년 전에 단 한 번 발생하지 않았고 세계의 일부 지역에서는 역사시대까지 계속되었을 것이라고 주장한다(Losey et al. 2013; Pierotti 2012a, 2012b, 2014; Fogg, Howe, and Pierotti 2015). "개의 가축화는 여러 곳에서 여러 번에 걸쳐 일어났으며, 그 과정에는 늑대의 혈통이 수없이 많이 개입됐다"(Spotte 2012, 20).

고대의 미토콘드리아 DNA를 연구한 베르지넬리 등(2015)은 이탈리아에서 발견된 갯과 동물의 반화석을, 전 세계에서 모은 순종 개 547마리의 DNA 샘플, 늑대 341마리의 DNA 샘플과 비교했다. 그 결과 현재 존재하는 개의 세 가지 주요 계통군에 있는 매우 다양한 염기서열을 이 갯과 동물의 반화석에서도 발견했다. 이는 개의 기원이 다계통발생적이었음을 시사한다. 계통발생 연구는 고대의 염기서열과 지리적으로 널리 퍼진 현존 개의 모계 혈통들 사이의 관계, 그리고 고대의 염기서열과 동유럽 기원을 가진 현존 늑대의 모계 혈통들 사이의 관계에 집중돼왔다. 베르지넬리 등의 연구결과는 유럽 늑대가 개의 세 가지 주요 계통군의 기원과 관련돼 있으며 가축화가 독립적으로 여러 번 일어난 사건이라는 주장에 힘을 실어준다(Thalmann et al. 2013 참조; Frantz et al. 2016). 가축화된 갯과 동물로 보이는 3만 3000년 전 동물의 유해가 시베리아 남부 알타이산맥에서 발견된 것(Ovodov et al. 2011), 거의 비슷한 정도로 오래된 다른 가축화된 개의 유해가 벨기에의 한 동굴에서 발견된 것(Germonpré et al. 2009), 그리고 아시아 동부와 남부에서 발견된 많은 양의 증거를 고려하면, 개의 가축화가 단 한 곳에서 시작됐을 가능성이 낮다고 추정할 수 있다.

분명한 발견 중 하나는, 고고학과 유전학에서 얻은 증거들을 합치면 지난 1만 2000년 안에 가축화 사건이 단 한 번 일어났다는 코핑어와 코핑어(2001)의 모델을 반박할 수 있다는 것이다. 폰홀트 등의 2010년 연구는 다양한 형태의 '고대' 개를 만들어낸 사건이 최소 여섯 번은 있었음을 보여준다. 이 고대의 개에는 다음과 같은 혈통이 포함된다. (1) 바센지, (2) 아키타개·차우차우·샤페이·말라뮤트·허스키를 포함하고 딩고가 포함될 가능성이 있는 동아시아 그룹, (3) 살루키와 아프간하운드를 만들어낸 혈통, (4) 아메리카 에스키모개와 사모예드를 만들어낸 혈통, (5) 쿠바츠와 이비잔하운드를 만들어낸 혈통, (6) 현존하는 개 품종의 대부분을 만들어낸 것으로 보이는 혈통.

게다가 늑대와 흔히 교배해 '늑대 잡종' 또는 '늑대개'라는 개를 낳는 스피츠 종류의 '견종' 대부분은 사람들이 '개'라고 생각하는 동물보다는 늑대와 더 가깝게 연결돼 있다. 예를 들어 폰홀트 등의 2010년 연구에 따르면, 사역견 혈통에서 파생해 어느 정도 늑대 같은 겉모습을 가진 저먼셰퍼드는 슈나우저와 가장 가깝게 연결돼 있는 것으로 보인다. 하지만 품종을 만들어내는 사람들은 이 저먼셰퍼드 품종을 만들기 위해 최근의 늑대 혈통을 이용했다고 밝혔다(제9장 참조). 늑대개 사육자인 고든 스미스(1978)는, 저먼셰퍼드를 만들어내는 사람 중 일부가 길들인 늑대와 미국애견협회에 등록된 셰퍼드의 혈통을 바꿔 더 잘생긴 '저먼셰퍼드'를 만들어냈다고 주장한다. 흥미롭게도 개의 다중 기원에 관한 최근 논문(Frantz et al. 2016)에서는, 늑대와 섞인 것으로 알려진 체코늑대개 같은 다른 품종들과 저먼셰퍼드를 동일한 자리에 배치하고 고대의 스피츠 품종 중 하나로 취급한다. 이는 폰홀트 등(2010)이 저먼셰퍼드를 슈나우저나 포르투기즈워터도그 같은 사역견과 같은 자리에 배치한 것이 정확하지 않을 수 있음을 시사한다. 적어도 DNA를 기초로 한 앞의 두 연구결과가 둘 다 정확할 수는 없다. 개의 진화를 설명하기 위해 DNA 증거를 연구한 프란츠 등(2016)은 체코늑대개와 샤를로스늑대개의 DNA를 연구 대상에 처음 포함시킨 사람들이다. 품종으로 인정된 것 중에서 겉모습이 늑대와 가장 닮은, 중앙아시아의 라이카, 북아메리카의 인디언 개, 그리고 벨지언셰퍼드(목양견) 품종 중 어느 하나에서도 DNA가 추출돼 연구된 적은 없다.

하지만 결국 **개**가 인간에게 어떤 존재인지 이해하는 데는 문화가 DNA보다 더 중요할 수 있다. 모든 문화적 전통과 거의 모든 인간에게는, 자신들의 특정한 삶의 방식에 맞는 카니스 속 구성원으로서 개가 무엇인지에 대한 특정한 개념이 존재하기 때문이다. 캔자스 시골에 사는 우리 이웃 한 명은 개를 트링워커하운드라고 생각한다. 이 견종이 밤에 너구리 사냥을 나가는 자신의 개인적인 강박에 잘 어울려주기 때문이다. 또 다른 이웃 한 명은 개를 래브라도레트리버라고 생각한다. 일상생활에서는 동반자가 되고 새 사냥을 나갈 때는 충실한 파트너가 되기 때문이다. 우리 가족에게 개는 밖에서는 살지 못하는 작은 동물이다. 상투적으로 보일 수도 있지만, 이 개들은 모두 우리가 **개**라는 개념을 생각할 때 떠오르는 이미지를 나타낸다.

진화에 관한 더 광범위한 질문을 할 때, 이런 상황은 더 중요한 의미를 지니게 된다. 늑대와의 관계를 처음 구축한 인간들에게 '갯과 동물 동반자'라는 이미지는 어떤 것이었을까? 이 책의 다른 부분에서 다루게 될, 다양한 문화적 전통에 의해 선택된 동물들에게서 힌트를 어느 정도 얻을 수 있다. 시베리아의 사냥꾼들과 그들의 후손에게 개는 미국인 대부분이 늑대로 착각하는 가축화된 동물일 뿐이다. 아메리카 원주민들에게 개는 늑대다. 실제로 이들은 개와 늑대를 거의 구분하지 않는다. 구분이 별로 중요하기 않기 때문일 것이다(Fogg, Howe, and Pierotti 2015; 제7장). 호주 원주민들은 딩고가 인간과 함께 문화를 발전시키는 갯과 동물이라는 이미지를 갖고 있다. 또한 그들은 18세기에 유럽인들이 자신의 땅에 침입했을 때 같이 온 '가축화된 개'를 어떻게 다뤄야 할지 잘 모르는 듯하다(Rose 2000, 2011; 제6장). 모든 문화적 전통은 각각의 문화가 가진 특유한 삶의 방식을 공유하도록 맞춰진 갯과 동물의 특정한 이미지와 함께 발전했다. **개**라는 용어를 정의하기 매우 어려운 이유가 여기에 있다. 모든 전통 그리고 심지어는 자신만의 문화적 전통을 가진 특정 개인들도 어떤 종류의 갯과 동물이 자신의 삶과 사는 공간을 공유하기에 가장 좋은지 서로 매우 다른 이미지를 가지고 있다.

2

종 사이의 협력

도래까마귀[큰까마귀]에게 있어 새로이 출현한 약탈자 무리인 인간은 보통 무리를
지어 사냥을 하던 늑대들의 단순한 대체자일 뿐이었다.

베른트 하인리히, 『까마귀의 마음The Mind of the Raven』

적어도 다윈 이후로는 생태 공동체를 구성할 때 경쟁이 협력보다 더 중요하
다고 여기는 과학적인 문화 전통이 존재해왔다. 이런 전통에는 인간이 늑대
와의 초기 관계를 통제했음이 분명하며 늑대를 개로 변화시키기 위해 수천
년의 시간과 정교한 교배 프로그램이 필요했다는 가정이 포함돼있다(Cop-
pinger and Coppinger 2001; Francis 2015).

인간/늑대 상호작용과 개의 기원에 관한 코핑어와 코핑어의 주장은 이
런 생각들이 서로 어떻게 얽히는지 보여주는 예다. 이들의 주장은 두 가지
가능성을 상정한다. (1) 개와 늑대는 확실히 다른 종이다(분류학적 관점에서
보면 과한 분리다). 또는 (2) 카니스 속의 모든 구성원은 같은 종의 구성원으

로 생각해야 한다(분류학적 관점에서 보면 과한 뭉뚱그리기다)(Coppinger and Coppinger 2001, 273-82). 비슷한 논리에 따라 이들과 프랜시스(2015)는 인간과 늑대가 서로 협력적이지 않고 경쟁적이라고 주장한다. 이는 멸종 위기 종 지위를 박탈하려고 노력하는 반反보존주의자 정치인들의 주장과 궤를 같이한다. 그들은 또한 현재의 늑대는 무스(말코손바닥사슴), 카리부(북미산 순록), 엘크(와피티사슴), 사슴 같은 '사냥감' 동물을 두고 인간과 서로 싸우는 경쟁자라고 주장한다(Haber 2013; Jans 2015).

이와는 대조적으로 현대의 과학적 접근방법은, 서로 다른 두 종이 생리적·행동적 면에서 양쪽 모두에게 도움이 되는 협력적인 관계를 어떻게 만들어 내고 그 관계 속에서 어떻게 사는지를 탐구한다(Dugatkin 1997). 최근 들어 서양 과학자들은 비인간 사회와 인간 사회 모두에서 협력이 경쟁보다 더 중요하다는 것을 알게 됐다(Worster 1993, 1994; Dugatkin 1997; Pierotti 2011a). 인간이 아닌 종들 사이에서 보이는 행동의 85~95퍼센트는 공격적이거나 경쟁적이지 않으며 친화적이거나 협력적이다(Shouse 2003). 협력과 '촉진'(facilitation: 다른 종이 살기에 적합한 환경을 만드는 일—옮긴이)은 종 안에서만이 아니라 생태 공동체 속 서로 다른 종의 집단들 사이에서도 발견되는 현상이다.

협력적 관계의 진화

인간과 다른 형태의 생물체 사이에 협력적 관계가 존재한다는 가장 확실한 증거는, 다른 모든 다세포 생명체처럼 우리의 세포 안에 '우리'와는 유전적으로 확연히 다른 미토콘드리아가 있다는 사실이다(대부분의 사람들이 '우리 고유의 유전자'라고 생각하는 것은 세포핵 안에서만 발견되며, 핵 밖에 있는 DNA는 우리 고유의 것이 아니다). 처음에 과학자들은 미토콘드리아를 진핵세포 안에서 진화한 '세포소기관'이라고 설명했다. 하지만 실제로 미토콘드리아는 자기 복제를 하는 분리된 유기체로, 고유의 유전정보를 가지고 우리의 세포 안에서 공생한다. 미토콘드리아 DNA는 모계를 통해서만 전달되며, 이는 난자 세포가 미토콘드리아를 포함하는 반면 정자는 배아에 미토콘드리아를 제공하지 않기 때문이다. 미토콘드리아는 산소호흡을 하여 자신이 들어 있는 세포에 에너지를 공급한다. 미토콘드리아는 세포의 '발전소'라고 할 수 있는데, 이는 미토콘드리아가 자신이 들어 있는 세포로부터 풍부한 영양분을 제공받고 보호받는 환경에서 사는 대신 세포에 자신이 만든 에너지를 공급하기 때문이다(E. C. Nowack and Melkonian 2010). 미토콘드리아는 자신을 둘러싸고 있는 세포 환경 때문에 자연선택의 대상이 되려면 시간이 오래 걸린다. 따라서 시간이 지나면서 중립 돌연변이(자연선택에 유리하지도 불리하지도 않은 돌연변이)라는 현상이 무작위로 일어나고, 이것이 축적돼 '분자 시계'를 만들어낸다. 상호작용하는 이 두 가지 세포(미토콘드리아와 숙주세포)는 **세포내 공생**endosymbiosis이라고 부르는 과정을 통해 서로를 만들어간다. 이 관계가 존재하지 않는다면, 그 어떤 식물이나 동물 또는 다세포 생명 형태도 존재할 수 없을 것이다(Margulis 1998; McFall-Ngai et al. 2013). 다세포생물(진핵생물)의 세포는 '창조'라는 특별한 사건이 아닌 서로 다른 생명 형태 사이의 융합으로 만들어졌다. 그리고 이 세포들은 살아가는 데에 "평화롭고 조화롭게 더불어 사는 삶보다 복잡한 그 어떤 것도 필요로 하지 않는다"(Prothero 2007, 154).

다만 대부분의 사람들은 협력이 다세포(진핵) 종 사이에서 나타난다고 생각한다. 새, 곤충, 포유동물 등 인간이 쉽게 인식할 수 있으며 눈에 보이는 복잡한 유기체가 꽃가루 매개자가 되어 식물과 이루는 관계가 그 예다. 몸집이 큰 종이 작은 종을 포식자로부터 보호하고 그 대가로 작은 종이 감시를 서면서 은신처나 둥지를 공유하는 어류나 조류는 수없이 많다(Walters, Annett, and Siegwarth 2000 참조). 이는 우리가 인간과 늑대 사이 협력의 진화, 특히 협력적 사냥을 논의할 때 사용할 논리의 근거가 된다.

협력적 사냥

둘 이상의 개별 동물이 사냥에 참여했을 때 먹잇감을 잡을 확률이 높아지는 데서 볼 수 있듯이, 협력적 사냥은 널리 퍼진 현상이다(Packer and Ruttan 1988). 협력적 사냥을 하는 많은 종이 함께 먹잇감을 찾는 것은 그저 우발적인 사건이라고 실명돼왔다. 포식자들은 각자 자신의 힘으로 먹이를 잡을 수 있는 확률을 최대화하기 위해 노력하면서 개별적인 사냥을 한다고 생각되기 때문이다. 진정한 협력은 개별 동물이 서로 다른 역할을 할 때만 가능하다고 여겨진다. 즉, 적어도 어떤 개체는 자신이 사냥에 성공할 확률이 낮거나 다칠 확률이 높은 역할을 받아들인다는 뜻이다. 어떤 개체는 추격자 역할을 하고 다른 개체는 탈출로를 막는 역할을 하는 사냥을 예로 들 수 있다. 사자나 아프리카들개가 이런 식으로 사냥한다. 이런 협력관계가 알려진 종은 얼마 안 된다. 주로 포유동물과 조류가 여기에 속하지만, 떼를 지어 움직이는 일부 어류도 이런 식으로 먹잇감을 찾는다(Major 1978). 협력으로 이뤄지는 사냥에서 각 개체의 역할이 특화되는 것은 훨씬 더 드문 일이며, 지금까지 이런 예를 다룬 논문은 두 편밖에 되지 않는다(Clode 2002; Bshary et al. 2006). 협력해서 적당한 먹잇감을 찾기 위해 집단 구성원끼리 먼저 소통하는 사례(의도적인 사냥intentional hunting: 잠재적인 먹잇감이 발견되기 전에 우선 사냥을 계획하는 일-옮긴이)는 한 침팬지 집단에서밖에 관찰되지 않았다(Boesch 1994).

그런 사례를 거의 찾을 수 없는 이유는 서양의 과학적 전통에 따라 교육을 받은 생태학자들이 가진 편견 때문이다. 서양의 과학적 전통에서는 이런 협력적 상호작용이 없음을 보여주기보다는 상호작용의 지배적인 형태가 경쟁이라고 가정한다. 피에로티는 가족이 키우는 애완동물을 제공받아, 서로 다른 종의 개체들이 서로 다른 역할을 맡아 협력적인 사냥 집단을 이루는 모습을 관찰할 기회가 있었다. 그 집단에 참여한 동물은 집고양이 세 마리

(하나는 오렌지색 큰 수컷, 나머지 둘은 작은 암컷이었고, 암컷 중 하나는 메인쿤 품종이 섞인 교잡종이었다)와 집개 한 마리(헝가리안풀리/푸들의 일종)였다. (이야기를 진행하기 위해 1인칭으로 시점을 바꿔) 나(피에로티)는 캘리포니아 펠턴의 산타크루즈 마운틴 타운 근처 오크 침엽수가 섞인 숲에 4000제곱미터 정도 되는 땅에서 살고 있었다. 이 작은 구역에는 커다란 오크나무들이 있었다. 그 나무들 중 하나는 다른 오크나무들과는 멀리 떨어져 있었고 여러 나뭇가지가 지붕 위에 드리워 있었다. 이 지역에는 서방회색다람쥐*Sciurus griseus*들이 살고 있었지만, 집 마당에서 이 다람쥐를 본 적은 거의 없다. 그 이유는 회색다람쥐가 메인쿤 암컷 고양이의 추격을 피해 지붕을 가로질러 달려가는 모습을 내가 보게 됐을 때 분명해졌다. 이 다람쥐는 오크나무로 뛰어들었고 메인쿤 암컷 고양이는 추격을 멈췄다. 다음에 일어난 일은 예상치 못한 것이었다. 제일 작은 고양이, 즉 흰색과 검은색이 섞인 암컷이 다람쥐를 뒤쫓아 지붕을 가로질러 나무로 뛰어들었다. 다람쥐는 얇은 가지로 움직였지만 이 제일 작은 고양이도 그 가지를 따라 움직였다. 나는 다람쥐가 땅으로 뛰어내릴 거라고 생각했지만, 나무 밑에는 큰 수컷 고양이와 개가 서로 10미터쯤 떨어져 기다리고 있었다. 이 수컷 고양이와 개는 각각 다람쥐가 달아나기 쉬운 길을 막고 있었다. 다람쥐를 포함해 동물들은 모두 아무 소리를 내지 않았다. 다람쥐는 가지의 바깥쪽으로 더 움직였고 제일 작은 고양이는 더 가까이 접근했다. 메인쿤 암컷 고양이는 계속 지붕 위에 있었다. 자신이 있는 방향으로 다람쥐가 달아나지 못하게 막는 것이었다. 이 상황은 30분 이상 이어졌다. 다람쥐는 가지 맨 끝에 매달려서 버티고 있었다. 제일 작은 고양이는 다람쥐와 1미터도 안 되는 곳에 있었지만, 가지가 너무 얇아 더 가깝게 가기를 꺼려하는 것 같았다. 이 시점에서 나는 구조를 위해 나섰다. 포식자 집단의 주의를 다른 데로 돌려 다람쥐가 나무 위로 더 높이 올라가도록 한 것이다.

이 이야기는 두 종에 걸친, 친족관계가 아닌 개체 네 마리가 각각 서로 다른 역할을 맡아 협력적인 사냥을 벌인 이야기다. 이 개체들은 대체로 독립적으로 움직였으며 집단으로는 잘 돌아다니지 않았다. 하지만 이들은 각자 자신만이 가진 능력을 협력적인 방식으로 이용할 능력이 있었다. 메인쿤 고양이는 1차 추격자 역할을 했다. 이 고양이는 빠르고 활발했으며 몸 상태는 전성기에 있었다. 이 고양이는 다람쥐를 따라 나무로 들어가지 않고, 더 작고 더 날렵한 암컷 고양이가 그 역할을 맡도록 했다. 나무에 잘 기어오르지 못하고 지붕 위로도 올라가지 않았던 개와 큰 수컷 고양이는 다람쥐가 땅으로 피신을 시도할 경우 추격할 수 있는 곳에서 역할을 맡았다.

이런 일이 한 번 일어나고 만 사건이었을 것 같지는 않다. 이 가축화된 동물 네 마리는 우리 마당에서 언제든지 마음껏 뛰어다녔고, 이들에게 잡아먹힌 다람쥐의 유해도 자주 보였다. 그렇다면 이들이 이런 식으로 협력해 사냥에 성공한 경우도 아주 많았을 것이다.

이 개체들이 이뤘던 관계는 인간이 이 개체들로 만든 공동체의 일부였다. 가축화된 고양이가 협력적인 사냥을 한다는 설명은 거의 없으며, 개와 고양이는 '적'으로 생각된다. 하지만 개와 고양이가 함께 길러지면 적이 될 일은 전혀 없다. 앞에서 나온 고양이 세 마리와 개 한 마리는 10년 이상 한 집단에서 같이 살았고, 상당히 많은 시간을 함께 보내면서 잘 어울렸다. 나이가 제일 많은 개는 고양이가 새로 집에 들어올 때마다 좋은 관계를 맺었다. 수컷 고양이와 개는 자주 어울려 놀았다. 개가 15살이 돼 노화가 시작되자 암컷 고양이 두 마리는 몇 시간씩 개에게 몸을 붙이고 혀로 털을 다듬어 줬다(수컷 고양이는 그전에 죽었다).

처음에는 경쟁적이라고 생각됐던 또 다른 협력적 관계는 아메리카 원주민의 오소리와 코요테 이야기에서 찾을 수 있다. 이 이야기에서 오소리와 코요테는 '친구'였고 함께 사냥했다(Voth 2008에서 몇 가지 예를 볼 수 있다). 공동체의 역학관계를 좌우하는 것이 경쟁이라는 생각으로부터 형성된 서양의 생태학적 개념에서는 코요테와 오소리의 관계를 포식자 간 경쟁이라고 정의했다(Minta, Minta, and Lott 1992). 이 경쟁관계는 오소리와 코요테가 서로 경쟁자로 보이도록 조작된 화면이 담긴 다큐멘터리 〈오소리: 그 뒷이야기Badgers: Dishing the Dirt〉(Profiles of Nature 2005년 4월 23일자 방송, 이후에도 자주 방영됨)에서 자세히 다뤄지기도 했다. 하지만 이 프로그램에서 두 종이 상호작용하는 장면은 거의 나오지 않는다. 실증 연구를 해보면 두 종이 적어도 가끔은 협력적이라는 것을 알 수 있다. 코요테와 오소리는 함께 여기저기를 돌아다니면서 많은 시간을 보낸다. 얼룩다람쥐를 보면 코요테가 먼저 추격에 나선다. 다람쥐가 굴로 숨으면 오소리가 굴을 파헤친다. 둘이 같이 파헤치는 경우도 있다. 다람쥐가 움직이지 않으면 오소리가 다람쥐를 잡는다. 다람쥐가 굴의 다른 출구로 도망가려고 하면 코요테가 다람쥐를 잡는다. 코요테와 오소리는 각각 사냥을 할 때보다 함께 사냥을 할 때 다람쥐를 더 많이 잡는다(Minta, Minta, and Lott 1992). 이런 협력적 관계를 보여주는 영상은 내셔널지오그래픽이 1995년 제작한 〈옐로스톤: 코요테의 영역〉이라는 다큐멘터리에서 볼 수 있다.

앞의 두 예를 보면, 카니스 속의 구성원에게는 사냥에 성공할 확률을 높이기 위해 다른 육식동물 종과 협력하는 능력이 확실히 있다는 사실을 알 수 있다. 이렇게 협력하는 성향은 갯과의 특징으로 보인다. 현재 나(피에로티)는 센트하운드와 보더콜리를 한 마리씩 키우고 있다. 보더콜리는 목축견이며, 두 품종은 '가축화된 개'라는 범주 안에서 서로 유전적 혈통이 매우 다르다(vonHoldt et al. 2010의 〈그림 1〉 참조). 이 개들은 원래 주인 없이 길에서 돌아다니는 개였다. 센트하운드는 꽤 오랫동안 스스로 살아온 것이 확실해 보였다. 이 개는 건강해 보였지만 여기저기 긁힌 상처가 많았고 진드기 감염이 심한 상태였다. 내가 사는 4000제곱미터 넓이의 땅은 1.8미터 높이의 울타리로 둘러싸여 있는데, 너구리, 주머니쥐, 다람쥐, 때로는 코요테들이 울타리를 넘어 들어온다. 이 하운드는 그 '말썽꾸러기들'을 구석에 몰아넣고는 크게 으르렁거린다. 이러한 행동은 '쿤하운드'로도 알려진 이 품종의 특징이다. 하운드가 보더콜리를 파트너로 삼은 뒤부터는 사냥 패턴이 바뀌기 시작했다. 보더콜리는 뒤에서 원을 그리며 달려들어 불쌍한 먹잇감을 문다. **주시/몰래 접근하기/추격/물어 잡기**라는 행동 순서를 보이는 것이다(Coppinger and Coppinger 2001). 보더콜리가 먹잇감을 죽인 적도 있다(하운드는 물어 잡기나 물어 죽이기를 하지 않는다). 우리 집을 둘러싼 풀밭으로 나갈 때면 이 둘 사이의 협력은 더 확실하게 드러난다. 하운드는 혼자 힘으로 땅을 파 프레리들쥐*Microtus ochrogaster*와 거친털목화쥐*Sigmodon hispidus*를 잡는다. 하운드는 굴이 여러 개 있는 곳을 발견하면 후각을 이용해 쥐가 있는 굴을 찾아내서 그곳을 파기 시작한다. (하운드는 동부솜꼬리토끼*Sylvilagus floridanus* 정도까지 크기의 작은 먹잇감은 죽여서 먹으려 할 것이다.) 보더콜리 역시 땅을 파서 하운드가 파고 있는 곳 근처와 맞은편에 있는 구멍을 발견해낸다. 보더콜리는 하운드에 비해 참을성이나 의지가 없으며, 코요테/오소리 상호작용에서 코요테가 하는 역할과 놀랍도록 비슷한 역할을 한다. 보더콜리는 먹잇감이 도망갈 수 있는 다른 구멍들을 보고 있다가, 설치류들이 그곳으로 도망 나올 때 잡아서 먹는다. 보더콜리가 구멍 밖에서 기다리고 있기 때문에 설치류들은 도망을 꺼리게 되고, 따라서 하운드의 사냥이 성공할 가능성도 높아진다.

　　흥미롭게도 코요테와 오소리의 협력, 워커하운드와 보더콜리의 협력은, 그루퍼(*Plectropomus pessuliferus*: 참바리의 일종—옮긴이)와 대왕곰치*Gymnothorax javanicus* 사이에서 이뤄지는 고도의 종간 협력·소통과 매우 유사하다. 이 물고기들 사이의 협력은 최근 홍해에서 관찰되었다. 그들의 연합은 무작위로 이뤄지지 않으며, 그루퍼가 대왕곰치에게 신호를 보내면 공동 수색이 시작된다. 대왕곰치를 파트너로 끌어들이면, 그루퍼는 암초의 특정 부분으로 대왕곰치를 유도해 주둥이로 먹잇감이 숨어 있는 곳을 가리킨다. 이렇게 신호를 보내는 일은 그루퍼가 배고픈 정도에 따라 달라지는 것으로 보인다. 두 파트너는 모두 이 연합으로 이득을 얻는다. 대왕곰치는 몸이 더 두

꺼운 그루퍼가 들어갈 수 없는 산호 머리 부분에 들어간다. 그러면 먹잇감은 복잡한 산호 서식지 사이에 남아 대왕곰치의 공격을 받든지, 밖으로 나가 그루퍼와 부딪치든지 둘 중 하나를 선택해야 하는 상황에 놓인다. 이 연합 사냥이 주는 이득은 두 종의 상호보완적인 사냥 기술로부터 얻어진다. 이는 연합 사냥을 하는 동안에만 각자의 역할이 특화된다기보다, 애초에 두 종이 그렇게 전략을 세우도록 진화했음을 보여준다. 보더콜리와 하운드의 예에서 볼 수 있듯이, 먹잇감을 잡는 사냥 파트너는 바로 그것을 다 삼켜버릴 수 있기 때문에 나눠 먹는 것은 불가능해 보인다(Bshary et al. 2006). 하지만 실제로 하운드와 보더콜리는 잡은 토끼를 공유한다. 이들은 토끼를 찢어 각자의 몫을 먹는다.

협력적인 먹잇감 찾기는 각각의 개체가 혼자 사냥하기보다 여럿이 할 때 성공 확률이 높아질 경우 이뤄진다. 개체들의 능력이나 생김새가 상호보완적일 때는 특히 더 그렇다. 이는 조류와 포유동물같이 서로 다른 집단에 속한 생물체들이 협력할 때 확실하게 드러난다. 바닷새와 해양 포유동물 사이에서 먹잇감 찾기 공조가 이뤄지는 것이 그 예다(Pierotti 1988a, 1988b). 바다사자나 돌고래 같은 작은 해양 포유동물과 심지어는 혹등고래*Megaptera novaeangliae* 같은 큰 해양 포유동물도 집단으로 먹이를 잡아먹는다. 특히 군영 물고기들을 추격할 때는 더욱 집단으로 움직인다. 군영 물고기들은 떼를 이뤄 다니며 혼자 돌아다니는 포식자에게 혼란을 주고 그 포식자의 공격을 매우 효과적으로 피하기 때문이다. 바다는 해수면 위로 솟아오르는 방향을 제외하고는 먹잇감이 어느 방향으로나 피할 수 있는 3차원 환경이다. 포식자인 해양 포유동물은 물고기 떼를 둘러싸고 해수면에서 가둬 '미끼덩어리bait ball'를 만드는 방법으로 물고기 떼가 도망가는 것을 막는다. 이렇게 물고기들을 공 모양으로 만든 다음, 포식자 집단들 또는 포식자 개체들은 이 안으로 들어가 물고기들을 잡아먹는다. 협력적이고 잘 조정된 움직임이다. 일부 포식자 개체는 주변을 돌면서 번갈아 뭉쳐진 미끼 덩어리를 공격한다(Pierotti 1988b).

해양 포유동물이 물고기나 오징어가 몰려 있는 곳을 찾아내기 위해서는 크고 복잡한 서식지를 뒤져야 한다. 하지만 이 동물들은 시각에 한계가 있다. 피에로티는 첫번째 연구 프로젝트에서 바다사자, 돌고래, 아마도 혹등고래가 눈에 잘 보이는 갈매기들을 이용해 물고기 떼를 찾아냈을 가능성을 짚었다. 갈매기는 하얀색이라 바다의 어떤 배경에서도 그 존재를 쉽게 인식할 수 있다(Hoffman, Heinemann, and Wiens 1981; Porter and Sealy 1981, 1982; Pierotti 1988a). 갈매기들은 번식지인 섬을 떠날 때, 개체들 사이의 간격을 수백 미터로 넓게 벌린 상태에서 들쑥날쑥한 '드라이브 라인' 형태로 무리를 이루면서 고공비행을 한다. 갈매기 한 마리가 물고기 떼를 발견하면 이 새는 나선을 그리면서 해수면으로 날아 내려온다. 이때 이 새의 하얀 배 부분이 빛을 내 다른 새들의 주의를 끌고, 다른 새들은 나선을 그리는 새 쪽으로 움직인다. 이렇게 새들이 특정한 위치에 모여들면서 바다 쇠오리, 가마우지, 슴새 같은 다른 조류 종들의 관심을 끌게 된다. 보통 이 종들은 물고기 떼를 볼 수 없는 해수면에서 날아다니는 새들이다(Hoffman, Heinemann, and Wiens 1981; Pierotti 1988a). 갈매기들은 먹이를 찾는 여러 종들을 위한 촉매제 역할을 하는 것이다(Hoffman, Heinemann, and Wiens 1981). 해양 포유동물은 물고기 떼를 찾아내기 위해 인간이 그러는 것처럼 새의 행동을 단서로 이용한다. 이는 포유동물만 일방적으로 이득을 보는 과정이 아니며, 관계는 호혜적이다. 포유동물은 해수면으로 미끼 덩어리를 뭉치는 능력이 있어, 물속으로 뛰어드는 데에 약한 갈매기들이 물고기를 더 쉽게 잡을 수 있게 해주기 때문이다. 해양 포유동물로부터 도망가려고 하는 물고기들은 탈출 전략으로 물 위로 나오게 되고, 이때 갈매기들이 재빠르게 이 물고기들을 잡는 것이다(Pierotti 1988a, 1988b).

이런 협력관계에 점차 의존하게 된 개체군도 일부 생겼다. 피에로티는 갈매기가 열빙어*Mallotus villosus*를 잡는 모습을 관찰한 적이 있는데, 이 열빙어는 뉴펀들랜드 남동부 연안에서 혹등고래를 피해 수면 위로 탈출하다가 갈매기에게 잡히게 되었다(Pierotti 1988a). 이 과정에서 재갈매기와 세가락갈매기도 열빙어를 잡을 수 있었다. 바닷새가 언제 먹잇감을 바꾸는지 시기를 파악하는 일도 바닷새와 해양 포유동물 사이의 협력을 볼 수 있는 중요한 관찰이었다. 번식기에 들어선 재갈매기들은, 열빙어들이 5월이면 뉴펀들랜드 연안에 도착하는데도 6월 중순까지는 열빙어를 잡지 않았다. 혹등고래는 도미니카 공화국 근처에서 겨울(12월부터 3월 초)에 번식한다. 3월에 혹등고래는 더 춥고 더 먹을 것이 많은 북대서양으로 먹이를 찾아 이동하며, 6월에는 뉴펀들랜드에 도착한다(Pierotti 1988a). 따라서 갈매기가 열빙어로 먹이를 바꾸는 시기는 열빙어 자체의 도착보다는 고래의 존재와 더 밀접한 관련이 있다.

고기를 잡아 돈을 버는 인간 어부들도 먹이를 찾는 조류 무리를 이용해 물고기 떼를 찾아내며, 조류가 먹이를 찾는 과정에서 해양 포유동물과의 협력이 이루어질 때가 많다. 악명 높은 참치/쇠돌고래 낚시 논란은 인간이 참치, 일반적인 돌고래(짧은부리참돌고래Delphinus delphis), 아열대 바닷새 등이 포함된 복잡한 먹이찾기 관계를 악용했기 때문에 벌어졌다. 북아메리카 서쪽 연안에서 어부들은 갈매기의 존재를 이용해 바다사자의 먹이인 물고기 떼를 찾아낸다. 인간 포식자는 새와 포유동물에 불만을 가지고 있다. 어부들이 그물을 끌어올리는 동안 이 동물들이 아무렇지도 않게 물고기를 채가고(Pierotti 1988b), 그물 안에 걸리기도 하면서 해양 포유동물과 바닷새를 보호하는 법을 위반하게 만들기 때문이다.

브라질과 서아프리카에서는 돌고래와 원주민 부족들의 진정한 협력관계가 관찰돼왔다. 브라질에서 이 관계는 1847년 이래 계속됐다. 병코돌고래Tursiops truncatus는 어부들에게 신호를 보내고, 물고기를 해안 쪽으로 몰아 어부의 그물 안으로 들어가게 한다(Pryor et al. 1990). 이런 문화적 전통은 인간과 돌고래 모두에게 먹이를 찾는 데에 성공할 가능성을 높여준다.

비슷한 역학관계가 호주의 남동쪽 끝에서 범고래*Orcinus orca*와 인간 사이에 생겨났다. 범고래들은 이동하는 혹등고래를 해안 가까이로 몰고, 해안에 있는 인간들에게 신호를 보냈다. 인간은 배를 타고 나와 범고래들과 함께 혹등고래를 죽였다. 인간은 혹등고래의 뼈, 지방, 살을 가지고, 범고래들은 인간에게는 필요 없는, 살이 많은 혀와 입술을 원한 것으로 보인다. '혀의 법칙The Law of the Tongue'으로 알려진 이 관계는 수천 년 동안 지속됐다. 이 관계는 호주 원주민 부족들이 시작했으며, 19세기에는 유럽의 고래잡이들에게 퍼졌다. 그리고 일부 유럽인들이 범고래와의 신뢰를 깨고 새끼 범고래들을 죽였을 때 끝이 났다(Clode 2002).

조류와 포유동물이 서로의 능력을 이용해 먹잇감을 사냥하는 현상은 해양 생태계에서만 발생하는 일이 아니다. 벌꿀오소리*Mellivora capensis*라고도 불리는 덩치가 큰 아프리카 족제비 라텔은 딱따구릿과에 속하는 벌꿀길잡이새*Indicator indicator*의 인도로 벌집에 들어간다. 벌꿀길잡이새는 인간도 벌집으로 유도한다. 인간이 벌집의 일부를 꺼내 꿀을 얻은 뒤에 이 새는 유충을 먹는다(Dean, Siegfried, and MacDonald 1990; Spottiswoode, Begg, and Begg 2016). 이런 행동적 상호작용은 사람과가 진화하며 불과 연기를 이용해 벌의 공격을 물리치는 법을 깨달으면서 처음 나타났을 가능성이 있다.

큰까마귀, 늑대, 그리고 인간의 협력

분명하게 확립된 조류/포유동물 관계의 또 다른 예는 북아메리카의 많은 지역에서 보이는 늑대와 큰까마귀*Corvus corax*의 관계다(Heinrich 1999). 하인리히는 큰까마귀를 '늑대-새wolf-bird'라고 부른다(Munday 2013도 참조). 뉴잉글랜드에서 썩은 고기를 먹는 큰까마귀를 연구하고 나서 붙인 이름이다(Heinrich 1999). 메인주에 사는 큰까마귀들에 대한 하인리히의 연구에서, 큰까마귀들은 죽은 동물 가까이 가면 주저하는 모습을 보였다. 하인리히는 한 저명한 행동생태학자 말대로 이 큰까마귀들이 "지상의 위험한 포식자들을 거의 발작을 일으킬 만큼 무서워할 수도 있다"(Heinrich 1999, 231)라고 주장했다(217). 하인리히는 노바스코샤로 가서 포획된 늑대 무리와, 그 늑대들과 큰까마귀들과의 상호작용을 관찰했다. 그는 늑대 우리 안과 밖에 각각 고기를 한 더미씩 놓았다. 이 지역의 큰까마귀들은 늑대들과 함께 고기를 먹을지 아니면 멀리 떨어져서 먹을지 선택할 수 있었다. 큰까마귀들은 예외 없이 늑대들과 함께 고기를 먹었다. 이는 큰까마귀가 늑대를 두려워하지 하지 않으며 오히려 가까이 있고 싶어한다는 뜻이다.

이를 더 분명히 확인하기 위해, 하인리히는 1994년 다시 옐로스톤 국립공원으로 들어간 후 거기서 자유롭게 사는 늑대들과 큰까마귀들 사이의 관계를 관찰했다. 관찰할 때마다, 큰까마귀·까치·독수리들이 늑대에게 주어진 죽은 동물을 같이 먹는 모습을 볼 수 있었다. 큰까마귀는 늑대에게 주어진 죽은 동물이나 고기 더미를 먹는 데에 전혀 주저하지 않았다(1999, 232-34). 큰까마귀들은 심지어 먹이가 없을 때도 늑대 근처에 머물렀다. 이는 큰까마귀가 단순히 포식자들을 두려워한다기보다 늑대가 없을 때 죽은 동물 가까이서 주저하고 불안해한다는 것을 강력하게 시사한다. 앞에서 언급한 코요테와 오소리처럼, 늑대와 큰까마귀는 서로 어울리기를 선택한다는 의미에서 '친구'라고 할 수 있다. 물론 그렇다고 해서 늑대와 큰까마귀가 감정적으로 가깝다는 뜻은 아니다. 다만 신뢰, 심지어는 상호의존이 둘 사이에 존재한다는 뜻이다. 늑대가 있을 때 큰까마귀와 다른 새들은 더 자신감을 가지고 안정적이 된다. 메인주의 큰까마귀가 보이는 두려움과 주저하는 태도는 지상의 포식자로부터의 위협이 있을지도 모르기 때문이 아니라, 자신들의 포유동물 동반자가 없기 때문에 나타나는 것이다. 큰까마귀가 무서워했다고 생각한 행동생태학자는 앞에서 말한 '경쟁 패러다임'에 아주 많은 영향을 받았다. 이와는 반대로 샤이엔(치스치스타)족에는 큰까마귀·코요테·여우를 '불러' 사냥한 동물을 나눠먹는 관습이 있다(Schlesier 1987, 82; Hampton 1997; Fogg, Howe, and Pierotti 2015). 이는 큰까마귀와 늑대의 조상들이 비슷한 상호작용을 공유했던 플라이스토세까지 수백 만 년을 거슬러 올라가는 전통의 일부로 생각될 수 있다.

큰까마귀는 이 관계에서 '기생적' 역할을 했던 청소동물에 불과했을까? 늑대 생태학의 개척자인 더워드 앨런은 미시간주 로열섬에서 늑대를 따라다니는 큰까마귀를 관찰했다(1979). 뛰어난 늑대 행동생태학자인 데이브 메크는 큰까마귀가 늑대를 '따라다니고' 머리 위로 날아다닌다고 묘사하며, 늑대와 큰까마귀가 '술래잡기'—큰까마귀가 늑대의 꼬리를 잡아당기면 늑대는 살짝 뒤로 돌아 큰까마귀의 뒤를 쫓는다—를 하는 모습을 관찰했다(1970). 늑대생물학자 롤프 피터슨에 따르면, "늑대와 큰까마귀 사이에는 장난기 이상의 무언가가 있다. 큰까마귀는 늑대가 죽인 무스의 남은 고기를 먹으면서 산다. … 늑대가 멈추면 큰까마귀도 멈춘다. 이때 큰까마귀는 나무에 앉아 있거나 얼음 위로 날아가 가까운 거리에서 늑대를 놀린다. 이렇게 놀림을 당하고 나면, 늑대는 다시 [사냥을 하기 위한] 여정을 시작한다. 큰까마귀가 노린 것은 바로 이것이다"(Peterson 1995).

이런 상호작용은 늑대의 삶에서 이른 시기에 시작된다. 늑대 굴 주위에 있는 큰까마귀들을 관찰한 결과, 늑대는 사냥을 나갈 준비가 되면 때로 울부짖는다. 이 울부짖음은 근처의 큰까마귀들이 움직이도록 자극하며, 큰까마귀들이 자신의 생각을 소리로 표현하도록 만든다. 생후 3주 정도 된 늑대 새끼들이 굴에서 나오면 큰까마귀들이 그 새끼들 사이에서 걸어다닌다. 늑대 새끼를 잡아먹을 수 있을 정도로 크지만, 큰까마귀들은 늑대 새끼들의 꼬리를 잡아당기기만 한다. 다 자란 늑대들에게 하는 행동과 똑같다. 이런 관습이 늑대 새끼들의 삶에서 일찍 확립됐음을 보여주는 부분이다(Heinrich 1999).

큰까마귀는 늑대를 위해 썩어 가는 고기를 찾아준다. 죽은 동물을 찾으면서 큰까마귀는 크게 소리를 내 다른 큰까마귀·늑대·코요테를 부른다. 게다가 큰까마귀는 포식자에 취약한 무스나 카리부에게로 늑대를 인도한다. 큰까마귀는 죽은 동물이 얼어 있으면 그 동물의 가죽을 찢고 고기를 먹을 능력이 없기 때문에, 늑대가 이빨과 턱을 이용해 고기를 먹을 수 있도록 만들어주는 것에 의존한다. 늑대에게 큰까마귀는 조기 경보 시스템과 같은 역할을 한다. 하인리히는 다음과 같이 말한다. "나는 늑대에게는 몰래 다가갈 수 있다. 하지만 큰까마귀에게는 절대 몰래 다가갈 수 없다. 그들은 믿을 수 없을 정도로 예민하다"(1999, 138).

늑대와 이런 관계를 유지하면서, 큰까마귀들은 그 협력적인 먹이 찾기 동맹을 똑같이 인간과 맺으려고 곧잘 시도한다. 하인리히 말대로 큰까마귀에게는 늑대 무리를 따라다니는 것과 인간 사냥꾼 집단을 따라다는 것에 차이가 없기 때문이다(1999, 243). 큰까마귀들은 인간이 사냥하는 모습을 지켜보고 인간의 의도를 가늠한다. 이누이트 사냥꾼들이 카리부를 추격할 때, 큰까마귀들은 인간의 머리 위로 날면서 소리를 내 인간을 먹잇감 쪽으로 유도한다. 하지만 이누이트가 열매를 따기 위해 나가면 큰까마귀는 관심도 보이지 않고 소리를 내지도 않는 것으로 보인다. 큰까마귀들은 유럽-미국인 사냥꾼과도 비슷한 관계를 맺으며, 유럽인들이 북아메리카에 도착하기 전에는 대평원 부족들과 이런 관계를 맺었음이 확실하다. 큰까마귀는 최고의 사냥꾼을 따라다닌다. 이러한 점에서 큰까마귀가 인간과 늑대로 구성되는 종이 섞인 집단에 특히 매력을 느꼈을지도 모른다고 추정할 수 있다.

홀로서기: 한 야생 개의 이야기

서로 다른 종들로 구성된 사회집단에 들어오기로 선택한 야생 갯과 동물의 사례는 우리가 이야기를 계속 해나가는 데에 중요한 핵심 증거다. 그러한 사례는 우리가 제안하는 모델이 갯과 동물에서 보이는 행동 패턴의 일부이며 현재도 여전히 관찰된다는 것을 잘 드러내준다. 우리의 모델에 들어맞는 흥미진진하고 통찰력 있는 이야기를 보츠와나에 있는 오카방고 삼각주에서 들을 수 있었다. 원래 구성원 수가 많았던 한 아프리카들개 리카온 픽투스*Lycaon pictus* 집단이 있었는데, 그 수가 줄어들어 작은 무리가 되었다—수컷 두 마리, 암컷 한 마리가 남았다. 그런데 그나마 있던 수컷 두 마리도 사라져 임깃 혼자서 스스로를 지키며 살아가게 됐다. 6개월 동안 이 암컷은 다른 포식자들을 피해 혼자 사냥하면서 공원을 배회했다(National Geographic 2013).

리카온 속은 늑대처럼 협력적이고 고도로 사회적인 집단에서 생활한다. 혼자서 몇 달을 지낸 후, 이 암컷—이제부터 '솔로solo'라고 부르자—은 결국 사라진 짝들을 찾는 것을 포기했다. 서양 과학자들은 솔로가 새로 들어갈 무리를 찾아 헤맬 거라고 생각했다. 하지만 솔로는 예상치 못한 임시 해결책을 생각해냈다. 점박이하이에나*Crocuta crocuta* 새끼들과 사회적인 관계를 맺은 것이었다. 갯과 동물과의 동반자 관계를 어떻게든 맺어야 한다고 느낀 솔로는 검은등자칼*Canis mesomelas* 가족과도 어울리기 시작했다.

이런 종들을 경쟁자('적')로 보는 서양 과학자들에게, 야생 개가 하이에나와 자칼과 긴밀한 유대를 이룬다는 것은 있을 수 없는 일이다. 하지만 실제로는 관계가 맺어졌고, 이들 종 모두에게 이득이 됐다. 솔로는 혼자서 임팔라를 추격할 수 있을 정도로 뛰어난 사냥꾼이었다. 종간 결합을 맺은 후, 솔로는 하이에나와 자칼이 섞여 있는 자신의 무리와 함께 사냥했다. 임팔라는 솔로가 자칼들과 함께 나타났을 때는 위험을 인지하지 못했다. 자칼은 임팔라를 잡아먹지 않기 때문이다. 이런 상황은 솔로가 임팔라를 더 쉽게 잡을 수 있게 만들었다. 임팔라를 잡은 후 솔로는 자신의 자칼 '가족'과 고기를 공유했다. 하이에나들은 솔로의 사냥 능력 덕분에 먹이를 안정적으로 얻게 됐고, 그들은 그 보답으로 솔로에게 사자가 다가오는 것을 경고해주었다. 솔로는 하이에나 친구들과 너무 가까워져, 자신에게 발정기가 왔을 때

하이에나들과 교배를 하기도 했다(National Geographic 2013).

더 재미있는 것은 솔로와 자칼들과의 관계다. 솔로는 자칼들과 더 많은 시간을 보냈다. 처음에 자칼들은 새끼를 키우는 굴 근처에 자기보다 큰 포식자 종이 어슬렁거리는 것을 불편해했으며, 성체들은 솔로를 물고 공격하면서 쫓아내려고 했다. 여기서 솔로의 해결책이 재미있다. 솔로는 새끼들과 관계를 맺으면서 자칼 집단에 들어갔다. 결국 그 자칼 새끼들의 어미와 아비는 새끼들에게 피해가 없었다는 것을 알고 누그러졌다. 솔로는 자기 새끼들에게 그랬던 것처럼 자신이 먹은 것을 토해서 자칼 새끼들이 먹게 했고, 자칼들은 솔로를 받아들였다. 솔로는 자칼들과 가깝게 붙어 쉬면서 나날을 보냈고, 자칼 새끼들은 솔로와 엄청나게 친해졌다.

건기에 임팔라는 늪가를 떠난다. 따라서 솔로는 먹이를 찾아 기존의 자칼 가족을 떠나야 했다. 작은 새끼들이 있는 새로운 자칼 가족을 만나자, 솔로는 새끼들을 사실상 납치해 어미와 아비가 접근하지 못하도록 했다. 자칼들은 처음에 분노했지만, 자기 새끼들에게 피해가 없다는 것을 알고는 안심했다. 솔로가 새끼들을 먹이고, 털을 다듬어 주고, 자신의 하이에나 친구들이 가깝게 다가올 때면 그들을 쫓아내면서까지 새끼들을 보호해주자, 자칼들은 솔로와 유대를 맺게 됐다. 자신의 사회적인 욕구를 충족하기 위해, 솔로는 무리를 이루거나 집단 사냥을 하지 않는 종에게 무리의 구조를 받아들이게 만드는 근본적인 작업을 하고 있었다. 큰 리카온 무리가 지나갈 때는, 자칼 가족과 함께 숨어 지내면서 자신이 입양한 다른 종의 가족을 위해 먹이를 가져다주는 역할을 계속했다.

결론: 인간과 늑대

리카온 픽투스를 카니스 루푸스로, 자칼을 호모 사피엔스로 바꾸면, 늑대와 인간이 사회적 결합을 이루게 되는 시나리오를 쓸 수 있을지 모른다. 늑대는 자신의 무리를 떠나거나 무리에서 쫓겨나면 혼자가 된다. 늑대는 항상 동반자 관계를 추구한다. 외로운 늑대는 보통 자신의 힘만으로는 오래 생존할 수 없기 때문이다. 우리가 서론에서 상정한 새끼를 밴 외로운 암컷 시나리오는 실제 사례인 솔로의 행동과 기본적인 역학관계가 상당히 비슷하다. 번식이 가능한 연령대의 암컷 갯과 동물이 혼자 남겨지는 상황에 몰렸을 때, 생태환경과 행동 면에서 어느 정도 비슷한 다른 육식동물 종의 사회집단에 합류한 것이다. 알파 암컷에게 새끼가 있을 때, 다른 암컷 늑대가 새끼를 낳게 되면 그 새끼는 거의 반드시 지배적인 암컷에 의해 죽임을 당하게 된다(McLeod 1990). 따라서 이 늑대는 새끼를 밴 채 혼자 집단 밖으로 나가야 한다. 이 상황에서 이 암컷이, 솔로가 그랬던 것처럼, 사회적인 포식자 무리에 들어가는 것은 매우 당연한 일로 보인다.

초기 인간들이 약 4만 년 전 아프리카를 떠나 유라시아로 이동한 후 늑대와 처음 마주치게 됐을 때, 두 종은 동반자 관계를 맺었고 그 덕분에 결국 호모 사피엔스가 지구 전체를 지배하게 된 것으로 보인다(Allman 1999). 현대의 개와 인간의 DNA 증거를 살펴보면, 늑대와 인간이 관계를 맺은 각각의 사건들이 거의 동시에 일어난 것으로 추정된다(Germonpré et al. 2009; Ovodov et al. 2011; Druzhkova et al. 2013). 이런 초기의 동반자 관계 덕분에 호모 사피엔스는 자신과 경쟁하는 사람과—유럽의 네안데르탈인, 아시아의 데니소바인, 호모 에렉투스—를 밀어내고 지구상의 주거가 가능한 모든 지역에 퍼지게 되었을 수도 있다(Shipman 2015). 인간은 늑대/개와 동맹을 맺으면서 살기에 척박한 지역에도 퍼질 수 있었으며, 결국에는 신세계(아메리카)에도 침투할 수 있게 됐다(Allman 1999). 인간은 늑대와의 연대 또는 늑대의 가축화가 이뤄지기 훨씬 전부터 늑대로부터 이득을 보고 배움을 얻었던 것이다.

늑대는 다른 호모 종보다는 인간에게 우선적으로 협력적인 사냥법을 가르쳤을 것이다(Schlesier 1987; Fogg, Howe, and Pierotti 2015; Shipman

2015). 늑대와 개는 협력적인 성향이 다른 모든 동물에 비해 월등하게 강하다. 이들은 경쟁하지 않고 친구 관계를 형성한다(Lienhard 1998-1999). 유인원도 자기 새끼와 유대를 이룰 수 있지만, 마셜 토머스가 설명한 대로 (1993, 2006) 개는 친척 관계를 넘어서는 연합을 형성한다. 늑대는 다른 종, 예를 들어 큰까마귀나 심지어 곰 같은 종과 협력하는 성향이 있다(Edwards 2013). 인간과 늑대는 힘을 합쳐 사냥했으며, 이 과정에서 오늘날 협력적으로 살아가는 '우리'의 모습으로 인간의 행동이 변했을 것이다(Schleidt and Shalter 2003; Shipman 2015)

협력적인 먹이 찾기를 한다는 것은 두 종이 서로의 생태학적 적소(eco-logical niche: 한 생명체가 생태계 안에서 차지한 지위─옮긴이)에서 중요한 측면을 차지한다는 뜻이다. 생물체 집단이 수천 세대에 걸쳐 지속되는 생태학적 유산을 구축할 때, 이 집단은 뒤따르는 세대에 작용하는 선택압을 수정한다. 이렇게 수정된 선택압은 영향력이 큰 특징 쪽으로 작용하며 그 특징이 미래 세대로 퍼져나가도록 한다. 적소구축(niche construction: 생명체가 환경을 적극적으로 변형해 자신에게 유리한 생태환경을 구축하는 것─옮긴이) 과정에서 생태학적 유산이 영원히 전해지는 진화적인 결과가 나타날 때, 이를 **생태학적 유전**ecological inheritance이라고 할 수 있다(Shavit and Gries-emer 2011).

이런 역학관계가 인간과 늑대 사이 상호작용의 일부였다. 인간과 늑대는 다른 동반자가 없었다면 확보할 수 없었을 자신들의 생태학적 적소─예를 들어 매머드 죽이기─를 서로 침범하도록 허용하면서 상호 간에 영향을 미쳤다(Shipman 2014, 2015). 열대 지역을 떠난 후 인간은 기후를 예측하기 힘들고 더 극한의 환경을 가진 지역에서 살아남을 수 있게 됐는데, 이는 이런 환경에 잘 적응한 동반자 종이 있었기 때문이다. 마찬가지로 늑대는 인간과 어울려 사는 삶에 적응했으며, 그 결과 곰이나 대형 고양잇과 동물 등을 포함한 다른 모든 포식자와의 경쟁에서 이길 수 있었고 전보다 더 큰 먹이를 더 많이 잡을 수 있게 됐다. 먹이를 먹는 환경이 더 안정되자 늑대들은 번식 전략과 행동을 수정할 수 있었고, 그 결과 늑대는 지구 전체에서 인간의 가장 좋은 동반자라는 특별한 위치를 차지하게 됐다(Morey 2010).

인간과 늑대의 관계가 뿌리 깊게 협력적이라고 하더라도 갈등이 발생하지 않는 것은 아니다. 때로 격렬한 충돌이 일어나며, 이는 이누이트와 이누피아트 사람들이 썰매개를 다룰 때 어쩌다 보이는 태도에서 관찰할 수 있다(Shipman 2015). 심지어 가족 안에서도 개인은 때로 이기적으로 행동해 갈등을 빚는 일이 적지 않다. 협력과 갈등은 동전의 양면으로 보아야 한다. 서로 다른 생명체가 사회적인 관계를 이루고 가까이 붙어 살다보면, 이 두 측면 중 하나는 불거질 수 있다. 이러한 예는 시저 밀란의 TV 프로그램인 〈도그 위스퍼러〉에서 볼 수 있다. 이 프로그램의 기본적인 전제는 현대의 호모 사피엔스와 가축화된 카니스 루푸스 사이의 갈등에 의존한다. 가축화되지 않은 카니스 루푸스와 공격적이고 힘이 강한 수렵채집자였던 호모 사피엔스 사이에서 갈등이 발생했을 가능성은 훨씬 더 높다.

3

호모 카니스:
왜 인간은 다른 모든 영장류와 다른가

이 장에서 우리는 호모 사피엔스의 역사를 살펴보고, 행동과 생태학적 반응성 면에서 이 종을 이전의 다른 모든 종에 비해 더 창의적이고 유연한 생명체로 진화하게 만든 동인을 알아볼 것이다. 현생인류는 아프리카를 떠나 유라시아로 확산해가면서 새로운 환경조건과 낯선 종들에 맞닥뜨리게 됐다. 이 낯선 종들 중에는 호모 네안데르탈렌시스가 있었고, 아마 아시아 남부의 호모 에렉투스도 있었을 것이다(Harris 2015; Shipman 2015). 시간이 지나면서 사피엔스는 자신의 친척이라 할 수 있는 이런 종들을 밀어내고 다른 종들과 복잡한 관계를 맺게 되는데, 그 첫번째 종이 카니스 루푸스였음은 거의 확실해 보인다.

하지만 이런 유연성이 꼭 호모 사피엔스가 다른 생명체보다 우월하다는 뜻은 아니다. 실제로 이들은 멸종을 간신히 피한 적이 몇 번이나 있다(Harris 2015). 오랫동안 서양의 문화적 전통은 인간을 다른 생명체와 분리하며 인간이 우월하다고 가정해왔다(Pierotti 2011a, 2011b). 19세기 영국에서는 인간만으로 구성된 목order인 비마니아Bimania를 따로 만들려는 움직임이 있었다. "인간이 가진 특성이 매우 강하고," 특히 "손이 4개인" 유인원이나 원숭이와 대조되는 인간의 직립 자세와 독특한 뒷발이 있기 때문이라는 논리였다(Ritvo 2010, 181). 우리가 현대 과학이 너무 발전했다고 생각할까봐, 현대의 많은 계통분류학자 사이에서는 성성잇과(Pongidae: 대형 유인원이 속한 과. 침팬지·고릴라·오랑우탄이 포함된다―옮긴이) 안에서 인간 혹은 인간과 가까운 멸종된 친척을 찾기를 주저하는 경향이 있다. 차이를 찾는 데에 집중하면서, 우리는 우리가 다른 생명체들과 연결돼 있음을 확실하게 보여주는 상호 유사성을 간과하곤 한다(Pierotti 2011a, 2011b; Pierotti and Wildcat 2000).

분자 수준에서 우리는 정보의 보존 과정을 다른 동물과 공유한다(Kirschner and Gerhart 2005). 복제 과정에서 DNA와 RNA를 이용하는 것과, 당을 분해해 에너지를 얻고 이를 인산결합 형태로 저장하는 능력이 그 예다. 살아 있는 모든 개체는 기본적 분자 메커니즘과 세포 과정이 동일하며, 이는 30억 년 전 생명체의 초기 형태에서 나타났던 것이다. 이런 메커니즘과 과정은 수십 억 년 동안 거의 변하지 않았다. 또한 인간과 진핵생물은 오늘날의 단세포 고세균보다 유전물질이 훨씬 더 많기는 하지만, DNA 염기서열은 서로 매우 비슷하다.

수없이 많은 다세포 진핵생물 형태 동물의 범주 중 하나가 척추동물이다. 척추동물 안에 포유동물이 있으며, 이 포유동물에는 고래·박쥐·고양이·쥐·사슴·소·영장류 등 다양한 생명체가 포함돼 있다. 인간은 영장목에 속하며, 여기에는 여우원숭이·안경원숭이·명주원숭이·원숭이·유인원 등이 포함돼 있다. 유전적으로 이 동물들은 우리와 가장 가까운 친척이다. 특히 침팬지·보노보·고릴라·오랑우탄 등 대형 유인원은 특히 더 가깝다. 유인원과 친척인 성성잇과는 "제3의 침팬지"(Diamond 1992)라고 불리는 인간을 포함해야 한다. 과학적 "객관성"과 더불어 "학자들에게는 자기만의 고유한 관점에서 벗어나 자신들의 연구를 분리해서 보려는 욕구가 있음에도…, 그들의 세심한 정의와 무리한 주장에도 불구하고, 최소한 학자들은 그들만의 학술적이고 전문적인 감각에 영향을 받는 만큼 그들이 사용하는 용어를 일반적인 사람들이 다른 의미로 쓰는 것에 영향을 받을 수밖에 없다"(Ritvo 2010, 4). 따라서 오스트랄로피테쿠스 속에 속한 호모 속의 멸종한 친척과 호모 속은 사람과로 분류된다. 하지만 우리 호모 사피엔스는 약 98.8퍼센트의 유전체를 침팬지, 즉 판 트로글로디테스*Pan troglodytes*와 공유한다(Harris 2015). 이 1.2퍼센트의 차이는 염기쌍이 딱 한 번 바뀌는 정도에 불과하다. 하지만 유전체 전체를 비교하면, DNA를 구성하는 부분들도 삭제가 되거나, 반복해서 복제되거나, 한 부분에서 또 다른 부분으로 삽입되면서, 인간과 침팬지 유전체의 차이는 4~5퍼센트 더 늘어난다(Harris 2015). 유인원의 다른 종들은 현재 사람과 안에 포함돼 있다. 따라서 이러한 접근방법에 따르면, 최소한 인간과 우리의 유인원 사촌인 침팬지는 같은 과에 속한다고 생각할 수 있다.

유전적인 유사성에도 불구하고, 이 책에서 우리의 주 관심사는 영장류의 사회 시스템과, 이 시스템이 먹이 공급 같은 환경적 요인과 어떤 관련이 있는지에 있다. 영장류는 매우 다양한 사회 시스템을 가지고 있다(Kappeler and van Schaik 2002). 개체들 간의 거리 두기, 집단의 크기, 교배 패턴, 그리고 이와 관련된 패턴과 사회적 관계의 질 등이 다양하게 나타난다. 다양성은 종 사이에서도 잘 드러나지만 종 내부와 집단 내부에서도 그만큼 잘 드러난다(Richard 1978; Goldizen 1987).

종 내부 또는 집단 내부에서 사회 시스템이 다양하다는 점에서 미루어 보아, 이 시스템들이 유전에 의한 것이 아니며 개체 간의 행동적 상호작용과 전략의 **창발성**emergent properties을 나타낸다고 추정할 수 있다(Hinde 1976). 창발성이라는 개념은 행동 진화를 이해하는 데에 중요한 개념이다. 보통 개개의 동물들이 하는 행동에서 나타나는 변이는 유전적 변이라고 생각된다(E. O. Wilson 1975, 1978, 1994; Dawkins 2006). 창발이라는 개념은 좀 더 복잡하다. 이 개념은 행동, 특히 개체수준에서의 행동이 개체들이 직면한 특정한 환경조건에 대한 반응에서 비롯된다는 생각이다(O'Connor and Wong 2012). **창발적인**emergent이라는 용어는 새롭게 나타나고 있다는 뜻, 즉 '바로 지금 일어나고 있다'는 뜻이다. 이는 생물학적 시스템의 모든 부분을 관찰할 때 전체적인 의미를 고려하지 않는 경우, 시스템이 무엇을 만들어낼 수 있는지 볼 수 없게 된다는 뜻을 담는다(Lewontin 2001).

사회적 역학관계는 위험과 자원의 배분 같은 생태학적 요인과 이런 요인들 사이의 상호작용에 의해 만들어진다(Kappeler and van Schaik 2002). 대부분의 영장류 집단에는 수컷과 암컷 성체가 여럿 존재한다. 하지만 다른 포유동물에서는 영구적으로 양성이 여럿 있는 집단이 드물다(갯과 동물은 이런 일반적인 패턴의 또 다른 예외다). 짝짓기 체계는 기본적으로 네 가지로 나뉜다. 일처다부제, 일부다처제, 다부다처제, 일부일처제다. 영장류에서는 이 모든 체계가 다 발견된다(Crook and Gartlan 1966; Eisenberg, Muckenhirn, and Rudran 1972; T. H. Clutton-Brock and Harvey 1977). 갯과 동물 집단은 이 네 가지 체계가 다 있는 몇 안 되는 포유동물 집단이다. 하지만 갯과 동물에서는 몸 크기, 집단의 크기, 교배 체계 사이에 복잡한 관계가 존재한다. 여우 같이 비교적 작고 덜 사회적인 종은 일부일처 체계 안에서 암컷이 돕고 수컷이 분산되는 일부다처 체계를 보이며, 늑대 같이 비교적 큰 종은 일부일처 체계 안에서 수컷이 돕고 암컷이 분산하는 일처다부 체계를 보인다(Moehlman 1989).

집단마다 성체 수컷의 수 차이를 보이는 것은 영장류만의 분명한 특징이다. 보통 각 집단은 집단에 수컷이 하나인지 여럿인지로 대별된다. 갯과 동물에서는 성체 수컷이 여럿 있는 사회집단이 없다. 이런 이분 현상은 종의 특성이 아니라 먹이 공급 또는 수컷과 암컷의 생존율에 따른 유연한 반응이다(Kappeler and van Schaik 2002). 암컷들 사이에서 생식이 동시에 일어나는 생식동기화는 그 이분 현상의 결과를 결정하는 중요한 요소 중 하나다(Altmann 1990).

수컷이 여럿 있는 집단에는 보통 암컷이 많다(Mitani, Gros-Louis, Manson 1996). 마찬가지로 창발적인 특성 중 하나인 집단의 크기는 매우 다양하다(Kappeler and van Schaik 2002). 영장류 집단의 경우 10의 몇 제곱 단위를 써야 할 정도로 다양하며(Dunbar 1988; Kappeler and Heymann 1996), 서로 관계된 네 가지 주요 요인이 집단 크기의 변화에 영향을 미친다. 우선 먹이를 먹을 수 있는 지역이 널리 퍼져 있으면 먹이를 찾고 이동하는 데에 노력이 더 많이 들게 된다. 이렇게 되면 집단의 크기에 상한선이 정해진다. 집단 내에서 먹이 경쟁이 심해지기 때문이다(van Schaik 1983; Janson and Goldsmith 1995). 이와는 대조적으로 포식당할 위험이 줄어들면 집단 크기가 커지고, 수컷이 여럿이고 암컷이 있는 집단이 된다. 집단 간 먹이 경쟁이 심해지는 것과 결부된 현상이다(Wrangham 1980; van Schaik 1983; van Schaik and van Hooff 1983). 지배적인 수컷에 의한 새끼 살해는 집단의 크기가 작을 때 잘 발생한다(Crockett and Janson 2000; Steenbeek and van Schaik 2001). 대뇌신피질의 크기도 집단의 크기를 제한한다. 대뇌신피질은 사회적 관계에 관한 복잡한 정보를 처리하는 능력을 결정하기 때문이다(Dunbar 1992, 1995, 1998).

영장류 중에서 떼 지어 사는 습성이 가장 약한 동물들은 혼자 살면서 분산된 사회 시스템을 보인다. 이 경우 성체 수컷의 영역이 성체 암컷 하나 또는 그 이상의 영토와 겹치지만, 각 개체는 혼자 먹이를 찾고 주로 소리를 내거나 후각을 이용해, 또는 이 두 방법을 모두 이용해 사회적인 접촉을 한다. 대부분은 밤에 먹이를 찾고 낮에는 나무 사이에서 잠을 자는 야행성이다. 이 영장류들의 짝짓기 체계는 보통 원원류(Prosimian: 원숭이와 유인원을 제외한 영장류. 더 원시적인 특성을 지녔다—옮긴이)에서는 일부다처제이며, 이상한 일로 보이겠지만, 혼자서 지내는 사회 시스템을 가진 유일한 유인원인

보르네오오랑우탄*Pongo pygmaeus*에서도 그렇다(Dunbar 1988; Swedell 2012).

어떤 영장류들은 짝 결속pair-bond에 기초한 사회 시스템을 가진다. 성체 수컷과 암컷이 작은 새끼들과 사회집단을 이루고 다른 짝들에 맞서 영역을 지킨다. 이 범주에는 몇몇 남아메리카 원숭이와 유인원에서 온 긴팔원숭이, 큰긴팔원숭이가 포함된다. 짝이 아닌 다른 개체와 교미하는 모습이 관찰되기는 하지만, 이 집단들의 짝짓기 체계는 기본적으로 일부일처다. 긴팔원숭이만 예외로 하면, 이 짝 결속에 기초한 집단들의 수컷은 새끼를 보살피는 데에 참여한다. 포유동물 수컷 중에서는 이례적인 현상이다(Dunbar 1988; Swedell 2012).

포유동물에서 흔한 사회 시스템은 수컷이 하나 있는 집단으로, 콜로부스원숭이, 긴꼬리원숭이, 파타스원숭이, 고함원숭이, 겔라다개코원숭이, 망토개코원숭이 그리고 가끔 고릴라에게서 볼 수 있다. 상주하는 성체 수컷 한 마리가 한 곳에서 오래 머무는 친척 원숭이 암컷들을 다른 수컷들로부터 보호한다. 이 수컷은 일을 하는 동안 보통 일부다처 짝짓기 체계를 통해 독점적으로 교미할 수 있는 특권을 누린다. 이 과정에서 성적 이형성(sexual dimorphism: 같은 종의 암컷과 수컷이 형태와 크기 등에서 차이가 있는 것−옮긴이)이 동반된다. "하렘"(harem: 번식을 위해 수컷 한 마리를 여러 암컷이 공유하는 것−옮긴이)이라고 부르기도 하는 이 집단은 상주하지 않는 다른 수컷들에게 장악될 위험에 항상 노출돼 있으며, 이 수컷들은 상주 수컷이 될 기회를 노리고 기다리면서 수컷만 있는 집단을 이룬다(Dunbar 1988).

수컷 여럿과 암컷 여럿이 있는 집단은 개코원숭이와 마카크원숭이에서 발견된다. 암컷과 수컷 따로따로 여러 마리가 큰 사회집단을 이루며, 가장 크고 복잡한 영장류 집단이라고 할 수 있다. 이 집단들에서는 집단의 구성원들 사이에서 분화된 사회적 관계와 친족관계가 나타난다. 암컷들은 평생 집단에 마무르는 반면, 수컷들은 다 자라면 분산한다(Dunbar 1988). 이런 집단이 변형되어 분열-융합 공동체fission-fusion community를 이룬다. 이 공동체는 먹이를 구할 가능성과 암컷의 번식 상태의 변화에 따라 시간을 두고 먹이 수색조들이 임시적으로 갈라지고 합쳐진다. 그리고 이러한 넓은 활동 영역을 차지하기 때문에 결속력이 덜하다. 분열-융합 공동체는 암컷 이 분산하고 수컷이 영역을 지킨다는(수컷의 유소성[留巢性, philopatry]) 특 징이 있다(Swedell 2012).

영장류에게서 보이는 가장 복잡한 유형의 사회 시스템은 다중수준 사회(위계적 또는 모듈식 사회)다. 망토개코원숭이, 겔라다원숭이, 들창코원숭이 그리고 코끼리를 포함해 몇몇 다른 포유동물에서 특징적으로 나타난다. 이런 시스템에는 단일수컷유닛OMU, 밴드band, 트루프(troop, 떼herd)라는 적어도 세 가지 수준의 사회구조가 존재한다. OMU는 수컷 '지도자' 한 마리, 때때로 추종하는 수컷 한 마리, 암컷 몇 마리로 구성되는 번식 단위다. 밴드는 같이 먹이를 찾고 잠을 자는 생태학적 단위다. 트루프는 모여 자는 곳이나 먹이를 찾는 지역에 있는 크고 임시적인 집단이다. 망토개코원숭이에게는 OMU와 밴드 사이에 네번째 층인 클랜clan이 존재한다. 클랜은 OMU와 사회적 결합으로 연결된 혼자 사는 수컷들로 구성된다. 겔라다원숭이(그리고 코끼리)에서는 혼자 사는 수컷이 서로 모여 전부 수컷뿐인 집단을 구성한다. 번식은 보통 일부다처 체계로 이뤄진다(Dunbar 1988).

사회 시스템과 짝짓기 체계의 다양성은 우리와 가장 가까운 살아있는 친척인 유인원에게서 나타난다. 사회 시스템의 복잡성은 침팬지와 보노보의 크고 개방된 단위집단에서부터 수컷이 하나 있는 고릴라 집단, 긴팔원숭이 짝, 혼자 생활하는 오랑우탄까지 다양하게 분포해 있다(Mitani 1990). 만약 인간이 제3의 침팬지라면(Diamond 1992), 마이오세 사람과 동물의 공통 조상도 침팬지나 보노보처럼 여러 수컷/여러 암컷 집단에 살았으며, 생태학적 변수와 사회적인 변수 또는 그 둘 다에 대한 반응으로 분열과 융합을 겪는 경향이 있었다고 추정할 수 있다(Malone, Fuentes, and White

2012).

영장류 중 인간은 두 가지 면에서 이례적이다. 첫째, 인간은 친족관계와 가장 가까운 사회집단 너머로 사회적 상호작용을 확장하는 데에 익숙하다. 둘째, 인간은 사회조직에서 광범위한 종 내 유연성을 보인다. 이는 인간이 새로운 생태학적 상황에 빠르게 적응할 수 있다는 뜻이다. 사람과 진화의 근본적인 특징은 일반적인 사회적 유인원에서 나타나는 제한된(분화의 정도가 적은) 유연성이 확장된 행동 유연성으로 변했다는 데에 있다. 게다가 문화 전파를 통해 행동 패턴과 새로운 사회적 전통이 유전되고, 혁신과 확산이 일어날 가능성은 사람과(특히 대형 유인원)가, 비슷한 다른 영장류(원숭이와 개코원숭이)보다 훨씬 더 높다. 이는 호모 속의 사회적 복잡성과 행동 유연성이 상당히 많이 확장될 수 있는 기초를 제공했을 것으로 보인다(Malone, Fuentes, and White 2012).

유인원과 인간의 사회성은 암컷과 수컷, 남성과 여성의 성적 이형성과 관련이 있다. 유인원과 인간은 포유동물 대부분이 그렇듯이 수컷이 암컷보다 훨씬 큰 일부다처 종이다. 멸종한 사람과 형태에서 이형성을 가늠하기 위해 보통 사용하는 방법은, 몸무게를 아는 상태에서 표본의 몸과 골격의 크기 사이의 관계를 살펴보는 것이다. 표본을 살펴본 결과는 다양한 통계적인 방법, 초기 사람과 해골의 부분들을 조합하는 지식, 현대 인간이 만들어낸 공식, 그리고 상식을 동원해 다시 사람과 화석을 분석하는 데에 적용된다(McHenry 1992, 1996). 오스트랄로피테쿠스 아파렌시스*Australopithecus afarensis*에서 여성의 몸무게는 남성의 64퍼센트, 오스트랄로피테쿠스 아프리카누스*A. africanus*에서는 73퍼센트, 오스트랄로피테쿠스 로부스투스*A. robustus*에서는 80퍼센트, 오스트랄로피테쿠스 보이세이*A. boisei*에서는 69퍼센트였다. 최초의 호모 종인 호모 하빌리스*H. babilis*에서는 62퍼센트다. 전체적인 몸 크기는 현대의 인간에 비해 작았지만, 성적 이형성은 두드러졌다. 이는 사람과가 일부다처 짝짓기 체계를 가졌음을 암시한다. 200만~170만 년 전 사이에 호모 에렉투스의 출현과 더불어 본질적으로 사람과의 몸 크기는 현대 인간 정도로 급격하게 늘어났다. 호모 에렉투스의 성적 이형성은 현대의 인간에서 나타나는 것보다 더 컸지만, 현대의 고릴라·침팬지·오랑우탄에서 나타나는 것보다는 작았다. 이 동물들은 모두 확실히 일부다처 종이다. 이러한 사실로 미루어 보아, 오스트랄로피테신 (australopithecine: 오스트랄로피테쿠스 속을 포함하는 인류—옮긴이)의 특징이 있는 수컷들은 친족관계인 반면 암컷들은 그렇지 않은, 즉 암컷들은 분산하는 사회집단을 구성한다고 추정할 수 있다. 이와는 대조적으로 현대 인간은 이 일부다처 종들과는 매우 다르다. 현대 인간은 성적 이형성이 줄어들었으며 남성과 여성이 짝 결속을 이루는 성향이 있다.

어금니의 상대적인 크기에는 두 개의 다른 추세가 존재하는데, 이 또한 전반적인 이형성을 나타내는 지표다. 오스트랄로피테쿠스 아파렌시스에서 아프리카누스, '튼튼한robust' 오스트랄로피테신인 로부스투스에 이르기까지, 오스트랄로피테신에서는 처음에 이의 크기가 꾸준히 증가했다. 그러다 최초의 호모가 나타나면서, 호모 하빌리스에서 호모 에렉투스, 호모 사피엔스까지 계속해서 이의 크기는 감소했다(McHenry 1992, 1996). 이 패턴은 현대 인간의 지능과 사회적 유연성의 발달을 유도한 엄청난 변화를 반영한다. 초기 호모인 하빌리스와 루돌펜시스*rudolfensis*는 오스트랄로피테신이 가졌던 원시의 특징을 그대로 보유했다. 하지만 이 둘은 모두 후기 호모에서 발견되는 독특한 특징도 같이 가지고 있었다. 예를 들어 뇌의 크기가 커지고 씹는 기관(턱 근육과 뼈)의 크기가 몸무게에 비해 줄어든 것이다 (McHenry and Coffing 2000).

인간의 유전자 서열을 분석해보면, 미오신 중쇄(MYH, myosin heavy chain)의 유전암호를 지정하는 유전자 집합에 돌연변이가 있었음을 알 수 있다. 이 돌연변이는 턱 구조와 치아 크기의 변화와 관련된 것이다(Stedman et al. 2004; Harris 2015). MYH는 근섬유분절을 이루는 중요한 단백

질이며, 근섬유분절은 수축력이 나오는 골격근의 '엔진실'이다. 근육마다 근육 수축률이 다른 이유는 MYH를 이루는 분자들이 서로 다르기 때문이다. 개개의 근육에서 활성을 가지는 MYH 유전자를 비활성화하면 근육의 크기가 극적으로 줄어든다. MYH16이라는 특정 유전자는 인간을 포함한 영장류의 턱 근육에서만 발현된다. 이 유전자에 돌연변이가 일어나면 MYH16 단백질이 축적되지 않는다. 스테드먼 등의 2004년 연구에 따르면, 유전체 서열을 알 수 있는, 인간이 아닌 모든 영장류는 유전자가 변하지 않고 그대로이며 MYH16을 턱 근육에 많이 가지고 있다. MYH16이 많은 턱 근육은 매우 강해서, 시상릉(矢狀稜, sagittal crest)이라고 부르는, 두개골 위의 툭 튀어나온 부분을 필요로 한다. 시상릉이 큰 턱 근육의 고정점으로 기능하기 때문이다.

MYH16의 활성이 사라져 턱 근육의 크기가 줄어들자, 사람과의 두개골이 모양을 다시 갖추고 확장되는 데에 걸림돌이 없어졌다. 결과적으로 뇌가 커질 수 있게 됐다. 이 돌연변이는 250만 년 전에 발생한 것으로 보이며, 이는 호모 속에서 발견되는 독특한 두개골 형태로의 진화가 시작되기 직전이다. 대형 유인원에서 커다란 턱 근육은 시상릉에 붙어 있다. 이 시상릉은 너무 발달이 잘 돼 있어 두개골이 커지는 것을 방해해, 결과적으로는 뇌가 커지는 데에 제약이 된다. MYH16이 비활성화되면, 시상릉이 턱 근육의 부착점이자 고정점으로 기능할 필요가 없어진다. 턱 근육이 작아지고 약해지기 때문이다. 턱-근육을 옮기거나 제거한 동물 모델을 보면, 근육의 구조를 바꿀 때 성장 패턴이 급속하게 바뀐다는 것을 알 수 있다(Harris 2015). 두개골을 이루는 뼈들 사이의 압력이 줄어들어 팽창이 가능해지는 현상도 이 패턴에 포함된다. 시상릉이 필요 없기 때문에, 두개골이 팽창할 수 있으며 뾰족하지 않고 둥근 모양이 된다. 이렇게 되면 뇌, 특히 대뇌반구가 커질 수 있는 공간이 생긴다. 이러한 발견이 중요한 이유는 두개골의 팽창에 유리한 특정 돌연변이들이 동시에 발생하지는 않는다고 추정할 수 있게 됐다는 데에 있다. 턱-근육 돌연변이로 두개골 구조에 물리적인 제약을 가하는 요인이 없어지고 나서, 그 후에 두개골 용량의 증가를 일으키는 유전자 변화가 있었을 가능성이 높다(Kirschner and Gerhart 2005).

이 발견의 의미는 진화가 어떻게 작용하는지에 대한 이해를 제공한 데에 있다. 턱 근육계의 돌연변이는 자연선택이 처음에 선호하지는 않았음이 거의 확실하다. 실제로 이 돌연변이는 자연선택의 방향을 크게 거스르는 변이였을 것이다. 턱 근육이 약한 개체들은 먹이를 먹는 데에 제약을 심하게 받았을 것이다. 근육세포 구조의 돌연변이가 없었던 그들의 조상이 손쉽게 먹었던 질긴 먹이를 먹을 수 없었을 것이기 때문이다. 따라서 호모 속의 진화를 이끈 이 핵심적인 변화가 처음 일어났을 때는 선택의 측면에서 큰 불이익이었을 것이다. 이 돌연변이가 일어난 개체들은 아주 소수만 살아남았을 것이며, 이는 초기 인류 진화 과정에서 존재했다는 사실이 밝혀진 인구 병목현상에 대한 설명이 될 수도 있다(Harris 2015).

이 돌연변이가 일어났을 즈음에 석기가 처음 나타났다. 제약이 풀린 대뇌가 팽창하면서 새로운 정신 상태가 나타난 결과였을 것이다. 이 두개골 변화와 함께 몸의 크기가 커졌고, 성적 이형성이 줄어들고, 사지의 비율이 변했다. 턱 근육이 약해지자 어금니의 크기가 줄어들었고 두개골은 몇몇 독특한 특징을 보이기 시작했다. 우리가 후기 호모에 대해서 떠올리는 돔 같은 모양의 두개골이 그 독특한 특징의 예다(McHenry and Coffing 2000). 이 돌연변이는 인간의 겉모습과 행동 모두에서 일어난 매우 큰 변화와 관련이 있는 것으로 보인다. 약 250만 년 전은 극도로 습한 기간과 극도로 건조한 기간이 빠르게 순환하던 시기다(Gibbons 2013). 이런 환경은 행동과 생태 면에서 유연한 생명체에게 유리했을 것이고, 어느 하나는 잘 알지만 유연성이 떨어지는 조상들보다는 뇌가 크고 이것저것을 많이 아는 개체가 생존하기 쉬웠을 것이다. 이와 비슷한 근육 구조의 돌연변이가 과거에도 수없이 일어났을 수 있다. 하지만 그런 돌연변이가 일어난 개체들은 아마 멸종했을 것이다. 하지만 뇌 크기에 대한 제약이 풀려서 얻은 혜택이 가시화되고 빠르게 변하는 환경에서 행동의 유연성과 혁신이 나타나면서, 초기의 음성 선택압은 빠르게 약화됐을 것이다. 그렇기 때문에 250만 년 전의 환경은 이런 돌연변이가 일어난 개체들이 살아남고 번성하기에 적절했을 수도 있다. 이는 단속적인 진화 사건과 연결되는 현상—작은 유전적 변화가 개체 발생에서의 거대란 변화로 이어지며 새로운 형태를 만들어내는 것—의 대표적인 예다(Eldredge and Gould 1972).

화석 기록은 외부 모양만을 보존하지만, 오스트랄로피테쿠스와 호모 사이 두개골 구조의 변화를 보면 뇌 내부에 의미 있는 재편성이 일어난 것을 알 수 있다(McHenry and Coffing 2000). 이 발견은 다음과 같은 시나리오로 요약될 수 있다. 250만 년 전 이전에 석기는 사람과의 화석이 발견된 곳에서는 존재하지 않았다. 오스트랄로피테신의 뇌 크기는 침팬지의 뇌 크기와 비슷했다. 어금니 그리고 이를 지탱하는 씹기기관은 크고 강력했다. 원시의 특징들은 몸의 모든 부분에 남아 있었다. 두개골을 포함해 전반적인 몸의 크기는 작았고, 몸의 크기 면에서 성적 이형성이 강했다. 뒷발은 앞발에 비해 작았다. 180만 년 전 호모 속 최초의 구성원인 호모 에르가스테르 *H. ergaster*가 나타났으며, 이 구성원은 더 인간 같은 몸을 가지고 인간 같은 행동을 한 것이 특징이다(Harris 2015). 이 시점에서 유인원 같은 영장류의 새로운 속인 호모가 등장한 것이다. 이 속은 결국 약 20만 년 전 아프리카에서 출현해 지난 10만 년 동안 세계의 다른 지역들로 퍼져나간 현재의 호모 사피엔스로 진화하게 된다(Harris 2015). 이 확산의 결과로 호모 사피엔스는 현대 카니스 루푸스의 조상과 조우하게 되고, 현재의 인간과 갯과 동물 사이의 동반자 관계를 만들어낸 사건들이 일어나게 된다(Shipman 2015).

다른 사람과 동물이 어떤 사회구조를 가졌는지는 현재의 영장류에 대한 지식과 화석 기록으로부터 얻은 성적 이형성의 증거를 기초로 추측할 수밖에 없다(Harris 2015; Shipman 2015). 다른 유인원들에게서 발견되는 사회구조를 생각해보면, 초기의 호모가 하나의 가족으로 이뤄진 집단에서 살았던 것 같지는 않다. 인간과 가장 가까운 살아 있는 친척들—일부다처 체계의 고릴라·침팬지·오랑우탄—은 모두 성적 이형성을 보이는 종이다(J. Clutton-Brock et al. 1977; T. H. Clutton-Brock and Harvey 1977; Dunbar 1988, 2000). 일부다처 종들에서 번식의 성공 가능성은 암컷보다는 수컷 사이에서 차이가 많이 난다(Trivers 1972). 수컷 간의 경쟁이 암컷 간의 경쟁보다 심하기 때문에, 선택은 싸움에서 이길 가능성이 높은 수컷의 특징 쪽으로 이뤄진다. 큰 몸과 큰 송곳니 등이 그러한 특징의 예시이며, 이렇게 되면 수컷과 암컷은 몸 크기와 모양에서 차이가 벌어지게 된다. 성적 이형성에 따라 같이 변하는 것으로 알려진 다른 특징에는 부모투자(parental investment: 부모가 자식에게 쏟는 시간과 노력, 에너지 등의 비용—옮긴이)의 차이, 자원 획득과 이용 패턴, 노동의 분화 등이 있다(Trivers 1972; Pierotti 1981; Annett, Pierotti, and Baylis 1999).

네안데르탈인은 호모 사피엔스보다 성적 이형성이 작다(Quinney and Collard 1995; Harris 2015; Shipman 2015). 현대 인간은 아프리카에 살던 호모 사피엔스의 조상보다 성적 이형성이 작다. 이는 현대 인간이 우리의 최근 조상보다 이형성은 덜 나타내고 일부일처 성향은 더 많이 나타내도록 진화했음을 추측할 수 있게 한다. 물론 환경조건과 남녀 비율에 따라 가끔 일부다처 또는 일처다부 성향을 보일 가능성이 우리에게 있기는 하다. 호모 속 안에서 우리와 가장 가까운 친척인 네안데르탈인이나 데니소바인의 사회구조에 대해서 우리는 아는 것이 거의 없다. 실제로 우리는 사피엔스의 조상이 가졌던 사회구조도 그렇게 많이 알지 못한다. 우리에게 있는 정보는 전 세계에 살고 있는 현재 호모 사피엔스의 사회구조에 관한 것뿐이다. 현대 인간의 대부분은 늑대 무리나 가족집단의 구조와 비슷한 사회적 집단에서 산다. 앞에서 말했듯 갯과 동물은 일부다처나 일처다부 체계를 가끔 나타내기는 하지만, 보통 최우선의 짝짓기 체계로 일부일처 체계를 보인다(Moehlman 1989). 이는 최소한 행동 면에서 현대 인간과 늑대 사이의 수렴이 일어나고 있음을 시사한다.

늑대의 무리 또는 늑대의 가족 집단은 보통 인간의 확대가족과 똑같은 구성원으로 이뤄진다. 알파 암컷이 있으며 이 알파 암컷의 짝과 다양한 나이대의 새끼들이 있다(Moehlman 1989; Pierotti 2011a; Spotte 2012). 새끼들, 특히 암컷 새끼들은 다 자란 후에 어미가 이끄는 무리에 남는다. 나이가 많은 새끼들은 어린 새끼들을 돌보는 데에 도움을 주면서 무리를 더 크게 키운다. 현대 인간은 일반적으로 일부일처를 실천하면서 사는 유일한 대형 유인원이다. 짝짓기 체계는 환경의 영향으로 창발성을 띠기 때문에, 일부일처 체계는 늑대로부터 얻은 특징이거나 최소한 생태학적 적소가 수렴하여 두 종 모두가 공유하는 특징일 가능성이 높다. 두 종 모두 집단 사냥으로 큰 먹잇감을 잡는 유능한 포식자로서 비슷한 생태학적 역할을 공유한다. 또한 두 종 모두 협력적으로 먹이를 공유하여 이득을 본다. 인간이 늑대의 사회적 전략을 채용한 것은 늑대가 인간의 사회집단에 동화되는 이유에 대한 설명이 될 수 있으며, 이 호혜적인 상황은 많은 문화 전통에서 기록으로 남아있다. 로물루스와 레무스 전설, 『정글북』, 아메리카 원주민 부족들의 많은 이야기가 그 예다(Bettelheim 1959; Itard 1962; Singh and Zingg 1966; Lane 1976).

인간과 늑대 관계의 적응성을 뒷받침하는 또 하나의 요인은 인간이 막 태어난 침팬지를 입양해서 키울 때 발생하는 어려움에서 찾을 수 있다(Fouts and Mills 1997). 1950년대부터 1970년대 내내 어리거나 갓 태어난 침팬지를 입양하는 것은 미국에서 매우 흔한 일이었다. 이런 입양은 어린 침팬지가 다섯 살 정도까지는 별 문제를 드러내지 않지만, 이때가 되면 많은 인간 부모가 입양한 '자식'을 더 이상 키울 수 없다고 결정하고, 일부 아기 침팬지는 자신을 키워준 엄마와 떨어지는 것에 스트레스를 받아 죽기도 했다(Fouts and Mills 1997). 야생에서 어린 침팬지는 다 자랄 때까지 어미와 강한 유대관계를 유지한다. 성년이 훨씬 지나도 이 관계를 유지하는 침팬지도 있다. 이와는 대조적으로 어린 늑대들은 보통 자신이 속한 집단에서 분산돼 나와 쉽게 인간 집단에 통합된다. 어린 늑대는 한 개체하고만 유대를 형성하지 않기 때문이다. 어린 늑대들은 많은 갯과 동물이 그렇듯이, 원한다면 평생 인간 가족집단 안에서 지낼 수도 있다. 현재도 그렇고 인간의 역사를 통틀어 볼 때도 그랬다.

인간에게 일부일처 짝 결속의 존재는 중요한 의미를 지닌다. 영장류의 사회집단 대부분에서는 짝 결속이 없기 때문이다. 유인원 중에는 긴팔원숭이만 짝 결속을 하는데, 이 결합은 인간의 짝 결속과는 완전히 다르다. 수컷이 영역을 지키고 그 영역에서 암컷과 새끼들이 살지만, 수컷은 새끼들과의 상호작용이 없고 새끼들을 거의 보살피지 않는다(Mitani 1990; Kappeler and van Schaik 2002). 우리 현대 인간의 조상은 많은 면에서 현재 인간과 다르다. 이들은 '자연'과 주변 환경에 대한 두려움이 거의 없거나 아예 없다. 자연을 적대적이고 위험한 곳으로 생각하는 유럽 혈통의 현대 인간에게서는 이런 태도가 거의 보이지 않지만, 세계 곳곳의 원주민 부족들에게서는 계속 관찰돼왔다(Sale 1991; Pierotti 2011a).

현생인류는 현재로부터 약 20만 년 전 아프리카 어딘가에서 기원했다는 설명이 일반적이다. 이러한 설명과 함께 '미토콘드리아 이브', 즉 최근의 공통 조상, 다시 말해 모든 현대인이 가진 미토콘드리아 혈통의 시작이 된 한 명의 여성이 있었다는 생각에 기초하여, 인간이 단일 기원을 가졌다는 증거도 제시된다(Cann, Stoneking, and Wilson 1987). 기독교적 사고가 서양 과학에 미친 영향이 보인다. 에덴동산 이야기를 동원해 이 '과학적인' 발견에 대한 비유를 만들어낸 것이다. 핵유전자의 진화 역사에 관한 최근의 연구는 단순한 단일 기원설보다 훨씬 복잡한, 호모 사피엔스의 기원 뒤에 숨은 역사를 드러내고 있다(Harris 2015). 놀랍게도 호모 사피엔스의 진화 역사는 늑대가 가축화된 개가 된 과정과 상당히 비슷하다―나중에 서로 교배해 다양한 표현형을 만들어낸 여러 집단이 아프리카에 있었다(Garrigan and Hammer 2006; Hammer et al. 2011).

아프리카에서 나온 현생인류는 5만 년 전쯤 처음보다 심각한 두번째 인구 병목을 겪었다. 새로운 질병 같은, 그전에는 경험하지 못한 새로운 환경조건에 빠르게 적응해야 했기 때문이었을 것이다(Harris 2015). 적응 반응 중 하나는 유라시아에서 만나게 된 다른 사람과인 네안데르탈인, 데니소바인과 교배하는 것이었다. 이들로 인해 현생인류는 새로운 질병에 어느 정도 유전적 저항력을 갖게 됐다(Krings et al. 1997; Harris 2015). 유전체 분석에 따르면, 네안데르탈인과 현생인류 사이의 이종교배는 약 5만 년 전에 일어났다고 추정된다(Sankararaman et al. 2012). 데니소바인의 DNA도 호주, 파푸아뉴기니, 필리핀, 인도네시아에 사는 현대 인간 집단에서 발견돼왔다(Harris 2015). 별로 놀라운 일이 아니다. 잡종화는 새롭거나 변하는 환경조건을 경험하는 집단들의 흔한 반응이기 때문이다. 일부일처 교배 체계를 가진 혈통에서는 특히 그렇다(Grant and Grant 1992, 1997a, 1997b; Pierotti and Annet 1993; Good et al. 2000).

아프리카에서 나와 더 춥고 변화가 심한 유라시아 환경으로 들어간 현생인류의 또 다른 적응 반응은, 현재로부터 약 4만 년 전쯤 늑대들과 협력적으로 사냥하고 아마 협력적으로 살기도 하는 관계를 맺은 것이다(Schlesier 1987; Schleidt and Shalter 2003; Shipman 2014, 2015). 초기 인간은 다른 종의 세계관을 배우고 새로운 환경에서 살아남는 방법에 관한 그 종의 지식을 받아들일 필요를 인식했을 수 있다. 특히 낯선 먹잇감을 사냥할 때는 다른 종의 지식이 더 믿을 만하다고 깨달았을 것이다. 현대 인간들은 대부분 그런 관계를 생각도 하지 못한다. 하지만 인간이 아닌 종의 관점을 받아들이는 일은 외부와 접촉하기 전의 아메리카 원주민(Pierotti 2011a, 2011b; Fogg, Howe, and Pierotti 2015), 호주 원주민 부족들(Rose 2000, 2001), 보더콜리와 성공적으로 일하는 사람들(McCaig 1991)에게 분명히 있었다.

인간이 아닌 종의 생각을 받아들이는 태도는 사람들이 개와 편하게 지내는 유럽 일부 지역에서 더 흔하게 보이는 것 같다. 아메리카에서는 그렇게 생각하는 사람이 훨씬 적다. 이곳 사람들은 개를 불편해하는 경우가 많다(McCaig 1991). 마셜 토머스는 더 나아가 이렇게 말한다. "늑대와 늑대의 후손은 가축화의 절정에 이르렀지만⋯ 이를 확인하려면 미국에 있는 우리는 다른 곳으로 가야만 한다. 유럽인들은 개에 관해서 미국인보다 엄청나게 더 문명화돼 있다. 너무나 많은 미국인이 확실한 개 파시스트다. 이들은 개를 통제할 필요를 너무 많이 느껴, 할 수만 있다면 개를 전부 가두려고 할 것이다"(2000, 128-29). 우리는 대형 견종과 이른바 '늑대개'를 많이 다뤘기 때문에 마셜 토머스의 주장을 이해한다. 이 해석을 의심하는 사람은 시저 밀란의 TV 프로그램 〈도그 위스퍼러〉의 몇몇 에피소드를 볼 필요가 있다. 몇 번만 보면 미국인들이 얼마나 지속적으로 갯과 애완동물에 불안감을 가지는지, 애완동물과 대놓고 충돌하면서 결국 그 불쌍한 개들에게 스트레스만 주는 경우가 얼마나 많은지 알 수 있을 것이다.

인간과 다른 모든 동물의 차이를 찾아내려는 시도는 끊임없이 계속되고 있다(Pierotti 2011a). 물론 차이점은 존재한다. 하지만 그것은 질적인 차이가 아니라 양적이 차이임이 거의 확실하다. 즉, 그 차이점이란 다양한 다른 종에서 발견되는 특징들을 극단적으로 표현한 것이다. 그 예는 "늑대와 놓아기른 개의 군집"을 비교하려는 최근의 시도에서 볼 수 있다(Spotte 2012). 스포트의 긴 글을 뒷받침하는 핵심 주장 중 하나는 마음이론, 즉 상호작용하는 다른 동물에게도 욕구가 있음을 생각해내는 능력이 인간에게만 있다는 주장이다(Pennisi 2016 참조). 인간은 이 개념의 모델이 된다. 왜냐하면 우리는 인간이 자신과 다른 존재와의 차이점을 인식할 수 있음을 알기 때문이다. 스포트는 주장한다. "우리와는 달리 동물은 다른 존재의 정신 상태를 인식할 수 없다. 따라서 동물 세계에서 신호를 보내는 동물은 다른 존재에게 **무엇인가를 알리려고 의도적으로** 신호를 보내는 것이 아니다. 또한 신호를 받는 존재도 그 신호가 **신호를 보내는 존재가 아는 것을 반영한다고 인식하지 못하면서** 신호를 해석한다"(2012, 74).

우리가 지금까지 논의해온 진화적 관계를 생각해보면, 이는 갯과 동물에 관한 이상한 주장으로 보인다. 종을 넘어서는 역학관계가 작동하게 만들기 위해, 갯과 동물은 엄청난 세심함 그리고 인간의 사회적 소통방법과 정신 상태에 대한 이해를 보여야 했기 때문이다. 이 역학관계에는 다른 존재가 보낸 신호를 인식·해석하는 일 또한 포함되며, 소통과 의도적 신호 전달은 같은 종 안에서뿐만 아니라 다른 종 사이에서도 이뤄진다. 많은 견종 중에서 보더콜리를 키워본 사람은 누구나 카니스 루푸스가 매우 복잡한 정신 상태를 드러낸다는 것을 안다. 다른 종의 동물에게서 마음이론의 존재가 확인될 때도 많으며, 최소한 추측은 된다. 각 종에 속한 개체들이 거울 속의 자신을 알아보는 능력을 보일 때가 그렇다. 코끼리, 돌고래, 유인원 그리고 큰까마귀, 까치, 앵무새 같은 몇몇 조류가 이런 능력을 보인다는 사실이 밝혀진 상태다(Pennisi 2006).

마셜 토머스는 교육을 잘 받고 세련된 뉴잉글랜드 사람인 자신이 다른 종 사이의 관계를 어떻게 이해할 수 있게 됐는지 스스로 밝힌다. 하지만 토머스는 자신의 10대 후반 몇 년과 20대 초반을 칼라하리사막에서 주와시족 사람들과 함께 보내면서, 원주민 부족들이 세상을 어떻게 보는지 잘 알게 된 특이한 사람이었다(Marshall Thomas 1994, 2000, 2006). 마셜 토머스가 한 연구의 강점 중 하나는, 인간이 아닌 동물들이 세상을 어떻게 인지하는지 알아내고 그들이 세상에 대해 어떻게 생각할지를 고찰하는 그의 능력에 있다. 이 능력 덕분에 토머스는, 동료평가 문헌을 모두 읽었지만 인간이 아닌 동물이 진짜 어떤 존재인지 거의 또는 전혀 느끼지 못하는 다른 학자들보다 우위에 서게 됐다(e.g. Spotte 2012). 토머스는 경력 전반에 걸쳐 사자, 코끼리, 사슴 그리고 '가축화된' 고양이와 개의 행동을 관찰해왔다. 이런 다양한 경험 중 하나는 배핀섬에서 한 늑대 무리를 주시하면서—아마 같이 살았다는 말이 더 정확하겠지만—보낸 것이다(1993, 2013). 이 경험은 현생인류가 아프리카를 떠나 처음 늑대와 마주쳤을 때 겪었을 수도 있는 경험과 비슷한 것으로 보인다.

이렇게 가정하는 근거 중 하나는 배핀섬의 늑대들이 인간에 익숙하지 않고 한 번도 사냥을 당해본 적이 없다는 데에 있다. 토머스의 관찰은 7월과 8월 동안 북극권 지역에서 이뤄졌으며, 따라서 밤이 없었다. 처음 늑대를 만났을 때 "흰 늑대 두 마리가 언덕 근처에서 빠르게 뛰어오더니 우리를 봤다. 한 마리는 성체 늑대였는데, 속도를 높이더니 산등성이를 넘어 사라졌다. … 다른 한 마리는 젊은 늑대였는데, 뛰어오던 대로 계속 뛰더니 주와시 부족 사람들이 맹수를 만나면 하라고 우리에게 일러준 행동을 똑같이 했다. 뛰지 말고 비스듬한 각도로 적당하게 움직이면서 멀어지라는 것이었다"(2013, 219). 잠재적인 포식자나 같은 육식동물을 만났을 때, 이 충고는 요긴하게 쓸 수 있다. 침착하고 자신 있게 보이면서 뛰지도 등을 보이지도 말고 멀어져야 한다. 이런 행동은 당신이 상대를 존중은 하지만 무서워하지는 않는다는 것을 보여준다. 반면 뒤로 돌아서 뛰는 것은 당신이 먹잇감이 될 수도 있다고 알려주는 행동으로, 당신을 더 공격받기 쉽게 만든다.

이 늑대들은 굴이 네 개 있었다. 늑대 수백 세대가 지난 수천 년 동안, 빙하작용이 끝난 후 늑대들이 이 섬에 모여 살 수 있게 된 때부터 이 굴들을 차지해왔을 것이다. 토머스는 이 늑대 무리를 관찰하면서 몇 주를 혼자 보냈지만, 위협을 느낀 적은 없었다. 하지만 무리에 속한 늑대들은 마셜 토머스를 궁금해하는 것 같기는 했다. 늑대들은 토머스가 야영하는 동굴과 토머스가 여기저기 놓아둔 물건들을 뒤졌다. 우리가 호모 사피엔스 가족집단이 늑대를 처음 만나게 되는 상황을 상상해본다면, 이와 비슷한 역학관계를 그려볼 수 있을 것이다. 둘 다 집단생활을 하므로, 이 두 종은 서로 상대방이 강력한 포식자일 것이라는 인식을 기초로 존중과 조심하는 마음을 동시에 지니며 서로에게 호기심을 가지게 될 것이다. 토머스는 포식자들이 서로 예기치 못하게 만날 때 서로에게 내보이는 의전, 즉 잠재적인 충돌을 최소화하는 반사적인 의전 같은 것이 있는 듯하다는 생각을 내비친다.

토머스는 육지에서 가장 큰 사회적 포식자인 사자를 만난 경험을 통해, 포식자가 근처에 있을 때 어떻게 행동해야 하는지를 배웠다(1994, 2006). 아프리카를 떠나 다른 땅으로 분산하는 인간들도 아마 이런 식으로 배웠을 것이다. 사자는 가축화된 적이 없는 동물이지만 다른 종과 협력적으로 사냥을 하는 종도 아니다. 하지만 주와시 부족 사람들은 그 지역의 사자들과 일종의 휴전을 맺은 것 같기는 하다. 그렇게 함으로써 인간과 사자 두 종은 서로를 피하고 경쟁을 최소화하기 위해 노력했던 것이다(Marshall Thomas 1994).

현생인류와 조우한 최초의 늑대들은 사자와는 매우 다른 방법으로 인간과 상호작용하기로 마음먹었을 것이다. 이 늑대들은 네안데르탈인이나 데니소바인, 심지어 호모 에렉투스 같은 호모 속의 다른 구성원들 옆에서 수천수만 년을 살아왔기 때문에, 이들과 친해질 수도 있었을 것이다. 하지만 늑대는 이들과 사회적 유대를 맺거나 장기적인 상호작용을 하지 않은 것으로 보인다. 최소한 늑대 표현형의 분명한 변화를 이끈 유대조차 없었다. 호모 사피엔스가 더 몸집이 크고 더 육체적으로 강한 호모 네안데르탈렌시스를 유럽과 아시아 전체에서 밀어낼 수 있었던 이유는, 사피엔스가 늑대를 파트너로 가졌던 반면 네안데르탈인은 그렇지 않았기 때문이라고 주장하는 학자들도 있다(Coren 2006; Shipman 2015).

다른 학자들은 이 초기의 호모가 늑대와 협력적인 관계를 가졌지만, 그들의 상호작용은 지난 1만 5000년 전까지는 고고학 기록에서 찾아 볼 수 있는 어떤 육체적 변화도 일으키지 못했다고 생각한다(Schleidt and Shalter 2003; Derr 2011). "개/늑대는 이들이 분명한 표현형을 만들어 내기 수천 년 전에 행동이 변했다. 이 초기의 관계가 어떤 형태를 띠었든, 원하는 표현형을 만들어내는 '선택교배'가 관계 안에 포함되었을 가능성은 아주 낮다"(Coppinger and Coppinger 2001, 50). 늑대와 인간은 주로 행동적·생태학적(창발적) 변화를 서로에게 일으키면서 공진화했다. 두 종은 겉모습을 꼭 변화시키지 않으면서도, 인간의 성적 이형성이 상당히 감소되는 것 이상으로 각각 상대방 종의 기본적인 속성을 변화시켰다. 현재로부터 약 3만 년 전으로 상정되는, 네안데르탈인과 (훨씬 덜 알려진) 데니소바인 모두의 멸종 시기가 가축화된 늑대(개)가 고고학 기록에 등장하는 시기와 일치하는 것은 흥미롭다(e.g. Germonpré et al. 2009, 2012; Ovodov et al. 2011). 구석기시대 인류가 아시아 북부에서 잡은 동물은 대부분 늑대, 야생 당나귀, 야생 양, 들소, 순록이 잡은 종과 같으며, 매머드나 코뿔소가 같은 동물들을 사냥한 증거는 거의 없다(하지만 Shipman 2014, 2015 참조). 고고학 기록에 따르면, 시베리아 사람들은 인간과 늑대로 이뤄진 소규모의 야영지를 만들어 단기간 이용한 것으로 보이며, 이 야영지는 여성들이 지배권을 가진 더 크고 안정적인 베이스캠프와 느슨하게 연결돼 있었다(Goebel 2004; 제5장 참조).

슐라이트와 샬터의 2003년 연구가 제안한 모델은, 토머스 홉스의 '호모 호미니 루푸스'(*Homo homini lupus*: "인간에게 인간은 신이자 나쁜 늑대다"[인간은 자연 상태에서 다른 인간에게 늑대처럼 폭력적으로 행동하며, 만인의 만인에 대한 투쟁이 일어난다 뜻—옮긴이])라는 주제 의식에 새로운 의미를 부여했다(Hobbes 1985, Schleidt and Shalter 2003에서 인용). 슐라이트와 샬터는 인간과 갯과 동물 사이의 강한 사회적 유대를 감안하여 "인간에게 인간은 친절한 늑대다. 아니, 적어도 그래야 한다"라고 주장하며, 늑대에 대한 사람들의 인식이 최근 들어 바뀜에 따라 우리에게 생각을 바꿀 기회가 생겼다고 주장한다. "'가축화된 동물'이 인간이 의도적으로 발명한 결과라는 기존의 태도를 계속 유지할 것이 아니라" 우리는 "늑대와 인간의 초기 접촉은 실제로 상호적이었으며, 그 뒤에 두 종 모두에게 일어난 변화는 공진화의 과정으로 생각해야 한다"라는 것이다(Schleidt and Shalter 2003, 58). 이 주장은 프랜시스(2015)의 주장에 대한 반박이라고 할 수 있다. 더 중요한 것은, 늑대의 일부가 개로 변하는 과정에서 인간이 늑대에게 영향을 미쳤던 것만큼 늑대가 인간의 진화에 지대한 영향을 미쳤을 수 있다고 슐라이트와 샬터가 주장한다는 점이다.

이들의 주장은 인간과 늑대가 상호작용했을 기간의 추정치에 기초한다. 우리 생각과 슐레이트와 샬터(2003)의 생각이 다른 점 중 하나는 호모 속과 늑대의 관계가 시작된 시점이 현재로부터 40만 년 전 호모 에렉투스까지 거슬러 올라갈 수 있다고 이들이 주장한다는 점이다. 초기 호모와 늑대 사이에 우호적인 상호작용이 존재했을 수는 있지만, 이 사회적 관계를 보여주는 고고학적 증거는 거의 없다. 하지만 적어도 이론상으로는, 인류 최고의 업적이라고 많은 사람이 경탄해 마지않는 인간의 사회적 체계와 심지어는 윤리적 체계까지도 초기의 갯과 동물이 발명했다는 정황이 존재한다. 협력적이고 이기적이지 않으면서 충돌을 최소화하는 행동은 오늘날에도 이 갯과 동물의 후손 일부에게서 나타나고 있으며, 특히 회색늑대, 아프리카들개(리카온 픽투스), 아시아들개(쿠온 알피누스*Cuon alpinus*) 같이 무리를 지어서 사냥하는 갯과 동물들에서 완벽한 형태로 나타난다(G. K. Smith 1978).

이러한 주장은 호모 사피엔스와 카니스 루푸스가 거의 모든 환경에서 생존이 가능한, 가장 널리 퍼진 육지 동물이라는 사실에 의해 뒷받침된다. 두 종은 극지방 툰드라, 타이가, 낙엽수 숲, 초원, 심지어는 사막에서도 생존이 가능하다. 두 종은 극단적인 계절 변동이 일어나는 환경에서도 살 수 있기 때문에, 플라이스토세 환경에 적응한 거대동물군의 대부분을 쓸어버렸을지도 모를 시시각각 변동하는 환경조건에도 더 잘 대처할 수 있었을 것이다.

개가 우리 조상들의 발명품이라는 전통적인 생각을 영속하는 대신에, 슐라이트와 샬터(2003)는 인간과 늑대의 초기 관계가 협력적이고 서로에게 이익이 되는 관계였다고 주장한다. 늑대가 개로 진화했다는 말은, 먼저 늑대의 행동과 생태가 변하고 그 뒤를 이어 몸 크기, 머리뼈 모양, 네 다리의 구조 등 해부학적인 특징에서 일부 변화가 관찰됐다는 뜻이다. 슐라이트와 샬터의 시나리오에서 가장 재미있는 부분은, 늑대가 인간 행동의 "늑대화upification"—이들의 표현으로는 "유인원의 인간화"—라고 할 수 있는 과정을 통해 초기 인간 집단의 사회윤리에 강력한 영향을 미쳤다는 것이다(58). 중간 크기의 집단생활을 하는 육식동물로서, 늑대는 협력과 팀워크로 생존한다. 늑대는 같이 사냥하고, 같이 새끼를 키우고, 음식과 위험을 공유한다. 무리 시스템이 성공한 이유는 한 가지 특정한 생활사의 특징이나 해부학적 특징, 생리 또는 행동의 특징 때문이 아니다. 그 이유는 공동체 행동과 집단 생존을 가능하게 한 분명한 특성들이 모두 합쳐졌기 때문이다.

이와는 대조적으로 우리와 가장 가까운 생물학적 친척인 침팬지의 사회생활은 기회주의적이다. 침팬지는 거의 마키아벨리적인 속성을 가지고 있어, 서로 이용해먹을 방법을 찾는다(Wrangham and Peterson 1996). 슐라이트와 샬터(2003)는 인간의 공격적·경쟁적인 측면이 아닌 협력적인 측면을 강조한다. 우리가 특히 인도주의적이라고 평가하는 특성의 생물학적 뿌리를 찾아본다면, 그것은 카니스 루푸스와 아프리카들개 같은 사회적인 갯과 동물에서 찾을 수 있지 우리의 유인원 친척에서는 찾을 수 없다.

인류가 유라시아를 가로질러 퍼져나가면서, 인간 집단의 사회성은 영장류 모델을 더 이상 닮지 않고 갯과 동물 모델의 요소를 반영하기 시작했다(Schleidt and Shalter 2003). 고생물학·생물지리학·유전학 증거에 기초해, 슐라이트와 샬터는 이 변화가 일어난 시점이 인간이 늑대들의 영역으로 들어가 그들과 가깝게 접촉하기 시작한 시점과 일치한다고 주장한다. 최상위 포식자인 늑대는 순록·말·들소 같은 유제류처럼 떼를 지어 이주하는 동물을 먹고 산 최초의 '목축업자'이기도 하다. 마지막 빙하기 동안 인간 집단은 늑대의 목축 생활과 집단행동 방식(협력하고, 위험을 공유하고, 가까운 친족을 넘어 관계를 확장하는 등)을 받아들였다. 네안데르탈인, 데니소바인, 아마도 아시아 동부의 호모 에렉투스 같은 시간적으로 더 앞선 다양한 호모 속이 현생인류에게 길을 내주고 개가 늑대로부터 분리되면서, 두 종 모두 종안과 종 사이에서 더 협력적으로 상호작용하기 시작한 시기가 바로 이때다.

고도로 사회화된 종의 핵심적인 특징은, 사회집단의 구성원들이 갈등을 해결하기 위해 싸움에 의존하지 않고 서로를 받아들이는 능력을 가진다는 점이다(Schleidt and Shalter 2003). 공격을 수반하는 갈등이 전혀 일어나지 않는 것은 아니다. 다만 집단의 구성원들이 집단 내 다른 구성원들이 어디에 있고 무엇을 하는지 끊임없이 의식한다는 뜻이다. 모든 유대관계가 다 같지는 않으며, 모든 상호작용이 모두 이타적인 것은 아니다. 협력을 하면서도 이기적인 행동은 일어날 수 있다. 마셜 토머스는 개체들이 같이 살거나 함께 일한다고 해서 반드시 유대가 이뤄지거나 계급이 생기지는 않지만, 그럼에도 일반적으로 구성원들은 심각한 갈등은 피하려고 한다고 지적한다. 침입자를 몰아내거나 큰 먹잇감을 사냥하는 것 같은 일은 집단 전체가 같이 해야 하며, 이는 구성원들 사이의 관계가 우호적이고 집단의 생존을 확실하게 만든다는 뜻이다(1993, 48).

두 종이 협력한다고 해서, 협력적인 사냥을 하지 않을 때도 서로 아주 친한 관계를 맺어야 하는 것은 아니다. 큰까마귀와 늑대의 경우처럼 친근함의 요소(종 사이의 유희)를 보이는 동물들도 있지만, 각각의 종은 스스로의 힘으로 생존할 수 있으며 모든 구성원이 서로서로 동일한 관계를 가질 필요도 없다. 이는 호주 원주민 부족들과 딩고의 예에서 확실하게 볼 수 있다(제6장). 우리와 개의 관계가 어쨌든 고양이와의 관계와는 매우 다른 것을 생각해보면, 이 현상은 별로 놀라운 일이 아니다.

현생인류와 늑대의 초기 상호작용을 생각해보는 한 방법은, 서로 실제로 좋아하지 않거나 사회적 유대를 맺지도 않으면서도 이 두 종이 만나서 사냥한 동물을 공유했고 때로는 사냥까지 함께 해왔을 수 있다고 생각하는 것이다. 어떻게 보면 이는 시골 사람들이 오늘날 고양이와 가지는 관계와 같다. 제9장에서 말하겠지만, 헛간 고양이와 우리는 완전히 우호적이며 서로 만나서 행복한 관계다. 하지만 이 고양이들이 들쥐를 사냥할 때는 우리와 엮이기를 원하지 않았다. 이 고양이들 말고도 우리 근처에는 야생으로 돌아간 고양이들이 있었다. 그 고양이들의 일부는 몇 년 동안 우리 헛간을 들락날락했고, 우리는 이 고양이들이 먹으라고 겨울에 음식을 놓아두곤 했는데도 그들은 우리에게 결코 곁을 주지 않았다.

인간과 늑대가 서로 알게 된 후, 서로를 받아들이기까지는 확실히 시간이 필요했을 것이다. 그리고 그 시간은 수많은 세대가 지날 정도로 긴 시간이었을 것이다. 자살을 생각하는 아니시나베족 사람과 한 늑대와의 만남을 그린 아니시나베족 작가의 소설을 그 예로 살펴보자.

> 나는 내 안에서 묻곤 하던 질문을 늑대에게 던졌다. "늑대 너희들은 하늘로부터 사냥당하고, 땅에서는 오염되고, 눈에 띨 때마다 그 자리에서 죽임을 당하고, … 우리에 갇히는 데다 거의 멸종하기 일보 직전에 있다. 왜 그렇게 슬프게 살아가지? 우리 아니시나베족 사람들이 많이 그래왔던 것처럼 …, 뒤로 돌아서서 스스로를 파괴하지 않고 어떻게 살아가는 거지?" 늑대가 대답했다. 말이 아니라 계속해서 응시하는 것으로. "우리는 살아 있기 때문에 사는 것이다." 그는 질문을 하지 않았다. 그는 이유를 말해주지 않았다. 그리고 그때 나는 그를 이해했다. 늑대는 자신에게 주어진 삶을 받아들인다. 늑대는 주변을 둘러보며 다른 삶을 바라거나, 인간에게 분노해 삶을 단축하거나, 적절한 수준 이상으로 인간을 두려워하지도 않는다. 늑대는 효율적이다. 늑대는 자신이 맞닥뜨리는 것을 처리하고 앞으로 계속해서 나아간다. 일 분 일 분, 하루하루를 그렇게 살아간다. (Erdrich 2005, 120-21)

물론 이 이야기는 상호작용을 상상한 것이지만, 인간이 아닌 동물은 인간처럼 자기 연민이나 슬픔에 빠질 여유가 없다는 점에서 사실처럼 보인다. 아프리카를 떠나 플라이스토세 유라시아와 북아메리카에서 어려움을 해결하려고 했을 우리 조상을 생각할 때는, 하나의 요인을 염두에 두어야만 한다. 우리의 조상은 어드리치의 이야기에 나오는 늑대처럼 살아야 했다는 것이다. 그들은 "두려움 때문에 움직인 사람들이 아니었다"(Derr 2011, 78). 자신을 먹잇감으로 생각하지도 않았으며, 자신을 뛰어난 포식자로 생각했다(Pierotti 2011a, 2011b). 이들의 수명은 현대 인간들처럼 '70년three-score and ten'이 아니었다. 인간들 대부분은 늑대처럼 젊어서 죽거나 사냥 중에 부상을 입고 죽었다. 현대의 인간과는 달리, 이들은 일생 동안 갯과 동물 동반자를 여러 마리 갖는 것을 기대하지 않았다. 수천 년은 아니더라도 수백 년은 그 지역에 살아왔을 늑대 가족의 기껏해야 한두 세대만을 알았을 것이다. 배핀섬과 엘즈미어섬의 늑대들은 수천 년 동안 굴을 이용해왔으며, 아주 오래된 돌에 굴로 향하는 길을 내왔다. "동물이 만든 오래된 물건은 별로 볼 수 없다. [그 길을 보면서] 나는 내가 그 오래된 물건 중 하나를 보고 있다는 것을 깨달았다"(Marshall Thomas 1993, 33).

인간이 아닌 이웃들과 이렇게 성공적이고 협력적이고 우호적인(적어도 적대적은 아닌) 상호작용을 하면서 행동의 놀라운 유연성을 보인 우리 조상들은, 특히 사냥 전략과 사회적 역학관계에서 늑대를 흉내 내기로 했을 수 있다. "[사냥에서] 다치지 않고 살아 돌아오는 것, 특히 배가 부른 상태로 돌아오는 것은 그 자체로 성공 스토리이며, 사냥을 하지 않을 때 늑대가 왜 재미없고 평범하게 살고자 하는지 설명할 수 있다"(Marshall Thomas 1993, 41). 비슷한 환경조건에 직면한 우리 조상들은 비슷한 결심을 하고 이 경험 많은 사회적 육식동물의 사냥과 생활 동반자가 되기로 했을 것이다.

4

늑대, 고고학자, 그리고 개의 기원

늑대나 개에 관련된 모든 고고학·고생물학적 연구결과를 검토하는 것은 이 책의 범위를 넘어선다. 매우 거대한 주제이기 때문이다. 다행스럽게도 이 분야에서 인정받는 전문가들은 늑대가 개로 변해온 이야기를 들려주며 고고학적 연구결과에 대한 통찰을 제공해왔다. 우리는 초기 인간이 늑대와 관계를 맺은 과정, 그리고 그 관계가 어떻게 가축화된 개라고 생각되는 동물을 나타나게 했는지에 관한 우리의 생각과 연관해, 그 전문가들의 연구결과를 검토하고 분석할 것이다. 서론에서 우리가 주장한 것처럼, 초기 이러한 관계의 확립은 최근에 늑대에게서 중요한 표현형의 변화를 일으킨 인간 주도의 선택 과정과 연관은 있지만, 서로 영향을 미치지는 않았다.

우선 우리는 한 유명한 고고학적 사례를 논의할 것이다. 이 사례는 인간과 늑대 사이에 특별하고 장기적인 관계가 존재한다는 우리의 생각에 흥미로운 뒷받침이 될 수 있으며, 고고학적 연구결과를 해석하는 방법의 속성에 대한 통찰을 제공할 수 있다. 12만 5000년 된 구석기시대 주거지들이 모여 있는 프랑스 니스에 위치한 라자레 동굴의 모든 큰 주거지 입구에서 늑대의 머리뼈가 발견됐다(Thurston 1996; Franklin 2009). 이 발견으로 인해 늑대/인간 관계의 기원은 그동안 일반적으로 받아들여졌던 시점보다 훨씬 더 거슬러 올라갈 수도 있다. 그래도 이 발견은 가축화의 기원 또는 최소한 인간과 늑대가 제휴한 시점이 현재로부터 10만 년 전 이전이라고 주장한 빌라 등의 1997년 연구에 더 신빙성을 제공해주기는 한다. 이 예는 호모 사피엔스 밀고도 다른 호모 속의 구성원이 늑대와 일종의 특별한 관계를 맺었을 가능성을 한층 더 높여준다. 왜냐하면 12만 5000년 전이라는 시기는 현생인류가 유럽에 도착한 시점보다 훨씬 앞서기 때문이다. 하지만 저명한 고고학자인 루이스 빈포드가 늑대의 머리뼈가 "우연히 이 주거지를 침범하게 된 근처의 늑대 굴"에서 온 것이며 호모 사피엔스와 카니스 루푸스의 관계와는 전혀 상관이 없다는 결론을 내렸을 때, 이 예는 무시된 것으로 보인다(Thurston 1996, 14).

하지만 이러한 논의는 우리가 서론에서 제안한 것과 정확하게 같은 시나리오를 뒷받침하는 상당히 튼실한 증거를 제공한다. 즉, 인간에게 중요한 존재인 늑대들이 살던 근처의 굴은 최초의 잠정적인 관계가 시작된 곳일 가능성이 높다는 시나리오다. 늑대의 뼈대가 아닌 머리뼈가 발견됐다는 건 늑대가 자연사했음을 보여준다는 생각에 관해서 이야기하자면, 늑대는 굴 근처에서 죽는 경우가 거의 없다. 굴 근처에서 죽는다고 해도 머리뼈만 남지는 않는다. 늑대가 만든 고대의 길이 있다고 마셜 토머스(2000)가 기술한, 엘즈미어섬의 700년 된 늑대 굴은 늑대들이 몇 백 년 동안 사용했음에도 주변에 머리뼈가 없다(Mech 1995). 늑대, 특히 성체 늑대들은 보통 굴에서 멀리 떨어진 곳에서 활동하다 죽으며, 수많은 늑대가 특정한 굴에서 죽었다면 늑대들은 그 굴을 사용하려 하지 않는다. 늑대, 늑대의 사회적 역학관계, 늑대와 인간의 관계에 대해 거의 아는 것이 없어 보이는 빈포드는 (1980) 그 관계의 중요성을 인식하지 못했던 것 같다.

과학으로서 고고학이 가지는 특정한 속성, 특히 세계 곳곳의 원주민 부족들과 고고학이 그동안 갈등을 빚어온 역사와 우리의 연구가 어떻게 연결되는지를 생각하는 것이 중요하다. 이런 갈등은 고고학 연구 활동이 원주민에게 큰 방해가 되기 때문에 일어나는 것이다. 원주민 부족들은 많은 경우 고고학 연구 활동이 무례하며, 너무나 오랫동안 존재해와서 "기억 저편에 존재하는" 생태학적 관계와 물리적 지형 모두를 파괴한다고 본다(Marshall 1995, 207). 이는 다음과 같은 두 가지 사항을 넌지시 말해준다. (1) 원주민 부족들에게는 그에 관한 지식이 필요하지 않거나, 또는 아마 알려져서는 안 되는 무언가가 있다. (2) 이 인간 공동체가 수천수만 년 동안 근거지, 거주지에서 구축해 온 관계가 고고학의 핵심적인 연구 활동에 의해 방해를 받는다. 시간 중심이 아닌 공간 중심의 문화적 전통(Deloria 1992; Pierotti 2011a, 2011b)에서 같은 장소에 살았던 아주 옛날 사람들은 친척이며, 친척들이 쉬는 곳은 방해받아서는 안 된다고 생각한다. 특히 그들이 보기에는 중요하지 않은 지식을 늘리는 것만이 목적일 경우에는 더 그렇다(Thomas 2000; Pierotti 2011a, 2011b).

연결성에 대한 원주민 부족들의 이러한 믿음은 인간이 아닌 동물과의 상호작용으로 표현된다. 그 믿음은 유럽 혈통의 연구자들은 쉽게 감지하지 못하는 방법으로 늑대의 가축화를 연구하는 데에 영향을 미치며, 원주민들의 이런 태도는 늑대의 해부학적 구조에 나타나는 분명한 변화를 관찰하여 알 수 있는 것도 아니다. 원주민들은 늑대를 강하고 믿을 만한 협력자로 생각하는 반면, 개는 충실하지만 힘이 없는 동반자로 생각한다. 개는 스스로의 삶도 통제하지 못하기 때문이다(Wallace and Hoebel 1948; Buller 1983; Marshall 1995; Pierotti 2011a; Fogg, Howe, and Pierotti 2015). 하지만 고고학은 물리적 증거, 특히 유골에 의존한다. 따라서 특정 장소에서 나온 갯과 동물의 유골이 통계적 측정에 따라 '개'가 아닌 '늑대'의 유골로 밝혀진다면(Boudadi-Maligne and Escarguel 2014; Morey 2014; Drake, Coquerelle, and Colombeau 2015; Germonpré et al. 2015), 대부분 그

동물이 인간과 관련이 있지는 않을 것이라고 주장된다. 원주민 부족들의 태도와 인식은 유럽 혈통의 학자들이 발견한 물질적 자료와 비교해 중요성 면에서 동등한 실질적인 증거로 받아들여지지 않는다. 원주민들의 태도를 연구하면 자료의 해석에서 부딪힐 수 있는 어려운 문제들을 해결할 수 있을 때마저도 그렇다(Pierotti 2011a).

시기에 관한 논쟁

생물학자인 우리에게 인류학자들 사이에서 벌어지는 논쟁은 재미있지만 동시에 좌절감을 준다. 진화학자인 리처드 도킨스는 한 인류학자의 다음과 같은 말을 인용한다. "인류학의 아름다움은 인류학자 두 명이 같은 데이터를 보아도 반대의 결론을 내리게 된다는 데에 있다"(2015, 170). 이런 현상의 한 예는 인간과 늑대의 관계가 맺어진 시기에 관한 고고학자들 간의 논쟁에서 볼 수 있다. 이 논쟁에는 두 개의 학파가 있는 것으로 보인다. 한 학파는 벨기에자연과학연구소의 미체 헤르몽프레와 동료들 그리고 펜실베이니아대학의 퍼트리샤 시프먼으로 대표되며, 그들은 인간과 늑대의 관계가 현재로부터 약 3만 5000년 전 인간이 유라시아의 더 추운 지역으로 이동한 직후 시작됐다고 주장한다(Germonpré et al. 2009, 2012; Shipman 2011, 2014, 2015). 이와 대조되는 관점에서는, "구석기시대의 개"(Germonpré et al. 2009)로 확인되는 동물이 실제로는 늑대의 특이한 표현형이며, 개가 야생 늑대와 표현형 면에서 완전히 구분이 가능하게 될 때까지는 진정한 개가 출현하지 않았다고 주장한다. 여기서 완전한 구분은 주로 전체적인 크기가 줄어든 것에 기초한다(Crockford and Kuzmin 2012; Boudadi-Maligne and Escarguel 2014; Morey 2014; Drake, Coquerelle, and Colombeau 2015; Morey and Jeger 2015).

현재 진행되고 있는 이 논쟁의 주원인은 서로 별개인 두 가지 질문을 동시에 한다는 데에 있다. 첫째, 유라시아로 들어간 직후 호모 사피엔스는 가축화되지 않은 갯과 동물, 즉 늑대와 협력적인 관계를 맺었는가? 둘째, 언제 그리고 어디서 이 가축화되지 않은 갯과 동물이 가축화됐다고 분명하게 생각될 수 있는 동물, 즉 개로 변했는가? 이 두 개의 질문은 '가축화'의 서로 다른 요소에 관해 우리가 서론에서 한 주장에서 도출된다(이 주장에 대한 더 자세한 논의는 제9장 참조).

늑대가 인간과의 관계에서 늑대와 분리된 가축화된 생명체, 즉 개로 여겨져야 하는 시점을 확정하려고 할 때 발생하는 문제는, 가축화 과정이 선사시대 여러 곳에서 여러 시간대에 일어났음이 거의 분명하다는 데에 있다. 이런 주장을 한 최초의 학자 중 한 명이 모리(1994)다. 모리는 서로 다른 늑대의 아종이 세계의 서로 다른 지역에서 개를 만들었다고 주장했다. 중남미와 알래스카 모두에서 발견된 개의 고고학적 유골에서 채취한 미토콘드리아 DNA의 염기서열 분석에 근거한 추후 연구들은, 신세계의 개들이 사람들을 따라서 베링육교를 건넌 많은 개의 구세계 혈통에서 비롯되었다고 레너드 등(2002)이 주장하도록 이끌었으며, "현대의 개가 과거의 다양성 패턴을 추측하는 데에 이용될 수 있을지 분명하지 않으며, … 개를 만든 가축화 사건이 몇 회나 일어났는지는 아직 풀리지 않는 의문"(Morey 2010, 55-56에서 인용)이라고 주장하게 만들었다.

인간이 개로 확인되는 갯과 동물 동반자를 언제 처음 가졌는지의 문제는 최근 '초기' 학파를 지지하는 흥미로운 양상을 띠고 있다. 딜레헤이 등(2015)은 인간이 현재로부터 최소 1만 8500년 전에 남아메리카 남부에 존재했다는 증거를 제시한다. 이는 인간이 북아메리카에 훨씬 일찍 도착했을 것이라는 추정을 가능케 한다. '후기' 학파는 대부분 인간이 시베리아에서 북아메리카로 이동할 때 '개'를 동반했다고 주장한다(Loenard et al. 2002 참조). 레너드 등의 주장은 인간이 현재로부터 약 1만 2000~1만 3000년 전의 간빙기 때까지 아메리카 대륙에 들어가지 않았다는 가정에 기초한다. 딜레헤이 등의 2015년 연구결과는, 인간이 실제로 개를 동반해 아메리카 대륙에 들어갔다면 이는 적어도 2만 년 전의 일이며 그보다 더 일찍 들어갔을 가능성도 있다고 지적한다. '후기' 학파가 주장한 시간대인 1만 4000~1만 6000년 전보다 훨씬 전에 개로 확인될 수 있는 동물을 인간이 가졌어야 한다는 의미다(Leonard et al. 2002; Morey 2010, 2014; Crockford and Kuzmin 2012; Boudadi-Maligne and Escarguel 2014; Drake, Coquerelle, and Colombeau 2015). 따라서 딜레헤이 등의 연구결과는 헤르몽프레와 시프먼이 주장한 '초기' 가축화 학파의 이론을 뒷받침하게 된다(Germonpré et al. 2009, 2012; Shipman 2011, 2014, 2015).

고고학 기록을 검토해보면, 세계 곳곳의 여러 인간 집단이 서로 다른 기간 동안 늑대와 밀접한 관계를 가졌으며, 그 관계에서 인간이 늑대를 가축화하여 결국 개로 확인되는 동물을 만들어냈다고 추정할 수 있다(Morey 2010). 또 하나 염두에 두어야 하는 것은, 원주민들의 이야기에 따르면 지난 2만 년 동안 많은 아메리카 원주민 집단과 같이 살고 같이 일한 갯과 동물이 '가축화된' 후손과 명확하게 구분되지 않는 늑대임이 거의 확실하다는 점이다.

고고학 데이터는 인간이 동물과 함께 발견되는 장소의 연대를 측정하는 데에 한계가 있다. 해부학적 증거만을 기초로 늑대 또는 개의 표본을 확인하는 데도 역시 한계가 있다. 인간과 관련돼 발견된 갯과 동물의 고고학적 유해를 연구하면서, 고고학자들은 몇 안 되는 특징만을 이용해 그 동물이 '야생'(즉, 가축화되기 이전의) 늑대인지 '개'인지를 알아내려고 한다. 우리가 제안한 틀에서 이 두 범주는 기본적으로 같은 동물을 나타낸다. 하지만 이 주제를 연구하는 학자 대부분에게 이런 생각은 언제 어디서 늑대가 개로 변했는지에 관한 논쟁의 중심에 있다(Morey 2010, 2014; Boudadi-Maligne and Escarguel 2014; Drake, Coquerelle, and Colombeau 2015; Morey and Jeger 2015).

모리는 다양한 진화적 관점에서 갯과 동물의 가축화를 연구한 가장 뛰어난 고고학자다. 모리는 자신의 주장을 설명하면서 가축화가 다양한 학자에게 정확히 어떤 의미를 가지는지 검토하며, 그것의 다양한 정의를 제시한다(Morey 2010 제4장). 모리는 '가축화 과정'이 인간이 아닌 동물과 환경 사이 상호작용, 심지어는 인간이 아닌 두 동물 사이의 상호작용을 포함한다고 인정하기 때문에(60-62), 그것이 '인위적인', 즉 인간이 주도한 선택이라는 개념을 비판한다.

모리는 다음과 같이 말한다. "가축화라는 용어는 두 생명체 사이의 관계가 일종의 생태학적 공생관계, 즉 한 생명체가 다른 생명체의 생활 주기에 밀접하게 개입되는 관계임을 암시하며…, 관계로 인해 발생할 수 있는 특정한 생리학적 변화와는 상관없다"(Morey 2010; Morey and Jeger 2015, 425에서 인용). 매우 정교한 정의다. 우리가 발전시켰던 논리와도 잘 들어맞는다. 이 정의는 결과가 아니라 과정에 주목하기 때문이다. 하지만 갯과 동물의 표본이 무엇인지 생각할 때 모리는 가축화가 "생리적 변화와는 상관없다"라는 개념을 버리는 듯하며, 어떤 동물을 가축화된 '개'라고 알아보게 하는 특징은 "주둥이 부분의 길이가 상대적으로 줄어들고 이마 부분의 경사가 더 급해진 현상"을 겸한 크기의 감소라고 주장한다(Morey and Jeger 2015, 424). "늑대의 다양한 아종이 세계의 다양한 지역에서 개가 되었을 가능성이 높다"(Morey 1994, 345)라고 주장하면서 자신의 주요 연구(2010, 19-29)에 「어떤 늑대 또는 늑대들?Which Wolf or Wolves?」이라는 제목의 섹션을 포함하기도 했던 사람이, 이제는 개가 유럽에서 진화했다고 주장하면서 결과에만 집중해 과정을 무시하는 것으로 보인다. 모리와 예거는 "개를 나타나게 한, 특정 늑대 혈통의 멸종은 진짜로 일어났을 가능성이 있다"(2015, 425)라고 말한다. 이 말은 모든 개의 단일 조상이 특정한 한 지역에 있었다는 주장과 비슷하며, 모리가 그전에는 취하지 않았던 입장이다.

이 논란은 뼈로만 구성된 고고학 표본으로는 큰 '개'와 '늑대'를 구분하는 것이 불가능하기 때문에 벌어졌다(Morey 2010, 2014; Germonpré et al. 2015). 또한 우리가 서론에서 주장한 것처럼 "(가축화에 이르는) 관계는 종들이 때로는 협력하지만 독립적으로 기능하기도 하는 공진화 관계로 시작됐다. 초기에 인간과 늑대 두 종 사이의 관계에서는 이런 공진화 관계가 지배적이었으며, 2만 년 또는 그 이상 꾸준히 지속하는 것으로 보인다." '늑대'에서 '개'라고 여겨지는 동물을 분리하는 데에 사용되는 특징은 보통 크기의 감소, 더 짧은 주둥이 부분과 이와 관련된 머리뼈의 얼굴 부분, 치열에서 비스듬한 이빨들이 촘촘하게 위치한 치아 구조(Morey 2010) 등으로, 이 특징들은 모두 서로 연관되어 있다. 어떤 표본이 늑대가 아닌 개로 생각되려면 이런 특징들이 정확하게 얼마나 두드러져야 하는지 학자들 사이에서도 의견이 분분하다.

이런 생각들 사이에서 드러나는 대조는 「인간 가축화Human Domestication」(Leach 2003)라는 중요한 논문에 잘 설명돼 있다. 리치는 가축화를 설명하는 과정에서 '무의식적인 자기 선택unconscious self-selection'이 일어났다고 주장하며, 다른 종과의 상호작용을 포함하는 환경이 진화적 변화를 만들어내는 중요한 요소라고 제안한다. 그럼에도 이런 가축화를 가늠하기 위해 사용되는 증거는 가축화의 결과로 나타날 수 있는 15가지 상태를 평가하는 것에 대부분 기초한다. 이 결과 중 다섯 개는 골격에 관련된 것(몸 크기, 성적 이형성, 얼굴 모양과 구조를 포함)이며, 나머지 열 개는 "연조직, 생화학적 특징, 그리고 모든 실제 형태에서 고고학적인 방법으로는 볼 수 없는 행동"(349)을 포함한다.

'고고학적인 방법으로 볼 수 없다'는 문제는 중요한 의미를 가진다. 이는 고고학적 주장이 과정, 특히 행동과 생태를 포함하는 과정을 무시하는 경향이 있다는 뜻이기 때문이다. 헤르몽프레와 동료들(2009)은 현대 늑대들—DNA 기반 분석에서 대부분 제외되는 벨지언시프도그와 센트럴아시안셰퍼드 등 현대의 대형견 11종의 표본—의 머리뼈 측정치와, 현재로부터 약 2만 2000~1만 년 전으로 연대가 추정되는 잘 알려진 선사시대 가축화된 개 다섯 마리 표본의 측정치를 비교했다. 이러한 측정치에는 주성분 분석(principal component analysis: 다양한 특성이 관여된 고차원 통계 자료를 저차원으로 간단하게 축소하여 분석하는 것—옮긴이)을 실시했다. 그 다음에 이 표본들을 선사시대 유럽의 인간 주거지와 관련이 있다고 밝혀진 갯과 동물 11마리의 머리뼈와 비교했다. 그 결과 벨기에의 고예 동굴에서 발견된 두개골 하나가 개의 머리뼈인 것으로 나타났다. 하지만 이 머리뼈는 현대의 개와는 달랐으며, 주성분 분석 결과를 보면 늑대와 선사시대의 개라고 여겨지는 동물의 중간에 위치하고 있었다(Germonpré et al. 2009의 〈그림 2〉). 야생 늑대에서 개로 변하는 초기 단계, 즉 가축화의 아주 초기 단계에서 우리가 앞에서 언급한 공진화 과정을 겪고 있는 동물에게 기대할 수 있는 것은 이 정도다. 우크라이나에서 추출한 표본 두 개도 초기의 개로 확인됐고, 표본 일곱 개는 늑대였으며, 나머지 하나는 알려진 범주에 맞지 않았다(Germonpré et al. 2009). 우리 입장에서 더 흥미가 있는 것은, 연구된 현대의 개들 가운데 센트럴아시안셰퍼드는 다른 개들에 비해 확실한 별종이라는 점이다. 이는 센트럴아시안셰퍼드가 일반적인 현대의 개가 아니라는 것을 시사한다(제5장 참조).

고예 동굴 표본에서 가장 놀라운 점은 그 연대다. 표본의 연대는 현재로부터 3만 2000~3만 6000년 전으로까지 거슬러 올라가며, 이는 대부분의 학자들이 가축화 과정이 일어났다고 생각하는 시간대보다 훨씬 전이다. "우리 데이터 상으로 구석기시대 개들은 머리뼈의 크기와 모양이 거의 똑같다"(Germonpré et al. 2009, 482). 이는 다음 두 가지 가능성 중 하나를 시사한다. (1) 이 표본들은 늑대 형태의 일관성을 보여준다. (2) 늑대—인간 공진화의 초기 단계에서 인간 주도의 교배가 아닌 선택압을 통해 야생의 조상으로부터 약간만 변한 일관된 표현형이 나타났다. 하지만 우리 입장에서 보면 이 가능성들은 같은 동전의 양면이다. 우리는 가축화 초기 단계의 '개'가 '늑대'일 수 있다고 생각하기 때문이다.

어떤 표본을 개가 아닌 늑대라고 어떻게 확인할 것인가는 논쟁의 대상이 된다. 이 문제에 대한 접근방법 중 하나는 다음의 논리를 따른다. "사실 가축화와 관련해 이용 가능한 모든 정보는 가축화된 동물의 형태·생리·행동의 분명한 변화와 관련된 것이었다. … 고고학적인 맥락에서 야생동물 표본과 사축화된 동물 표본을 구분하는 데에 사용되는 가장 흔한 판단 기준은 형태계측 데이터를 기초로 하며, 논란의 여지는 더 있지만 뼈대 또는 치아의 병리학적 상태와 변형 상태를 기초로 할 수도 있다. … 이런 모든 변화 중에서 가장 중요한 변화는 개체의 크기, 더 구체적으로는 두개골의 얼굴 부분 크기의 감소와 … 가축화된 갯과 동물 성체에서 새끼일 때의 특징이 유지되는 것이다"(Boudadi-Maligne and Escarguel 2014, 80). 여기에는 이 주장 안에서만 성립하는 내적 논리가 있다는 단점이 있다. 하지만 우리가 가축화의 인간 주도 측면만을 평가하려고 할 때, 즉 표현형의 변화가 너무 분명해 우리가 공진화 압력의 결과일 수 있는 미세한 변화를 더 이상 관찰하지 못하고 있음이 분명해질 때, 이런 접근방법은 그 한계를 극복하는 가장 효과적인 방법이다. 다만 크기의 전반적인 감소에 대한 강조는, 늑대/인간 상호작용의 초기 단계에서 인간이 협력적인 사냥꾼으로서 늑대의 능력을 높게 평가했으며 크기 감소를 일으킬 만한 선택압을 전혀 행사하지 않았다는 우리의 주장과는 반대된다.

"구석기시대의 개"의 존재에 비판적인 다른 관점도 비슷한 점에 주목한다. 부다디-말린과 에스카르겔이 사용한 방법을 전반적으로 지지하면서 비판적 시각도 보이는 글이 있다. "두개골 비율의 직선거리 이변량 플롯과 주성분 분석에 따르면, 표현형 차이를 판단하는 기준을 만들어내기가 불가능할 만큼 개와 늑대는 거의 완전히 겹친다는 것을 알 수 있다. 이런 측정과 분석 방법은 현대의 개와 늑대 사이의 형태적 차이점을 탐지해내기에는 불충분하기 때문에, 화석 표본을 분류할 때 사용되어서는 안 된다. 부다디-

말린과 에스카르겔의 분석에서는 아주 작은 개들만 고고학적 연구 대상으로 삼았기 때문에, 고예 동굴에서 발견된 큰 머리뼈는 비슷한 크기의 개들과 비교되지 않았다. … 입천장의 폭과 전체 머리뼈 길이를 비교해볼 때, 아주 작은 개들을 제외한다면 개와 늑대는 차이가 없다"(Drake, Coquerelle, and Colombeau 2015, 2). 이 학자들은 "고예 동굴과 엘리세예비치의 [표본의] 두개골 형태를 고대의 개와 늑대, 현대의 개와 늑대와 비교하기 위해 3D 기하학적 형태계측 분석법"을 사용해야 한다고 주장한다. 방법론 면에서 논란이 있음에도, 드레이크, 코크렐, 콜롱보는 이렇게 결론짓는다. "이 구석기시대 갯과 동물은 분명 늑대이지 개가 아니다"(1).

이는 우리 관점에서는 문제가 안 된다. 우리는 이 동물들이 공진화 관계의 초기 단계에서 늑대로 확인될 수 있다고 항상 생각해왔기 때문이다. 실제로 우리는 드레이크, 코크렐, 콜롱보가 설명한 혼란이 존재한다는 것을 개인적인 경험을 통해 알고 있다. 분명히 개라고 할 수 있는 동물의 엑스레이 사진을 미국의 한 고고학자에게 보냈을 때, 이 학자는 주성분 분석에 따라 이 사진의 동물을 늑대라고 확인해주었다(제10장 참조). 문제는 이 학자가 그 동물을 본 적이 없는 반면, 피에로티는 그 동물을 본 적이 있으며 털색깔·털가죽·행동·크기 면에서 이 동물이 야생 늑대가 아니라 분명한 개라고 알아보았다는 데에 있다. 드레이크, 코크렐, 콜롱보도 탈만 등(2013)의 고대 DNA 분석 결과를 다음과 같이 다룬다. "미토콘드리아 유전체를 전부 분석해보면 고예 동굴의 늑대와 다른 구석기시대 늑대들은 모든 오래된 개와 현대 개의 자매 계통군에 속한다는 것을 알 수 있다"(2015, 5). 이 결과에 따르면, 그 동물들이 적어도 일부 개 형태의 조상이 되는 것이 불가능하지 않다(Shipman 2015). 드레이크와 동료들은 '청소동물로서의 늑대'를 상정하는 개의 진화 모델을 인정하면서, 개의 가축화에 대한 코핑어의 관점을 굳게 지지한다. 결국 이들은 실제로 기능하며 가축화되지 않은, 늑대일 수 있는 동물과 인간이 상호작용했을 가능성을 고려조차 하지 않는다.

"구석기시대의 개"의 존재를 의심하는 사람 중 진화적 관점에서 가장 뛰어난 사람은 모리다(2010, 2014; Morey and Jeger 2015). 현재 모리는 과정이 아닌 결과에만 집중해 늑대와 개 사이에 분명한 경계선이 있다고 가정하는 듯하다. 이런 모호함은 모리가 가축화를 겪고 있는 동물을 아직도 늑대라고 생각하기 때문에 발생하는 것으로 보인다. 이런 생각은 우리의 주장과도 잘 맞고 현대의 계통분류학과도 역시 잘 맞는다―개는 최근에 가축화 과정을 겪어온 늑대일 뿐이라는 생각이다. 모리는 다음과 같이 주장한다. "그들(Germonpré et al. 2009)이 개라고 주장하는 동물에서는 늑대에 비해 알아볼 수 있을 정도의 크기 감소가 보이지 않는 것이 확실하다"(2010, 28). 이 주장은 크기 감소에 관한 부다디-말린과 에스카르겔(2014)의 가정에 상당히 큰 강조점을 두는 것이다. 모리는 크기 감소를 다음과 같이 강조한다. "계통분류학에 따르면 초기 개의 대부분은 대형 북쪽 늑대보다 작았던 것이 확실하다. … 다른 가축화된 동물들은 자신의 야생 조상과 비교하여 대부분 비슷한 변화를 보여준다"(2010, 20). 부다디-말린과 에스카르겔처럼, 모리는 초기 개의 예시를 분명히 가축화된 개의 표본으로만 제한하는 것으로 보이며, 이 표본은 출현한 지 1만 년이 되지 않은 최근의 것이고 크기도 작다. 가축화 과정에서 크기가 감소한다는 통칙은 이 과정의 훨씬 더 오래된 예에는 적용되지 않을 수도 있으며, 모리가 2010년에 주장하고 2015년에 반복한 가축화 과정의 정의와도 그렇게 잘 들어맞지 않는다.

모리(2010)와 부다디-말린과 에스카르겔(2014)이 모두 언급한, 가축화된 동물에서 크기의 감소는 흔하게 언급되는 결과다(J. Clutton-Brock 1981, 22; Leach 2003). 하지만 가축화된 동물에 관한 실제 데이터는 훨씬 더 가변적이며, 인간 사회 안에서 특정 유형의 동물이 차지하는 역할에 따라 달라지기도 한다(Zeder 2006). 가축화된 유제류 중에서 소, 야크, 양, 염소는 자신들의 야생 조상보다 작다. 하지만 현재의 말과 돼지는 보통 자신들의 야생 조상보다 훨씬 더 크다. 다만 크기 감소에 관해 현재 연구되고 있는 주제는 늑대가 개로 변하면서 나타난 패턴에 관한 것이다. 인간이 사냥 동료로 늑대에 의존했다면(Fogg, Howe, and Pierotti 2015; Shipman 2015) 크기 감소 쪽으로의 선택은 거의 없거나 전혀 없어야 한다. 구석기시대 인간들이 원했던 동물은 자연에서 기능하는 늑대지, 모리(2010; Morey and Jeger 2015), 부다디-말린과 에스카르겔(2014), 코핑어(2001)가 언급한 크기가 더 작은 '동네' 개 종류는 아니었을 것이다.

현생인류의 진화에서 농업을 하는 시기 동안 가축화된 개 대부분(전부는 아니다)이 작았다는 데에는 의심의 여지가 거의 없다. 하지만 헤르몽프레 등이 다루고 있는 이 주제는 늑대 가축화의 초기 단계에 나타난 모습에 관한 것이다.

> 우리는 플라이스토세 동안에 같은 지역에 사는 두 갯과 동물의 형태형morpho-type이 유라시아의 상부 구석기 유적지 몇 곳에서 나온 갯과 동물의 유골과 구별된다는 것을 보였다. … 한 갯과 동물의 형태형은 최근의 늑대와 매우 비슷하며 우리는 이 형태를 '플라이스토세 늑대'라고 이름 붙였다. 또 다른 동물의 형태형은 현존하는 늑대와는 확연히 차이가 있었다. 늑대와 비교할 때 두번째 형태형의 표본은 머리뼈 길이가 짧고, 주둥이가 짧고, 입천장과 두개골의 폭이 넓으며, 아래턱뼈가 짧고 아래 열육치(裂肉齒, carnassial)가 작다는 특징이 있다. … 이 형태형의 위아래 열육치 모두 현대 개의 열육치보다 크다. 현대의 개와 구분하기 위해 … 우리가 구석기시대의 개라고 말하는 것이 바로 이 형태형이다. … [이 형태형은] 최근 개의 직접 조상일 수도 있지만, 반드시 그렇다고 할 수는 없다. (2014, 211)

이 해석은 인간과 늑대 사이의 초기 단계 상호작용에 관해 우리가 제시한 개념의 맥락 안에 잘 들어맞는다. 시베리아 북부 타이미르반도에서 발견된 약 3만 5000년 전 늑대 뼈에서 돌연변이율을 재보정해 유전체 염기서열을 밝혀내면(Skoglund et al. 2015), 늑대와 최초 개의 조상 사이의 분리가 2만 7000~4만 년 전에 존재했던 조상들의 경우와 일치한다고 추측할 수 있다.

늑대는 인간과의 공존에 적응하면서 크기는 별로 작아지지 않고 얼굴 모양이 조금 변해, 헤르몽프레와 동료들(2014)이 묘사한 더 짧고 폭이 넓은 머리뼈를 가지게 됐을 수 있다. 이 동물들은 여전히 늑대로 기능할 수도 있었겠지만, 앞에서 모리가 정의한 가축화 과정을 겪었을 수도 있다. "두 생명체 사이의 일종의 생태학적 공생관계, 즉 한 생명체가 다른 생명체의 생활주기에 밀접하게 개입되는 관계"다. 늑대의 얼굴 구조는 약간만 변화가 생겨도 인간이 더 쉽게 표정을 읽을 수 있게 된다. 이는 이 동물이 크기가 줄어들지는 않아도 행동 면에서 공진화적 선택압을 겪으면서 인간과 소통할 필요가 늘어나는 것을 받아들이고 있었다는 추정을 가능케 한다. 가축화에 대한 모리의 정의와 '가축화된 개'를 판단하기 위한 것으로 보이는 모리의 기준 사이의 분명한 불일치는 혼란을 자아낸다. 크기의 감소 같은 변화는, 혹독하고 변하기 쉬운 환경에서 먹잇감을 잡을 확률을 높이려고 다른 종과 협력하여 "생태학적 공생관계"를 구축하는 것과 같은 행동의 변화가 일어난 훨씬 후에야 비로소 나타난다. 그 관계에 참여한 최초의 개체들은 먹이 공급 사정이 더 나아졌기 때문에 크기는 더 커졌을 수도 있다(Shipman 2014, 2015).

고대의 DNA에서 발견한 것들

헤르몽프레 연구팀의 고대 DNA 표본 분석은 탈만 등의 2013년 연구에 포함돼 있으며(제1장에서 간략하게 다뤘다), 부다디−말린과 에스카르겔의 2014년 연구에서도 언급된다. 더 놀라운 결과는, 벨기에 표본에서 추출한 미토콘드리아 DNA가 탈만 등이 밝혀낸 네 가지의 계통군 중 어느 것과도 가깝게 맞아 떨어지지 않지만 하나의 조상 집단을 나타내는 것으로 보인다는 점이다. 이 계통군들의 하플로타입(haplotype: 한 부모로부터 함께 유전되는 대립유전자의 집합. 반수체 유전형haplodi genotype-옮긴이)은 더 최근의 화석이나 현대의 개에서도, 지금까지 연구된 어떤 늑대에게서도 발견되지 않았다. 따라서 이 계통군들이 현대의 가축화된 개와 전 세계에 존재하는 늑대 둘 다의 직계 조상이 아니라 자매 계통군이라는 것을 알 수 있다(Thalmann et al. 2013 〈그림 1〉; Shipman 2015 〈그림 12.2〉 참조). 제1장에서 지적했듯이 탈만 등의 2013년 연구에서는 현대의 개가 유럽 혈통을 가진다고 주장한다. 이들의 논문에 실린 〈그림 1〉을 겉으로 훑어보기만 해도 별개의 '개' 계통군들의 서로 다른 기원이 서로 다른 늑대 집단에 있음을 알 수 있고, 이는 개의 단일 기원설을 강력하게 반박하는데도 그렇다. 탈만 등의 분석에 사용된 늑대의 대부분은 유럽의 늑대들이지만, 중동(이란, 사우디아라비아, 이스라엘), 인도, 중국, 몽골, 북아메리카(멕시코와 알래스카는 따로 분류된다)의 늑대들도 있다. 탈만 등의 연구결과 중 일부는 생물지리학적으로 말이 되지 않는다. 예를 들어 이스라엘 늑대와 북아메리카 늑대, 우크라이나 늑대와 북아메리카 늑대가 각각 서로의 자매 분류군(가장 가까운 친척)으로 설명된다. 탈만 등의 연구의 〈그림 1〉을 보면, 갯과 동물의 계통발생을 밝히는 데에 미토콘드리아 DNA 분석 결과를 사용하는 것이 왜 문제가 되는지를 알 수 있으며, 해석이 뒤죽박죽될 수밖에 없는 이유를 알 수 있다.(Coppinger, Spector, and Miller 2010). 탈만 등의 연구에서 나타나는 '가축화된 개'의 계통군 네 가지는 폰홀트 등의 2010년 연구에서 제시된 가축화된 개의 계통발생과는 거의, 심지어는 전혀 비슷하지 않다. UCLA의 로버트 웨인이 두 논문 모두의 (마지막에 이름이 표시되는) '교신'공저자라는 것을 생각하면 매우 당황스러운 일이다.

헤르몽프레 등의 2009년 연구에서 기술된 벨기에 표본의 지위를, 웨인은 개가 아닌 '늑대'라고 해석한다. 그는 그 이유를 다음과 같이 설명한다.

"형태학적으로 이 표본들은 개로 확인되지만, 정말로 개라면 이 표본들은 현대 개의 직계 조상이어야 한다. 하지만 이들의 미토콘드리아 DNA 염기 서열은 개와 늑대의 염기서열 범위 밖에 있기 때문에, 이 표본들이 개의 조상이 아니라는 것을 알 수 있다"(Shipman 2015, 174에서 인용). 이는 DNA 증거에 대한 지나친 의존은 문제가 있음을 또 다시 잘 보여준다. 시프먼은 다음과 같이 예리하게 지적한다. "같은 이유로 이 갯과 동물은 늑대로도 볼 수 없다. 이들의 미토콘드리아 DNA는 기존에 밝혀진 늑대의 염기서열 범주 안에 들어가지 않기 때문이다"(174-75).

이 특정한 갯과 동물 혈통이 현대 개의 조상이 아니라고 증명되었다고 해도, 이것이 멸종되기 전에 인간과의 상호작용에 반응해 변했을 수 있는 갯과 동물들의 혈통이 아니라는 증명은 안 된다. 그런데 심각한 문제는 이러한 사실을 웨인이 인정하지 않는다는 것이다. 이 동물들은 인간이 늑대와 공존하는 법을 배우는 모델을 제공했을지도 모른다. 그러한 상황은 뒤이어 가축화된 늑대의 일부 혈통으로 이어지는 동물들이 생겨나게 했을 수도 있다. 예를 들어 웨인 자신이 공저자인 논문들(Vilà et al. 1997; Leonard et al. 2002; Thalmann et al. 2013)의 연구결과에서 분명 다계통군이 보이는데도, 웨인의 말에서는 '가축화된 개'가 단일 조상을 가진다는 분명한 편견이 드러난다. 웨인은 또한 과거의 경험으로부터 배우는 인간의 능력을 인정하지 않는다. 현재로서 우리는 벨기에와 우크라이나 표본밖에는 가지고 있지 않다. 하지만 그렇다고 해도 그 사실이, 유럽에서 인간이 자신의 거주 지역에 사는 늑대들과 밀접한 관계를 구축한 것과 비슷한 수많은 상황이 세계의 다른 지역에 걸쳐 발생하지 않았다는 뜻은 아니다.

고고학 연구결과와 고대의 DNA에서 얻은 증거를 모두 담은 최근 논문에 따르면, 개는 적어도 두 개 이상—유라시아 동부와 서부—의 기원을 가진다는 것이 확실하다(Frantz et al. 2016). 이 연구는 독특하게도 같은 주제의 다른 연구에서 잘 다루지 않는 샤를로스늑대개, 체코슬로바키안늑대

개, 티베탄마스티프 같은 견종들로부터도 DNA 증거를 얻었다. 또한 이 견종 집단들이 기본적으로 다른 스피츠 종류와 같은 집단에 속한다는 사실을 밝혀냈다는 점에서 특이한 연구다. 흥미롭게도 프란츠 등은 기존 DNA 연구와 달리 스피츠 종류의 개 중에서 저먼셰퍼드도 연구에 포함했다. 하지만 이 경우는 논문의 다른 장에서 제시된 증거, 저먼셰퍼드가 늑대 혈통을 일부 가졌으며 늑대와 교배해 샤를로스늑대개나 체코슬로바키안늑대개 같은 새로운 품종을 만들어 냈다는 증거에 부합한다. 프란츠 등의 연구와 다른 연구들(e.g., vonHoldt et al. 2010)에서 저먼셰퍼드가 차지하는 위치가 다른 이유는 각 연구자들이 서로 다른 유전자형을 다뤘기 때문이다. 이는 이 품종이 다계통발생적인 종이며 미국애견협회가 확인하는 진정한 종이 아닐 수 있음을 암시한다(이 품종에 관한 더 자세한 내용은 제11장 참조). 더 이례적인 것은 프란츠 등이 만들어낸 근린결합계통수(neighbor joining tree: 유전자 염기서열의 종간 유사성을 기준으로 만든 계통수−옮긴이)에서 샤를로스늑대개가 다른 모든 개들과 멀리 떨어진 자매 분류군으로 확인된다는 점이다. 샤를로스늑대개는 저먼셰퍼드 수컷과 늑대 암컷을 교배시켜 얻은 새끼를 역교배(잡종 제1대가 어버이 중 한쪽과 다시 교배하는 것−옮긴이)시켜, 1930년대에 일관된 종으로 만들어졌다고 알려져 있다(Morris 2001). 샤를로스늑대개가 자매 분류군으로 확인되는 건 진화적 관점에서 전혀 말이 되지 않으며, 이는 개의 DNA 연구에서 뭔가 이상한 일이 진행되고 있다고 짐작하게 해준다(Coppinger, Spector, and Miller et al. 2010; Pierotti 2014).

헤르몽프레 등(2009, 2012)이 주장한 "구석기시대의 개" 문제로 돌아가보자. 이 동물은 거의 같은 시기에 존재한, 시베리아 알타이산맥의 라즈보이니챠 동굴의 '초기의 개'보다 좀 더 크지만 전체적인 외모는 비슷하다(Ovodov et al. 2011). "라즈보이니챠 표본은 헤르몽프레 등이 보고한 구석기시대의 '개' 중 제일 작은 개체보다 작으며(2012, 〈표 2〉, Mezherichi 4493 표본), 구석기시대 개들 크기의 평균과 비교해 훨씬 더 작다"(Crockford and Kuzmin 2012, 2798). 그렇다면 크기는 작지만 미토콘드리아 DNA에 따르면 늑대와 연결된 것으로 보이는 갯과 동물이 존재했다고 봐야 한다(Thalmann et al. 2013). 이는 적어도 유전학적인 관점에서는 늑대가 개가 되지 않고도 크기가 변할 수 있다는 뜻이다. 현재로부터 3만 년 전으로 연대가 측정된 이 표본은 유럽에서 충분히 멀리 떨어진 곳에서 발견됐으며 우리의 시나리오와도 잘 들어맞는다. 인간과 유대를 맺고 살았던 늑대를 식별해내는 주요 기준이 크기가 돼서는 안 된다는 것 외에, 우리는 크기에 관해서 어떤 가정도 하지 않기 때문이다.

현생인류, 네안데르탈인, 늑대의 역할

이런 "생태학적 공생관계" 중 일부는 모리(2010)와 코핑어(2001)가 인정한 확실하게 가축화된 개를 결국 만들어냈을 것이다. 반면 다른 혈통들은 표현형과 유전자형 면에서 늑대와 구분이 불가능한 상태로 남았고, 그중 일부는 멸종했다. 시프먼은 다음과 같이 말한다. "3만 6000~2만 6000년 전 사이의 어떤 시점에 인간은 늑대 혈통으로부터 늑대개를 번식시키는 데에 성공했을 것이다. 하지만 … 이 늑대개가 … 현대 개의 직계 조상은 아니다. … 벨기에 표본의 DNA가 현대의 개에게서 발견되지는 않지만, 그렇다고 해서 이 집단이 현대 개의 조상일 가능성을 배제할 수는 없다"(2015, 175). 시프먼은 호모 사피엔스와 호모 네안데르탈렌시스의 역학관계에 대한 연구결과의 일부로 이 주장을 했다(2014, 2015). 시프먼은 고고학적 기록에 의존해 네안데르탈인의 역사와 네안데르탈인이 유럽과 중동에서 사라지게 된 과정을 재구성했다. 네안데르탈인은 현재로부터 약 30만 년 전부터 아마도 2만 5000년 전까지 존재했다. 네안데르탈인은 뛰어난 사냥꾼이었으며 육체적으로 호모 사피엔스보다 강했다. 따라서 이들이 사라진 이유, 또는 심지어 어떻게 호모 사피엔스가 처음에 네안데르탈인을 밀어낸 듯한 행동을 했으며 그 다음 이들을 대체하게 됐는지조차 미스터리의 영역에 남아 있다.

사피엔스가 네안데르탈렌시스와 상호작용한 방식 중 하나는 이종교배다. 이러한 설은 처음에는 부정됐지만, 그 이종교배의 결과는 유전학 연구를 통해 현재 잘 확립된 상태다(Krings et al. 1997; Mason and Short 2011; Sankararaman et al. 2012; Harris 2015). 또한 사피엔스는 그 존재가 거의 DNA로만 알려진, 호모 속의 다른 구성원인 데니소바인과 이종교배를 한 것으로 보인다(Gibbons 2011; Harris 2015). DNA 연구에 따르면 아프리카인을 제외한 모든 인간은 네안데르탈인 DNA를 2~3퍼센트 정도 가지고 있으며, 동남아시아, 인도네시아, 호주, 뉴기니 사람들은 데니소바인 DNA도 5~6퍼센트 정도 가지고 있다(Harris 2015).

하지만 우리 시각에서 더 중요한 것은 시프먼(2015)의 주장이다. 사피엔스가 네안데르탈렌시스(그리고 아마도 데니소바인)를 대체한 이유는 사피엔스에게 '개'라는 존재가 있었기 때문이라고 시프먼은 주장한다. 그의 시나리오에 따르면, 사피엔스에게 '개'가 존재하기 위해서는 현재로부터 3만 5000년 전에 인간이 늑대와 관계를 맺기 시작했어야 한다. 네안데르탈인이 줄어들어 결국 사라진 시점이 이 즈음이다. 시프먼은 사피엔스가 유럽에 도착한 직후 '개'가 생겨났다는 증거를 제공하는 연구결과(Germonpré et al. 2009; Germonpré, Lázničková-Galetová, and Sablin 2012; and Germonpré et al. 2013)를 인정한다. 시프먼은 "특이한 미토콘드리아 DNA를 보유한, 서로 가깝게 연결된 암컷 집단이 외부에서 온 몇몇 수컷과 함께 새끼들을 데리고 새로운 지역으로 이주했다면," "특이한 미토콘드리아 DNA 하플로타입을 가진 고대의 늑대" 집단이 진화했을 수도 있다고 주장한다(2015, 170). 이 시나리오는 우리가 이 책을 시작하게 한 모델과 기능적으로 일치한다. 단지 우리는 독특한 DNA 하플로타입을 추측하거나 예측하지 않았을 뿐이다.

시프먼은 우리가 그랬던 것처럼, 의심의 여지없이 그 대상이 늑대였을 최초의 가축화에 참여한 인간들이 수렵채집인이었다고 지적한다. 지난 1만 2000년 중 어떤 시점에 늑대가 인간이 버린 쓰레기 더미에서 고기를 찾아 먹고 살았다는 시나리오를 반박하는 것이다(Coppinger and Coppinger 2001; Drake, Coquerelle, and Colombeau 2015). 시프먼은 더 나아가 초기 늑대개의 유해가 대량 발견된 곳과 매머드 유해가 대량 발견된 곳 사이에 강한 연관이 있다고 말한다. 매머드가 발견된 곳에서는 매미드의 유해들과 함께 인간이 사용한 도구들과 다른 유해도 발견됐다. 시프먼은 그 연관관계가 사냥 기술의 획기적 진전을 나타낸다고 주장한다. 새로운 무기나 기술이 이런 대형 발굴지와 연관이 있다는 증거는 없어 보이기 때문에, 시프먼은 "이 이상한 늑대개 집단은 실제로 가축화를 하려는 최초의 시도로 나타났으며, 이 매머드 유해 발굴지의 형성을 가능케 한 진보가 있었다[는 것을 말해준다]"라고 주장한다. 사냥 기술의 이런 변화는 인간과 늑대(개) 모두에게서 먹이를 찾을 수 있는 확률을 높였을 것이고, 이는 "인간 집단의 규모와 인간이 차지할 수 있는 영역이 계속해서 늘어나게 만드는 원동력이 됐다"(2015, 181). 인구의 증가는 제한된 자원을 두고 경쟁이 심해지는 결과를 낳았을 것이고, 결국 이렇게 네안데르탈인은 멸종하게 되었을 것이다. 늑대들은 먹이를 찾을 수 있는 확률이 늘어나면서 몸 크기를 크게 유지할 수 있게 됐을 것이며, 이는 크기의 감소가 인간-늑대 역학관계의 필연적인 결과라는 생각을 반박한다.

매머드는 단순한 먹이 이상의 의미를 가졌다. 매머드의 뼈와 엄니는 나무가 풍부하지 않은 스텝(steppe: 러시아와 아시아 중위도에 위치한 온대 초원-옮긴이) 지대 서식지에서 주거지를 만드는 데에 유용하게 쓰였다(Shipman 2015). 게다가 작은 뼈와 상아 조각은 도구를 만드는 데에 유용했을 것이다. 인간과 인간의 갯과 동물 동반자들은 매머드를 죽이지 않았을지도 모른다. 하지만 매머드가 다른 이유로 숨을 거둔 직후에 도착했을 가능성이 있고, 그들은 힘을 합쳐 곰, 하이에나, 심지어 큰 고양이 같은 다른 잠재적 청소동물 종들을 물리쳤을 수도 있다(Shipman 2015). 집단을 이룬 늑대는 회색곰과 퓨마를 비롯해 인간과 공존했던 거의 모든 포식자에 맞설 수 있었다. 이는 환경조건의 변화로 인해 영양분을 확보하는 데에 어려움을 겪던 매머드가 대량으로 죽어가고 있거나, 특히 늑대를 동반해 더 효율적이 된 인간의 사냥이 매머드의 사회집단을 더욱 압박하는 경우 특히 중요한 의미를 가졌을 것이다(183-84).

시프먼은 헤르몽프레 연구팀이 발견한 '개'가 크고 강하다는 것을 중요하게 생각한다. 이는 그 동물들이 크기의 감소를 보이지 않았기 때문에 '개'가 아니라는 비판에 맞서는 것이다(Morey 2010; Boudadi-Maligne and Escarguel 2014). 이 구석기시대의 갯과 동물이 '늑대'였다는 주장을 반박하는 또 다른 포인트는, 헤르몽프레 등이 연구한 '늑대개'의 일부가 발견된 체코 지역 발굴지의 전체적인 동물상(fauna: 특정 지역에서 사는 동물의 모든 종류-옮긴이)을 동위원소 분석한 결과, 분명히 늑대로 확인된 표본들이 말과 매머드를 먹었던 반면 늑대개는 순록을 더 많이 먹었던 것으로 보인다는 점이다(Bocherens et al. 2014). 이는 '늑대개'가 '야생' 늑대와는 다른 생태학적 적소를 차지했다는 추측을 가능하게 한다. 그 어떤 비평에서도 다루지 않은 주장이다. '늑대개'가 무엇이었든, 이 동물들은 자신들이 살던 시대의 전형적인 야생 늑대였던 것 같지는 않다.

시프먼과 우리의 생각은 몇 가지 점에서 다르다. 시프먼은 야생 늑대가 인간의 동반자가 되기에는 너무 공격적이고 위험하고 생각하는 것 같다(2015, 195). 우리 경험에 비추어 보면, 늑대는 조용하며 인간에게 공격적이지 않다. 훨씬 더 공격적인 것은 큰 개들이다. 이런 생각은 제6장에 나오는 아메리카 원주민들의 경험을 살펴보면 더 확실해진다. 시프먼의 그런 생각은 이 책 서론에서 인용한 "늑대와 인간의 모든 상호작용이 명백하게 적대적이었다"라는 프랜시스(2015)의 주장과 결을 같이 한다. 시프먼은 늑대-인간 관계를 늑대가 시작했다고 보지 않는다. 대신 인간이 완전한 통제권을 가졌으며 관계 설정은 인위적이었다는 시베리아 여우 연구 모델에 의존한다(Shipman 2015의 제13장). 시프먼은 다음과 같이 말한다. "나는 개의 가축화가 우연히 이뤄졌다고 생각할 수 없다. 개의 가축화는 늑대 새끼 한두 마리로 시작됐을 시행과 착오가 아주 드물게 좋은 결과를 낸 것이다"(201) 시프먼은 또 이렇게 주장한다. "초기 현생인류가 늑대를 가축화해 개로 만드는 데에 얼마나 많은 시간이 길렸을지, 또는 늑대 새끼를 가까이 두고 키우는 일이 실패로 끝나 새끼가 죽게 된 일이 얼마나 많았는지 추산할 수 있는 방법은 없다"(200). 이는 코핑어와 코핑어(2001)의 '피노키오 가설'을 채용한 생각이다. 피노키오 가설이란, 늑대 새끼를 훔쳐서 키우는 것이 가축화가 일어날 수 있는 유일한 방법이며 인간은 그 관계가 인간에게 이익을 줄 수 있도록 통제했음이 분명하다는 가설이다.

시프먼의 주장은 기발하고 통찰이 가득하지만, 그는 늑대들이 먼저 관계를 시작했을 가능성을 고려하지 않는다. 이 가능성은 모리(2010)도 인정한 가능성이다. 앞에서 인용한, "똑같이 특이한 미토콘드리아 DNA를 가진, 가깝게 연결된 암컷들의 집단이 새로운 지역으로 이동했다"라는 시프먼의 모델은 늑대 새끼들이 스스로 이동할 수는 없기 때문에 성체 암컷들이 관계됐다고 가정한다. 우리 경험에 따르면, 늑대가 마음만 먹으면 사회화 과정을 구축하는 데에 거의 시간이 들지 않는다(제11장과 결론 참조). 최근의 유럽 혈통을 가진 사람 중 늑대와의 상호작용을 누구보다 많이 경험했을 고든 스미스는 다음과 같이 말한다. "늑대는 우호적이고 사교적인 동물이며… 온순하고 안정적인 온혈동물이라면, 심지어는 인간과도 언제든지 유대를 맺으려 한다"(1978, 8). 로미오라는 이름을 가진 알래스카 늑대는 그런 우호적인 늑대들이 현재까지도 계속 존재한다는 것을 보여준다(Jans 2015). 늑대와 인간이 단순한 경쟁자가 아니며 늑대가 항상 사납고 공격적이거나 위험하지는 않다고 시프먼이 생각하게 된다면, 그의 개념적 접근방법은 매우 탄탄해질 것이다.

모리 역시 '피노키오 가설' 쪽으로 기운 것으로 보인다. 하지만 모리는 다음과 같이 주장했던 사람이다. "[인간과 늑대] 모두 같은 먹잇감을 사냥했던 사회적인 종이었다. 늑대는… 인간의 사냥 활동을 인지하고 인간이 죽인 동물을 뒤져 먹는 법을 배웠을 것이다. 아마 인간은 늑대와 똑같은 일을 하는 법마저 배웠을 것이다"(Morey 1990; Morey 2010, 69에서 인용). 모리 자신이 주장한 "생태학적 공생관계"라는 개념에 잘 맞는 생각이다. 두 종이 서로의 능력을 효과적으로 이용하는 법을 배우고 있다고 가정한다면, 성체인 개체끼리 협력할 수 있었다고 생각하지 못할 이유가 없다. 아메리카 원주민 부족들의 여러 전승에 따르면, 모리가 주장한 대로 아메리카 대륙에 살던 초기에 인간은 늑대가 먹다 버린 고기를 자주 주워 먹었고, 특히 여성은 이따금 늑대가 의도적으로 주는 먹이를 먹었던 것 같다(제7장).

　　모리와 시프먼은 인간과 늑대가 기본적으로 적대적인 관계를 유지하는 경쟁자였다는 생각에 너무 쉽게 빠진 듯하다(Francis 2015 정의에 따름). 하지만 제2장에서 지적한 대로, 인간이 아닌 종의 행동 중 85~95퍼센트는 경쟁적이 아니라 협력적인 것으로 인식된다. 모리는 서양의 동화와 민간전승에 등장하는 "크고 사악한 늑대"에서 비롯한 "깊게 익숙해진 공포"가 "수천 년 전 수렵채집 부족들이 보여주는 특징은 아닐 것"이라고 인정하면서(2010, 69), "늑대에 대한 잘못된 공포가 아닌, 늑대의 지능, 사회성, 사냥꾼으로서의 능력, 분명한 목적의식, 행동의 독자성에 전반적인 존경심을 나타내는"(70) 알래스카(이누피아트) 사람들의 예를 인용한다. 이는 모리가 가축화 모델로 2001년 코핑어와 코핑어의 '죽은 동물을 먹는 늑대 가설'을 언급한 것과는 일관되지 않는다. 모리는 이 모델을 스트레스 내성에 관한 크록포드(2006)의 주장—인간에 대해 덜 스트레스를 받는 늑대가 인간이 만든 환경에 더 성공적으로 진입한다는 주장—과 결합한다(Morey and Jeger

2015, 423). 이는 중요하다고 생각되는 모든 것의 맨 앞과 중심에 인간이 존재한다고 믿는 과학(고고학) 전통에서 비롯된 결과다. 고고학은 다른 종의 시각에서 세상을 보는 것이 거의 중요하지 않다고 생각한다.

모리는 확실히 가축화된 개의 최근 역사와 고고학 분야에서 최고 수준의 학자다(1994, 2010). 모리의 주 연구분야는 개의 매장, 특히 인간에 의한 매장을 둘러싼 환경이다. 늑대로 확인된 동물을 인간의 유해와 함께 의식을 치른 후 매장했음을 보여주는 분명한 예가 있다. 하지만 이 경우는 연대가 현재로부터 약 6000~7000년 전밖에는 안 된다(Bazaliiskiy and Savelyev 2003). 불행하게도 형태학적 변화는 그 변화를 이끌었을 행동의 변화를 보여주지 못한다(Morey 1994; Schwartz 1997).

우리는 '고예 개'라고 알려진, 가장 오래된 개의 화석일 수도 있는 동물 화석과 그 표본에 대한 의구심을 앞에서 다뤘다. 이 화석은 현재로부터 3만 년 이상 되었다고 연대측정이 된 것이다(Germonpré et al. 2009). 모리는 훨씬 연대가 짧은(현재로부터 1만 4000년 전), 본-오베르카셀 발굴지로 알려진 곳에서 발견된 종 혼합 무덤을 더 편하게 다룬다. 이 무덤은 개 한 마리와 50세 정도의 인간 남성, 20~25세 사이의 여성 한 명이 함께 발견된 곳이다(자세한 내용은 Morey 2010, 24-27, 53-55 참조). 본-오베르카셀 발굴지에 살았던 사람들은 수렵채집인이었지만, 인간과 함께 매장된 동물은 형태학적으로 늑대와 구별되는 동물이었다. 이 표본이 중요한 이유는 현재로부터 1만 4000년 전에 이 표본이 존재했다는 사실 자체가 가축화의 시기에 대한 코핑어와 코핑어(2001)의 주장을 반박하기 때문이다.

큰 갯과 동물 화석은 러시아 평원 중부의 엘리세예비치라고 알려진 발굴지에서 발견됐으며, 약 1만 3900년 정도 된 것으로 연대측정이 된다(Morey 2010). 이 동물들은 그레이트데인과 크기가 비슷하며 대부분의 회색늑대보다 크다. 이 동물들의 머리뼈는 대부분의 늑대보다 크지만, 어금니의 배열은 늑대에 더 가깝다(Wang and Tedford 2008; Morey 2010). 이 표본은 크기 때문에 과연 개일지 늑대일지 논란을 일으켰다. 이례적으로 몸은 크지만, 입천장이 넓으며 주둥이가 짧은 것이 이 동물들이 개라는 주요한 증거로 제시됐다(Morey 2010). "그렇지 않다면 이 동물들은 이 지역에서 갇혀 살면서 인간과 가깝게 접촉했던, 훨씬 더 큰 늑대 아종의 후손이거나 일종의 잡종이었을 수도 있다"(Miklósi 2007; Morey 2010, 26에서 인용). 이 유해들을 분류하기 위해 안간힘을 쓰다가, 모리는 다음과 같은 결론을 내린다. "현재로부터 약 3만 2000년 전으로부터 수천수만 년이 지나는 동안 개는 눈에 띄는 크기의 감소를 보이지 않았지만, 그 후 약 1만 5000년 전 시점이 지나고 얼마 안 돼 크기의 감소가 주목할 정도로 빠르게 나타나기 시작했다"(27). 이는 모리와 예거의 2015년 연구와 모순되는 것으로 보인다.

가장 어려운 문제는, 고고학적 연구결과를 검토해서는 늑대가 인간과의 상호작용 속에서 사회적으로 행동하기 시작한 시점을 알 수 없다는 데에 있다. 이 시점은 늑대들이 육체적인 면에서 늑대와 달라 보이기 시작한 시점보다 더 중요하다. 이런 데이터를 이용해 우리가 알아낼 수 있는 것이라고는 인간이 동물을 깊이 존중했는지 여부밖에는 없다. 이들 사이에 호혜적인 관계가 있었는지는 알 수 없다. 행동에 관해 얻을 수 있는 모든 증거는 원주민 부족들에서 옛날부터 내려오는 이야기에만 존재한다. 이 이야기들은 늑대와 개를 항상 구분하지는 않는다. 애초에 원주민들이 이런 구분을 하지 않았기 때문일 것이다. 따라서 그 이야기들에서 늑대—즉, 인간과 가깝게 공생하지는 않았던 갯과 동물—가 특별히 언급된다면, 이는 이 갯과 동물들이 해당 원주민 사회와 사회적 또는 생태학적 관계를 공유했다고 해도 원주민 사회는 그 동반자를 가축화되지 않은 동물로 여겼다는 뜻이다. 다른 경우 원주민 사회에서 가축화된 갯과 동물과 가축화되지 않은 갯과 동물을 구분했음이 확실하다. 적어도 유럽인들이 도착하기 전에 자신들과 관계를 맺었던 동물과, 생태학적·사회적 침입이 일어난 후에 자신들과 상호작용했던 가축화된 동물은 구분했을 것이다.

결론

이 장을 시작하면서 지적했듯이, 우리의 논의에서는 서로 별개인 두 가지 질문이 존재한다. (1) 호모 사피엔스는 유라시아로 이동 한 직후에 가축화되지 않은 갯과 동물, 즉 늑대와 협력적인 관계를 구축했는가? (2) 이 가축화되지 않은 갯과 동물이 인제 그리고 어디서 확실히 가축화됐다고 생각되는 동물, 즉 개로 변했는가? 문제는 연구자들이 확연히 다른 이 두 질문을 결합하거나 융합해 또 다른 세번째 질문으로 만들 때 발생한다. '가축화된 개로 쉽게 인식될 수 있는 동물과 관계를 구축한 것은 언제인가'라는 질문이다. 현재 진행되고 있는 논쟁에 부채질을 하는 혼란은 대부분 여기서 시작된다.

헤르몽프레와 동료 연구자들, 시프먼과 러시아 연구 그룹(Ovodov et al. 2011; Druzhkova et al. 2013) 같은 다른 연구자들은 기원에 관한 첫번째 질문에 주로 관심이 있다. 이와는 대조적으로 레이 코핑어, 다시 모리, 그리고 헤르몽프레를 비판하는 다른 사람들은 주로 분명한 가축화에 관한 두번째 질문에 관심을 보인다. 하지만 이들은 세번째(합쳐진) 질문을 바탕으로 자신들 연구의 틀을 잡는다. 분명한 예는 앞에서 나온 모리의 정의에서 찾을 수 있다. "가축화라는 용어는 두 생명체 사이의 일종의 생태학적 공생관계, 즉, 한 생명체가 다른 생명체의 생활 주기에 밀접하게 개입되는 관계임을 암시하며…, 관계로 인해 발생할 수 있는 특정한 생리학적 변화와는 상관없다." 이 정의는 첫번째 질문과 관련해서는 적절한 정의다. 하지만 두번째 질문과는 대체로 관련이 없어 보인다. 모리의 정의는 그런 공생관계가 어떻게 확립되는지를 다루기 위해 만들어진 정의이기 때문이다.

이 전반적인 혼란에 기여하는 또 하나의 요인은, DNA 증거가 기원에 관한 의문을 해결하는 데에 통찰을 제공해줄 수 있을 것이라는 기대다. 하지만 DNA 연구자들은 두번째(가축화)와 세번째(합쳐진) 질문을 바탕으로 자

제4장 늑대, 고고학자, 그리고 개의 기원 151

신들의 연구결과를 구조화한다. 이런 상황은 로버트 웨인과 그의 동료 연구자들을 확실히 모순적인 주장의 소용돌이로 계속 이끌고 있는 것으로 보이며, 이는 앞서 살펴본 예에서 확실하게 드러난다. 이 예에서 웨인이 시프먼에게 말한 바에 따르면, 헤르몽프레 그룹이 살펴본 표본들은 웨인의 기준에서 볼 때 개도 늑대도 아니다. 흥미롭게도 유전학 데이터는 항상 늑대와 개가 서로 섞여 있음을 보여주는 듯하며, 늑대 중에서 구분되는 혈통으로 개가 나타난 때는 매우 이른 시기임을 암시한다. 그런 데이터를 보여주는 연구(예를 들어 Vilà et al. 1997; Druzhkova et al. 2013; and Thalmann et al. 2013)에서는 모두 웨인이 수많은 공저자 중 한 명이다. 불행히도 웨인 역시 자신의 2010년 연구의 〈그림 1.1.2〉, 폰홀트 등 2010년의 〈그림 1〉 같은 정보를 제공한다. 이런 정보들에서는 개가 모든 늑대와 구분되는 별도의 혈통으로 제시된다. 이런 결과들은 서로(또는 최근 논문인 프란츠 등 2016년)과 맞아떨어지지 않는다. 코핑어 그룹(Coppinger and Coppinger 2001; Coppinger, Spector, and Miller 2010)이 웨인이 제시한 결과에 매우 비판적인 이유가 여기에 있다. 이 혼란의 대부분은 웨인과 그의 동료들이 현대의 가축화된 개를 단계통발생 혈통에 끼워 맞추려고 하기 때문이다. 이는 웨인과 다른 동료 연구자들이 다른 연구에서 제시한 증거와도 모순을 이룬다(e.g., Vila et al. 1997; Leonard et al. 2002; T. N. Anderson et al. 2009; Thalmann et al. 2013).

이 모든 상황에 대한 우리의 입장은, 이 중요한 학자들 모두 여러 가지 측면에서 핵심 요소에 기본적으로 동의한다는 점을 지적하는 것이다. 인간과 늑대는 밀접한 관계, 심지어는 협력적 공생관계를 구축했고 그로 인해 다양한 혈통이 생겼으며, 그 혈통 중 일부는 소멸한 반면 다른 혈통들은 오늘날 우리가 가축화된 개라고 부르는 동물이 되었다는 것이 그 핵심 요소다. 시프먼, 헤르몽프레와 동료들은 이 과정의 초기 단계(앞에서 말한 기원)를 연구하는 데에 집중하는 반면, 모리, 크록포드 등은 분명한 형태학적 변화를 이끈 후기 단계에 집중하는 듯하다. 이런 맥락에서 이 학자들의 연구 결과는 모두 흥미롭고 중요하다. 인간과 늑대의 관계를 구축하는 과정이 여러 차례 그리고 여러 곳에서 일어났으며 현재까지도 계속되고 있음을 인정하여, 정확하게 언제 그리고 어디서 그런 과정이 진행됐는지 토론할 수 있게 된다면, 우리에게 도움이 될 것이다(Pierotti 2014). 인간유전학 전문가인 스반테 패보는 다음과 같이 말했다. "고생물학 분야에서 과학자들이 얼마나 분투하는지에 놀랄 때가 많다. … 그 이유는 고생물학이 데이터가 다소 부족한 과학이라는 데에 있다고 나는 생각한다. 중요한 화석의 수보다 고생물학자의 수가 아마도 더 많을 것이다"(Kean 2012, 212). 이러한 사정은 채 다섯 개가 안 되는 화석—2만 년 이상 된 개의 가능한 모든 표본—을 두고 과학자 열댓 명이 심층 논쟁을 벌이고 있는 고고학 분야도 비슷해 보인다.

5

아시아:
개-인간의 시작과 일본 개-늑대

인간과 늑대의 관계를 연구할 수 있는 매력적인 지역 중 하나는 아시아, 특히 중앙아시아와 시베리아다. 시베리아 지역은 혹독한 기후와 거친 지형이 조합돼, 여간 강한 생명체가 아니면 살아남기 힘들다. 이 지역의 늑대와 개는 유전적으로도 형태학적으로도 구분하기가 매우 힘들다(Vilà et al. 1997). 중앙아시아의 개는 대부분의 개와 형태가 매우 다르며, 다른 모든 지역에서보다 현재의 늑대와 더 비슷하다(Beregovoy 2001; Germonpré et al. 2009; Ovodov et al. 2011). 시베리아와 중앙아시아는 지금도 세계에서 가장 척박하고 가장 사람이 적게 사는 지역이다. 이런 고립 상황은 이 지역의 인간 거주자와 늑대 또는 늑대 같은 개와의 관계에 관한 수없이 많은 전설을 만들어냈다.

서양 문명에는 다른 부족들을 비인간화하는 오랜 전통이 있다. 특히 식민주의 팽창기 동안 영토나 자원을 두고 서양 문명은 경쟁자가 될 수 있는 부족들에 대해 이런 태도를 보였다. 이런 전통은 인종주의, 외국인혐오, 그리고 유럽과 유럽-미국 혈통의 사람들이 아직도 가지고 있는 다른 불쾌한

그림 5.1 개머리인간(Cynocephalus, 1493년

태도의 기저를 이룬다. 이를 잘 보여주는 예가 인간과 비슷한 '다른 존재'를 괴물 같은 존재로 인식하는 역사적인 관습이다. 현대 문화에서 이런 태도는 늑대인간, 흡혈귀, 좀비에 대한 집착에서 잘 드러난다. 서부 유럽인들은 처음에 동부 유럽인을 늑대인간과 흡혈귀라고 생각했다. 숲과 산에 괴물을 위치시키는 것은 서부 유럽인의 자연에 대한 공포와 '진보'를 이루기 위해 숲을 파괴할 필요가 있다는 생각을 반영한다(Sale 1991; Pierotti 2011a).

늑대인간은 이 동물우화의 재미있는 요소다(Summers 1966). 이러한 존재의 잡종 성격은 '문명화된 사회들'이 가진 가장 일관된 골칫거리—부분적으로 야수이면서 때로 개-인간 또는 개머리인간으로 불리는 인간—의 전형이다(White 1991). 이런 존재는 탈농업 시대의 인간에게 특정한 공포를 심어주었다. 이 존재들이 인간과 닮긴 했지만, 이들의 정체성은 늑대와 연결돼 있었기 때문이다. 이 시대의 늑대는 존경과 동반자 관계의 대상에서 괴물로 바뀐 상태였다(〈그림 5.1〉). 이름도 없고 얼굴도 없는, 개의 머리를 가진 존재는 요즘 영화에 나오는 흡혈귀나 좀비와 같은 곳, 즉 공포와 매혹 사이의 경계 지역에 산다. 고대와 중세의 학자들에 따르면 이런 무서운 존재들의 집단은 지도에 없는, 물리적인 동시에 심리적인 '황야'의 맨 끝에 산다(Pierotti 2011a).

이런 종류의 생각은 기원전 5세기의 그리스 역사학자 헤로도토스의 개머리인간kynokephaloi에 대한 기술에서 그 예를 찾을 수 있다.

> 개의 머리를 한 인간들이 산에 산다고 사람들은 말한다. 이들은 동물 가죽으로 만든 옷을 입고, 언어를 사용하지 않고 개처럼 짖으며, 이 짖는 소리로 서로를 알아본다. 이들의 이빨은 개의 이빨보다 강하다. …
>
> 개머리인간은… 일을 하지 않는다. 이들은 사냥으로 살아가며, 사냥감을 죽여서 햇볕에 말린다. 이들은 양, 염소, 나귀를 기르기도 한다. … 이들은 자신들이 기르는 양의 신맛 나는 젖과 우유를 먹는다. … 이들은 과일을 말리고 바구니를 만든다. … 개머리인간은 집이 없고 동굴에 산다. … 여자들은 한 달에 한 번 월경을 치를 때 목욕을 하며, 그 외에는 목욕을 전혀 하지 않는다. 남자들은 절대 목욕을 하지 않지만 손을 씻기는 한다. … 이들에게는 침대가 없지만 나뭇잎을 뭉쳐서 돗자리를 만든다. (White 1991, 49)

이 설명은 유럽인들이 호주 원주민이나 북아메리카 원주민을 묘사하는 것과 비슷하다. 사냥·채집·음식보존 등은 일이 아니라는 듯이 "일을 하지 않는다"라고 설명한 부분이 특히 그렇다. 원주민 부족들은 고기를 말려서("햇볕에 말린다") 보존한다. 이런 태도는 교육받은 유럽인들이 가진 유럽 편견을 드러낸다. 이 편견은 먹고 살기 위해 움직이지 않아도 됐던 고대 그리스인에게서 처음 시작됐다. 그들에게 사냥은 스포츠이며, 살기 위해 사냥하는 것은 **일을 하는 것**이 아니다. "개의 얼굴을 한 이 조그만 몬타그나르드족(베트남 중부 산악 지대에 사는 원주민 부족—옮긴이)은 호박, 말린 과일, 작은 창, 햇볕으로 요리한 고기, 나뭇잎으로 만든 침대, 간소한 옷을 가졌고 특히 정의감이 강했으며… 이들은 유럽 본래의 고결한 야만인(낭만주의 문학에서 이상화된 원시인상-옮긴이)이었다"(White 1991, 50).

비슷한 전통과 태도가 '문명화된' 다른 사람들에게서도 발견됐다. 인도, 중국, 유럽 사람들에게 '미지의' 땅은 괴물 같은 야만족이 사는 곳이었다. 이런 전통에서 비롯된 역사 기술 지료에 따르면, 유럽인은 개머리인간을 동쪽에 배치하고, 인도인은 '개 젖을 짜고 요리하는 사람들'을 북쪽과 서쪽에 배치하며, 중국인은 야만적인 개-인간을 남쪽과 서쪽에 배치한다(White 1991). 이 세 가지 전통 모두가 교차하는 지점이 아시아의 안쪽이다. 따라서 이 지역은 개-인간의 민족지학적 고향이며, 이는 야만족에 관한 이야기에 아시아 중부와 북부의 원주민 부족이 등장한다는 것을 암시한다. 개-인간 집단에 관한 이런 이야기들은 여성들의 왕국, 즉 아마존에 관한 이야기와 나란히 놓여 비교된다(White 1991). 아시아 안쪽 사람들은 대부분 일처다부제 체제를 선택하며, 유럽, 인도, 중국의 남성 위주 전통에서보다 여성이 사회에서 맡은 역할이 더 크다(White 1991). 이런 사회들은 덜 위계적이고 더 평등하기 때문에 '덜 문명화된' 사회로 생각됐다. 시베리아 중부와 서부도 개의 교배와 가축화가 가장 오래전에 일어난 곳들로 생각된다. 그 연대는 구석기시대(Samar 2010)까지 거슬러 올라가며, 이는 알타이 지역에서 3만 3000년 된 개가 발견되면서 뒷받침을 받았다(Ovodov et al. 2011).

중앙아시아의 알타이 부족들은 자신들을 개 수컷 또는 늑대 수컷과 인간 여성 사이의 결합으로 탄생한 후손이라고 생각한다(White 1991). 또 다른 알타이 부족인 일본의 아이누족이 하는 이야기와 아주 비슷하다(Walker 2005). '서쪽의 야만인'을 다룬 초기 중국 문헌에는 융Jung이라는 개('융'은 '야생의, 호전적인, 야만적인'이라는 뜻이다)가 상나라의 북서쪽에 있다고 나온다(White 1991, 131). 몽골, 퉁구스, 위구르, 아이누 등 알타이족 사람들의 조상 신화는 아마존 여성들과 그들의 남성 파트너인 개머리인간에 대한 유

그림 5.2 늑대 가죽을 입고 있는 기독교 시대 이전의 전사. 이 옷 때문에 개의 머리를 하거나 개의 가죽을 가진 전사와 사냥꾼의 이야기가 생겨났을 것이다.

럽 신화의 원천 중 하나일지도 모른다.

알타이 부족들에게 늑대는 자신들의 전사 사회와 유대를 맺은 "엄청난 능력과 힘을 가진 존재"였다. 전사들은 늑대나 개의 가죽을 입음으로써 "짐승의 분노하는 영혼을 취할 수 있었다"(Golden 1997, 91-92). (노르드 전승

그림 5.3 늑대 가죽 외투로 구성된 예복을 입은 아메리카 원주민. 외투가 머리와 얼굴 윗부분을 덮고 있다.

에서는 비슷한 전사들이 울페드나르ulfhednar, 즉 "늑대의 머리를 가진 사람들" [〈그림 5.2〉]이라고 불렸다. 이들은 전쟁터에 "방패 없이 나갔으며 개나 늑대로 만들어졌다"[92].) 아메리카 원주민처럼 알타이 부족들도 자신이 개나 늑대처럼 움직인다고 생각했는지는, 외부인들 사이에 혼란이 있다. 이들이 '개'와 '늑대'를 기본적은 같은 존재로 생각했을 수 있음을 감안해도 그렇다. 동물의 가죽을 입고, 천, 밀가루, 금속을 얻기 위해 거래를 하던 이 사냥 부족들은, 나중에 유럽인들이 북아메리카를 식민지화하고 북아메리카 부족들이 늑대와 비슷하게 보이도록 하는 전투복을 입는다는 것을 발견하기 전에 먼저 만난 사람들이었을 수 있다(〈그림 5.3〉).

늑대 같은 남자들이 아마존의 여자들과 짝을 이룬다는 이야기는 다음과 같은 전통을 비유적으로 나타낸 것일지도 모른다. 남자는 사냥과 전쟁을 하면서 대부분의 시간을 자기 짝과 떨어져서 보내고, 여자는 늑대나 개를 동반자로 삼아 작은 먹잇감을 사냥하고 채집을 하며 살면서 남자가 떠났다 돌아올 부락을 유지하는 전통이다. 이런 생활방식은 남성의 사망률을 높였을 것이며, 따라서 여성은 남자 형제를 포함한 여러 명의 남자와 짝을 이뤘을 가능성이 높다. 각각의 여성과 그 자식들에게 고기와 가죽을 가져다주는 수컷이 있었을 가능성도 높아지며, 짝짓기 체계가 일처다부 쪽으로 가게 된 이유가 이렇게 설명된다.

러시아, 중국, 카자흐스탄, 몽골에 걸쳐 있는 알타이산맥은 문화적으로 중요한 지형이며, 선사시대의 초기 인간에 관한 많은 자료가 모여 있는 곳으로 보인다. 시베리아 남부의 알타이 지역은 아시아 북부 사람들이 주로 살아온 핵심 지역이다. 이 지역에는 인간이 구석기시대 이후로 계속 살아왔기 때문에 오래되고 풍부한 역사가 있다(Dulik et al. 2012). 이 지역의 이야기들에서는, 자신을 세계에서 가장 오래된 인간으로 여기는 이 지역 원주민 부족들의 생각이 강조된다.

알타이산맥에서 최근 중요한 발견이 이뤄졌다. 데니소바Denisova라고 불리는 동굴을 발견한 것이다. 구석기, 신석기, 그리고 후기 튀르크의 목축민들이 이 동굴을 주거지로 삼고 가축 떼를 모으면서 시베리아의 겨울을 났다. 앞에서 언급한 헤로도토스의 개머리인간처럼 여기 사람들은 동굴에서 살았고 늑대 같은 개를 키웠다. "동굴에서 제일 큰 방에는 아치 형태의 높은 천장이 있으며 이 천장 꼭대기에는 구멍이 뚫려 있다. 이 구멍으로는 햇빛 줄기들이 방 안으로 들어와, 공간은 마치 성당에서처럼 성스러운 느낌을 준다"(Shreeve 2013). 2008년 7월 젊은 러시아의 고고학자 알렉산드르 치반코프는 3만~5만 년 된 매장층을 파고 있었다. 그때 그는 작은 손가락 뼈 조각을 발견하게 됐는데, 이 정도면 전체 염기서열을 알아내기에 충분한 DNA를 얻을 수 있는 양이었다. 이 발견으로 인해, 그전에는 알려지지 않았던 사람과의 종류, 즉 데니소바인의 존재가 확립됐다(Shreve 2013). 데니소바인의 DNA는 동남아시아에서 기원한 현생인류의 유전적 유산의 일부로 인식된다(Harris 2015).

알타이산맥의 데니소바 동굴에서 멀지 않은 곳에 라즈보이니챠 동굴이 있다. 우리 이야기에서 중요한 또 다른 표본이 발견된 곳이다. 이 작은 갯과 동물 머리뼈 표본의 연대는 데니소바인의 연대와 거의 겹치며, 늑대 가축화의 아주 초기 단계를 나타내는 것으로 보인다(Ovodov et al. 2011). 이 발견과 헤르몽프레 등(2009)이 연구한 벨기에 고예 동굴 표본(시베리아 알타이에서 수천 킬로미터 떨어져 있다)은 최초의 '개' 표본들에 속하며, 개의 가축화는 여러 지역에서 이뤄졌고 개는 단 한 곳에서 기원하지 않았다는 생각에 더욱 힘을 실어주고 있다. 이는 또한 현대의 러시아 늑대의 일부가 미토콘드리아 DNA '개 하플로타입'을 보인다는 발견과 연결될 수 있다(Vilà et al. 1997; Coppinger and Coppinger 2001, 289). 재미있는 것은, 고예 동굴 개에 관한 모든 논쟁과 '개'가 정말 개로 인식되기 위해서는 작아야 한다는 사실(제4장)에도 불구하고, 3만 년 전 이전의 개이면서 확실하게 작은 라즈보이니챠 개에 대해서는 고고학자들이 연구하지 않는 듯하다는 점이다.

이 지역에서 나온 다른 고고학 데이터는, 이 지역에 살던 초기 인간이 어떤 특정 사냥감을 많이 잡기보다는 닥치는 대로 골고루 잡았음을 보여준다. 잡힌 종들은 늑대가 선호하는 먹잇감이라고 생각할 수 있는 야생 말, 야생 양, 순록, 스텝들소 같은 것들이었다(Goebel 2004). 늑대는 그 당시 동물들 중에서 가장 흔한 육식동물이었지만, 늑대가 먹이로 이용되었다는 증거는 없다. 알타이 사람들은 전통적으로 규모가 작고 쉽게 옮길 수 있는 단기 야영지를, 규모가 크고 더 안정적이며 화로, 저장 구덩이, 오랫동안 사용이 가능한 주거지를 포함한 베이스캠프에 연계하는 방법을 사용했다(Goebel 2004). 남자들은 늑대 같은 동반자들과 함께 넓은 지역으로 사냥을 나가고 여자들과 아이들, 나이가 든 사람들은 더 영구적인 공동체를 유지했다면 가능한 시나리오다. 지난 몇 천 년 동안 지속된 이런 사회적 역학관계는 인간 아마존 여성과 연결된 '개-인간'의 이야기를 만들어냈을 것이다. 한창 때의 성인 남자는 영구적인 베이스캠프에서 만나기가 거의 힘들었을 것이기 때문이다.

또 다른 재미있는 표본은 1995년에 발견됐다. 시베리아 횡단철도를 건설하던 노동자들이 이르크추크강과 바이칼호 남서쪽의 안가라강이 만나는 지점에서 신석기시대 무덤들을 발견한 것이다(Bazaliiskiy and Savelyev 2003). 7300년 된 무덤 하나에서 고고학자들은 큰 늑대 한 마리와 최소 인간 두 명의 유해를 발굴했다. 늑대의 유해는 정교한 배열을 하고 있었다. 머리는 올라가 있고 발은 몸 위에 놓인 상태였다. 인간의 머리뼈는 팔꿈치 사이와 무릎 사이에 놓여 있었다. 이는 인간과 같이 살았던 사회화된 늑대가 있다는 증거가 된다(Bazaliiskiy and Savelyev 2003). 또한 알타이산맥과 바이칼호 사이의 아시아 지역에서 최소 2만 5000년에 걸쳐 인간이 아주 원시의 개 또는 늑대였을 갯과 동물과 살았다는 것을 추측케 해준다. 오늘날에도 알타이 지역에서 목축을 하는 사람들은 가축 떼를 지키는 늑대 같은 라이카를 가지고 있다(Dr. C. A. Annett, 개인 서신에서).

라이카와 개-늑대

선사시대 이래 늑대 또는 라이카라고 불리는 늑대 같은 개는 원주민들의 사냥 동반자이자 감시견으로 역할을 했다. 늑대는 시베리아 원주민 부족들의 전통에서 신성한 존재다(Forsyth 1992). 시베리아 동부 나나이족의 정신문화에서 늑대 같은 개는 무당을 도와주는 영혼, 세상과 세상 사이의 중간자 역할을 한다(Samar 2010). 라이카 토착종은 현재도 러시아의 먼 북방과 동북방의 사냥꾼들과 같이 살고 있다(Cherkassov 1962). 20세기에 러시아인들은 러시아의 다양한 지역에서 라이카를 모아 교배시켜 '순수한' 라이카 혈통을 만드는 방법으로 사냥용 개 라이카를 멸종에서 구했다(Beregovoy 2001). 네 개의 '순수한' 품종이 확립됐고, 그중 웨스트시베리안라이카와 이스트시베리안라이카 두 종은 늑대와 가장 닮았다. 늑대 같은 외모, 지구력, 지능, 최소한의 노력으로 거친 환경에서 살아남는 능력을 보면 원시의 개 같지만, 이 품종은 쉽게 사회화되고 자신의 인간 가족에도 쉽게 헌신적이 된다(Beregovoy and Porter 2001).

　　라이카는 시베리아에서 기원한 강하고 힘이 좋은 늑대 같은 개들 몇몇 종류의 총칭이다(Beregovoy 2001). 시베리안라이카는 예니세이강을 기준으로 동쪽과 서쪽 집단으로 나뉜다(Ioannesyan 1990; Beregovoy and Porter 2001). 순수 혈통 개가 최근 들어 부상한 것은 사람들이 수천 년 동안 여기저기서 써먹은 흔한 개들을 희생시킨 결과다. 세계의 다른 지역들에서 라이카는 큰 개들이 하는 수많은 역할을 하지만, 우리는 우선 사냥에 이용되는 라이카에 집중할 것이다. 유럽과 시베리아의 툰드라 지역과 극지 사막에서 원주민 부족들과 같이 사는 라이카는 순록 떼를 몰거나 썰매를 끄는 용도에 특화돼었다. 라이카 일부는 훌륭한 사냥개가 될 수도 있지만, 그 능력은 타이가 지역의 진짜 사냥용 라이카에 비하면 떨어진다.

　　라이카는 '짖다'를 뜻하는 러시아어 **라야트**layat에서 온 말이다(Beregovoy 2001). 라이카는 울부짖기(하울링)도 하지만, 이 이름은 그냥 '짖는 개'라는 뜻이다. 등 뒤로 감긴 꼬리와 더불어 짖는다는 행위는 라이카의 가축화된 상태를 나타낸다. 이런 특징을 뺀다면 이 개들은 늑대 또는 늑대/개 잡종과 비슷하며, 피에로티가 만났던 미국인 '전문가들' 대부분은 라이카가 거의 분명히 늑대와 섞인 종이라고 말할 것이다. 우리는 늑대 같은 라이카가 러시아에서 가장 대중적인 '품종' 중 하나로 변한 역사를 간단하게 살펴볼 것이다.

　　라이카는 모양과 행동 면에서 모두 최근 조상인 늑대의 특징을 유지하고 있는 북부 원시 품종이지만, 적어도 몇몇 인간 동반자들에게 쉽게 사회화된다. 모든 라이카는 거친 바깥 털, 촘촘한 안쪽 털, 뾰족한 주둥이, 쫑긋 세워진 귀를 가졌다. 전부 늑대의 특징이다. 고대 러시아에서는 시베리아 전체에 걸쳐 분포하는 민족 집단만큼 많은 라이카 '품종'이 있었으며, 라이카는 여러 차례 늑대로부터 진화하여 나왔을 것이다(Beregovoy 2001, 2012).

각각의 라이카 혈통은 수천 년은 되었을 것이다. 그 혈통들이 언제 처음 생겼는지 확실하게 아는 사람은 없다(Beregovoy and Porter 2001). 일부 러시아 학자들은 라이카의 조상이 석기시대, 혹은 아마도 그 이전에 존재했을 것이라고 생각한다. 아무도 라이카를 따로 번식시키지 않았으며, 이 동물들은 늑대와 자주 상호교배를 했다. 이런 상호교배는 오늘날에는 훨씬 더 드물게 일어난다(Cherkassov 1962; Beregovoy 2001). 이런 고대의 혈통 중 일부에게 **품종**breed이라는 용어는 적절하지 않을 것이다. 이 동물들은 특정 지역에서 다른 '개들'과는 독립적으로 진화한, 독특한 표현형인 카니스 루푸스라는 지리적 종족race의 직계 후손일 수도 있기 때문이다(Sabaneev 1993; Beregovoy 2012). 이 혈통들이 다른 지역의 가축화되지 않은 카니스 루푸스로부터 직접 번식됐다면, 실제로 이 혈통들은 별개의 기원을 가진 별개의 진화 혈통일 수도 있다. 그렇다면 이 혈통들은 가축화된 개의 예가 될 수 없으며(린네가 카니스 파밀리아리스라는 이름을 붙이기 위해 모델로 삼았던 개의 유형에 이 형태가 속하지 않는 것은 확실하다), 자신만의 기원과 어쩌면 끝을 가진 별개의 진화 혈통일 것이다.

우리가 웨스트시베리안라이카에 주목하는 이유는, 시베리아 알타이 지역에서 피에로티가 이 품종을 관찰한 경험이 있으며 이 품종이 헤어초크와 바슈코프의 2010년 영화 〈해피 피플: 타이가에서 보낸 1년〉에서 조명됐기 때문이다(뒤의 내용 참조). 몸집이 가볍고 빠른 웨스트시베리안라이카는 만시(보굴스)족과 한티(오스탸크)족의 토착 개들을 선택적으로 추출해 만든 것이다(〈그림 5.4〉)(Ioannesyan 1990; Beregovoy 2001).

그림 5.4 웨스트시베리안라이카. 전체적으로 늑대 같은 외모에 주목하라. 늑대 같지 않은 유일한 특징은 꼬리가 등 뒤로 감긴다는 것이다.

표준적인 웨스트시베리안라이카는 다음의 특징을 가진다. 몸 구조가 강하고, 안정적인 기질을 가지면서 활기차고 기민하며, 어깨까지를 기준으로 키가 55~60센티미터에 이르며, 털이 잘 발달했고 안쪽 털은 촘촘하다. 또한 가슴 부위가 길쭉하고 깊은 몸이 잘 발달했다(이는 늑대의 특징으로, 썰매 개로 이용되는 허스키나 말라뮤트처럼 다른 면에서 늑대 같은 품종들 대부분에서는 나타나지 않는다). 털의 색깔은 대부분 흰색이 섞인 회색이며, 전체가 다 흰색이면서 얼룩이 있는 것도 있다. 웨스트시베리안라이카의 보르카-판다 혈통은 이른바 **츠베로바토스트**(zverovatost: 늑대 같은 모습)가 특징이며, 라이카의 일반적인 야생 조상과 독특한 원시적 유사성을 보인다(Ioannesyan 1990; Beregovoy and Porter 2001).

현대의 러시아 라이카 사육자들은 큰 개를 선호했다. 어깨 기준 키가 약 62~63센티미터인 것들도 있었으며, 수컷 중에는 68센티미터까지 자란 것도 있었다. 이 정도면 야생 늑대 수준이다. 요즘 들어서는 전반적으로 키가 다시 작아졌지만, 만시와 한티 부족들의 토착 개들보다는 크다(Ioannesyan 1990).

웨스트시베리안라이카의 털가죽은 거칠고 곧은 보호털과, 시베리아의 겨울에도 온기를 유지할 수 있게 해주는 두껍고 부드러운 안쪽 털로 구성된다(Beregovoy 2001). 추운 기후를 가진 나라의 개들은 겨울에 발가락 사이에서 털이 난다. 허스키나 말라뮤트 같은 개는 보통 어두운 색이 야생 늑대에서보다 선명한 경계를 이루지만, 라이카는 이와 반대로 늑대 같은 색깔 분포를 갖는다.

웨스트시베리안라이카 암컷은 한 해에 한 번, 보통 2월에서 3월에 발정기를 겪는다. 이는 야생 늑대에서 나타나는 현상과 비슷하지만, 한 해에 두 번 이상의 발정기를 겪는 가축화된 개 대부분에서는 나타나지 않는다(Beregovoy 2001). 발정기가 처음 나타나는 시기는 보통 생후 1~2.5년 사이다. 이 또한 보통 생후 6~8개월에 발정기를 처음 겪는 현대의 가축화된 개보다는 늑대와 더 비슷한 현상이다. 러시아의 전문가들은 라이카가 최소 두 살이 되기 전까지는 교배를 권하지 않는다. 이 시점 또한 늑대가 처음 번식을 하는 시점이다(Beregovoy and Porter 2001; Haber and Holleman 2013). 웨스트시베리안라이카 암컷은 훌륭한 어미이며, 조건만 된다면 자기가 새끼를 낳을 굴을 스스로 판다. 이 암컷들은 먹이만 충분하다면 도움을 받지 않고 새끼를 키운다. 소련 붕괴 이후 최근에는 사육사들이 한 해에 두 번 발정기를 겪을 수 있는 암컷들을 고르고 있다. 새끼의 수를 늘려 수입을 챙기기 위해서다(V. Beregovoy, 개인 서신에서).

다른 개와 인간에 반응하는 행동

웨스트시베리안라이카는 정이 많고 인간 동반자에게 헌신적이다. 낯선 사람들을 대하는 태도와 행동은 상황에 따라 다르며 개체마다 차이가 있다(V. Beregovoy, 개인 서신에서). 갇혀 있는 늑대처럼 대부분의 웨스트시베리안라이카는 낯선 사람들에는 별 관심을 두지 않는다. 낯선 사람들이 만지는 것을 피하면서 의심스럽게 이들을 본다. 이는 사회화된 늑대나 최근의 늑대 혈통을 가지는 개의 전형적인 행동이다(이 책 제10장, 제11장과 Beregovoy 2001 참조). 늑대-개 잡종에서처럼 웨스트시베리안라이카는 새로운 주인을 받아들이는 데에 어려움을 겪으며, 새로운 사회적 상황에 적응하려면 시간이 필요하다.

웨스트시베리안라이카는 야생동물을 포함해 다른 동물에 호기심이 매우 많으며, 모든 개는 강한 사냥 욕망을 가진다(Cherkassov 1962). 웨스트시베리안라이카의 사냥 행동은 종에 따라 다르지만, 같이 다니는 인간 사냥꾼의 필요를 만족시키는 일을 충실히 수행한다(Voilochnikov and Voilochnikov 1982; Beregovoy 2001). 만시족과 한티족이 훈련시켜 만든 라이카는 순록 떼를 공격하거나 죽이지 않으면서 이들과 가깝게 지낸다. 러시아의 마을과 작은 도시에서 라이카는 젖소·돼지·염소·양 같은 가축을 무시하도록 훈련받는다. 늑대들이 그러는 것처럼 고양이·토끼·닭·오리 같은 작은 동물은 라이카에게 더 큰 유혹이 된다. 자연에서 보는 먹잇감과 비슷하기 때문이다. 하지만 라이카는 고양이들이 같은 집에서 마음대로 살도록 내버려두는 법을 배운다. 하지만 토끼는 도저히 떨칠 수 없는 유혹이 되기 때문에 반드시 튼튼한 울타리 안에 가둬놓아야 한다. 웨스트시베리안라이카는 닭을 죽이지 않는 법을 배울 수 있지만, 개는 아무리 믿을 만해도 새로운 곳에 재배치되면 옛날 버릇이 다시 나올 수 있다(Beregovoy 2001; 제11장에서 논의되는 순수한 늑대의 예를 보려면 Fentress 1967 참조).

러시아에서 라이카와 다른 개들은 미국과 캐나다의 개들과는 훨씬 다른 대우를 받는다. 라이카는 사람들 사이에서 자유롭게 돌아다닌다. 모스크바처럼 큰 도시에서도 그렇다(Spotte 2012). 가족들과 사회적인 결합을 하는

라이카도 있지만, 혼자서 돌아다니는 라이카도 있다. 자세히 보지 않으면 이 개가 '애완동물'인지 자유롭게 돌아다니는 동물인지 알기 어렵다. 새끼를 낳을 준비를 하는 암컷들은 집 밑이나 마당위로 나온 나무의 뿌리 밑에 굴을 파기도 한다(Spotte 2012).

세계 곳곳에서 마음대로 돌아다니는 개는 쓰레기를 뒤지거나 작은 포유동물과 가축을 포식하면서 산다(Spotte 2012). 또한 이 동물들은 코핑어와 코핑어(2001)의 아이디어를 위한 모델이 된 것으로 보인다. 하지만 이 동물들은 사회구조나 생태 어느 면에서도 자유롭게 사는 늑대와는 같지는 않다는 점에 주목하는 것이 중요하다(Spotte 2012). 이와는 대조적으로 러시아에서 마음대로 돌아다니는 개들은 인간이 직접 주는 먹이를 먹기도 하며 사회의 당당한 구성원이기도 하다. 피에로티는 시베리아 남부 고르노알타이스크에서 시장이나 다른 장소들을 돌아다니면서 공격도 하지 않고 인간으로부터 적대적인 반응도 받지 않는 개들을 관찰한 적이 있다. 이 개들은 음식을 훔치려고 하지는 않았고, 가끔 상인들이나 다른 사람들이 주는 음식을 얌전하게 받아먹곤 했다. 미국에서라면 늑대개로 생각돼 두려움의 대상이 되었을 이런 동물들이 평화롭게 돌아다니며 사람들 그리고 다른 개들과 상호작용하는 모습(〈그림 5.5〉)은, 유럽인이 미국인보다 개와의 관계를 훨씬 잘 맺는다는 마셜 토머스(2000)의 말을 들어보면 더 쉽게 이해된다. 과학적인 관점에서 이런 발견은 코핑어와 코핑어의 연구 등에서 보이는 개에 대한 유사−적대감을 설명해준다.

행복한 사람들과 예니세이 강가의 개들

현대사회에서 여자들은 정착지를 관리하고 남자들은 사냥을 위해 한 해의 많은 시간을 밖에서 보낸다는 예는 시베리아 사람들에게서 찾을 수 있다. 러시아 영화제작자 드미트리 바슈코프는 예니세이강을 따라 시베리아 타이가의 지리적 중심에 있는 마을 바크타에서 몇 년 동안 작업을 했다. 바크타는 사람들 300여 명이 러시아 가죽 산업에 중요한 검은담비*Martes zibellina* 사냥과 덫사냥을 주로 하며 살아가는 마을이었다(Herzog and Vasyukov 2010). 마을의 사냥꾼들은 현재 러시아 민족이지만, 소련 이전에는 시베리아 원주민들, 특히 에벤크족이 그러한 일을 했다. 바크타 사람들은 숲에서 라이카만 데리고 혼자 덫을 놓으면서 상당히 많은 시간을 보낸다. 이 사회 시스템은 앞에서 우리가 언급한 수천 년 된 모델을 반영한다. 남자는 수색 사냥꾼이자 덫사냥꾼으로 개만 데리고 혼자서 한 해의 대부분을 보내고, 여자는 영구적인 마을에 남아 마당과 가축을 돌보고 연장자를 챙기며 아이들을 키우는 모델이다. 이 마을 남자들은 자기 개에 관해 애기할 때 가장 따뜻한 감정을 드러낸다―자식이나 아내, 심지어는 나라 혹은 젊었을 적에 관해 애기할 때도 그렇지는 않다(Herzog and Vasyukov 2010). 그 남자들에게 진짜 중요한 것은 명령에 복종하고, 사냥을 돕고, 필요할 경우 동반자 인간을 위해 목숨을 버릴 수 있는, 제대로 된 늑대 같은 개다.

적어도 라이카 한 마리는 사냥꾼의 곁에 항상 있다. 사냥꾼의 생존에 덫이나 총만큼 중요한 역할을 하는 것이다. 개는 밖의 눈 위에서 또는 라이카를 위해 특별히 지어진 작은 집 같은 곳에서 잔다. 또한 이 개들은 한 번에 몇 킬로미터를 뛸 수 있으며, 사냥이나 덫을 놓을 장비를 실은 작은 썰매를 끄는 데에 이용된다. 덫사냥꾼 한 명이 새해를 맞이하기 위해 스노모빌을 타고 얼어붙은 예니세이강을 따라 바크타로 돌아올 때, 라이카는 옆에서 따라 뛰어 온다. 아무것도 먹지 않고 90킬로미터가 넘는 거리를 뛰면서 믿을 수 없을 정도의 지구력과 체력을 보인다.

극한의 환경에서 덫사냥꾼과 개의 관계는 '가장 좋은 친구' 이상이다. 이 관계는 삶과 죽음을 같이하는 공생관계다. 이러한 동물과 사람 사이의 유대는 이 문화적 전통의 본질이다. 덫사냥꾼은 아침에 자기 개에게 아주 작은 양의 먹이만 준다. 〈해피 피플〉(Herzog and Vasyukov 2010)에서, 한 덫사냥꾼은 동물이 잘 잡히지 않는 겨울에는 반대로 자신이 키우는 충실한 개가 자신을 먹였다고 말한다. 이것이 기본적으로 우리가 서론에서 주장한 늑대-인간 관계의 기원이다. 덫사냥꾼은 자신의 개와 협력적인 관계를 맺어 검은담비를 비롯해 작은 사냥감을 찾아내고 죽인다.

마크 데어(1995)는 라이카를 "타이가의 잡종 개"라고 부른다. 라이카는 다양하고 많은 일을 해내며 사냥감을 추적할 수 있는 지능과 재능이 있어, 여러 가지 목적으로 사용되는 개라고 생각되기 때문이다. 라이카는 무스나 큰곰, 멧돼지에게 짖으면서 이들을 몰다가, 다음 순간에는 차가운 강으로 뛰어들어 총에 맞은 오리를 물어올 수도 있다(Cherkassov 1962). 라이카는 강에서 헤엄치고 있는 순록을 따라 물에 뛰어들기도 한다. 〈해피 피플〉 영화에 나오는 바크타의 '행복한' 남자들은 가을부터 이듬해 초봄까지 같이 있으면서 도움이 될 개만 데리고 혼자 자연에서 지낸다. 자연의 법칙과 윤리에 맞춰 살면서 이 남자들은, 자기들 중에서 돈 몇 푼 더 벌겠다고 물고기와 사냥감을 남획하고 시즌이 아닐 때 덫을 놓는 탐욕스러운 사람들을 경멸한다. 라이카는 땅에서 먹고 사는 사람들의 개이며, 자신의 인간 남자 동반자에게 물질적·정신적 자양분이 된다(Cherkassov 1962).

일부 러시아 늑대에서 개의 미토콘드리아 하플로타입이 발견될 수 있었던(Vilà et al. 1997) 이유는, 라이카 암컷이 늑대와 쉽게 교배를 해왔으며 그 교배로 태어난 새끼들이 야생의 생활방식으로 돌아갈 수 있었기 때문이다(하지만 요즘은 이런 일이 잘 일어나지 않는다. 사육자들의 기대 수준이 높기 때문이다; V. Beregovoy, 개인 서신에서). 라이카는 스스로 사냥해 먹고 사는 능력이 있다. 또한 앞에서 언급한 대로, 라이카는 시베리아의 겨울에도 최소한의 피난처만 있으면 밖에서 잘 수 있다. 라이카가 이런 역할을 쉽게 해내는 이유는 이 뒷사냥꾼들이 한 해의 대부분을 현대의 수렵채집인으로서 지내기 때문이다.

반드시 생각해봐야 할 또 다른 측면은, 혼자 살아가려고 하는 인간은 고독한 사회적 동물이 되어 고통을 받게 된다는 것이다. 하지만 한 마리 또는 그 이상의 개나 늑대를 동반자로 가지면, 인간은 여러 개체가 함께 서로를 위해 사냥하여 이득을 얻기도 하지만 동시에 감정적으로도 더 잘 생존할 수 있게 된다(Cherkassov 1962). 대부분의 남자들이 먹이를 잡거나 죽이거나 준비하지 않는 '문명화된 사회'의 눈에는 이런 인간들이 '개-인간'으로 보일 수 있다. 시베리아의 사냥꾼과 라이카의 관계는, 구석기시대 인간이 결국 모든 개의 조상이 된 늑대들과 수천수만 년 전에 가졌던 관계와 비슷할 것이다. 시베리아 타이가는 개가 처음 생겨난 시기, 즉 우리가 개-늑대라고 부를 수 있는 동물들이 살았던 시기부터 지금까지 개들이 아주 오랫동안 살아왔던 곳이며(Cherkassov 1962), 이 사실은 라즈보이니챠 동굴에서의 발견이 무슨 의미가 있는지 제대로 이해하는 데에 도움이 될 것이다(Ovodov et al. 2011).

헤어초크와 바슈코프(2010)의 영화는 가축화의 초기 단계 동안 방랑하는 사냥꾼과 그들의 개-늑대 사이에 이런 깊은 결합이 어떻게 이뤄질 수 있는지를 보여준다(Schleidt 1998; Schleidt and Shalter 2003). 자유롭게 사는 늑대처럼 라이카 한 마리 한 마리도 자신만의 성격과 특질을 가진 개체이기 때문에, 협력을 이루려면 인간이 그들과 개인적인 관계를 발전시키는 것이 중요하다(V. Beregovoy, 개인 서신에서). 뛰어난 뒷사냥꾼은 라이카와

의 이런 관계를 유지하는 방법으로 '훈육'보다는 라이카와의 유대를 신뢰한
다(Herzog and Vasyukov 2010). 개는 자신만의 생각을 가졌으며 그 생각
대로 행동한다. 그렇기 때문에 개는, 개가 없었다면 인간이 애를 먹었을 문
제에 대한 독특한 해법을 제시할 수 있는 뛰어난 동반자가 된다(Cherkass-
ov 1962). 학대하는 주인은 동반자 개에게 버림을 받을 수도 있다. 이는 현
재의 러시아 늑대에서 '개'의 미토콘드리아 DNA 하플로타입이 존재하는 이
유를 설명하는 또 다른 요인이 된다(Vilà et al. 1997).

덫사냥꾼들은 위대한 개들이 제공했던 유대와 노력을 인정해, 살아 있
는 동안 이들에게 먹이를 주고 돌보면서 은퇴한 사냥꾼처럼 대한다(Herzog
and Vasyukov 2010). 한 덫사냥꾼은 마을에 침입한 불곰과 싸우다 자신의
품 안에서 죽어간 늙은 암컷을 떠올렸다. 이 개는 다른 개들이 다 달아나고
나서도 혼자 끝까지 버텼다. 소란이 일어난 것을 들어 알게 된 이 덫사냥꾼
은 총을 들고 현장으로 나와 곰을 쐈다. 그런데 이 총알은 곰을 이빨로 물어
뜯던 개한테 맞았다. 발에 총알이 스친 곰은 빠른 속도로 사냥꾼에게 돌진
했고, 사냥꾼은 곰의 얼굴 정면에 총을 쐈다. 곰은 뒤로 넘어갔다. 곰이 쓰
러졌는지 확인하기도 전에 사냥꾼은 개를 품에 안고 살리기 위해 치료소로
뛰기 시작했다.

확실히 주목해야 할 점은 시베리아 원주민 부족들과 늑대 사이의 관계
가 문화에 따라 다를 수 있다는 것이다. 시베리아 원주민들의 샤먼 전통에
서 곰·늑대·큰까마귀는 가장 중요한 토템 동물이다(Czaplicka 1914). 하
지만 순록·야크·양·염소를 떼로 키우는 목축문화에서 늑대는 가축에 위
협이 될 수 있다고 생각되며, 인간과 늑대의 역학관계가 현대의 유럽−미국
사회에서처럼 적대적이지는 않더라도 늑대는 죽임을 당할 수 있다. 라이카
의 주요 특징 하나는 가축을 공격하지 않도록 훈련된다는 것이며, 이 때문
에 늑대의 친척인 라이카가 가축을 보호하기 위해 야생 늑대와 물리적으로
충돌하는 상황까지 생기기도 한다(C. A. Annet, 개인 서신에서).

일본 늑대와 마운틴도그

시베리아와는 대조적으로 일본은 아시아에서 인간이 늑대와 상호작용한 역사와 관련해 매우 흥미로운 상황을 보인다. 그러면서 한편으로는 유럽 편견이 비서양 사회에 미친 치명적인 영향—늑대에 대한 서양식 사고와 태도를 만들어낸 것—이 드러난다. 이는 환경적 역사를 다룬 몬태나주립대학교 브렛 워커의 논문(2005)에 잘 정리돼 있다. 워커는 일본의 문화와 역사에 관한 자신의 지식과 유창한 일본어 실력을 이용해, 유럽과 아메리카 대륙 학자들은 모르거나 구할 수 없는 문서들을 연구했다. 워커의 연구결과는 지역 사람들이 아는 지식과 분류에 관한 서양의 전통적인 접근방식 사이의 중요할 수 있는 차이점을 설명한다. 이는 야생 늑대, 가축화된 개, 그리고 이 둘 사이에서 가능한 잡종의 속성에 관한 핵심적인 통찰을 제공한다.

19세기까지 일본은 대체로 서양의 영향을 받지 않고 철저히 독자적으로 과학 연구를 해온 역사가 있다. 1600년에서 1800년까지 일본의 자연과학자들은 서양의 세계관보다는 동양의 세계관을 더 중요하게 여겼다. 따라서 서양의 사고에 따른다면, 이들의 접근방법은 "민속생물학적"이었으며 "지역 생물상에 대한 전체론적 이해"가 특징이었다(Walker 2005, 30). 실제로 이는, 일본의 자연과학자들이 그 문화 안에서 대부분의 사람들이 상식적이라고 생각하는 형태학적·행동적 패턴에 의지했으며, 이른바 '전문가들'이 수집한 난해한 정보에만 의지하지는 않았음을 뜻한다. 이런 접근방법에서 개와 늑대는 둘 사이의 경계가 분명하게 정해지지 않은 비슷한 존재로 생각됐다. 린네의 분류법과는 대조되는 부분이다.

과거 일본의 접근방법은 우리가 이 책에서 주장하는 접근방법과 가깝다. 우리는 개와 늑대의 생활형을 다른 종으로서 판단한 린네가 틀렸다는 생각을 분명히 했다. 하지만 린네의 해석은 '서양적인' 편향을 가진 대부분의 사람들에게는 논리적으로 보일 것이며, 현재까지도 미국과 유럽의 법적

규범에서 드러난다(제10장). 또한 이런 편향은 코핑어 그룹(Coppinger and Coppinger 2001; Coppinger and Feinstein 2015) 같은 현대의 과학자들이 발전시킨 주장과, 늑대가 언제 고고학자들이 인정할 수 있는 개가 되는지에 관한 논쟁에 원동력을 제공한다.

전통적으로 일본인들은 야생 갯과 동물의 두 가지 형태가 일본의 주요 섬들에서 생겨났다고 생각했다. 오카미狼, 즉 늑대, 그리고 야마이누山犬, 즉 마운틴도그다. 하지만 일본 역사의 대부분 동안 이 두 동물은 같은 종류의 생명체로 생각되는 경향이 있었던 것으로 보인다(Walker 2005). 일부 일본인은 일본어 야마이누로 번역된 중국어 사이豺가 쿠온 속의 동물들─승냥이라고도 불리는 아시아 야생 개─도 가리킨다고 주장해왔다. 승냥이는 늑대와 유전적으로 매우 다르며 염색체의 숫자도 다르다. 두 형태에 대한 일본인들의 생각에서 재미있는 점은, 오카미는 유순하고 도움을 주는 동물인 반면 야마이누는 공격적이고 위험한 동물이라고 생각했다는 것이다(Walker 2005). 일본에는 갯과 동물의 세번째 형태도 있다. 일본의 최북단 섬들에서 발견된 훨씬 더 큰 홋카이도늑대다. 대부분의 일본인과는 관련이 없는 튀르크족 사람인 아이누 원주민들에게 이 늑대는 성스러운 동물이다(White 1991; Walker 2005).

서양과는 다른 일본의 이러한 인식 뒤에는 다음과 같은 논리가 존재한다. 농작물을 엉망으로 만드는 사슴과 야생 돼지를 잡아먹는 오카미는, 곡물을 기르고 사냥을 하지만 가축화된 유제류를 키우지 않는 문화에서 논밭의 보호자로 여겨진다. 따라서 농부들은 농장과 논밭 근처에 늑대를 두도록 장려했다. 유럽 혈통을 가진 사람들의 대부분이 끔찍하게 싫어했던 관습이다(Walker 2005). 반대로 야마이누는 특히 인간에게 더 공격적인 동물로 생각됐다.

게다가 일본에는 가축화됐으면서도 늑대 같은 원시 토착 견종들─대형 아키타, 중형인 기슈와 시코쿠, 소형인 시바이누─이 있다. 특정 DNA 증거(vonHoldt et al. 2010)에 의하면, 이 견종들은 모두 딩고와 가깝게 연결된 원시 품종인 스피츠 유형이다. 이 품종들 중 일부는 무리를 이뤄 사냥하도록 발달돼왔다. 이 품종들이 고대부터 있었다는 것은 이들이 쉽게 늑대와 교배해 번식할 수 있다는 뜻이다. 19세기 서양의 연구자들은 자신들에게 익숙한 개보다 일본 개가 더 늑대처럼 보이고 더 그렇게 행동한다고 지적했다(Skabelund 2004). 1870년대에 도쿄대학의 미국인 동물학자였던 에드워드 모스는 일본 품종을 '늑대 종류'라고 특징짓고, 일본 마을에 돌아다니는 개 무리의 행동을 다음과 같이 기록했다. "밤이면 이 개들은 아주 시끄러워진다. 고양이처럼 소리를 내지만 더 지독하다. 이 개들은 길게 울부짖고 낑낑 소리를 내지만 절대 멍멍거리는 일은 없다"(1945, 52).

일본의 문화적 태도 덕분에 늑대와 개의 상호교배가 쉽게 일어났으며, 야마이누의 일부 표본은 오카미와 가축화된 개의 잡종일 가능성이 높은 것으로 확인됐다(Walker 2005, 52). 이 상황이 재미있는 이유는, 공중보건 기록에서는 일부 늑대 같은 견종이 사회화된 늑대나 심지어 야생 늑대보다 인간에게 더 위험하다고 분명히 말하기 때문이다(제10장 참조). 일본 늑대는 야생 늑대 치고는 비교적 작은 편이며, 아키타개는 실제로 일본 늑대보다 클 것이다. 이는 야생 늑대가 길들여졌다고 생각되려면 그 크기가 줄어야 하는지에 관해 제4장에서 제시된 문제와 관련이 있어 보인다.

대체적인 결론은 일본 늑대, 적어도 더 우호적이고 사교적인 오카미는 길들인 늑대가 아니라 "이 지역에서만 일어나는 일이라고 해도, 개와의 잡종화가 계속 진행되던 늑대"였다는 것이다(Walker 2005, 54). 워커는 흥미로운 문제를 제기한다. "인위선택과 자연선택 모두가 일본 늑대의 진화, 야마이누의 출현에 기여했다면, 인위의 창조자인 인간과 나머지 자연 세계를 구분하기 위한 최후의 노력 같은 것을 보여주는 점 외에 이 용어들은 [다른] 어떤 쓰임새가 있을까?"(55) 이 점은 리트보의 주장(2010, 208)과 유사하다. "야생의 중요성이 커지고 그것의 정의가 설명이 아닌 주장이 되면서 가축화의 경계 또한 흐려졌다."

　이 상황은 늑대를 '신'으로 생각하는 아이누족이 사는 홋카이도에서 더 분명하게 나타났다(Walker 2005). 더 정교하고 정확한 해석은 워커의 다음과 같은 말에서 찾을 수 있을 것이다. "자신들의 사냥 습관이 홋카이도늑대와 닮았다고 깨달은 것은 아이누족이 세상을 민족생물학적으로 이해한 내용 중 일부였으며, 이런 깨달음은 이 동물에 대한 숭배를 일으켰다"(83). 유럽 편견은, 많은 사회의 종교적 전통에는 '신'이 있으며 해당 사회에 사는 사람들은 그런 존재를 '숭배'한다는 추정으로 이어지곤 한다. 하지만 늑대를 숭배하는 관습과 믿음을 가진 사람들 대부분은 서양의 유일신 전통 안에 있는 사람들과는 비슷하지 않다(Pierotti 2011a). 아이누족은 자신의 기원이 여신과 짝짓기를 한 흰 늑대에 있다고 믿었던 알타이 사람들이라는 것을 기억해보자(White 1991). 일부 아메리카 원주민 부족과 닮은 점은, 아이누족에는 늑대들을 위해 자신들이 사냥한 동물의 고기 일부를 남겨두고 떠나는 관습이 있었다는 것이다. 그 반대급부로 아이누족이 늑대가 잡은 먹잇감 근처에서 목청을 가다듬으면, 늑대 '신'은 아낌없이 자리를 내주고 인간이 먹이를 처음 먹을 수 있도록 해준다(Schlesier1987; Marshall 1995; Walker 2005; 북아메리카에서의 비슷한 예는 Fogg, Howe, and Pierotti 2015 참조). 아메리카 원주민 부족들과 아이누족의 또 다른 유사성은 '늑대'를 가리키는 아이누족의 말 **세투**setu가 '개'를 뜻하기도 한다는 점이다(Fogg, Howe, and Pierotti 2015). 아이누족은 "두 종류의 갯과 동물을 비슷하다고 보며, 어느 한쪽이 필요해 둘을 구분한다면 그 구분은 주로 상황에 따라 이뤄졌다. 사람들을 도우면서 마을에 있을 때 이 갯과 동물은 개였다. 하지만 사슴을 사냥하면서 산에 있을 때 이 동물은 늑대였다." 아이누족은 "우연적인 교배와 의도적인 교배 둘 다를 통해… 자신들이 키우는 개에게서 늑대의 특징"을 재현하거나 촉진하려고 했다(Walker 2005, 85). 적어도 한 아이누족 마을에서는 "늑대의 가축화를 시도했다." 마을에서 늑대 새끼들을 (성체가 될 때까지) 2년 정도 돌보는 것이다. 일단 늑대들이 사람에게 익숙해지면, 아이누족은 "늑대들이 산으로 혼자 가서 사슴을 사냥하고 죽이도록 허락했고, 그 후에 늑대는 마을로 돌아왔다"(86).

워커는 다음과 같은 메시지로 끝나는 아이누족의 서사시를 인용한다.

그러므로,

개를

그냥 두어라.

개를 한 마리 죽인다고 해도

바다 방향으로

보내서는 안 된다.

개의 조상은 늑대다.

개는 산 방향으로 보내져야 한다.

그것이 이 이야기의 교훈이다. (Walker 2005, 90)

홋카이도늑대에게 색다르고도 치명적인 수업은 19세기 동안 미국인들이 일본에 도착함과 동시에 시작됐다(Walker 2005). 처음에는 군인과 외교관이 왔고, 바로 뒤를 이어 상인과 기업가가 왔다. 이 미국인들은 채소·곡물·생선으로 구성되는 일본인의 식단이 충분하지 않으며, 일본인들이 가축화된 동물, 특히 소를 키워야 한다고 판단했다. 솟과 동물을 키우기 시작하면서 잠재적인 포식자로부터의 보호도 필요했을 것이다. 길들여지지 않은 자연에 대한 미국인의 혐오와 두려움 역시, 그전에는 그런 태도를 보이지 않았던 나라에 도입됐다. 미국에서 방목장을 관리하던 기술이 도입됐고, 여기에는 독을 주입한 미끼를 사용하는 법도 포함됐다. 비극적이게도 이런 대량 살육은 매우 효과적이었으며, 수천 년 동안 계속돼왔던 인간과 홋카이도늑대 사이의 평화로운 공존은 종말을 맞았다. 오늘날 늑대는 일본 군도 전체에서 완전히 멸종했다. 늑대의 관점에서 이 사건은 피에로티가 지은 하이 쿠로 요약될 수 있다.

미국이 온 데
독을 가지고 오네
늑대는 스러지네.

Americans come
Bringing their poison with them
Wolves will be no more.

6

"딩고가 우리를 인간으로 만든다": 호주 원주민과 카니스 루푸스 딩고

우리가 논의한 다른 예에서는, 인간이 기존에 늑대가 차지했던 땅에 들어갔으며 이 네발 달린 사회적 사냥꾼과 관계를 구축해야 했던 것도 인간이었다. 이 상황이 역전된 곳이 단 한 곳 있다. 사회적 갯과 동물이 도착하기 훨씬 전부터 인간이 존재하면서 다른 모든 관계와는 다른 독특한 역학관계를 만들어낸 곳, 바로 호주 대륙이다. 이 대륙 전체에서 대형 태반 포유동물은 호모 사피엔스와 카니스 루푸스 딩고*Canis lupus dingo*, 즉 호주 원주민과 딩고 밖에는 없었다.

다른 견종들과 달리 딩고는 진정한 아종으로 생각된다. 딩고는 유럽, 중앙아시아, 북아메리카 등에서 일어났을 수 있는 다른 모든 가축화와 상관없이, 거의 확실히 아시아 남부에서만 기원한 것으로 보이기 때문이다. 호주와 뉴기니(뉴기니에는 가까운 친척인 뉴기니싱잉도그가 있다)에 들어왔을 때, 딩고는 이미 선택을 거쳐 형태학적으로 늑대에서 분화된 인간의 동반자였던 것으로 보인다. 딩고는 색깔, 머리 모양, 털가죽 등 겉모양이 늑대와 다르다. 늑대의 후손 중에서 별개의 종으로 생각해야 하는 동물이 있다면, 그건 아마 딩고일 것이다. 하지만 딩고는 아직도 늑대와 상호교배가 가능하며, 최소한 가축화된 늑대, 즉 개와 상호교배가 가능하다. 딩고는 인간과 어느 정도 상호작용을 유지하기는 하지만 스스로의 힘으로 살아갈 수 있는 반쯤 가축화된 형태이기도 하다(Meggitt 1965). 1788년 영국인들이 호주에 올 때까지 호주에는 가축화된, 즉 부락에서 인간과 함께 사는 개는 없었으며, 딩고들만 인간과 느슨한 관계를 맺은 상태였다.

호주에 사는 딩고의 역사는 원주민 집단의 비교적 최근 역사와 밀접한 관련이 있다. 딩고는 호주에서 기원하지 않았기 때문이다. 딩고는 거의 육상 유대류 포유동물만 있었을 호주 대륙에 존재하게 된, 인간을 제외하고는 유일한 대형 태반 포유동물이다(Corbett 1995; Rose 2000). 딩고와 비슷한 개—예를 들어 뉴기니싱잉도그, 아마도 포르모산마운틴도그, 아프리칸바센지—의 조상인 늑대의 가축화는(Corbett 1995; Dayton 2003a, 2003b) 아시아 남부 어딘가에서 일어났다고 생각된다. 이런 개들은 동남아시아, 뉴기니, 필리핀, 대만에서 발견되며, 코베트의 1995년 연구에 따르면 제5장에서 다룬 일본의 견종들도 일부 학자의 말대로 모두 '딩고'다.

별도의 늑대 가축화가 거의 같은 시기에, 또는 더 일찍 중앙아시아, 중동, 유럽, 북아메리카에서 일어났을 가능성은 있지만(Morey 1994, 2010), 그 과정은 동남아시아에서의 가축화 과정과는 매우 달랐다. 동남아시아에서는 늑대와 관계를 맺은 인간이 건조한 환경에 사는 수렵채집인이었기 때문에, 이 동물들은 털의 색깔이 더 많이 변하고 뼈대의 특징은 더 적게 변했다. 이와는 대조적으로 지난 수천 년 동안 아시아 서부와 유럽에서 늑대는 농업 또는 목축에 종사하는 인간이 가축 보호·가축 몰이·영양 사냥 같은 일을 수행하는 데에 도움이 되도록 육체적 특징을 변화시키는 선택압에 굴복했고, 그 결과로 아프간과 살루키 같은 품종이 생겨났다. 이 과정에서 허스키와 말라뮤트, 심지어는 러시아 라이카 같은 일부 품종은 늑대 조상의 기본 털 색깔과 무늬는 그대로 유지하면서 골격과 근육조직이 상당한 많이 바뀌게 됐다.

　현재 존재하는 대부분의 견종은 약 500년이 안 된 것들이지만, 아프간과 살루키 그리고 동아시아 품종인 아키타·샤페이·시바이누 등의 몇몇 견종은 2000년 정도는 된 것으로 보인다. 동남아시아의 원시 딩고는 아메리카 원주민이 늑대와 협력적인 관계를 맺기 시작한 것과 똑같은 이유로 키워졌을 것이다. 원주민들은 이 원시 딩고의 사냥 능력과 경계 능력을 높게 평가했던 것이다(체형으로 봤을 때 짐 나르는 동물로 키우지는 않았을 것이다). 또한 호주에서 딩고는, 흔한 유대류 동물과는 불가능한 일종의 정신적인 또는 종 사이의 동반자 관계를 인간과 맺었다(Rose 2000, 2011, 개인 서신에서).

　호주의 인간들은 키우는 동물의 육체적 특징을 선택교배로 조작하려고 하지 않았다. 딩고는 "적어도 5500년 동안은 형태가 거의 변하지 않았기"(Corbett 1995, 14) 때문이다. 코베트는 아시아 남부의 형태들에게서는 의도적인 선택이 거의 또는 전혀 일어나지 않았다고 주장하며, 때문에 비교적 작고 털이 짧은 인도 늑대(카니스 루푸스 팔리페스C. *lupus pallipes*)는 색깔과 무늬를 제외하고는 현대까지 거의 모양이 변하지 않았다고 주장한다. 현대의 딩고는 초기 갯과 동물 아화석에서 발견되는 것과 똑같은 형태학적 특징이 많다. 호주의 유럽인들 이야기를 들어보면, 딩고는 "먹을 것, 사냥, 경계 그리고 아마도 다른 문화적인 용도로"(13) 이용됐다. 호주 원주민 부족과 실제로 함께 살았던 사람의 관찰에 기반한 시각에서는, 원주민 부족들이 딩고를 동반자, 사냥 조수, 추운 밤에 온기를 유지해주는 잠자리 친구, 감시견으로 이용했다고 주장한다(Rose 2000).

　표현형의 확실한 변화가 호주에서 나타나지 않은 것은 원주민 부족들이 딩고와 맺은 관계의 유형이 달랐다는 점과 관련이 있을 듯하다. 현재로부터 5000~6000년 전쯤 딩고가 호주에 처음 들어오게 됐을 때, 원주민 부족들은 딩고를 있는 그대로 받아들였다. 가축화할 필요를 못 느꼈기 때문이다. 따라서 딩고는 호주의 환경조건에 적응해야 한다는 것 외에는 어떤 형태의 선택도 당하지 않았다. 세계의 다른 곳에서는 자연선택과 어느 정도의 선택 교배가 함께 작용해 초기 갯과 동물의 크기와 겉모습에 변화가 생기고, 더 쉽게 사회화되는('길들인') 개체가 만들어진 다음, 카니스 루푸스의 유전적으로 가축화된 형태가 나왔다(Crockford 2006; Morey 2010).

딩고도 늑대처럼 가족집단 안에서 살지만, 이 집단의 구조는 인간의 영향을 자주 받는다. 예전에는 두 마리로 구성된 짝들이 집단을 이루어 사냥하는 모습이 자주 목격됐지만, 요즘에 딩고 두 마리 이상으로 구성된 사냥집단은 보기 힘들다. 호주에는 이제 협력적인 사냥이 필요할 정도로 큰 먹잇감이 없기 때문일 것이다. 1860년대 호주 남서부에서의 삶을 기록한 회고록에서 발췌한 다음의 글은 딩고가 짝을 이뤄 사냥해 어떻게 이득을 보는지 보여준다.

우리는 낮은 언덕을 따라 차를 몰고 있었고, 아래 계곡은 맑고 풀이 무성했다. 오후 햇살이 긴 그림자를 만드는 큰 나무들도 몇 그루 있었다. 그때 우리는 큰 캥거루를 추격하는 야생 개들을 보게 됐다. 쫓기는 불쌍한 갈색 캥거루는 처음에는 한 방향으로, 다음에는 다른 방향으로 껑충껑충 뛰었고, 그동안 아름다운 황금색 검은담비 색깔의 개들은 미리 짜놓은 계획에 따라 움직이는 것 같았다. 이 개들은 캥거루가 도망가는 길을 계속 막았다. 결국 캥거루는 더 뛸 수 없게 됐고, 큰 나무에 등을 기대고 서서 발로 개들을 쳐내려고 했지만, 개들은 캥거루에게 가까이 가기를 꺼리며 조심했다. 개 한 마리는 어느 정도 거리를 두고 누웠고, 다른 한 마리는 두려워하면서 캥거루를 물었다. 이 개가 힘이 빠지자 누워있던 개가 나섰다. … 결국 개 한 마리가 캥거루의 보호막을 무너뜨리고 캥거루의 목 부분으로 뛰어올랐다. 1초도 안 돼 다른 개가 따라 뛰어올라 반대편을 공격했다. 이 불쌍한 캥거루는 끌려서 땅에 쓰러졌고, 곧 죽음을 맞았다. 이 싸움은 30분은 계속된 것 같다. (A.Y. Hassell; Meggitt 1965, 12에서 인용)

야생의, 야생으로 돌아간, 가축화된?

딩고는 야생에서 가축화된 상태로 변하는 초기 단계의 일부를 보여주는 모델이 될 수 있다(제9장에서 다룬다). 딩고는 어디에 있든 야생 또는 반 야생 동물, 둘 중 하나로 기능한다. 딩고는 독립적으로 살지만, 사냥을 함께하거나 심지어 잠을 같이 자며 여러 가지 면에서 인간과 관계를 갖는다(Meggitt 1965; Rose 2000). 딩고와 호주 원주민 부족의 관계는 "두 생명체가 밀접한 관계를 이루지만 생존을 위해 서로에게 의존하지는 않는 과정"(Corbett 1995, 12)에 있는 편리공생 관계였다. 갯과 동물의 가축화는 늑대와 인간의 관계에서 비롯된 여러 단계로 이뤄진 과정이었으며 여기서 가축화하려는 명백한 시도가 없었을 수도 있기 때문에, 그러한 관계는 중요하다.

대부분의 정의에 따라 한 생명체 형태가 가축화되었다고 생각되기 위한 주요 조건 중 하나는 인간에 대한 전적인 의존성이 나타나는 것이다(Morey 2010; 제9장 참조). 가축화된 많은 종은 야생으로 돌아갈 능력을 상실하며 인간의 도움이 없으면 죽는다—북아메리카의 돼지와 말은 야생으로 돌아가는 데에 성공한 종으로 알려져 있지만, 완전히 가축화된 개는 스스로의 힘으로는 야생에서 거의 생존하지 못한다(Spotte 2012; 이 책의 서론에서 언급한 Terhune 1935도 참조). 또한 수컷 개에서는 부모로서의 보살핌과 관련된 행동이 사라졌기 때문에, 개는 독립적으로 교배에 성공할 능력이 없는 것으로 보인다.

딩고는 이 패턴을 따르지 않는다. 외양과 행동으로 볼 때, 딩고의 표현형 변화가 어느 정도 일어난 시기는 호주에 들어오기 전이었음이 분명하다. 딩고는 인간에 의해 배를 타고 뉴기니와 호주로 이동되었을 것이다. 딩고가 스스로 호주에 갈 수 있을 만한 육로 연결이 없었기 때문이다. 딩고를 호주로 데려온 인간은 특정한 목적을 위해 딩고를 번식시켰으며, 그 목적은 쥐를 잡는 동물로서 딩고와 순수하게 동반자 관계를 맺는 것일 수도, 아마도

긴 시간 항해에서 식용으로 쓰기 위해서였을 수도 있다(Corbett 1995). (배 안에서) 인간과 아주 가깝게 살려면, 딩고는 공격적인 행동을 거의 또는 전혀 보이지 않아야 했다. 배로 호주에 데려온 딩고들은 인간이 기원한 지역에서 나온 가장 잘 길들인 동물이었다. 이로 인해 편안하게 지내면서 인간과의 관계를 원하지만 대부분의 환경에서 여전히 독립적으로 살 능력이 있는 동물이 생겨났을 것이다. 오늘날 딩고는 주로 야생종으로 기능하지만, 인간과 함께 살면서 협력하는 능력도 있다.

호주 원주민과 육식동물의 관계

호주 원주민 부족들이 딩고와 맺은 관계를 연구하고 논의할 때 중요한 문제 중 하나는 유럽인 관찰자들의 이야기에서 서로 차이가 많이 난다는 점이다. 메기트(1965)는 학대하는 관계부터 사랑하는 관계까지, 협력적인 사냥부터 딩고가 사냥한 동물을 훔치려고 따라다니는 원주민 부족에 이르기까지 모든 것을 설명했지만, 인간이 딩고와 함께 사냥한 적이 전혀 없다고 주장하는 사람들도 있다. 이렇게 이야기에서 차이가 나는 이유가 단순히 관계가 다양해서 그런지, 아니면 호주에 침입한 유럽인들의 인종주의나 가부장주의(유럽 편견) 때문에 그런지 알기는 쉽지 않다. 원주민 부족을 지근거리에서 연구한 호주의 학자 데버라 버드 로즈는 이 상황을 다음과 같이 설명한다. "백인들은 호주 원주민 부족이 어떻게 일처리를 제대로 하지 못하는지 얘기하고 싶어한다. 확신컨대 개가 학대당하거나 심지어는 죽임을 당하는 것에 신경쓰지 않는 모습도 볼 수 있을 것이다. 하지만 일반적으로 사람들은 자기가 키우는 개를 가족처럼 사랑한다. 이들은 보통 사랑스럽고 친절하게, 어떤 때는 화를 내고 어떤 때는 어쩔 줄 몰라 하면서 개를 대한다. 영국-유럽인들의 방식과는 다른 방식으로 개를 대할 때가 많은 것이다"(개인 서신에서).

이 장 처음에 우리가 지적한 사실을 염두에 두는 것이 중요하다. 호주는 딩고가 도착하기 최소 4만 년 전부터 인간이 존재했던 땅이며, 따라서 원주민의 문화는 이미 잘 확립된 상태였다는 점이다. 이 문화는 유대류가 지배적 포유동물인 땅에서 진화했다. 유대류는 세계의 대부분 지역에서 확산해 태반 포유동물이 차지한 것과 비슷한 많은 생태학적 적소를 채웠던 동물이며, 기본적으로 거대한 육식성 주머니쥐였던 아주 특이한 형태 둘을 포함했다. 그중 하나는 틸라콜레오 카르니펙스*Thylacoleo carnifex*, 즉 '고기를 먹는, 주머니를 가진 사자'다. 다윈에 반대한 것으로 유명하지만 그래도 19세기 영국의 뛰어난 비교해부학자인 리처드 오언이 이름을 붙였다(1859b). 이 동물은 사자와 비슷하다고 묘사되지만, 얼굴 모양을 보면 매우 큰 하이에나와 더 많이 닮았음을 알 수 있다. 틸라콜레오는 고양이 같은 발을 가지지는 않았지만, 앞발이 뒷발보다 길어 비교적 느린 데다 고양이처럼 공격할 능력도 없었다. 탈리콜레오의 몸무게는 100~130킬로그램으로 사자보다는 재규어와 크기가 비슷하다. 이 동물은 약 3만 년 전까지 호주에 살았기 때문에 인간과 최소 몇 천 년 정도는 같이 존재했다.

다른 유대류 육식동물은 '태즈메이니아 호랑이'로도 불리는 태즈메이니아주머니늑대다. 학명은 틸라키누스 키노케팔루스*Thylacinus cynocephalus*로 '개의 머리와 주머니를 가진 늑대'라는 뜻이다. 이 동물이 호랑이로 불리는 이유는 어깨부터 꼬리가 시작되는 부분까지 줄무늬가 있기 때문이다. 태즈메이니아주머니늑대는 매우 최근(1930년대)까지 태즈메이니아에 남아 있었으며, 지난 몇 천 년 동안 호주 본토에서 살았기 때문에 서양 과학자들에게 잘 알려져 있다(Guiler 1985; D. Owen 2003). 태즈메이니아주머니늑대는 틸라콜레오만큼 강한 인상을 주지는 않는다. 크기는 작은 늑대 정도로 (흔하게 불리는 또 다른 이름이 태즈메이니아늑대였다), 어깨 기준 키가 60센티미터 정도, 몸무게는 20~30킬로그램 정도였다. 두 육식성 유대류는 비교적 느리다. 늑대나 큰 고양이 같은 대부분의 태반 육식동물과 비교하면 특히 그렇다.

호주 원주민의 전통과 이야기에는 커다란 육식동물이 등장한다. 이런 이야기 중 하나에는 출라르카Tjularka라고 불리는, 뒤에서 몰래 접근해 먹 잇감을 덮치는 "거대하고 개처럼 생긴 생물"이 등장한다(Strehlow 1971, 140). 포식자와 인간의 관계에 관한 또 다른 원주민 이야기는 원주민 원로 인 딕 로우시Dick Roughsey가 녹음한 이야기를 바탕으로 재구성한 책 『거 대한 악마 딩고』다(D. B. Rose, 개인 서신에서). 자세히 읽어보면 이는 실제 딩고에 관한 이야기가 아닐 수도 있다는 생각이 들기는 하지만, 이 책에서 메뚜기 여인은 걸으면 땅이 흔들리는 거대한 악마 딩고를 통제한다. 이 여 인은 이 딩고를 이용해 먹잇감인 인간을 사냥한다. 어느 날 젊은 남자 두 명 이 메뚜기 여인과 대화하기 위해 찾아온다. 메뚜기 여인은 자신의 주변에 야영지를 지어 머물라고 남자들을 설득하지만 실패했고, 그 후 거대한 악마 딩고를 보내 남자들을 추격하게 한다. 남자들은 이 거대한 악마 딩고에게서 도망치기 위해 며칠을 달렸지만 결국 지쳐서 쉬어야만 했다. 이들은 산골짜 기 반대편에 숨어 거대한 악마 딩고가 자신들을 지나쳐가기를 기다린다. 딩 고가 지나갈 때 남자들은 딩고를 창으로 찔러 죽인 다음 사람들에게 가져와 먹인다. 치료 주술사는 딩고의 뼈, 가죽, 콩팥을 산꼭대기로 가져가서 더 작 은 딩고 두 마리를 만든다. 주술사는 이 딩고들에게 인간을 사냥하지 말고 인간의 동반자가 돼 먹이 사냥을 도우라고 명령한다(Roughsey 1973).

이 거대한 악마 딩고가 말 그대로 실제 딩고를 나타내는지는 어느 정도 의문이 든다. 호주의 인류학자 데버라 버드 로즈는 다음과 같이 해석한다.

악마라는 말은 일상생활에서 정확하게 대응하는 것을 찾을 수 없을 때 보통 쓰 는 말이다. 카야Kaya라고 불리는 거대 악마 개가 등장하는 [유튜브] 영상도 있 다. 이 이야기는 호주 대륙 전체에 걸쳐 존재하는 다른 비슷한 이야기들과 공통 점이 많다. 호주 노던 준주의 빅토리아강 지역에서 카야는 '악마'로 받아들여진다. 카야는 인간의 골격을 가졌으며 죽은 자들의 **뼈**를 관리하는 존재다. 하지만 카야는 뼈를 관리하는 것에만 만족하지 않고 살아 있는 인간을 적극적으로 잡아먹는다. 카야의 동반자 개들은 '악마 개'로 불리기도 하는 물루쿠르Mulukurr다. 이 개들은 카야와 함께 움직여 인간을 잡아먹는다. … 물루쿠르는 그전에 태즈메이니아주머니늑대였다. … **악마**라는 말이 쓰인 것은 일상생활에서 이런 종류의 생물이 없다는 점을 분명히 한다. **거대한**이라는 말은 크기와 중요성 둘 다 또는 이 둘 중의 하나가 크다는 뜻이다. 두 지역[케이프요크와 빅토리아강 지역] 모두에서 들을 수 있는 이야기들은 포식자이자 먹잇감으로 살아가는 존재가 느끼는 긴장감의 일부를 드러내며, 인간에 대한 포식 행위를 막기 위한 노력을 분명히 보여준다. (D. B. Rose, 개인 서신에서)

거대한 악마 딩고의 이야기에는 다른 흥미로운 부분들이 있다. 첫째, 거대한 악마 딩고는 실제 딩고와는 달리 가족집단의 일부로 살지 않고 혼자 산다. 둘째, 거대한 악마 딩고는 남자들을 며칠 동안 추격한다. 이는 거대한 악마 딩고가 매우 느리며 인간들을 냄새로 추적했다고 추측케 한다. 이는 또한 거대한 악마 딩고일 수 있는 세번째 후보를 떠올리게 한다. 현재로부터 5만 년 전쯤 원주민들이 도착했을 때, 호주는 또 다른 초대형 포식자의 서식지였다. 이 포식자는 바라누스 프리스쿠스*Varanus priscus*, 즉 메갈라니아megalania라는 왕도마뱀이며(호주에서는 고아나goanna로 불린다), 자매종인 코모도왕도마뱀을 잡아먹을 정도로 컸다(Head et al. 2009). 현재까지 발견된 가장 큰 육상 도마뱀인 메갈라니아는 길이가 5~8미터이며, 몸무게는 500킬로그램을 훨씬 넘어간 동물이었다(R. Owen 1859a). 이 정도면 움직일 때 땅을 흔들고도 남았을 것이다. 또한 먹잇감을 냄새로 추적하거나 적어도 맛으로 추적했을 것이다. 도마뱀은 혀를 이용해 냄새를 감지해내고 냄새의 흔적을 찾아내기 때문이다. 하지만 데버라 로즈는 호주 원주민들의 이야기가 파충류와 포유동물이 합쳐져 만들어졌을 가능성은 낮다고 생각한다(개인 서신에서).

또 다른 포인트는 원주민들이 현재 존재하는 고아나를 자주 잡아먹는다는 점이다. 하지만 우리는 원주민들이 다른 포식자 포유동물들도 먹었는지는 모른다. 거대한 악마 딩고는 죽은 다음 먹힌다. 거대한 악마 딩고는 현재 멸종한 포식자 두 종 또는 모든 종을 기억 속에서 합쳐 만든 것일 수도 있다. 메갈라니아와 틸라콜레오는 원주민 부족들이 호주에 도착한 뒤 몇 천 년 안에 멸종했으며, 태즈메이니아주머니늑대는 실제 딩고가 도착한 지 얼마 안 돼 호주 본토에서 사라졌다―딩고가 도착했기 때문에 태즈메이니아주머니늑대가 멸종했는지도 모른다(D. Owen 2003). 마지막 포인트는 치료 주술사가 악마 딩고의 뼈, 가죽, 콩팥(?)을 가져가 더 작은 딩고 두 마리를 만들었으며, 이 딩고들은 "인간의 동반자가 되어 사냥을 사냥을 도와야" 했다는 부분이다. 많은 원주민 부족의 전통에서 이런 종류의 이야기가 발견된다. 이제는 멸종한 형태가 인간과 함께 일하는 후계자 종을 어떻게 만들었는지에 관한 이야기다(제7장도 참조).

로즈는 호주 원주민 문화와 정신 체계에 관한 유명한 민족지학 논문 「딩고가 우리를 인간으로 만든다」(2000)의 저자다. 논문 제목에는 인간의 관점에서 조명한 이 두 종간 관계의 중요성에 대한 저자의 이해가 드러난다. 원주민들은 인간과 딩고 사이에 공통적인 특징이 있다고 생각한다. 로즈가 보고한 또 다른 창조 이야기에서 이 생각을 읽을 수 있다. "고대의 신성한 시대에는 오직 딩고만이 지금처럼 걸었다. 그는 개처럼 생겼고, 개처럼 행동했으며, 딩고와 인간은 하나였다. 우리의 특징이 되는 머리와 생식기 모양을 우리에게 준 것은 딩고다. 딩고는 지금도 인간과 매우 가깝다고 생각된다. 우리가 현재의 모습이 되지 않았다면 딩고의 모습이 되었을 것이다"(47). 생식기의 모양에 대한 강조는 인간과 딩고만이 태반 포유동물이었으며 따라서 표준적인 포유동물의 생식기를 가졌다는 사실을 말해준다. 유대류는 아주 특이한 생식기를 가졌다. 음낭이 음경 앞에 있는 경우도 있다. 원주민들이 자신을 딩고의 소유자라고 생각하지는 않았지만, 그 둘의 관계가 아주 사적이었다는 사실에 주목하는 것이 중요하다―딩고는 자신의 인간 가족을 잘 알았으며 인간 가족도 딩고를 잘 알고 있었다(D. B. Rose, 개인 서신에서). 이 관계에서 딩고는 서로에게 도움을 주는 파트너로서 존중받았다. 이는 많은 아메리카 원주민 집단이 자신들과 늑대의 관계를 생각하는 방식과 매우 비슷하다.

앞에서 살펴본 것처럼, 현재로부터 약 5000년 전에 딩고가 도착하기 전까지 호주 원주민 부족들에게는 다른 태반 동물 파트너가 없었다. 로즈는 원주민과 딩고의 관계를 다음과 같이 설명한다. "호주 원주민들은 이 동물들을 아주 깊게 사랑한다(그리고 사랑했다). … 딩고의 존재는 인간에 대한 새로운 사고방식을 제공했을 것이다. 창조 이야기가 시사하는 대로, 어떻게 우리가 딩고가 아니고 우리인지에 대한 생각이다. … 나는 딩고가 오기 이전의 호주는 외로운 곳이었을 것이라고 상상하곤 했다. 태반 동물은 거의 없고(박쥐와 큰박쥐만 있었다), 딩고처럼 인간과 어울리는 동물도 없는 곳이었다"(개인 서신에서). 대부분 유럽-호주인의 이야기에서는 원주민들이 딩고를 애지중지했음을 확인할 수 있다. "딩고의 주인은 절대 때리지 않는다. 그냥 겁만 줄 뿐이다. 주인은 딩고를 아이처럼 어루만지고, 벼룩을 잡아주고, 주둥이에 입을 맞춘다"(Meggitt 1965, 16). 이 이야기에서 딩고는 집단 사냥을 포함한 몇몇 주요 행동 특성 면에서 가축화된 개보다는 늑대와 더 비슷하다. 늑대와 가축화된 개를 구분하는 데도 이용되는, 딩고의 또 다른 특징은 딩고도 늑대처럼, 멍멍거리지 않고 울부짖으며 끽끽댄다는 것이다(제5장의 일본 개에 대한 설명을 떠올려보자). 대부분의 가축화된 형태와 분명한 차이가 있음에도, 딩고는 가축화된 개의 한 형태인 카니스 파밀리아리스 딩고*Canis familiaris dingo*로만 분류됐었다. 1990년대에 이르러 딩고는 늑대의 아종(카니스 루푸스 딩고)으로 공식 인정된다. 이 학명은 다중 기원과 다양한 표현형 때문에 타당한 아종이 될 수 없는 가축화된 개와 딩고를 차별화하는 것이다(Pierotti 2012a, 2012b, 2014).

딩고가 호주 원주민 부족들의 삶에 어떤 지속적인 영향을 미쳐왔는지는 전해 내려오는 이야기에서 분명히 알 수 있다. 원주민들은 딩고가 독립적으로 살도록 장려하거나, 적어도 허용해왔을 것이다. 딩고는 호주에 처음 들어온 이래 대부분 야생으로 돌아갔기 때문이다. 하지만 인간과 딩고는 둘 다 편리공생 관계를 유지하려고 했다. 아이누족 사람들이 늑대에게 그랬듯이, 원주민들은 딩고가 젖을 때면 굴에서 데리고 나와 인간 사회에서 사는 데에 필요한 조건에 맞춰 사회화할 수 있었다. 이런 식으로 딩고는 소중한 동반자가 된 것이다(Meggitt 1965; Rose 2000). 한 번 사회화되면 딩고는 언제든지 인간 사회에 들락날락할 수 있었다.

상호작용의 종류는 다양하지만, 사냥을 하는 동안 인간이 딩고를 이용한 이야기는 수없이 많다(Meggitt 1965; Corbett 1995; Rose 2000). 가라와족은 딩고를 이용해 상처 입은 동물을 추격한다. "딩고는 사냥감이 총에 맞았다는 사냥꾼의 신호를 기다렸다가, 신호를 받으면 피 냄새를 맡아 추격하고 사냥꾼이 잡을 때까지 사냥감을 괴롭힌다"(Pickering; Corbett 1995, 18에서 인용). 가라와족 사람들에 관한 다른 이야기에서는, 동물들을 자기 쪽이나 특정한 방향으로 몰기 위해 사냥꾼이 풀에 불을 내면 그 앞에서 뛰면서 목도리도마뱀을 잡는 딩고의 이야기가 나온다.

또한 호주 원주민 부족들은 딩고와 같이 움직이면서 밤에 더 효율적으로 사냥을 할 수 있었다. 딩고의 뛰어난 후각과 청각 덕분이다. 어두워지면 딩고는 바위가 많은 산을 돌아다니도록 풀려나며, 산에서 딩고는 소리를 내어 사냥감이 잡혔거나 "구석에 몰렸다"는 신호를 보낸다(Corbett 1995). 밀징기 부족은 딩고를 이용해 큰 고아나와 토착 고양이(쿠올*Dasyurus* 또는 집고양이 크기의 육식성 주머니쥐)를 나무로 몬 다음, 창으로 쉽게 이 동물들을 잡는다. 이 딩고들은 반디쿠트를 통나무 속으로 몰아 사냥꾼이 도끼로 이 동물을 꺼낼 수 있도록 만드는 데도 이용된다. 딩고는 인간과 팀을 이뤄 캥거루를 잠복 장소로 몰아 죽이기도 했다(Thomson 1949; Corbett 1995). 또한 원주민 부족들은 커다란 캥거루와 딩고 사이의 싸움 이야기를 의식으로 만들어 수행하기도 한다(Strehlow 1971, 305).

어떤 원주민 부족들은 야생 딩고를 동반해 사냥하는 것을 선호한다. 야생 딩고가 큰 사냥감을 훨씬 잘 추격하기 때문이다. 다음의 이야기는 딩고와 원주민 부족의 이런 관계가 어떻게 시작됐는지 설명해준다. "사냥을 나온 왈비리 부족 사람들이 딩고가 지나간 지 비교적 얼마 안 된 길을 찾아냈으며… 그 길은 캥거루가 지나간 길이기도 하다. 필요하면 이들은 하루 종일 딩고를 따라다닌다. 딩고가 기진맥진해진 사냥감을 쓰러뜨렸을 때, 딩고를 따라잡는 것이다. 딩고에게는 해를 끼치지 않고, 사람들은 창과 부메랑으로 캥거루를 죽이며 고기를 부락으로 가져가기 위해 내장을 빼낸다. … 딩고가 먹도록 내장을 남겨두는 것은… 흔한 일이었다"(Meggitt 1965, 19). 원주민과 딩고 사이의 관계는 복잡하고 오래되었으며, 서로 다른 종이 섞여 사냥에 성공해 둘 다 이득을 얻는 것이 특징이다. 딩고에게는 그들이 보통 먹는 부분이 남겨지고, 인간에게는 자신들과 가족이 먹을 음식이 공급된다. 두 종은 이 협력관계로 더 번성하기 때문에 두 종 사이의 유대는 더욱 강화된다.

호주 원주민 부족들에게 딩고가 중요하다는 것은 원주민들의 기원 이야기 대부분이 딩고를 중심으로 한다는 사실로 분명해진다. 이 관계는 호주 사막의 바위에 그려진 원주민과 딩고가 나란히 서 있는 모습에서 잘 나타난다. 다음의 딩고 이야기는 웨스턴오스트레일리아주 머치슨강에 있는 마운트매그넛, 미키타라, 샌드스톤 주변의 야마치(추판)족에서 전해지는 이야기다. 로레인 바너드가 원로들로부터 이 딩고, 즉 웡후Wunghoo의 이야기를 들었으며, 제프 바너드가 닉 파팔리아(Nic Papalia: 멸종 위기에 놓인 딩고를 위해 활동하는 호주의 환경보호론자—옮긴이)를 위해 녹음했다. 「딩고의 탄생 The Birth of the Dingo」이라는 이 이야기는 원주민들이 딩고에게 가졌던 오래된 존경심과, 그들과 딩고의 밀접한 관계를 보여준다.

오래전 고대의 신성한 시대에 엄청나게 큰 검은 캥거루가 있었다. 이 캥거루는 사냥하는 사람들을 볼 때마다 추격해 죽이곤 했다. … 용감한 남자 여럿이 이 캥거루를 죽이려고 시도했지만, 결국 캥거루에게 죽임을 당했다. … 어느 날 클랜의 지도자가 회의를 소집했다. … 지도자는 말했다. … 내겐 특별한 돌로 만든… 마술 도끼가 있다. … 이 도끼를 내 아들들에게 주어 신성한 멀가나무숲에서 나무를 해오라고 할 것이다. 이 나무로 수호자 동물을 깎아 괴물 캥거루와 싸우고 우리를 지키게 할 것이다. … 딩고 정령의 등뼈는 멀가나무의 가지로, 귀는 구부러진 잔가지로 만들어졌으며, 주머니두더지의 이빨, 빌비의 꼬리도 들어갔다. … 낮과 밤이 여러 번 바뀐 뒤… 지혜로운 마반 남자가 위대하고 큰 딩고 수호자에게 생명을 불어넣을 수 있었다. … 딩고는 괴물 캥거루를 죽일 만한 힘과 증오 그리고 원한이 충분히 있었다. … 클랜 사람 몇몇과 마반 남자의 아들들은 사냥을 나가 먹을 것을 모았다. 정교하게 위장한 딩고가 그들을 뒤에서 가깝게 따라다녔다. 어린 아이들은 괴물이 나오게 할 기발한 미끼였다. … 큰 언덕 근처에서 사냥꾼들은 오후에 생기는 그늘 안에서 곯아떨어진 괴물 캥거루를 우연히 보게 됐다. 아들들은 소리쳤고 괴물은 잠에서 깨어났다. … 딩고가 달려들고 목을 잡아 그 자리에서 괴물 캥거루를 죽였다. 사냥꾼들과 수호자 딩고는 집으로 돌아왔고, 아들들은 아버지에게 무슨 일이 있었는지 들려줬다. 이제 사람들은 괴물 캥거루 걱정 없이 빌라봉 근처에서 사냥을 하고 먹을 것을 구할 수 있었다. 최근까지도 원로들은 자신들을 위험으로부터 보호하기 위해 딩고 두세 마리를 애완동물로 키웠다. 딩고는 짖지 않는다. 딩고는 울부짖는다. (Watson 2016)

이 이야기에는 여러 중요한 주제가 있다. 첫번째, 사냥이 중요하다는 점은 명백하며 특히 사냥감이 더 많은 곳에서는 더욱 그렇다. 딩고는 이런 더 좋은 지역에서 인간이 사냥할 수 있도록 만들어줬다. 이는 두 종 사이에서 형성된 관계가 서로에게 이익이 된다는 뜻이다. 흥미로운 것은 최근 호주의 고생물학 연구로 큰 육식성 또는 잡식성 캥거루가 실제로 존재했다는 증거가 발견됐다는 점이다. 이 캥거루는 인간이 호주에 처음 도착하기 훨씬 전에 멸종한 것으로 보인다(Wroe 1996; Wroe, Brammall, and Cooke 1998). "고대의 신성한 시대"가 정확히 어떤 의미인지 알아내는 일은 언제나 어렵다. 하지만 다른 대형 척추동물을 잡아먹을 수 있는 대형 캥거루는 과거의 어떤 때에 존재했다. 따라서 이 오래된 기억 속의 이야기에는 어느 정도 근거가 있을 것이다.

늑대와 딩고

어떻게 그리고 언제 늑대와 딩고가 분리되었는지에 관한 이론은 세계의 이곳저곳에서 가축화 사건이 여러 번 일어났다는 발상에 집중한다(Morey 1994, 2010; Pierotti 2012b, 2014). "여기에는 마스티프나 그레이하운드 같은 초기 중동 품종, 스칸디나비아 개, 딩고가 포함될 수 있다. 이 품종들은 모두, 다른 더 흔한 가축화된 개들과 분리되어 따로따로 가축화되었다"(Gade 2002). 아시아에서 호주로 오게 된 딩고가 어느 정도 가축화됐었지만 그 후에 탈출해서 야생으로 돌아갔는지, 또는 처음에는 사람들과 살았지만 인간이 독립적으로 살라고 그들을 놓아주었는지는 논쟁이 있다. 앞의 이야기들은 후자에 신빙성을 부여하는 것 같다.

호주에서 발견된 가장 오래된 딩고 화석은 약 5500년 정도 됐으며, 몸 크기와 골상 면에서 현대 딩고의 골격과 매우 비슷하다(Corbett 1995). 대체로 기후가 건조하고 동남아시아와 뉴기니 지역(딩고처럼 생긴 뉴기니싱잉도 그C. lupus hallstromi의 고향)보다 온화한 호주의 매우 다른 환경에서도, 딩고의 기본적인 형태는 처음에 호주에 들어왔던 형태와 매우 비슷한 상태를 유지한다. 딩고는 현대의 개처럼 보이지도 않지만, 전형적인 북방 늑대와도 외형 면에서 매우 다르다. 하지만 인도의 소형 늑대 *C. lupus pallipes*와는 크기가 비슷하다. 순수한 딩고는 색깔이 네 가지다. 적황색, 검정색과 황갈색, 검정색, 흰색이다. 이와는 대조적으로 늑대의 털 색깔은 완전 검정색에서 완전 흰색까지 다양하며, 회색, 황갈색, 담황색, 황토색, 적갈색, 갈색 등이 섞인 것도 있다. 딩고의 몸무게는 보통 15킬로그램 정도 나가며, 코요테 정도의 크기지만 먹잇감이 많은 지역에서는 더 큰 딩고도 있다고 보고된다(Corbett 1995). 딩고의 이러한 모습은, 최소한 어느 정도 가축화 과정을 겪은 늑대가 작아진 동물이 바로 딩고라는 모리(2010)의 주장에 부합한다.

늑대와 딩고는 육체적인 면보다는 행동 면에서 더 비슷하다. 늑대 무리와 딩고 무리 안에는 같은 번식 법칙이 존재한다. 오직 알파 암컷과 그 짝만이 번식이 가능하다는 법칙이다. 늑대 무리에서 알파 짝은 밑에 있는 다른 늑대들이 교배하는 것을 막아 번식을 제지하려 든다. 딩고 무리에서는 밑에 있는 딩고들도 짝짓기를 해서 새끼를 낳을 수 있지만, 그 새끼는 며칠 안에 알파 암컷에 의해 죽임을 당한다(Corbett 1995). 늑대와 늑대 같은 개는 밑에 있는 암컷들이 갓 낳은 새끼들을 죽이기는 하지만 먹지는 않는다(McLeod 1990; Marshall Thomas 2000). 처음에 가축화됐어도 이후 인간과 떨어져서 생존할 수 있는 능력에서 보이듯, 늑대 같은 행동은 현대의 야생 딩고에도 그대로 남아 있다. 딩고와 뉴기니싱잉도그를 (매우 독립적인) 애완동물로 키우는 사람도 있지만, 이들은 가축화된 동물이 아니라 야생동물로 생각된다(Corbett 1995).

호주로 오기 전의 딩고에게 어떤 형태로든 가축화가 일어났음을 보여주는 유일하게 확실한 증거는 육체적인 외형에서 찾을 수 있다. 인간이 초기에 딩고의 외형에 영향을 미치지 않았다면, 딩고는 인도 늑대와 육체적으로 더 비슷한 상태를 유지했을 것이다. 초기의 가축화는 딩고의 외형만을 변화시켰을 뿐 행동 성향은 변화시키지 못했다. 그렇다면 이는 다른 가축화된 견종들도 인간과 떨어져 생존할 수 있다는 추측을 가능케 한다. 이는 늑대 같은 일부 개들—시베리안라이카, 알래스칸말라뮤트, 일본의 아키타와 시바이누, 한국의 진돗개, 심지어 보더콜리—에게서 볼 수 있는 현상이다(Terhune 1935; 이 책의 서론 참조). 가축화된 어떤 개를 놓아줘도 그 개가 야생으로 돌아가 스스로 먹이를 찾아먹고 새끼를 기를 수 있다는 뜻은 아니다. 하지만 사소한 변화만을 겪은 특정 품종은 아직도 딩고처럼 인간 없이도 생존하는 능력이 있을 수도 있다.

북방의 원주민 부족들이 키우는 견종들은 대부분 늑대와 비슷한 상태로 남아 있다. 알래스칸말라뮤트, 시베리안허스키, 에스키모개, 그리고 아시아 동부의 스피츠 같은 개들이 그 예다. 이 동물들은 늑대와 교배되면서 자신들의 늑대 같은 특징을 유지한다. 반면 딩고는 아주 오랫동안 늑대와 교배되지 않았다. 하지만 오늘날 호주에서 딩고는 늑대의 가축화된 형태인 개와는 교배한다(Corbett 1995). 이 교배의 결과로 나오는 새끼는 인간과 더 편안하게 지낼 수도 있고, 인간과 떨어져 살기 위해 수풀로 돌아가려 할 수도 있다. 유전학 연구는 늑대와 딩고 사이의 유사성보다 가축화된 개와 딩고 사이의 유사성이 더 크다는 것을 알려준다. 그럼에도 대부분의 과학자들은 심지어 다른 가축화된 개들을 단순한 변종으로 봐야한다고 여기면서도, 딩고와 딩고의 가까운 친척들을 별도의 늑대 아종, 즉 카니스 루푸스 딩고라고 생각한다(Pierotti 2012a, 2012b, 2014).

호주 원주민들과 딩고의 관계는 코베트의 1995년 연구에서 정의된 것처럼 편리공생 관계로 보는 것이 최선이다. 이 상황에서 원주민들은 딩고와의 관계로부터 이익을 얻을 수 있고, 딩고는 비교적 변하지 않은 채로 남을 수 있다. 원주민들은 이 관계로부터 협력적인 사냥 파트너 또는 보호자를 얻게 되는 점을 포함해 다양한 이익을 얻을 수 있다.

원주민들은 딩고가 사람들을 돕고 보호하기 위해 창조됐다고 믿으며, 이러한 믿음은 원주민들과 딩고의 밀접한 관계에서 생겨났다(Rose 2000, 2011). 딩고는 주로 원주민들이 수풀 속에서 추운 밤을 보내야 할 때 이들을 따뜻하게 해주는 용도로 이용됐다. '세 마리 개의 밤three-dog-night'이라는 흔한 표현은 사람 한 명을 따뜻하게 하기 위해 많은 개가 필요했던 추운 사막의 밤을 뜻한다. 딩고는 인간 곁에 모여 몸의 온기를 나눠주곤 했다. 딩고가 곁에 있고 없고의 차이는 극한 환경에 있는 원주민들에게는 삶과 죽음의 차이일 수도 있었다.

이와는 대조적으로 딩고는 이 관계에서 대체로 영향을 받지 않는 것으로 보인다. 야생에서 사는 딩고는 부락에서 인간과 같이 지내는 딩고보다 더 잘 먹는 것 같다는 말이 있다(T. L. Mitchell; Meggit 1965에서 인용). 인간과 어울릴 때 이 동물은 인간이 먹을 것을 사냥하며 낮 시간을 보내고 밤에는 자신 먹을 것을 찾는다. 이는 딩고가 인간이 없을 때 더 잘 지낼 수 있다는 생각을 뒷받침해주며, 왜 시간이 지남에 따라 야생으로 돌아가는 딩고가 많아지는지도 설명해준다. 새끼일 때 딩고는 원주민들 사이에서 자라면서 사냥을 돕지만, 더 커지면 자신만의 독립적인 생활에 더 관심을 가지게 된다(Meggitt 1965). "딩고는 자주 도망갔다. 짝짓기 시기에는 특히 더 그랬으며 도망갔다 돌아오지 않은 적도 종종 있었다"(C. Lumholtz; Meggit 1965에서 인용). "이 모든 증거가 나타내는 것은, 수풀에서 데려온 딩고들은 일반적으로 조만간 다시 수풀로 돌아간다는 점이다"(Meggitt 1965, 22).

이런 간헐적인 입양 또는 동거는 아이누족과 홋카이도늑대의 관계(제5장), 아메리카 원주민과 늑대의 관계와 비슷하다. 후자의 관계에서 인간은 늑대 굴에 가서 새끼들과 놀다가 몇몇 새끼들에게 표시를 해놓는다. 젖을 뗀 이후 더 우호적인 새끼들을 데리고 나오려고 했기 때문일 것이다(Fogg, Howe, and Pierotti 2015). 젖떼기에는 두 가지 의미가 있다. 첫째는 젖에서 벗어나 고체로 된 음식으로 옮겨가는 것이다. 이때가 새끼를 입양하기 좋은 시기다. "일곱 명의 딸(지구에서 약 450광년 떨어진 플레이아데스성단에 위치한 별 중 육안으로 보이는 일곱 개의 별—옮긴이)이 가는 곳에 딩고에 관한 지식도 같이 간다. 이 일곱 명의 딸은 원주민들에게 딩고 새끼들이 태어나고 있다고 말하며, 이들이 다시 나타날 때면 새끼들이 눈을 떴다고 말한다. 이 오래된 사람들—모두 호주 원주민의 아주 오래전 세대인 사람들—은 굴을 습격해 먹을 것과 동반자를 찾는다"(Rose 2011, 56).

젖떼기의 두번째 의미는 새끼들이 스스로 사냥을 나갈 수 있는 때가 왔다는 것이다. 이때는 입양이 더 힘들어질 수 있다. 한 번에 낳은 새끼들 중 보통 한두 마리만이 야생 딩고들 사이에서 살아남는다. 따라서 인간의 입양은 전체적인 새끼의 생존 확률을 높이고, 인간과 늑대 또는 딩고 사이의 관계를 늘린다. 호주 원주민의 경우 인간 여성이 딩고 새끼에게 젖을 먹이기까지 했다는 증거가 있다(Meggitt 1965). 젖떼기와 관련해 논란을 부를 수 있는 대목이다. 딩고 성체는 인간과 머물러도 별로 나아질 게 없을 수 있지만, 새끼들은 더 나아질 수도 있다는 추정이 가능해지기 때문이다. 따라서 이 관계는, 딩고에게는 별 영향이 없고 인간이 이득을 보는 단순한 '편리공생'보다는 더 복잡할 수 있다. 이는 새끼가 성체가 됐을 때 어릴 적 받은 혜택을 되갚는, 야생으로 돌아가는 시간을 늦추는 이타주의적 행위의 예가 될 수도 있다(Rothstein and Pierotti 1988).

우리가 논의한 현상 중 하나는 가축화된 개(그리고 품종) 대부분이 늑대 새끼의 특징을 평생 지닌다는 것이다(Morey 1994, 2010). 개는 성견이 되면서 관련된 행동 변화를 어느 정도 경험하지만, 독립심이 야생에서 사는 늑대에게 필요한 수준까지 이르는 경우는 드물다. 그렇다고 해도, 늑대들은 최소 두 살이나 그 이상이 될 때까지 자신의 무리에 계속해서 의존한다는 사실을 기억하는 것이 중요하다(Mech 1970).

딩고는 어릴 때 늑대처럼 인간과 매우 밀접한 관계를 유지한다. 하지만 다 자란 딩고는, 여전히 인간에게 우호적이고 인간을 무서워하지 않지만, 인간의 이해관계에 관심이 없어지기 시작한다. 호주에서 부락에 사는 개나 야생 딩고도 같은 패턴을 보인다. 성체가 돼서도 인간에게 우호적이기는 하지만, 애착은 덜 느끼게 된다. 호주에 사는 유럽인들이 과거에 원주민들의

'개'로 알았던 동물은 굴에서 데리고 나온 딩고였다. 하지만 현재 원주민들의 '개'는 보통 딩고가 아닌 다양한 변종들의 잡종이다. "부락의 개들은 의존적이며… 사람들이 영양제, 이름, 먹이, 쉴 곳을 준다는 점에서 이 개들은 아이 같은 존재다. 아이들과 다른 점은, 이 개들은 커서도 책임을 지는 어른이 되지 않는다는 것이다. 이와는 대조적으로 야생 딩고는 자신의 먹이는 스스로 사냥하고, 자신만의 야영지를 만들고, 자신만의 쉴 곳을 찾아내고, 자신만의 규칙을 따른다"(Rose 2000, 176).

부락에서 기르는 딩고와 야생에서 살았던 딩고의 차이점에 관한 논쟁은 일부 관찰자들의 도전에 부딪혀왔다. 예를 들어 룸홀츠C. Lumholtz의 1889년 연구와 바제도의 1925년 연구(Meggitt 1965, 17-18에서 인용)에서는 부락에서 사는 딩고가 잘 먹는다는 것에는 동의했다. 하지만 이들은 부락에 같이 사는 딩고가 "너무 애지중지되며 사냥에서는 비교적 쓸모가 없다"라고 주장했다. 바제도에 따르면 "원주민은 같이 지내는 사람들을 위해 제멋대로 행동하는 개 떼를 데리고 있을 뿐이다. 원주민은 사냥할 때 자신만의 능력과 본능에 의존하고 싶어하며 자신이 키우는 개들과 거의 같이 다니지 않는다. 실제로 개들도 주인과 추격을 같이 하고 싶은 생각이 거의 없는 것 같다." 마치 사람들이 딩고가 곁에 있는 걸 좋아하듯 마찬가지로 원주민과 같이 있기를 좋아하는 것처럼 보이는 개들을 바제도는 이런 식으로 묘사한다. 하지만 이런 묘사에서는 식민주의적인 태도가 분명하게 나타나며, 이는 영국인 침입자들이 호주 원주민에게 가졌던 생각을 그대로 보여준다.

호주 원주민들은 일반적으로 자신이 키우는 딩고에게 아주 잘해준다(Meggitt 1965; Rose 2000, 2011). 원주민들은 딩고를 죽이지 말라는 경고를 자신들의 이야기 안에 집어넣는다. 전해 내려오는 이야기들은 '개를 쏜 사람이 있었는데 지금은 죽었다'라는 이야기의 변형일 뿐이다. 더 긴 버전의 이야기에는 더 많은 내용이 들어 있다. "딩고의 삶에 중요한 지역에서 가축을 치던 유럽인 목축업자가 있었는데, 이 사람은 원주민의 충고를 무시했다. 목축업자가 딩고에게 총을 쏘자 심상치 않은 일을 알리는 큰 소리가 났고, 그 뒤 이 사람은 죽었다"(Rose 2000, 29). 이 이야기는 늑대의 영혼을 자극했다는 이야기에서 보이는, 알래스카 북부의 코유콘족 사람들의 생각과 상당히 비슷하다. "늑대의 영혼은 강력하고 복수심으로 가득 찰 수 있는 영혼으로 믿어진다. 늑대의 영혼을 무시하면 불운이 오고, 아이를 잃고, 다른 비극적인 일도 당할 수 있다"(Nelson 1983, 22, 158-62).

딩고와 원주민들의 관계는 협력적인 사냥에 완전히 집중하는 것에서 진정한 동반자 관계로 진화해왔다. 딩고가 보통 어떤 시점에 수풀로 돌아간다는 것은 상식에 속한다. 따라서 딩고가 인간과 형성한 유대 외에도 딩고를 곁에 계속 둘 수 있게 하는 요인이 무엇인지가 가장 중요한 문제다. 이 동물들은 인간의 개입 없이도 얼마든지 스스로 살아갈 능력이 있기 때문이다.

오늘날 호주 원주민들의 많은 부락이나 군구(郡區, township)는 가축화된 개들로 넘쳐난다. 이는 딩고와 관련된 문제가 아니다. 딩고는 자연에서 얻은 본능에 따라 야생으로 돌아가기 때문이다. 딩고가 야생으로 돌아가는 이유 중 하나는, 이상하게도 딩고들은 갇혀 살면 대체적으로 번식 능력이 없어지기 때문이다(Corbett 1995). 이 문제는 사람들이 딩고들을 떠나게 해서 수풀에서 번식하도록 하면 해결된다. 이때 다시 돌아올 기회는 열어둔다. 야생에서 태어난 딩고 새끼를 부락으로 다시 데려와 키우는 일은 흔하다. 딩고의 늑대 같은 특징 중 하나는 확실히 부모 양쪽의 돌봄을 받는다는 것이다. 수컷은 상당한 시간과 에너지를 들여 짝에게 먹이를 물어다 주고 새끼를 키우며, 현대의 가축화된 개 대부분에서는 이런 상황이 관찰되지 않는다(Corbett 1995: Spotte 2012; Coppinger and Feinstein 2015). 이와 함께 선택교배를 하지 않는, 교배와 짝 선택의 독립성은 새로운 특징이 나타날 가능성을 낮추고, 따라서 종의 형태가 변할 가능성도 낮춘다.

북아메리카와 시베리아에서 인간과 늑대의 관계는 딩고와 호주 원주민 부족들의 관계보다 훨씬 더 오래 지속되고 있으며, 적어도 1만 5000년은 차이가 난다(Morey 2014). 이 지역에서는 이미 늑대들이 살고 있던 곳으로 인간이 들어왔기 때문에 그러한 차이가 나타났으며, 따라서 '개'는 비슷한 종류의 관계를 이루며 인간과 공존했음에도 오랜 기간 동안 늑대와 형태적인 구분이 불가능한 상태로 남았다. 이와는 대조적으로 호주에서 인간은 오랜 기간 동안 존재했으며 늑대/딩고는 잘 확립된 인간 집단에 들어왔다. 이 경우 외로운 인간들은 다른 태반 포유동물을 갖게 돼 너무나 기뻤을 것이다. 특히 자신들과 사회적 성향과 사냥 관습이 비슷한 동물이었기 때문에 더 그랬을 것이다. 따라서 인간들은 이 동물의 새끼들을 키우고 사회화해서 야생 딩고의 전체적인 번식 성공률을 높일 생각은 있었지만, 이 새로운 갯과 동물 동반자들을 더 가축화된 형태로 바꿀 필요는 느끼지 못했을 것이다. 결국 유럽인 침입자들이 가축화 방식을 강요하기 전까지 호주 원주민 부족들에게는 어떤 종류의 동물도 가축화하는 관습이 없었다.

7

북아메리카: 늑대가 만든 세계

북아메리카 원주민 부족들이 말하는 늑대에 관한 이야기, 늑대와의 경험에 관한 이야기는 두 개의 기본적인 범주로 나눌 수 있다(남아메리카는 다루지 않는다. 이 대륙에는 진정한 늑대, 심지어는 코요테도 없기 때문이다). "신화의 시간에 발생한 이야기와 인간의 시간, 즉 역사의 시간에 발생한 이야기"(Bringhurst 2008, 169)다. 이 구분은 중요하다.

첫번째 범주에는 '신화의 시간'에 발생한 문화적 전통에서 늑대를 창조자상으로 생각하는 부족들이 있다. 이 부족들이 늑대와 가지는 관계는 이들의 창조 이야기를 많이 그리고 면밀하게 연구함으로써 이해할 수 있다. 예를 들어 코만치, 파이우트, 우트, 고슈트 족을 포함한 쇼쇼니족의 전통(그리고 언어 그룹)에서 늑대는 선한 창조자상으로 생각되며 코요테는 사기꾼 남동생이다(Wallace and Hoebel 1948; Ramsey 1977; Buller 1983, Pierotti 2011a, 2011b). 늑대가 창조자의 영혼이라고 믿는 부족이 늑대를 존경하는 것은 이해할 수 있다. 이 책을 쓰기 위해 살펴본 많은 이야기에 이런 내용이 나온다. 이 이야기들은 창조자와 사기꾼을 다루는 다음 장에서 더 자세하게 들여다볼 것이다. 각각의 이야기는 오늘날까지 전해 내려온다는 점에서 동적이다. 이는 그 이야기들이 그저 역사적인 유물이 아니며 이야기들이 나온 문화에 대한 현 시대의 관점을 표현한다는 뜻이다.

두번째 범주에는 종으로 보든 각각의 개체로 보든 늑대가 구원자거나 사람들의 인도자라는 공통적인 주제가 존재한다. 이 이야기들은 역사의 시간 안에 위치한 것으로 보이며, 가까운 과거나 심지어 현재의 사건들을 말한다. 보통 이런 이야기들은 사냥에서 인간의 '스승' 역할을 하는 늑대를 다루며, 늑대는 우선 사람들이 살아남을 수 있게 하고 다음에는 새로운 환경에서 번성할 수 있게 해준다. 또 다른 종류의 이야기는 잃어버린 여인이나 아이가 늑대 무리에 받아들여졌다가 집과 사람들에게로 돌아가는 내용이다. 그들이 돌아간 후에 일어나는 일은 부족마다 다르다.

창조자와 구원자 이야기의 범주는 종종 겹친다. 늑대가 구해준 사람은 부족에서 최후까지 살아남는 사람으로 드러나고, 늑대는 결국 부족의 모든 미래 세대를 구하게 된다. 이런 이야기 중 하나가 '아무개No-name'에 관한 것으로, 현재 밴쿠버섬에 막힌 작은 만인 츨라아와트 기슭에 사는 해안 살리시족에 내려온다. 이야기는 마을에 사람이 하나도 남지 않고 전부 폐허가 됐을 때부터 시작된다.

사람들은 다 죽었다. 아주 작은 남자 아기를 제외하곤 모두 죽었다. … 이름을 가지기에도 너무 어렸다. 그래서 우리는 이 아이를 '아무개'라고 부를 것이다. … 암늑대 한 마리가 와서 사람들이 없는 것을 보고 킁킁대며 마을을 돌아다니지 않았다면, 이 아이도 죽었을 것이다. … 노는 아이들이나 바쁘게 일하는 남자들의 소리가 들리지 않았으며… 갈매기 소리와 큰까마귀 두 마리가 하늘 높이 빙빙 돌면서 내는 '크르르크, 크르르크' 소리만 들렸다. … 이 암늑대는 자신을 위협하는 것이 없는지 확실히 확인할 때까지 냄새를 맡으면서 돌아다녔다. 그때 이 늑대가 '아무개'가 자고 있는 집에 발을 들였다. 늑대는 살금살금 돌아다니며 지붕보에 걸려 있는 말린 고기와 생선 냄새를 쿵쿵거리며 맡았다. 늑대는 화로에 남은 재 안에 있는 사슴 뼈를 한참 물어뜯더니, 입술을 핥으며 아기가 누워 있는 요람으로 가 들여다보고서는 놀라 끽끽 소리를 냈다. … 아무개가 잠에서 깨 칭얼거리기 시작하자, 늑대는 산에 있는 늑대 굴에 남겨두고 온 네 마리의 새끼가 생각났다. 늑대의 노란 눈은 아기의 작은 얼굴을 한참 동안 주시했다. 털도 거의 없는 얼굴이었다. 아기는 징얼거리다 놀라서 얼굴을 한껏 찌그러뜨리며 울기 시작했다. 늑대는 아이를 쳐다보면서 냄새를 맡았다. 인간의 남자아이가 틀림없다고 생각했다. 숲에서 사냥하는 인간한테 나는 냄새였다. 하지만 아기 엄마는 어디 있을까? 늑대는 망설였다. 이 작은 아기는 돌봐줘야 할 것 같았다. 아무도 아기를 돌볼 사람이 없는 게 확실했기 때문이다. 늑대는 바로 마음을 정했다. 늑대는 억센 턱을 이용해 아이를 물어 올리고 늑대 굴로 향했다. (Simeon 1977, 7-8)

아기는 청년이 될 때까지 늑대 가족에 의해 키워졌고, 결국 인간의 정착지를 찾아 젊은 여자를 만나서 짝을 이룬다. 이 둘은 청년이 태어난 마을로 돌아와, 혈통을 보존해준 늑대에게 사람들이 가지는 존경을 상징하는 늑대 토템을 가진 가족을 꾸리기 시작한다.

스승으로서의 늑대

미국의 미시시피강 근처나 대평원 서부의 삼림지 주변부에 살았던 많은 부족에는 늑대를 롤 모델과 사냥 스승으로 여기는 관습이 있다. 이런 부족으로는 샤이엔, 라코타, 블랙풋, 아시니보인, 아리카라, 아라파호, 포니, 특히 쇼쇼니 족 등이 있다(Hampton 1997).

이러한 관계의 속성은 치스치스타족(샤이엔족의 진짜 이름. 샤이엔족은 스스로를 이 이름으로 부른다[Schlesier 1987])에서 잘 나타난다. 이 부족은 수천 년 전부터 아주 오랫동안 늑대와 관계를 가져온 것으로 보인다. 샤이엔족 장로의 서술에 따르면, 샤이엔족의 역사는 네 부분으로 나뉘며(Powell 1979), 하나는 '개의 시대'다(여기서 확실히 해야 하는 점이 있다. 유럽인들은 원주민의 문화를 기술할 때 **늑대**라는 말을 잘못 해석해 그것을 자주 **개**라고 쓴다. 부족들은 개와 늑대를 같은 단어로 표현하는데, 이는 그들의 '개'가 기본적으로 '늑대'였기 때문이다). 역사의 네 부분은 각각 질병의 공격을 받기 이전 시대, 개(늑대)의 시대, 버펄로의 시대, 그리고 마지막으로 말의 시대다. 말과 버펄로는 대평원에 사는 부족들에게는 필수적인 존재다. 아메리카 원주민과 유럽인의 문화가 접촉한 후 이들 모두가 남긴 이야기와 그림을 보면, 확실하게 알 수 있다. 원주민들이 개의 시대를 중요한 역사적 기간으로 집어넣는 것은 개 역시 치스치스타족의 초기 역사에서 매우 중요한 의미를 지닌 동물이었음을 추측케 한다. 이 시대가 잘 알려지지 않은 이유는 유럽인이 북아메리카를 침략해 식민지화하기 이전에 개의 시대가 끝났기 때문이다. 유럽인들이 개의 시대에 도착했으려면, 그 관계는 개의 아주 오래된 형태, 즉 늑대와 함께 훨씬 먼저 시작됐어야 한다. 샤이엔족의 원로이자 주술사인 헨리에타 만 박사는 부족 역사의 이 시기에 부족들이 키우던 '개'가 실제로는 늑대였다고 말했다(Pierotti 2001a).

더 자세한 설명은 조지 벤트에게서 들을 수 있다. 조지 벤트는 샤이엔족 혼혈이며, 콜로라도의 아칸소강 상류 지역에서 벤트포트(Bent's Fort: 원주민과의 교역 시장)를 운영했던 윌리엄 벤트 대령의 아들이다. 조지 벤트는 19세기 중반 인디언과 유럽인의 상호작용을 원주민 부족의 관점에서 기록한 유일한 문서를 가지고 있던 사람이다. 벤트는 믿을 만하고 정확한 정보원으로 생각됐으며, 벤트의 정보는 다른 이야기들에 의해서도 검증됐다(G. E. Hyde 1968). 말을 얻기 전 치스치스타족과 갯과 동물의 관계를 벤트는 다음과 같이 말한다.

부족에는 큰 개가 아주 많았다. … 짐을 운반하거나 끄는 데에 이용됐으며… 이 역할은 나중에 말들이 맡게 된다. 이 오래전 개들은 오늘날의 인디언 개와는 달랐다. 이 개들은 꼭 늑대 같았다. 절대로 멍멍 짖지는 않았지만 울부짖기는 했다. … 노인들은 동이 트는 새벽마다 부락의 '개' 수백 마리가 [한데 모여] 함께 울부짖었다고 말한다.

영양 여인[치스치스타 원로라고 묘사되는]은… 자기 어머니가 겨울 버펄로 사냥에 관해 [말하는 것을] 들었다고 했다. … 부족 전체가 걸어 다닐 때[즉, 말을 가지기 전]의 얘기였다. 사람들[그리고 '개'들; Schlesier 1987]이 버펄로 떼를 둘러싸고 눈 더미 쪽으로 몰았다. … 버펄로가 도망가면 개들이 달려들어 다시 눈 더미로 몰았다. … 버펄로의 가죽을 벗기고 [뼈를 발라내자] 개들이 얼음 위의 고깃덩이를 [끌어갔고.] … 부락에 도착하자마자 개들은 풀어졌고, 그 자리에서 무리 전체는 [버펄로를 죽인 자리로] 달려가 [뼈를 바르면서] 버려진 부분을 마음껏 먹기 시작했다. … 부락에 새끼를 두고 온 어미 개들은 고기를 실컷 먹은 다음 부락으로 돌아가 토해낸 새끼들을 먹였다. 어미 개들은 새끼들에게 고기를 충분히 먹이기 위해 부락과 고기가 버려진 곳 사이를 여러 번 왔다 갔다 하기도 했다. (G. E. Hyde 1968, 9-11)

이 이야기는 이 '개들'의 늑대 같은 속성을 잘 드러낸다(〈그림 7.1〉). 첫째, 동물이 집단으로 울부짖는 것은 늑대의 특성이다. 일부 견종은 울부짖기도 하지만 집단으로 울부짖는 경우는 드물다. 샤이엔족이 기르던 동물 떼는 아침이 오면 늑대처럼 울부짖는 크고 강한 짐승이었다(Powell 1979; Fogg, Howe, and Pierotti 2015). 둘째, 종이 섞인 협력적인 사냥을 기술한 부분은 슐레지어의 주장과 맞아 떨어진다. "북부 시베리아인과 치스치스타족 모두 최고의 사냥꾼이라고 생각한 동물, 즉 늑대에 의한(늑대가 가르친) 다른 종과의 협력"(1987, 35)이다. 치스치스타족과 일부 시베리아 부족의 사냥 의식에서는 모두 늑대로부터 배웠다는 내용이 강조된다(Schlesier

그림 7.1 샤이엔족 화가 멀린 리틀 선더가 그린 「네발 달린 협력자들」의 일부분

1987). 마지막으로, 사냥감이 도살된 자리로 돌아가서 고기로 배를 채운 부모 동물이 그것을 다시 토해내 새끼들에게 먹이는 행동은 순수한 늑대에게서 보이는 행동이다. 개가 이렇게 행동하는 것은 알려지지 않았다(Scott 1968; Spotte 2012; Coppinger and Feinstein 2015). '개의 시대'라는 말은 부분적으로만 적용되는 말일 것이다.

'늑대'로 생각하느냐 '개'로 생각하느냐의 문제는 확실히 더 고민해봐야 한다. 역사학자 J. H. 엘리엇(1992)은, 유럽인들이 아메리카 대륙의 지형, 야생생물, 부족들을 처음 보게 됐을 때 너무나 신기해서 자신들이 무엇을 보고 있는지 알 수 없었을 것이라고 주장했다. 대신에 이 유럽인들은 유럽인의 관점으로 아메리카의 부족과 지역을 보는 방법을 고집하며, 자신들이 보고 싶은 것만 봤다. 우리가 설명한 유럽 편견이 나타난 상황이다. 따라서 커다란 갯과 동물들과 사는 사람들을 발견했을 때, 유럽인들은 이 동물들을 '개'로 생각할 수밖에 없었다. 그렇기 때문에 이 동물들을 가리키는 원주민들의 말을 '개'라고 번역하고 기술한 것이다. 이와는 대조적으로 원주민 부족들은 자신이 어떤 종류의 동물과 같이 살고 있는지 잘 알았다. 바로 '늑대'다. 이 주제에 관한 모든 학문적 연구에서 이 동물을 개라고 기술한다는 사실은 과학철학자이자 과학사학자인 토머스 쿤이 입증한 현상이 그 원인일 수도 있다. "역사적으로든 또는 현대의 연구 실험실에서든, 자세히 검토해보면 [과학 연구]는 패러다임이 제공하는 미리 만들어진, 상당히 고정된 상자 속으로 자연을 밀어넣는 시도라고 볼 수 있다. 정상과학의 목적은 새로운 현상을 불러내는 것이 아니다. 실제로 그 상자에 들어맞지 않는 현상들은 종종 전혀 보이지 않는다"(1996, 163). 유럽 혈통을 가진 탐험가들은 아메리카 원주민들이 사회화된 늑대들과 살고 있다는, 자신들의 눈앞에 있는 증거를 받아들이지 못했을 것이다. 원주민 부족을 방문했던 한 유럽인은 다음과 같이 말했다. "여기서 아주 자세하게 본 인디언의 개는 야생 늑대와 너무나 비슷해서, 숲에서 이런 개를 마주친다면 늑대로 생각해 죽였을 것이 거의 확실하다"(Audubon 1960, 520). 초기의 유럽 방문자들은 이 동물이 인간과 같이 살기 때문에, 가축화된 카니스, 즉 개에 대한 유럽인의 개념에 부합해야 한다고 생각했다. 현대의 학자들도 이런 실수를 저지른다. 유럽인이 글로 기록해둔 자료만을 진짜 증거로 생각하기 때문이다(Pierotti 2011a). 대부분의 학자들은 자신이 공평하다고 주장하지만, 자신들의 편협한 문화적 인식 때문에 만들어진 굴레를 넘어서 볼 수는 없는 것이다(Ritvo 2010).

우리 주제로 돌아가보자. 샤이엔족과 늑대 사이의 관계는 최근까지도 계속됐다. 1864년 11월 존 치빙턴 '목사'와 추종자들이 저지른 샌드크리크 대학살 사건에서, 샤이엔족 여자 두 명은 아이들을 데리고 가까스로 도망쳤다. 그들은 절벽 밑 깊지 않은 동굴에서 몸을 피했다. 밤이 됐을 때 커다란 늑대 수컷이 동굴에 들어와 이들 옆에 누웠다. 아침이 되자 이 늑대는 이들과 같이 길을 떠났고, 이들이 쉴 때마다 같이 쉬었다. 여자 하나가 늑대에게 먹을 것이 필요하다고 말했고, 늑대는 이들에게 바로 잡은 버펄로 고기를 가져다줬다. 그 후로 몇 주 동안 늑대는 이들 옆에 머물면서 먹을 것을 갖다 주고, 인간이든 인간이 아니든 적이 될 수 있는 것들로부터 이들을 지켜줬다. 늑대는 결국 이들을 리퍼블리컨강 근처의 샤이엔 부락까지 데려갔다. 이들을 안전하게 데려다준 늑대에게는 그 보답으로 먹이가 주어졌고, 늑대는 떠났다(Grinnell 1926, 149-53).

치스치스타족 중에는 늑대의 '말을 이해할' 수 있는 사람들도 있었다. 늑대가 울부짖는 것을 듣고 이들은 앞으로 닥칠 일을 예측해 사람들에게 경고하거나 준비를 하도록 할 수 있었다. 이들은 늑대와 같이 살면서 이 능력을 갖게 됐다고 하며, 이들이 길을 잃거나 배가 고프거나 죽음의 위험에 처했을 때는 늑대들이 구해주기도 했다. 이는 라코타족의 야야기 「늑대들과 같이 산 여인The Woman Who Lived with Wolves」과 비슷하다(Marshall 1995). 원주민 부족들이 같은 인간에게 당한 짓을 생각하면, 대평원 부족들 사이에서 꽤 흔한 이 이야기는 인간이 아닌 동물이 일부 인간들보다 더 좋은 친구와 동반자가 될 수 있음을 보여준다.

블랙풋(니치타피크시)족은 늑대에게서 사냥하는 법, 특히 버펄로 사냥법을 배웠다고 생각한다. 늑대는 들소 떼 중 한 마리를 찍어 무리 바깥으로 나오게 만든다. 그 다음 들소가 지칠 때까지 추격하거나, 또는 경사가 심한 비탈 위로 몰아서 들소가 쓰러지거나 위에서 떨어져 죽도록 만든다. 그런 다음 늑대는 비탈 아래로 돌아내려와 들소를 잡아먹는다. 블랙풋족은 들소를 사냥할 때 아주 작은 부분에서까지 이 행동을 똑같이 따라한다. 블랙풋족 사람들에게 내려오는 또 다른 이야기는 굶어죽기 직전에 늑대 무리에게 발견된 가족에 관한 것이다. 늑대들은 이 가족이 스스로 사냥할 수 있을 때까지 먹을 것을 가져다주었다(Hernandez 2013).

블랙풋족은 늑대를 동반자로 아꼈다. 사냥을 준비하며 이들은 늑대 가죽을 깔고 잤고 늑대가 자신들에게 오라고 노래를 불렀다. 사냥조가 움직이는 동안 근처의 늑대가 울부짖으면, 이들은 다음과 같은 노래를 불렀다. "아니, 너희들에게 내 몸을 먹으라고 주지는 않겠어. 하지만 우리와 같이 간다면, 다른 누군가의 몸을 줄 거야"(Grinnell 1892, 260-61). 블랙풋족에 전해 내려오는 이야기 중에는 다음과 같은 것이 있다.

옛날에 시크시카이치스타피SiksikaiTsistapi라는 사람이 있었다. [이 사람에게는] 말이 한 마리밖에 없었다. 그는 가난한 사람이었다. 그날은 운 좋게도… 사냥에 성공했다. 그는 고기를 잘라 말 위에 실었다. 그러면서 충분한 먹이를 남겨두어… 늑대가 먹게 했다. … 그는 남겨진 고기를 먹으러 오는… 늑대 무리와 마주쳤으며, 그 뒤에 늙은 늑대 하나를 만나게 됐다. 이 늑대는 무리를 따라잡는데에 어려움을 겪고 있었다. 사냥꾼은 멈춰 서서 그 늙은 늑대에게 가장 좋은 부위를 주면서 말했다. "고기가 있는 곳에 갈 때쯤이면 네가 먹을 게 하나도 남지 않았을 거야." … 아주 추운 겨울이었고 모두 배가 고팠을 때였다. [늙은 늑대는] 대답했다. "지금 서두르고 있다. 내 앞에 간 늑대들도 배가 고프다. 그들은 내가 없으면 먹지 않을 것이기 때문에 내가 꼭 가야 한다. 네가 보듯이 나는 할아버지이기 때문이다. 너는 그 너그러움에 대한 선물을 받게 될 것이다." 나중에 이 사냥꾼은 사냥할 때 운이 매우 좋아졌다. (Bastien 2004, 35-36)

샤이엔족처럼 블랙풋족에게도 '개의 시대Iitotasimahpi Iimitaiks'라고 불리는 기간이 존재한다. 조상의 시대라고도 불리며 유럽인과 접촉하기 이전의 시기를 말한다. 이 시대는 말의 시대 바로 전이며 블랙풋족이 개(늑대)에게 의존했던 시기다. 이 동물들은 영혼과 의식을 가진 인간의 동반자로 큰 존경을 받았다(Bastien 2004, 8-14).

블랙풋족에 내려오는 또 다른 이야기는 「친절한 주술사 늑대의 전설The Legend of the Friendly Medicine Wolf」이다.

크로우족 인디언 여러 명이… 공격했다. … [그리고] 여자 몇 명을 포로로 잡아왔다. 한 명은… 이차피치카우페('문 옆에 앉아')라는 젊은 여자였다. … 이 여자는 크로우족 인디언 부락까지 300킬로미터가 넘는 길을… 말 위에 실려 왔다. 이차피치카우페는 감시를 아주 심하게 받아 탈출할 기회를 엿볼 수도 없었다. … 어느 날… 두 여자가 같이 있었다. … 크로우족 여자 하나가 이차피치카우페에게 말을 건넸다. … "남편이 하는 말을 엿들었는데, 사람들이 당신을 죽일 거랍니다. 나는… 어두워지면 도망갈 수 있도록 도와줄게요." … 크로우족 여자는… 남편이 잠든 것을 확인하고는, 이차피치카우페에게 몰래 와서 밧줄을 풀어주고… [그리고] 허리 밧줄의 풀려진 끝을 로지폴 소나무에 묶고… 밑동 부분의 외피를 떼어냈다. … 그리고 나서 이 여자는 모카신 한 켤레와, 부싯돌, 페미컨이 들어 있는 작은 가방도 주었다. … 크로우족의 부락에서 한참 벗어나자 이차피치카우페는 낮에만 움직이기 시작했다. … 커다란 늑대가 따라오는 것이 보였다. … 늑대는 여자를 쳐다보며 서 있었다. … 이차피치카우페가 일어나면… 늑대가 따라왔다. 여자가 앉아서 쉬면 늑대도 옆에 누웠다. … "나도 참 불쌍하구나, 내 형제 늑대야! 나는 못 먹어서 너무 약해졌어. 곧 죽을 것 같아. 어린 내 아이들을 위해서 네가 날 도와주기를 기도할거야." … 늑대는… 곧 다시 돌아왔다. 버펄로 새끼 한 마리를 질질 끌고서였다. … 버펄로 고기를 구워 먹자 여자는 강해지는 것을 느꼈다. … 늑대는 가까이 왔고 여자는 늑대의 넓은 등에 손을 얹어 기댔다. 늑대는 기꺼이 그 무게를 지는 것 같았다 … 늑대는 여자를 안전하게 집까지 데려다주었다. 여자와 늑대는 같이 부락에 도착했고… 여자는… 자신이 탈출한 이야기를 사람들에게 했다. 여자는 늑대에게 잘해주고 먹이도 주라고 사람들에게 간절하게 부탁했다. 이 충직한 늑대는 오랫동안 이차피치카우페가 다시 나타나기를 기다렸지만, 여자는 나타나지 않았다. … 여자의 친척들은 계속 늑대에게 먹을 것을 주었지만, 늑대는 어느 날 사라져 다시는 나타나지 않았다. 블랙풋 사람들은 절대 늑대나 코요테를 쏘지 않는다. 늑대나 코요테를 훌륭한 치료 주술사라고 생각하기 때문이다. (McClintock 1910, 473-76)

위의 두 이야기는 길을 알려주고 먹을 것을 공유하는 과정에서 부족 구성원들과 늑대 사이에 굳건한 협력과 일종의 호혜성이 있음을 보여준다. 두 번째 이야기는 샌드크리크 학살 사건의 여파에 관한 샤이엔족의 이야기를 생각나게 한다. '해를 끌어내려'라는 이름의 원주민이 들려준 또 다른 이야기에는 늑대가 울부짖는 소리를 들었을 때 이 원주민이 어떻게 반응했는지 나온다. "우리는 늑대가 인간의 친구라고 생각하며, 늑대를 쏘는 것은 옳지 않다고 믿는다. 우리에게는 이런 속담이 있다. '늑대나 코요테를 쏘는 총은 다음부터는 절대 똑바로 나가지 않는다.' 돌아다니지 않는 늑대를 본 적이 있는가? 늑대는 절대 한 곳에 오래 머물지 않는다. 늑대는 한 곳에서 새끼를 키우다 다른 곳으로 옮긴다. 늑대는 여기저기를 돌아다니며 항상 움직인다. 아버지는 내 이름을 '뛰는 늑대'라고 붙였다. 그리고… 나는 늑대와 비슷하다. 초원과 산속을 돌아다니는 걸 좋아하기 때문이다"(McClintock 1910, 434).

이 모든 이야기에서 분명한 점이 하나 있다. 늑대가 사람들을 위해 일을 하거나, 길을 인도해주거나, 먹을 것을 가져다주면, 나중에는 반드시 그 보답으로 먹이를 얻는다는 것이다. 이는 중요한 의미를 가진다. 코핑어와 코핑어 그리고 그 지지자들은, 인간과 관계를 맺은 최초의 늑대는 인간의 부락 근처에서 쓰레기를 뒤지거나 어슬렁거리면서 남은 고기 조각이 버려지길 기다렸다고 주장해왔기 때문이다(e.g., Coppinger and Coppinger 2001). 최소한 아메리카 원주민 부족들의 이야기만 들어봐도, 인간이 관계를 맺은 늑대들에게 자발적으로 먹이를 주거나 나누었음은 분명하다. 이런 관습은 수천 년 전으로 거슬러 올라간다. 아메리카 원주민의 전통을 연구하는 한 유명한 민속학자는 다음과 같이 말한다. "수십 년, 세대, 생애에 걸쳐 나타나는 문화 안에서의 내 경험은 나의 일생이라는 좁은 범위에 한정돼 있다. [이와는 대조적으로, 원주민] 사회의 전통은 수백 년 단위로 측정되는 과정이다"(Welsch 1992, 27). 경험과 세계관 사이의 이런 차이가 문제를 일으킨다. 유럽-미국인들은 세상을 작은 시간 단위로 본다. 따라서 이런 식으로 생각한다면, 이들에게는 지난 200년 사이에 개의 품종이 기원한 사건이 가축화의 시작이라고 생각될 수 있다. 하지만 실제로 그러한 시간 단위로는 아주 오래된 전통의 최근 단계만을 볼 수 있을 뿐이다.

라코타(수)족도 늑대가 다친 여성을 구해준 이야기를 한다(Marshall 1995). 이 여성은 다 나은 뒤에 부락으로 돌아오면서 늑대에게서 배운 소중한 기술들을 가지고 온다. 조지프 마셜 3세(1995) 같은 라코타족 학자들과 작가들은 라코타족이 사냥 기술을 늑대로부터 배웠기 때문에 늑대와 형제 관계를 맺는다고 주장한다. 인간이 늑대에게 배우고 지시를 받는 예는, 늑대 무리의 리더가 부락으로 돌아오는 젊은 여성에게 여러 가지를 지시했다는 이야기에서 잘 드러난다. 늑대들은 여성에게 필요한 모든 것을 제공해준다. 이 이야기의 어떤 부분에서도 그 여성이 무리의 지도자 역할을 맡는다는 내용은 없으며, 이는 늑대가 개로 가축화되는 과정의 핵심 요소로 늘 생각된다.

가축화가 실제로 언제 일어났는지 알아내는 데에 가장 큰 걸림돌은, 남아 있는 물리적인 유해로 봤을 때 역사의 많은 기간 동안 원주민 집단이 키운 개를 늑대와 구분하기가 불가능하다는 것이다. "개로 불리는 초기의 동물은… 유령이다. … 그 당시 개는 존재하지 않았다. … 사회화된 늑대는 있었을지 모르지만, 그들은 개가 아니었다. 물리적인 증거가 없는 이유는 여러 가지가 있다. 개가 표현형적으로 존재하기 전에 유전적으로 먼저 존재했다는 이유도 무시할 수 없으며, … 근본적으로 개는, 지금도 늑대처럼 보이는, 늑대이기 때문이다"(Derr 2011, 37). 1811년에 미주리강 상류를 조사한 어느 탐험가는 다음과 같이 썼다. "아리카라족의 개는 가축화된 늑대에 불과하다. 초원 지대를 돌아다니면서 늑대를 인디언의 개로 착각한 적이 많았다"(Brackenridge 1904, 115). 독일 비트-노이비트의 막시밀리안 왕자는 19세기에 미국 서부를 여행하면서 다음과 같은 보고서를 썼다. "모양 면에서 [그 개들은] 늑대와 거의 다르지 않으며, 늑대만큼 크고 강하다. … 그 개들이 내는 소리는… 늑대와 같은 울부짖음이라고 할 수 밖에 없다"(1906, 310). 이 보고서는 대부분의 유럽인 방문자가 늑대와 개를 구분한 주요 기준이 해당 갯과 동물이 인간과 관계를 맺는지 여부였다는 우리의 주장에 힘을 실어준다. 그 동물이 인간과 관계를 맺었으면 개고, 그렇지 않으면 늑대였다(Fogg, Howe, and Pierotti 2015).

로널드 노왁은 회색늑대가 현재로부터 약 1만 년 전까지는 현재의 미국 중부 지역에서 살지 않았다고 주장한다(Beeland 2013에서 인용). 이는 회색늑대가 이 특정 서식지에 도착한 시기가 대평원 부족들 대부분이 이곳에 도착한 시기와 거의 비슷하다는 뜻이다. 재미있는 것은, 인간과 늑대가 협력하는 종으로서 따로 또 같이 새로운 생태적 상황을 알아가며 아메리카의 많은 지역에 들어왔을 수 있다는 점이다. 우리 이야기에서 여전히 늑대는 교사, 인간은 학생의 역할을 맡는다.

치스치스타족은 자신의 부족이 성스러운 늑대 두 마리에게 사냥법을 배웠다고 믿는다. 그중 하나는 수컷인데, "늑대만을 보호하는 늑대 영혼인 **마이윤**maiyun이며 이 늑대의 암컷 동반자는 '뿔이 달린 늑대'다." 두 늑대는 "초원에서 사냥 스승이었으며, 늑대를 포함해 모든 동물의 보호자였다." 마이윤은 새로 도착한 인간에게 초원에서 사냥하는 법을 가르치기로 했다. "잡은 동물을 나눠 먹자고 늑대가 부르는 '초대 노래'가 큰까마귀·코요테·여우를 부르는 것처럼, 치스치스타 사냥꾼들도 사냥한 동물을 먹으라고 늑대를 부르거나 늑대가 먹도록 고기를 따로 빼놓는다(Schlesier 1987, 82).

초기의 인간은 늑대 무리가 이용한 방법을 흉내 내면서 사냥 기술을 배웠을 것이다. 사냥감에게 들키지 않고 접근하기 위해 단순히 늑대 가죽을 입는 것도 이 모방에 포함될 것이다. 늑대 한 마리는 인간만큼 먹잇감을 놀라게 하지 않기 때문이다. 라코타족 학자 조지프 마셜 3세는 이 행동을 분명하게 설명했다. "대평원 지역의 버펄로 사냥꾼 대부분은 혼자 또는 두 명이 짝을 지은 상태로 손과 무릎으로 기어서 버펄로 무리의 가장자리에 바짝 접근했다. 대부분 늑대 망토를 입고 늑대의 움직임과 버릇을 흉내 냈다. 버펄로는 늑대 한두 마리에는 겁을 먹지 않았고, 신기하게 쳐다보기만 했다. 사냥꾼들은 이렇게 총을 쏠 수 있는 거리 안으로 진입했다"(1995, 15). 이 장면은 「흰 늑대 가죽을 뒤집어쓰고 하는 버펄로 사냥」(1844)으로 알려진 조지 캐틀린의 그림에 잘 묘사돼 있다(피에로티는 코만치족 화가 블랙베어 보신Blackbear Bosin이 다시 그린 이 그림을 개인적으로 소장하고 있다). 이 그림에서 사냥꾼 두 명은 흰 늑대 가죽을 뒤집어썼다. 캐틀린(1973)은 자신이 직접 관찰한 경험으로 이를 설명한다. "무리로 모여 있을 때 버펄로들은 늑대를 거의 두려워하지 않는 것으로 보인다. 그렇기 때문에 늑대들은 버펄로들 바로 옆에서 있을 수 있다. 인디언들은 이 사실을 이용해, 늑대 가죽을 쓰고 800미터 또는 그 이상을 손과 무릎으로 기어간다. 의심을 하지 않고 있는 버펄로들과의 거리가 몇 미터 정도 될 때까지 그렇게 기어가다가, 그 무리 중에서 가장 살이 찐 버펄로를 확실하게 쏴버린다."

이런 관습이 끼친 영향은 한 다코타족의 사냥꾼에 관한 조지프 마셜 3세의 이야기 『늑대와 퍼스트네이션 부족들을 대표해서』에서 잘 볼 수 있다.

사냥꾼은 매복해서 기다리다 버펄로에게 화살 몇 발을 쐈다. 물론 버펄로는 바로 죽지 않았고, 사냥꾼들은 이 상처 입은 동물을 추격해야 했다. 버펄로는 결국 쓰러졌다. 사냥꾼이 안전한 거리를 두고 숨어서 버펄로가 죽는 것을 확인하기 위해 기다리는 동안, 늑대가 한 마리 나타나 조심스럽게 버펄로에게 접근했다. 늑대는 극도의 인내심과 조심스러움을 보이면서 한 번에 한 발짝씩 움직였다. 결국 늑대는 쓰러진 버펄로가 있는 자리에 도착했다. 그때 버펄로는 죽어 있는 상태였다. 늑대의 행동과 자세로 보아, 사냥꾼은 버펄로가 죽었으며 가까이 가도 안전할 것이라고 생각했다. 하지만 호기심에 사냥꾼은 늑대가 어떤 행동을 할지 지켜보기로 했다. 송곳니로 고기를 뜯기 시작할 것이라고 잔뜩 기대했다. 하지만 늑대는 그렇게 하지 않고, 버펄로 주변을 빙빙 돌더니 버펄로의 옆구리에 튀어나온 화살들을 보았다. 늑대는 화살의 냄새를 맡더니 앉아서 조심스럽게 바람을 가늠했다. 어느 정도 시간이 지나자, 늑대는 사냥꾼들이 숨어 있는 곳을 정면으로 길게 그리고 뚫어져라 쏘아보았다. 그러고는 아무 관심 없다는 듯이 죽은 버펄로로부터 멀어져 오르막을 넘어 사라져버렸다. 나중에 사냥꾼의 아내와 가족이 버펄로를 해체한 후에, 사냥꾼은 늑대와 늑대 가족에게 나눠줄 좋은 부분을 남겨두라고 단단히 일렀다. (1995, 12)

이런 이야기는 미국 대평원 지역의 최소한 주요 세 부족에서, 사냥에 성공한 후 고기를 공유하며 인간과 늑대가 호혜적인 관계를 가지는 모습을 잘 보여준다. 앞에서 언급했지만, 종의 보호자 영혼은 자신이 보호하는 동물들을 학대하는 사냥꾼을 벌할 힘이 있는 존재로 여겨지며, 사냥감을 못 잡게 하거나 사냥꾼에게 부상을 입히는 방식으로 처벌한다(Schlesier 1987, 4). 따라서 늑대에게 고기를 제공하는 것은 존경심을 보여주는 방법이었다. 북아메리카 원주민들 사이에서는 이런 존재들을 흔하게 믿었다(Pierotti 2010).

텍사스 중동부의 통카와족도 늑대와 좋은 관계를 가졌다. '통카와 Tonkawa'는 '늑대의 사람들'이라는 뜻이며, 이 사람들은 자신들이 신화 속 늑대의 후손이라고 주장했다. 통카와족은 절대 늑대를 죽이지 않으며, 늑대를 사육하지도 않는다. 그들 자신이 곧 늑대이며, 늑대가 자신들을 위해 먹이를 사냥하기 때문이다(Moore 2015).

늑대를 의인화하고 모방한 또 다른 대평원 부족은 스키디족이다. 스키디족은 오늘날 네브래스카주의 루프(늑대)강을 따라 살았던 포니족의 가장 큰 무리다. 스키디족은 죽은 동물이 있으면 그것을 먹고 없으면 먹지 않으면서 하루 밤낮을 걸어다니는 능력으로 존경받았다. 때문에 대평원 부족의 수화에서 늑대를 나타내는 손짓을 포니족도 사용하게 됐다. 이 손짓은 오른쪽 어깨 옆에 오른손 두 손가락을 펴서 위로 올리고 앞으로 내밀어 보이는, 오늘날 평화를 나타내는 손짓(V 모양)과 기본적으로 같다. 포니족은 싸움터로 나가는 부족 사람들을 **아라리스 타카**araris taka, 즉 "흰 늑대 무리"라고 부르기도 했다(Hampton 1997).

최근 동물보존을 위한 노력이 이뤄지는 가운데, 아이다호의 네즈퍼스족은 옐로스톤 늑대를 다시 들여오는 것을 강력하게 지지해왔으며, 애리조나의 화이트마운틴아파치White Mountain Apache족은 부족 영토에 늑대를 다시 들여오는 것을 허용했다(Pavlik 1999; Ohlson 2005). 늑대는 니미푸족 역사와 문화의 핵심이고, 네즈퍼스족에게 늑대는 '사람'이며, 늑대의 귀환은 부족의 정신성·문화·역사를 표명하는 것이다(Ohlson 2005).

이런 관계는 대평원에만 국한되지 않는다. 알래스카 중부의 코유콘족에게 늑대는 지능·힘·예리한 감각·사냥 기술을 가진 존재다(Nelson 1983). 코유콘족은 또한 자신들이 늑대로부터 아주 오래전에 사냥 기술을 배웠다고 믿는다. 연장자들은 부족 사회의 젊은 구성원에게 늑대를 제대로 대하는 법을 전수해준다. 죽은 늑대를 먹거나, 가죽을 벗기거나, 태우는 등 늑대 사체를 다른 용도로 사용하는 것은 금지된다. "코유콘족에게 늑대와 인간이 비슷한 것은 우연의 일치가 아니다. 아주 먼 옛날, '늑대 인간wolf person'이 인간과 함께 살면서 같이 사냥을 했다. 늑대 인간과 인간이 각각 늑대와 인간으로 분리될 때, 그들은 인간이었을 때 받은 것을 되갚기 위해 늑대가 때때로 사냥감을 죽이거나 몰아서 사람들에게 준다는 데에 동의했다"(159). 코유콘은 그 늑대의 이름을 크게 불러서는 안 된다고 믿는다. 이름을 부르면 강력하고 복수심에 가득 찬 영혼이 소환되기 때문이다. 늑대의 영혼을 무시하면 악운이 오고, 아이들을 잃으며, 다른 비극이 올 수 있다. 하지만 앞에서 언급한 동의를 생각해보면, 늑대가 죽인 동물이 내버려져 있는 것을 보아도 코유콘족이 그 동물을 가져가지 말아야 한다는 뜻은 아니다.

북부 삼림 지대의 오지브와족에서는 늑대와의 관계가 초기의 이야기에 나타난다.

최초의 인간이 처음 땅을 걸을 때, 인간은 모든 동물에게는 짝이 있는데 자기만 없다고 창조자에게 불평했다. 창조자는 최초의 인간에게 마엔군(Ma-en-gun, 늑대)이라는 동반자를 내려주었다. 둘이 함께 세상을 돌아다니면서 창조된 모든 것을 보고나자, 창조자는 그들이 헤어져야 한다고 말하고 이렇게 덧붙인다. "둘 중의 하나에게 일어나는 일은 다른 하나에게도 일어날 것이다. 둘 다, 나중에 함께 지낼 사람들의 두려움, 존경, 오해의 대상이 될 것이다…." 늑대에 관한 이 마지막 가르침이 오늘날 우리에게 중요하다. … 인디언과 늑대는 모두 비슷해졌으며 같은 일을 경험해왔다. … 둘 다 클랜 체제와 부족을 가지고 있다. 둘 다 자신들의 "위네스세시(wee-nes-se-see, 털)" 때문에 사냥을 당해왔다. 그리고 둘 다 거의 멸종 직전까지 몰려왔다. (Benton-Benai 1979, 8)

로슨(1967)에 따르면 미국 남동부 노스캐롤라이나의 와스호족은 '늑대' 라고 불리는 동물을 키웠다. 이는 유럽 혈통을 가진 사람이 부족과 같이 산 동물을 '늑대'로 인정했음을 보여준다. 부족의 위치를 고려할 때, 이 이야기에 나오는 동물은 회색늑대*Canis lupus*가 아니고 붉은늑대*Canis rufus*일 것이다. 피에로티가 관찰했듯이, 붉은늑대는 회색늑대만큼 인간과 잘 살 수 없다. 사회화하기 더 어렵기 때문이다(Lopez 1978).

태평양 연안 북서부에서 늑대는 퍼스트네이션 부족들 대부분의 혈통을 창시한 존재로 여겨진다. 틀링기트족은 자신들을 늑대와 큰까마귀라는 두 가지 '양상'으로 나눈다. 이는 두 종 사이의 관계를 반영하는 것으로 보인다 (제2장 참조). 큰까마귀는 이 부족들이 창조자상으로 생각하는 동물이지만, 늑대는 아직도 중요한 동반자이자 롤 모델이다. 예를 들어 틀링기트족에는 해안에서 먼 곳까지 헤엄치다 완전히 지친 늑대를 마주치게 된 어부들의 이야기가 전해 내려온다. 어부들은 그 늑대를 배에 건져 올렸고, 늑대는 어부들의 변함없는 동반자가 되어 그들이 죽을 때까지 사냥을 같이하며 그들 곁에서 살았다(Garfield and Forrest 1961, 105). 틀링기트족은 또한 늑대로부터 바다표범에게 몰래 접근하는 법을 배우기도 했다. 늑대는 자신이 헤엄치는 모습을 감추기 위해 해초를 한입 가득 물어 그것으로 머리를 가린 채 바다표범한테 헤엄쳐간다(Muir 1916, 138).

북서쪽 퍼스트네이션 부족 중 해상 활동을 가장 많이 하는 하이다족은 다른 대부분의 부족들과는 다른 사냥 이야기를 한다. 이 부족의 이야기 「와스코스: 바다의 개The Waskos: Dogs of the Sea」에서 늑대는 바다의 늑대sea wolf로, 그들은 실제로 고래를 죽여 해안으로 끌고 와 부족을 먹였다. "어느 날 헌터스포인트(Hunter's Point: 캐나다 퀘벡에 있는 인디언 정착지—옮긴이)의 인디언 부족에서 식량이 떨어졌을 때, 와스코스 두 마리가 바다로 뛰어들어 강한 앞발을 노처럼 쓰면서 헤엄치기 시작했다. 오빠와 여동생은 애완동물이 눈앞에서 헤엄쳐 사라지는 것을 보고 슬퍼했다. '빠져 죽을 것 같아.' 여동생이 흐느꼈다. '못 돌아올지도 몰라.' 오빠가 울면서 말했다. 아버지는… 그 와스코스들이 부족한테 좋은 것을 가져다 줄 수 있다는 느낌이 들었다. 몇 시간이 지나서 와스코스들이 정말로 돌아왔으며, 한 마리당 고래 세 마리를 끌고 왔다. 매일 아침 이 훌륭한 개들은 바다로 나가 고래를 엄청 많이 잡아 왔고, 바닷가는 그들이 잡아온 고래 때문에 자리가 없을 지경이었다. 아침부터 저녁까지, 마을 사람들은 모두 고래 고기를 자르고, 먹고, 겨울을 나기 위한 좋은 부분들을 저장하느라 바빴다"(Simeon 1977, 14, 16). 친절함과 충실함을 주제로 한 내용은 이 이야기의 다른 부분에도 나온다. 해안에서 사는 부족의 이야기라 배경만 약간씩 다를 뿐이다. 이 이야기는 '바다의 늑대'라고 불리며 무리를 이뤄 사냥하는 고래 목 동물인 범고래 *Orcinus orca*에 관한 이야기일 수도 있다. 범고래는 인간과 협력해 사냥하는 관계를 맺는 것으로 알려졌다(Clode 2002; Pierotti 2011a).

이누이트족에서는 샤먼이 늑대로부터 배운 노래를 불렀다. 늑대는 **툰라**

크tunraq, 즉 우주의 영혼과 소통하는 가장 중요한 존재로 생각됐기 때문이다. 늘대와 능력을 공유하는 것은 그 미지의 힘과 소통하는 주요한 방법이었다(Ray 1967).

십이터족(최후의 쇼쇼니족)

투쿠데카 네와나, 즉 십이터(산악) 소소니(쇼쇼니)족에 관한 문서에는 인간과 늘대/개의 관계가 가장 잘 정리되어 있다. 이 부족은 오늘날 옐로스톤으로 알려진 지역을 포함하는 서부 산간 지역과, 대륙 분수령(로키산맥을 따라 맥시코까지 이어지는 3000미터 높이의 산들로, 미 대륙의 동서를 가르는 경계선-옮긴이)을 따라 있는 현재 아이다호주의 높은 산에서 살았다(Corless 1990; Loendorf and Stone 2006). 이 부족 중 와이저쇼쇼니라고 불린 한 집단은 새먼강과 파예트강 사이의 아이다호 서부 산악 지역에서 거의 21세기 초까지 백인 정부와 독립적으로 살았다(Corless 1990).

인간 동반자와 함께 일했던 크고 강한 동물인 십이터족의 개는 무리 사회의 핵심적인 구성 요소였다. "이 개의 색깔을 보면 아주 오래전뿐만 아니라 최근까지도 혈통 중에 늘대가 있음을 알 수 있다"(Loendorf and Stone 2006, 103). 이 개와 늘대의 유사성은 수없이 많이 기록으로 남아 있다. 그중 하나가 1863년 존 리처드슨의 다음과 같은 기록이다. "북쪽 추운 지역의 늘대와 가축화된 개는 서로 너무 비슷해, 가까운 거리에서도 이 둘을 구별하기는 쉽지 않다"(Loendorf and Stone 2006, 104). 1851년에 옐로스톤 지역을 여행한 프리드리히 쿠르츠는 이 개들이 "늘대와 아주 조금 다르며, 늘대처럼 울부짖고, 멍멍 짖지 않으며, 늘대와 짝짓기를 하는 일이 드물지 않다"(1937, 239)라고 말했다. 이 동물들과 야생 늘대의 주요한 차이점은 이 동물들이 어깨가 더 강하다는 것이다. 이는 이 동물들이 32킬로그램 정도되는 짐을 트러보이로 끌고, 23킬로그램이나 되는 가방을 메고 다녀야 했기 때문에 생긴 특징이다.

북부 대평원의 인디언들은 키우는 개들을 의도적으로 늑대와 교배시켰다(Loendorf and Stone 2006). 쇼쇼니족은 개를 짐 나르는 동물로 이용했다. 따라서 십이터족 사냥꾼들은 늑대 유전자를 자신의 네발 달린 동물의 혈통에 주기적으로 집어넣어 힘과 지구력을 강화했다. 옐로스톤 공원에서 발견된 개들의 뼈대를 연구한 결과, 이 개들의 키는 중간에서 큰 키 사이였으며, 코요테와 늑대의 중간 정도에 해당하는 것으로 밝혀졌다(Haag 1956). 이 개들의 골격은 튼튼했으며, 늑대와 비슷할 정도로 큰 머리를 가졌다(〈그림 7.2〉).

십이터족 개의 삶의 질과 행동은 오즈번 러셀(1914)의 기록에서 잘 드러난다. 1835년 옐로스톤에서 소규모 십이터족 집단을 만난 경험을 기록한 글이다. 남자 6명, 여자 7명, 아이들 8~10명으로 구성된 집단이 개 30마리를 키우고 있었다. 이 비율은 성인 한 명 당 개 두 마리가 넘는 비율로, 사람 수에 비해 먹여야 할 개가 많다는 뜻이다. 러셀은 이 개들이 잘 먹고, 얌전하고, 만족하고 있으며, 이 십이터족에게는 자신들이 먹기 전에 개들을 먼저 먹이는 관습이 있음을 발견했다. 이는 앞에서 언급한 내용을 반영한다. 즉, 원주민 부족들은 자신들이 만나는 늑대와 늑대 같은 개를 자신들과 동등한 존재로 대하기 위해 노력했다. 이는 그 관습이 수천 년은 됐음을 암시하며, 아시아와 북아메리카에 걸친 늑대와 인간 사이의 우호적인 관계를 설명해준다. 일본인들, 특히 아이누족도 늑대나 늑대 같은 개와 진정한 관계를 유지하는 방법으로 이 동물들을 먹이는 관습이 있었다(제5장; Walker 2005).

십이터족의 개는 밤낮으로 부족을 보호했다. 자극을 받았을 때 개 30마리가 일으키는 소란을 생각해보자. 이 개들이 내는 소리는 다른 부족의 전사들, 회색곰이나 팬서 같은 맹수가 접근하는 것을 미리 알리는 보호 기능을 했다(Loendorf and Stone 2006).

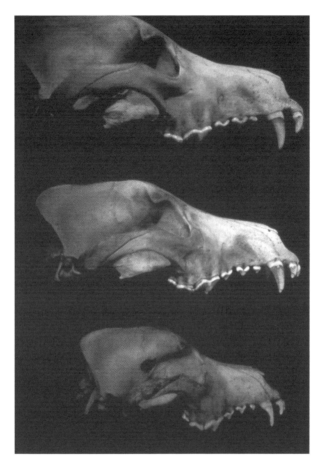

그림 7.2 머리뼈의 비교: 늑대(위), 옐로스톤에서 발굴한 쇼쇼니 '개'(중간), 가축화된 개(아래). 늑대와 '개' 머리뼈의 전체적인 유사성에 주목해보자. 비율이 비슷하고, 시상릉(sagittal crest: 정수리 부분에서 후방으로 뻗은 능선 모양의 뼈—옮긴이)이 두드러지며, 두개골이 확장돼 있고, 이빨, 특히 송곳니가 크다.

1800년대에 크로우, 플랫헤드, 네즈퍼스 족, 그리고 다른 서부 인디언 집단을 관찰했던 덫사냥꾼과 여행자들은 모두 개 트러보이의 사용이 역사시대까지, 심지어 기마 부족들 사이에서도 계속됐다고 말했다(Loendorf and Stone 2006). 말을 소유하거나 키울 정도로 부유하지 않았던 가족들에게 개는, 특히 부락 근처에서 나무처럼 가벼운 짐을 나를 때는 더욱, 값싼 대안이었다. 개는 눈이 오는 겨울에 말보다 날렵하게 움직였으며, 기온이 영하로 떨어지는 추운 밤에는 자신들의 온기를 가족에게 나눠주었다.

개들이 메던 가방은 가죽(들소 생가죽)으로 만들어졌으며, 이 가방은 가슴과 배 밑을 지나 엉덩이를 도는 가죽끈으로 개의 몸에 묶였다(Shimkin 1986). 또 다른 줄은 개의 꼬리 밑으로 지나가면서 가방이 떨어지지 않도록 했다(〈그림 7.1〉 참조). 십이터족 후손들을 인터뷰한 결과, 이들은 겨울에 개들에게 가죽 신발을 신겨 동상을 예방하고 발가락 사이에 얼음이 끼는 것을 막기도 했다(Loendorf and Stone 2006).

십이터족과 그들의 개 사이의 관계는 가족에게 먹을 것을 가져다줘야 할 때 가장 두드러지게 나타났다. 십이터족 남자들과 개들은 큰뿔양과 사슴을 사냥할 때 협력적으로 사냥감을 몰아서 잡았다(Loendorf and Stone 2006). 대평원과 로키산맥 지역에서 인간과 인간이 키우는 개 사이의 관계가 어땠는지는, 사냥을 도왔던 십이터족 개들에게 그 보상으로 상당히 많은 양의 고기를 주었다는 사실에서 잘 나타난다. 자신들이 키우는 개의 지능과 능력에 보이는 십이터족의 존경심은 앞에서 언급한, 옐로스톤 공원에서 발견한 갯과 동물 두 마리의 뼈를 보면 알 수 있다. 한 마리는 성인 남자 한 명과, 다른 한 마리는 성인 여자와 같이 매장돼 있었다(Loendorf and Stone 2006). 남자와 여자 모두 개와 함께 묻혔다는 사실은, 남성과 여성 모두 개가 삶의 모든 측면에서 자신들에게 기여한 바를 중시했으며 사후에도 개와 같이 있는 것이 중요하다고 생각했음을 보여준다(Morey 2010). 이 상호작용에 대한 과거의 기록이 있기 때문에, 이 강한 유대가 개들이 새끼일 때부터 십이터족 아이들과 같이 놀면서 생겼으며 이들이 개를 평생 친구로 생각해 아꼈다는 것을 우리는 알 수 있다.

쇼쇼니족과 매우 가깝게 연결된 코만치족, 즉 누무누족은 오늘날의 콜로라도, 캔자스, 오클라호마, 뉴멕시코, 텍사스의 높은 평원 지대에 살았는데, 이들은 "거의 모든 동물과 곤충은 누군가에 의해 어떤 힘을 받았다"(Wallace and Hoebel 1948)고 믿었다. 어떤 힘도 제공하지 못하는 동물은 말과 개뿐이었다(누무누족은 늑대와 개를 이렇게 구분했다. "코만치족은 늑대가 자신들에게 차가운 눈 위에서 맨발로 걷는 힘을 줄 수 있다고 믿는다"[203]). 말과 개가 힘을 주지 못하는 이유는 "그들은 인간이 통제하는 코만치족의 가정에 일상적인 부분"이었으며 "힘을 주는 존재는 [인간의] 지배 영역 밖에 있어야 하기 때문"이었다(204).

누무누족과 네와나족은 유럽인이 도착한 이후에도 말과 가축화된 개를 기르는 같은 부족이었다. 지도자들 사이에 갈등이 생긴 후 누무누족은 네와나족에서 떨어져 나와, 17세기에 대평원 지역으로 들어가 말을 키우는 사회로 진화했다. 그 결과 누무누족의 전통에서는 개와 말이 문화의 중요한 부분을 차지하지 않게 되었으며, 개보다는 말을 중요시했다(Wallace and Hoebel 1948). 누무누족은 또한 늑대와 코요테의 중요성에 관한 네와나족의 개조자(transformer: 일부 원주민 부족에서 동물을 인간으로, 인간을 동물로 만드는 힘을 가졌다고 믿어지는 존재―옮긴이) 이야기도 잃게 됐다. "코요테 설화와 신화 이야기에서 남은 부분은 코요테가 해를 끼치지 않는 서투른 존재라는 것뿐이다"(194). 같은 언어를 썼던 매우 밀접하게 연결된 부족들 사이의 이런 차이점은 다양한 부족들이 늑대와 개의 관계를 바라보는 방식을 잘 알 수 있게 해준다. 누무누족은 늑대와 개가 연결됐다는 사실을 잘 알았다. 누무누족은 아무리 배가 고파도, 말은 잡아먹지만 절대 개를 잡아먹지는 않는 특이한 대평원 부족이었다. 창조자의 동생을 잡아먹을 수는 없기 때문이었다(69). 늑대는 자신만의 특정한 능력을 이용해 인간에게 힘을 제공할 수 있었던 반면, 개는 비록 늑대의 가까운 친척으로 생각되지만 그럴 능력이 없었다.

늑대는 누무누족의 창조자상을 대표했으며(제8장 참조), 누무누족이 지배할 수 없는 존재로 생각됐다. 인간은 개/늑대와 밀접한 관계를 맺고 살았으며, 이 관계를 보면 가축화가 일어난 특정한 장소를 짐작할 수 있다. 유럽인들이 들여온 개와 달리, 늑대는 인간의 지배가 필요한 길들인 애완동물이 아니었다. 앞에서 다룬 것처럼, 가축화는 독립심이나 인간과 떨어져 사는 능력의 상실과 동일시되어서는 안 된다. 가축화의 초기 단계에서 세계의 많은 집단은 역사시대(그리고 선사시대) 동안 늑대와 밀접한 관계를 유지했다. 지난 1만 년 정도에 늑대가 기능적으로 개가 되고 나서야, 인간은 자신이 이 관계에서 지배적이라는 것을 알기 시작했다. 이러한 차이점은 제4장에 언급한 고고학자들 사이에서 이뤄지는 논쟁의 핵심을 차지한다. 더 중요한 것은 이 차이점으로 미루어 볼 때, 지난 약 500년 동안 이뤄진 유럽인과의 접촉 전에도 늑대와의 동거와 가축화 과정이 일어나고 있었다는 데에 있다. 이 차이점은 또한 개의 가축화가 현재로부터 1만 년 전에 끝났다는 생각이 지나치게 단순한 것임을 보여주기도 한다.

늑대의 제자로서 인간

늑대와의 관계에 대해 아메리카 원주민 부족들이 들려주는 이야기에서 우리는 다음과 같은 추측을 할 수 있다. 인간의 사냥 기술이 진화한 초기 단계 동안 늑대가 인간의 스승이었고 대부분의 사냥에서 주도권을 잡았으며, 따라서 늑대는 인간에 의해 조종당하지 않았다는 것이다. 인간은 가르침이 필요한 제자 역할을 했다. 아주 최근까지도 인간은 기껏해야 늑대의 파트너, 심지어는 제자였다는 점에서, 이는 가축화가 어떻게 진행되었는지에 관해 다른 생각을 하게 만든다.

마셜(1995)은 늑대와 라코타족의 관계를 구체적으로 설명하며, 두 종이 비슷한 삶의 측면을 공유했기 때문에 밀접한 관계가 맺어졌다고 말한다. "그 시대의 사람들은 늑대의 방식을 배웠다. 자신들이 존재하는 현실을 늑대들이 이해했기 때문이다. 예리한 후각, 날카로운 시각, 그리고 강한 턱을 가진 늑대는 최고의 사냥꾼이었다. 이런 것들은 가공할 무기였지만, 최초의 부족들은 이 무기가 지구력·참을성·인내심 없이는 거의 무용지물이라는 것을 알게 됐다. 이런 특징들은 늑대의 무기보다 더 중요했으며, 최초의 부족들이 자신들을 위해 스스로 키울 수 있는 능력이었다"(6). 제3장에서 언급했던 것처럼, 늑대 무리의 가족 구조는 인간의 핵가족과 매우 비슷하다. 이 유사성은 마셜의 다른 연구에서 다뤄졌다. "[늑대] 가족은 블로카bloka, 즉 '수컷'과, 윈옐라winyela 즉 '암컷'이 이끌었다. 원주민이 아닌 관찰자들은 이들을 '알파'라고 부른다. 블로카와 윈옐라는 보통 해마다 새끼를 낳는다. 새끼들은 젖을 떼고 성체 초기가 될 때까지 같이 머문다. 따라서 핵심 가족에는 몇 세대에 걸친 새끼들이 있지만, 블로카와 윈옐라만이 교배해 새끼를 낳는다. 새끼들이 성체 단계로 진입하면, 보통 이들은 떨어져 나가 자신만의 가족을 이룬다"(2005, 35).

마크 데어가 지적하듯이, "영국—유럽인들의 세계에서 만들어진 야생과 가축화된 상태 사이의 단층선은… 그것의 실체가 최근 많이 노출되고 평가 절하됐음에도, 우리의 생각과 태도에서 많은 부분의 기초가 된다. 모든 선입견을 버릴 때까지… 우리는 다양한 인간 사회에서 서로 다르고 자주 모순적인 역할을 맡는 이 동물[개]의 속성을 명확하게 이해하지 못할 것이다"(2011, 85-86). 이 모든 원주민 이야기 안에서 보이는 일관적인 패턴은, 늑대와 인간의 관계가 특히 사냥을 할 때의 존경과 협력에 기초한다는 것이다. 이는 오늘날 우리가 개라고 부르는 동물과의 복잡하고 흥미로운 유대를 시사한다. 원주민들의 생각은 한 세네카족 작가가 인간과 동물의 관계에 대해 들려준 다음과 같은 이야기에서 잘 드러난다. "사람이 개를 사랑한다면 언제든, 그 개에게서 많은 힘을 얻는다는 것은 사실이다. 개는 우리가 하는 말을 여전히 다 알아듣는다. 다만 자유롭게 말하지 못할 뿐이다. 만약 개를 사랑하지 않는다면, 그 개에게는 자신이 가진 **오렌다**[orenda: 마법]로 당신에게 해를 입힐 힘이 있다"(Schwartz 1997, 22).

늘대를 대하는 태도는 부족마다 어느 정도 다르지만, 여러 이야기에서 나타나는 주제나 관점은 대부분 같다. 이 이야기들은 늘대를 인간이 보고 배울 수 있는 존재로 다룬다. 늘대와 인간 사이의 우정은 이 우호적인 관계에서 비롯된다. 하지만 늘대와 개가 북아메리카 원주민 부족에게 가장 중요하게 기여한 바는, 사냥꾼, 보호자, 그리고 짐 나르는 짐승으로서 도움을 준 것이다.

아메리카 원주민들 사이에서 동반자 늘대의 역할

늘대가 '가축화에 미리 적응된' 또는 더 정확히는 '인간과 가깝게 사는 성향이 있어, 그 성향이 가축화의 전조가 되는' 것으로 보이는 여러 가지 이유는 앞에서 다뤘다. "자연에서 늘대는 복잡한 사회집단에 산다. 늘대는 머리가 좋으며, 적응을 매우 잘하고, 충직하며 짝 결속를 이루고, 무리를 지어 협력적인 사냥을 한다"(Gade 2002). 이 모든 이유로 인해 결국, 아메리카 원주민 부족들이 이들로부터 이득을 얻는 상황이 발생한다.

"최초의 개들은 인간 사냥꾼이 사냥감을 찾거나 추격하는 것을 돕고, 자신이 사는 영역과 (인간이 포함된) 사회집단을 지켰을 것이다. 늘대, 자칼, 코요테 같은 갯과 동물에서 흔한 현상이다"(Shipman 2011, 209). 늘대/개를 어떤 용도로 제일 유용하게 썼는지는 부족들의 생활 습관에 따라 달랐다. 샤이엔(치스치스타)족과 수(라코타)족이 서쪽으로 이주할 수 있었던 이유는, 17세기에 유럽인들이 들어오면서 말을 이용할 수 있게 되기 전에 개를 짐 나르는 짐승으로 이용했기 때문이다"(Hassrick 1964, 157). 이 '트러보이 개' 덕분에 라코타족과 치스치스타족은 대평원에서 버펄로 떼를 쫓아갈 수 있었다. "사냥 사회에서는 보통 물건을 끌고 짐을 나르는 데에 개를 이용했다"(Gade 2002). 대평원에서 움직이는 떼를 쫓아 사냥하려면 자주 짐을 싸야 했고, 티피(tipi: 동물의 가죽과 나무 막대기로 만든 원뿔형 천막—옮긴이)·옷·조리 도구 같은 이동용 장비도 필요했다. 더 긴 거리는 트러보이 개를 이용해 갈 수 있었다. 인간의 힘만 있을 때와는 비교되는 상황이다. 라코타족 원로에 따르면, "트러보이 개는 티피의 문가에서 자면서 이상한 소리가 들리면 짖도록 훈련받았다. '츠츠' 소리만 내도 개가 짖는 것을 멈추게 할 수 있었지만[〈도그 위스퍼〉의 시저 밀란이 말 안 듣는 개를 조용하게 만들기 위해 내는 소리도 이 소리다; Milan and Peltier 2006 참조], 방문자를 괴롭히는 개를 떼어놓으려면 막대기가 있어야 했다"(Hassrick 1964, 158). 이 이야기에서 눈에 띄는 요소는 트러보이 개가 맡은 보호자 역할이다. 개도 확실히 인간의 문화에 흡수돼 인간이 사는 곳에 같이 살도록 초대받았다. 이는 야생동물에게는 흔한 일이 아니며, 이 인간들이 늑대/개가 야생으로 돌아가는 것을 허용하는 단계를 지났음을 보여준다.

트러보이 개는 아메리카 원주민들 사이에서 분명하게 가축화된 최초의 집단 또는 품종이었다. 버펄로 떼 추격을 가능하게 했던 십이터 쇼쇼니족의 개가 그 예다. 라코타족의 삶에서 개가 한 역할은, 티피 뒤에 작은 개 암컷이 살도록 개집을 만들어놓았다는 리틀 데이Little Day의 이야기에 묘사돼 있다. 이 개집은 인디언의 천막과 구조가 매우 비슷하고 보통 여자들이 만든다. 리틀 데이에 따르면, "거의 모든 가족이 같은 구조로 만들어진 개집을 가졌다"(Hassrick 1964, 158).

샤이엔족의 이야기에 따르면, 짐 나르는 짐승으로 쓰인 개는 "크고 강한 짐승으로, 아침이 오면 자신의 친척인 늑대처럼 울부짖었다"(Powell 1979, 20). 이는 이 부족 사람들이 사람들로부터 떨어져 사는 늑대와 자신들이 키우는 개를 어느 정도 구분했다는 뜻이다. 집단 울부짖음 같은 늑대에서만 나타나는 행동을 보이는 개들이 아직도 많은 것을 보면, 이런 분리는 최근에 이루어진 듯하다. 잊지 말아야 할 점은, 정작 그 동물과 실제로 같이 사는 사람들이 늑대와 개를 구분하지 않을 때도 유럽인들은 사람과 사는 동물을 늑대가 아닌 개로 부른다는 것이다. 예를 들어 오글랄라수족은 자신들이

'늑대 사회'라고 부르는 전사 집단을 구성했다. 하지만 백인들(유럽인들)은 이 이름을 '개 사회'라고 잘못 번역했다(Hampton 1997, 48). 앞에서 언급한 문화적 관습에 비추어보면, 이는 '늑대 전사'임이 분명한 샤이엔족의 전사들을 '개 전사'라고 이름 붙인 실수와 비슷하다.

우리는 늑대로부터 직접 또는 늑대와 함께 다니면서 간접적으로 사냥법을 배운 다양한 부족의 전통을 다뤘다. 하지만 이는 더 오래전의 이야기다. 현대와 좀 더 가까운 시점에서는 사냥이 동등하게 협력적으로 이뤄졌음이 분명하다. 늑대는 인간이 할 수 없는 것을 도왔다. 예를 들어 후각은 인간보다 갯과 동물이 훨씬 강하다. 따라서 개의 도움을 받은 사냥꾼들은 훨씬 더 넓은 지역에 걸쳐 사냥감을 추격할 수 있었다. 개의 후각은 사냥꾼들이 잘 볼 수 없는 사냥감을 추적할 수 있게 해주었다. 동물 입장에서는 하나의 감각에만 의존하는 사냥꾼으로부터 숨는 것이 뛰어난 청각과 예리한 시각, 강력한 후각을 가진 사냥꾼을 피하는 것보다 훨씬 쉽다. 개의 감각을 이용해 주변 서식지를 더 잘 알아낼 수 있게 되면서, 사냥꾼은 확실히 더 안전해지기도 했다. 또한 개들이 사냥감을 물어 정신을 빼놓은 사이 인간은 사냥감을 죽였다. 결국 가장 중요한 것은 인간이 추격할 수 없는 사냥감을 개는 추격할 수 있다는 점이다.

비슷한 주제가 샤이엔족 화가 멀린 리틀 선더의 「자고 있는 마을의 눈」에 표현돼 있다(권두 삽화 참조). 이 그림은 밤에 마을을 지킨다는, 늑대와 인간의 공통 목표를 보여준다. 이 그림에서 나타난 또 다른 포인트는 종 사이의 평등이다. 이 그림이 인간과 개의 그림이었다면, 인간이 개를 내려다보는 위치, 즉 맨 위에 있었을 것이다. 이 그림에서 늑대 중 하나는 그림의 맨 위에 있고 인간이 그 밑에 있다. 인간은 늑대처럼 보이게 옷을 입었고, 늑대는 원 같은 모양을 이룬다. 이 모든 요소는 인간이 이 관계 안에서 자신을 어떻게 보는지 나타낸다. 인간은 늑대에게서 배워야 했다. 인간이 늑대를 흉내 내고 있는 이유가 그것이다. 늑대는 인간보다 마을을 훨씬 더 잘 지킬 수 있지만, 이 그림의 인간은 늑대와 협력해 일하고 있다. 늑대처럼 보이게 옷을 입은 사람의 그림은 그가 늑대의 능력에 가진 존경심을 상징한다. 이 주제는 캐틀린의 그림 「흰 늑대 가죽을 뒤집어쓰고 하는 버펄로 사냥」에서 보이는 주제와 비슷하다. 두 그림 모두 갯과 동물 동반자를 모방함으로써 더 일을 잘하고자 하는 인간의 모습을 보여준다.

8

늑대와 코요테: 창조자와 사기꾼

지난 장들에서 우리는 카니스 루푸스와 호모 사피엔스의 관계에 집중했다. 하지만 북아메리카에서는 우리의 두 주인공이 상호작용하는 방법에 상당한 영향을 끼치는 것으로 보이는, 새로운 존재가 이 역학관계 안으로 진입한다. 코요테, 즉 카니스 라트란스다. 카니스 루푸스의 가까운 친척이지만 사회구조와 생태 면에서는 매우 다른 동물이다. 그런 점에서 코요테는 가축화의 파트너가 될 가능성이, 아주 없다고는 할 수 없지만, 낮은 동물이다.

가축화가 다른 동물보다 잘 되는 특성을 가진 동물들도 있다. 가축화된 유제류와 닭 목 조류(닭·칠면조·뿔닭) 등은 대부분 가축이 되기 쉬운 동물이다(Hemmer 1990; Ritvo 2010). 코끼리나 말처럼 어느 정도 지능이 있으며 무리지어 사는 동물을 가축화하는 데에 성공한 경우도 있다. 무리지어 사는 동물 중 육식동물을 가축화하는 일은 비교적 드물며, 이에 성공한 유일한 예는 카니스 루푸스다. 코요테는 전반적으로 외양이 늑대와 비슷하지만 진정한 의미에서 집단 생활을 한다고 할 수 없으며, 인간과 삶을 공유하는 것에 쉽게 적응하게 해주는 늑대와 같은 집단 구조를 만들지 않는다. 코요테는 매우 지능이 높고 생존력이 강한 동물이다. 코요테는 인간과 떨어져, 인간을 믿거나 의지하지 않으면서 우리 사회와 생태의 틈새에서 사는 방법을 아는 동물이다(Dobie 1961; Fox 1971; Bright 1993; Papanikolas 1995).

아메리카 원주민들은 코요테를 늑대와 매우 다른 존재로 생각했지만, 코요테에게도 관심을 가졌다. 원주민들은 두 종이 다르다는 것을 이야기로 남기며, 수백 개 부족의 이야기에서 그 차이점이 자주 나타난다(e.g., Ramsey 1977; Ude 1981; Buller 1983; Haile and Luckert 1984; Mourning Dove and Guie 1990; Bright 1993; Berk and Anderson 2008). 코요테는 언제나 복잡하고 똑똑하지만 반사회적인 동물로 생각된다. 이 이야기들에서 드러나는 주제 중 하나는 코요테가 '일을 더 잘 하려다' 문제를 일으키곤 한다는 것이다.

때때로 유럽-미국인들이 늑대와 코요테를 구분하려고 할 때, 혼란이 생기거나 또는 심지어 이 둘을 융합하려는 현상이 일어나는 것 같다. 코요테는 여러 가지 면에서 늑대의 작은 형태로 보인다(D. E. Wilson and Reeder 1993). 아메리카의 갯과 동물 계통분류학 전문가 로널드 노왁은 박물관에 있는 늑대와 코요테의 머리뼈들을 모두 한 줄로 세우면 끊어지는 부분이 없이 연결될 것이라고 말했다(개인 서신에서). 북아메리카 동부의 '코요테'는 다 자라면 작은 늑대 정도의 크기가 된다. 따라서 몸 크기를 구별의 척도로 삼는 것은 믿을 만하지 않다. 동부코요테는 1990년대까지도 정체가 확인되지 않았던 새로운 종류의 갯과 동물로, 몸 크기는 회색늑대와 코요테의 중간 정도이며, 애팔래치아산맥에서 애디론댁산맥, 캐나다순상지에 걸쳐 분포하는 카니스 속의 여러 변종을 합쳐놓은 것처럼 보인다(P. J. Wilson et al. 2000, 2001, 2009).

역사적으로 북아메리카의 원주민 부족들은 자신들에게 내려오는 이야기의 대부분에서 늑대와 코요테를 중요한 존재로 다뤘다. 코요테에 관한 것으로 확인되는 이야기들은 대평원과 서부 산간 지역 부족들의 신화와 이야기에서 하위 장르를 구성한다. 모닝 도브(오카나간족 작가인 크리스틴 퀸태스켓의 필명)와 '편집자' 하이스터 딘 기의 「괴물과 싸운 코요테」라는 이야기에서 발췌한 다음 내용은 정체가 명확하지 않은 몇몇 갯과 동물에 관한 것을 포함한다.

[코요테가] 동굴 옆을 지나갔다. … 이 동굴은 거대하고 사나운 괴물인 키카−와우파Kika-waupa 개가 사는 곳이었다. 개가 동굴에서 뛰쳐나왔고, 코요테는 도망쳤다. 코요테는 넘어지면서 두더지 굴 안으로 빠졌고, 자신의 충실한 아내인 두더지가 생각났다. 몸을 오그리면서 코요테는 굴 안으로 들어갔고, 그 안에 두더지가 있었다. … "땅 밑으로 길을 파." 코요테가 말했다. "많이 파야 돼. 서둘러!" 두더지는… 빠르게 길을 팠다. 개가 남편을 잡으려고 파들어 오고 있었기 때문이다. 두더지는 코요테가 말한 대로 굴을 많이 팠다. 개는 곧이어 코요테를 끄집어냈고, 코요테는 다시 원래의 모양으로 돌아갔다. 코요테는 "기다려, 키카−와우파! 아직 죽이지 말아줘. 파이프 한 번만 피우게 해다오"라고 말했다. 개는 거절하지 않았고, 코요테는 파이프를 피웠다. 코요테는 파이프를 빨면서 자신의 스콰스텐크'(squastenk': 마법 능력−옮긴이)를 불러냈다. 이 마법으로 코요테에게는 돌이 한 아름 생겼고, 코요테는 돌을 개한테 던지면서 도망쳤다. 개는 아픔과 분노로 울부짖으면서 코요테를 쫓아갔다. 개는 두더지가 파놓은 굴 위에 넘어졌고, 코요테는 다시 돌을 던져 개를 맞췄다. 개는 두더지가 바쁘게 움직여 땅을 변화시켜 놓은 것을 몰랐다. 개는 굴을 밟을 때마다 넘어졌고, 그때마다 코요테는 개한테 돌을 던졌다. … 얼마 안 돼 개는 지치고 상처를 입어 한 발짝도 더 갈 수 없게 됐다. 그때 코요테가 개를 끝장냈다. 개의 사체에서는 작은 개가 뛰어나왔다. 다리 사이에 꼬리가 있는 개였다. 코요테는 "너는 새로운 사람들의 가장 충실한 동물이 될 것이다"라며 "늙은 남자와 늙은 여자들도 너를 가지게 될 것이다. 너는 너의 주인을 두려워하면서 좋아하게 될 것이다. 너에게 나쁜 짓을 하지 않는 한, 낯선 사람을 공격해서는 안 된다"라고 작은 개에게 말

했다. 이렇게 말하고 코요테는 작은 개를 떠났다. (1990, 43)

이 이야기는 수많은 의문을 불러일으킨다. 첫째는 '개'라고 불린 이 사나운 동물이 늑대를 나타내는지, 아니면 초기의 늑대 같은 갯과 동물의 다른 형태를 나타내는지다(최초의 아메리카 원주민과 동시대를 살았던 다이어울프 즉, 카니스 디루스일 수도 있다). 우리가 제7장에서 입증했듯이, 많은 아메리카 원주민 부족은 늑대를 동반자로 생각했으며 개와 늑대를 모두 같은 이름으로 불렀다. 번역의 문제는 모닝 도브의 이야기에서 특히 골치 아픈 문제다. 모닝 도브의 이야기는 아메리카 원주민 작가들의 이야기 중에서 가장 많은 편집이 이뤄졌기 때문이다(Brown 1993). 모닝 도브의 작품은 작가의 편집자인 L. V. 맥호터가 상당히 많은 부분을 고쳤다. 따라서 이 이야기에서 작가가 언급한 또 다른 괴물이 말일 가능성이 있으며, 그렇게 되면 이 이야기는 속성상 확실히 식민지시대 이후의 이야기가 된다. 학자들은 다음과 같이 주장한다.

맥호터는 가까운 친구인 야키마족 신문기자 하이스터 딘 기(1896~1978)의 도움을 받아 모닝 도브의 전래 이야기를 만들어냈다. 기의 아내 제럴딘(1897~1994)은 우연히도 워싱턴대학교 인류학 과정의 첫번째 졸업생이었으며, 제럴딘의 방법은 책의 편집 과정에서 많은 영향을 끼쳤다. 기는 이 이야기들을 아이들이 잘 때 읽어주는 동화책 시리즈로 만들려고 했기 때문에, 섹스와 폭력이 나오는 부분은 모두 삭제됐고 전설 대부분은 간단하게 축약됐다. 편집 과정에서 계속 큰 역할을 했던 모닝 도브와 맥호터는 교훈이 되는 부분들을 그저 '미신'이라며 삭제했고, 백인 독자들에게 비웃음을 살 가능성이 있는 창조 이야기도 없애버렸다. 1933년 『코요테 이야기Coyote Stories』가 출판됐을 때, 편집자 이름에는 기와 맥호터가 들어 있었다. … 이 이야기를 처음에 해준 콜빌-오카나간족 원로들은 그 책의 내용이 자신들이 한 이야기라고는 도저히 생각할 수

없었다. (Nisbet and Nisbet 2010)

이는 **개**라는 말이 원래 다른 어떤 의미를 가졌지만, 늑대보다는 개를 선호하는 유럽 편견과 다른 유럽의 영향 때문에 그냥 개로 번역됐을 가능성을 제기한다.

두번째 의문은 괴물의 몸에서 나온 '작은 개'가, 원주민 집단이 늑대를 후대의 작은 '가축화된' 개의 조상 형태라고 이해했던 방식을 설명하기 위한 비유인지 여부다. 이 이야기에서는 '괴물'이 더 유순하고 아마도 가축화된 형태로 변한다는 주제가 반복되기 때문에, '작은 개'가 그런 비유일 가능성이 있다. 늑대를 사나운 짐승으로 묘사한 원주민 이야기는 거의 없다. 하지만 앞에서 보았듯이, 이 이야기는 늑대에 두려움을 가진 유럽인들의 편집으로 바뀌었을 수도 있다(McIntyre 1995; Schwartz 1997; Coleman 2004; Pierotti 2011a).

유럽-미국인과 아메리카 원주민들이 접촉했을 당시, 이 두 집단은 늑대와 인간 두 종 사이의 진화적인 관계를 이해하는 방식이 완전히 달랐다. 유럽-미국인들은 모든 생명체를 만든 별도의 창조 사건을, 원주민들은 연결성을 중요하게 생각했다(Pierotti 2011a의 제5장 참조). 진화생물학의 실증적 기초를 두고 현재 미국에서 벌어지는 논란에도 이와 똑같은 과학적 · 철학적 개념이 자리 잡고 있다. **창조**와 **연결성**은 인간이 아닌 동물의 세계 그리고 동물과 호모 사피엔스와의 관계를 이해하는 원주민들의 방식에서 핵심을 차지한다.

서양의 유일신 종교 전통은 형태와 사고방식 모두가 인간과 똑같은 창조자를 상정한다. 이 창조자는 인간이거나 또는 적어도 인간과 비슷하다고 생각되기 때문에, 인간의 정신적 · 심리적 한계와 인간적인 가치를 가진다고 가정된다. 서양의 철학적 전통을 따르는 많은 사람은 자신들처럼 생각하지 않는 신은 생각이라는 것을 전혀 할 수 없다고 가정한다(Pierotti 2011a). 이

난제는 서양의 철학적 전통이 가진 개념적 한계를 그대로 드러내며, 창조자가 최고의 엔지니어로 기능한다고 생각하는 지적설계론에 왜 기독교 근본주의자들이 의존하는지를 설명해준다(Petto and Godfrey 2007; Pierotti 2011a).

이와는 대조적으로 아메리카 원주민들은 인간이 아니거나 심지어는 사고방식도 인간과는 멀리 떨어진 창조자를 가정한다. 이 존재는 인간이 다른 생명체보다 우월하다고 보지 않는다. 어떤 생명체든 모두 자신의 후손이기 때문이다. 원주민 문화에서 '창조' 또는 '기원'이라는 개념은 시기와 무관하게 특정한 물리적 장소와 연관된 일련의 사건을 가리키며, 이 장소에서는 환경조건이 변하면서 문화가 다시 정의돼 그 환경에 대처하는 방법과 새로운 전통이 만들어진다(Pierotti 2011a).

우리는 빙하기 말에 확립되고 있던 문화적 전통을 이야기하고 있다. 그 시기의 환경은 극심하게 변했으며, 인간은 엄청난 홍수, 예측 불가의 추위, 중간중간에 오는 더위에 대처해야 했고, 동물의 개체수가 극적으로 변하는 와중에 수렵과 채집으로 간신히 살아가야 했다. 북반구에서는 현재로부터 약 2만 년 전에 퇴빙이 시작됐으며(Clark et al. 2009), 이는 최근의 증거에서 드러나는, 아메리카 대륙에 사람들이 살기 시작한 시기와 일치한다(Dillehay et al. 2015; Gibbons 2015). 지난 5만 년 동안 기후변화는 인간과 인간이 아닌 동물의 개체수를 변화시킨 주요 원인이었다(Pennisi 2004; Shapiro et al. 2004; Lorenzen et al. 2011; Gibbons 2013).

창조 이야기에서 환경조건 변화에 대응한 내용이 다뤄진다면, 이는 원주민 문화가 환경의 가변성에 맞춰졌으며 이 문화에서는 그 변화를 수용하기 위해 생활방식을 크게 조정할 수 있었다는 뜻이다. "부족 체계는… 변화를 허용하거나 받아들이지 않는 정적인 체계가 아니다. 부족 체계를 겉으로만 훑어보아도, 부족 생활의 바탕이 되는 세계관과 경험의 특징들을 그대로 유지하면서 이 모든 체계가 엄청난 변화를 겪었음을 알 수 있다"(P. G. Allen 1986, 63).

이와 비슷한 해석은 융 심리학의 전통에서도 발견된다. 여기서 "창조 신화는 우주의 기원뿐만 아니라 세계를 바라보는 인간의 의식이 어디서 기원했는지를 설명하는, 무의식과 전의식 과정을 모두 보여준다"(von Franz 1995, 5). 따라서 '창조'라는 개념은 특정 형태를 가진 인간 의식의 기원 또는 새로운 문화적 전통의 시작에 적용될 수 있으며, 이 둘은 근본적으로 동일하다(Pierotti 2011a). 이것이 우리가 '신화'라고 부르는 것의 기초다. 이 신화는 꾸며낸 이야기가 아니며, 우리 시대의 훨씬 이전에 일어난 사건들, 즉 라코타족 학자 조지프 마셜 3세가 "기억 저편"이라고 설명한 이야기에 새겨진 기억이다.

환경조건 변화에 대응해 새로운 문화적 전통이 시작되는 일은 새로운 종이 만들어지는 것과 비슷하다. 일반적으로 새로운 종의 형성은 환경조건이 급격하게 변한 결과로 나타난다고 생각된다(Pierotti 2011a). 이는 이 책의 주제와 관련해 큰 의미를 지닌다. 인간의 사회적 문화 그리고 늑대의 사회적 행동은 모두 종간 파트너 관계를 맺은 결과로 변했으며, 이 관계는 지구의 환경에 주요한 변화가 일어난 시기에 성립됐다. 약 4만 년 전 열대 아프리카에서 북쪽으로 확산하여 이동해 온지 얼마 안 된 인간이 늑대와 파트너 관계를 맺도록 했던 동인 중 하나는(Harris 2015; Shipman 2015), 현생 인류가 심하게 변하는 기후와 추위에 대처한 경험이 없었다는 것이다. 하지만 늑대는 이런 환경에 매우 익숙한 상태였다. 늑대는 네안데르탈인이나 데니소바인 같은 유럽과 아시아의 다른 사람과 영장류보다 새로 도착한 현생 인류와 더 어울리고 싶어했고, 이들을 더 잘 받아들였는지도 모른다.

북아메리카 원주민 문화에서 창조자의 위치에 있다고 여겨진, 인간이 아닌 동물은 특정한 생태계에서 가장 똑똑하고 사회적인 생물인 늑대·코요테·큰까마귀·곰 같은 동물이다(Pierotti 2011a, 2011b). 이 동물들은 특정 지역 생태계에서 가장 강력하고 많은 것을 아는 존재이며, 이들은 문화적 전통이 발전할 수 있는 틀과 생존 수단을 인간에게 제공했다. 인간의 역사가 장소나 생태와는 무관하다고 보는 서양의 전통은 북아메리카 원주민 부족들의 개념적 틀에는 존재하지 않는다(Deloria 1992: Basso 1996: Pierotti 2011a, 2011b). 아메리카 원주민들에게 종교, 또는 적어도 정신적 전통은 생태학적 지식을 암호화하여 저장하기 위해 이용되며, 이 지식은 원주민 부족들을 그들이 기원해 다른 종들과 관계를 구축한 곳에 연결한다.

아메리카 원주민 부족 대부분에게 늑대는 문화적·정신적으로 중요한 종이었다(Schlesier 1987: Marshall 1995: Barsh 1997, n.d.). 늑대는 북아메리카 지역 전체에 존재했으며, 가족집단을 이뤘고, 혼자서 큰 먹잇감을 죽일 수 있을 만큼 강하거나 빠르지 못했다. 늑대는 단일 종 차원과 생태계 차원에서 존재하는 공동체 개념의 모델이 됐다(Bruchac 2003, 159). 늑대는 인간처럼 큰까마귀 같은 다른 종과 진정한 관계를 맺고 유지할 수 있음이 입증된 동물이다(Barsh 2000). 늑대를 연구하는 서양 과학자들은 원주민들이 자신들보다 늑대의 행동과 생태를 훨씬 더 많이 안다는 것을 인정한다. 그리고 이들은 늑대 연구에 도움을 받기 위해 원주민들에게 의존한다(Stephenson 1982).

앞의 장에서 말했듯이, 수많은 부족은 늑대가 인간의 사냥을 도와준 스승이라고 생각한다(Fogg 2012: Fogg, Howe, and Pierotti 2015). 늑대를 자신의 부족을 포함한 모든 것의 창조자라고 여기는 부족들도 있다. "어떤 부족들은 코만치족의 늑대 같은 고귀하고 영웅적인 존재가 최초의 인간에 포함된다고 생각한다. 이들에게 늑대는 인간이 도착할 것을 미리 알고, 인간을 위해 완벽하고 이상적인 세상을 설계한 존재다. 늑대의 동생인 코요테가 훼방꾼으로 등장하기 전까지는 그랬다고 생각했다"(Bright 1993, 20). 이런 문화에서 코요테는 사기꾼상으로 자주 묘사된다. 유럽-미국인들이 개를 들여온 후, 코만치족은 개가 늑대의 사촌이라고 생각했다. 코요테와 늑대를 먹는 것이 금기시되었기 때문에 개를 먹는 것 역시 마찬가지로 금기였다(Wallace and Hoebel 1948).

쇼쇼니족과 코만치족 같은 부족은 늑대와 코요테가 자연의 균형에 관한 자신들의 이해를 반영한다고 생각했다. 늑대(피아 이샤Pia Is'a, 코만치족은 피아 이샤[Pee'a Eesha]라고 발음하고 쇼쇼니족은 비아 이샤[Bee'a Eesha]라고 발음한다)는 창조자상으로 여겨지며, 코요테(이샤)는 그/그녀의 동생, 많은 동생이 그런 것처럼 손위 형제가 한 일을 더 잘해보려고 끊임없이 시도하는 그런 동생이다(Ramsey 1977; Buller 1983; Vander 1997). 각자 맡은 역할은 서로 대조된다. 하지만 코요테가 사악한 존재로 여겨지지는 않았음에 주목하는 것이 중요하다. 코요테는 주로 장난꾸러기라고 생각되며 일종의 보조 창조자로도 여겨진다. 코요테가 아마 지능 면에서는 늑대에 맞먹겠지만, 늑대의 적이 아닌 동생으로 묘사되는 이유가 여기에 있다. "늑대는 전적으로 도움을 주는 존재였다. 늑대가 최초에 창조를 할 때는 모든 것을 완벽하고 좋게 만들었다. 반면, 쇼쇼니 전승에 등장하는 틸 오일렌슈피겔(Till Eulenspiegel: 리하르트 슈트라우스의 교향곡 「틸 오일렌슈피겔의 유쾌한 장난」에 나오는 어릿광대―옮긴이) 코요테는 모든 것을 망치는 존재였다. 코요테의 역할은 자신의 형이 해놓은 좋은 일들을 망치는 개조자였다. 코요테는 역경, 고생, 노력을 인간의 삶에 가져왔다. 코요테는 우리가[유럽―미국인들이] 생각하는 악마의 힘을 대표한다. 하지만 쇼쇼니족은 코요테와 늑대의 관계를 선과 악의 갈등이라고 결코 생각하지 않는다. 코요테는 나쁘지 않았으며, 그저 멋대로 장난을 치는 존재일 뿐이었다"(Wallace and Hoebel 1948, 193-94). 늑대는 누무/네웨(쇼쇼니와 코만치 부족)의 전통에서 완전한 세상을 만든 창조자상이었지만(A. M. Smith and Hayes 1993; Harney 1995, 26; Papanikolas 1995), 늑대는 자신의 창조에 인내심을 잃곤 한다. 다음의 「창조자의 자취Tracks of the Creator」 이야기를 보자.

[파이우트족의] 창조자 회색늑대(**누무나**Numuna)는 구세계의 모든 것을 태워

버렸다고 전해진다. … 회색늑대는 태양과 이야기했다. "홍수를 일으켜야겠어."
… 그러자 산들은 물로 덮였고 회색늑대는 자신의 여자를 데리고 물을 건너 멀
리 가버렸다.

어느 정도 시간이 흐르자, 물이 마르고 산들이 다시 모습을 드러냈다고 전
해진다. 강둑과 해안이 다시 보였다. 이때 태양이 회색늑대에게 말했다. "아이
들을 만드는 게 좋겠어." "그러지." 회색늑대가 대답했다. 회색늑대는 소나무,
노간주나무, 사시나무, 미루나무, 버드나무, 샘, 사슴, 수달, 비버, 송어, 버펄
로, 말, 산양, 곰을 만들었다.

창조가 끝났을 때 회색늑대의 아이들이 자기들끼리 싸우며 말썽을 부리기
시작했다. … 회색늑대는 화가 났고, 아이들을 다 내쫓았다. 회색늑대는 남쪽으
로 가기로 했다. "내 아이들은 날 볼 생각하지 말아야 할 거야!" 그때 아내가 울
기 시작했다. "아이들을 여기 두고 어떻게 가요!" 하지만 어쨌든 늑대와 아내는
물 쪽으로 내려가, 물위를 지나 멀리 가버렸다고 전해진다.

회색늑대와 아내는 큰 산에 가게 됐다. 꼭대기가 소나무로 덮인 산이었다.
회색늑대는 말했다. "저기로 갈 것이다. 나중에 아이들이 내가 지나간 자취를
보게 될 것이다. 나는 여기에 왔고 내 흔적을 남긴다. 누무누 사람들이 이 자취
를 볼 것이고 백인들도 그럴 것이다." 그래서 그렇게 되었다. (Ramsey 1977,
231)

이 이야기에서 흥미로운 점은 **누무나**(**누무누**Nuhmuhnuh라고도 쓴다)
라는 말이 '회색늑대'로도, '인간'으로도 해석될 수 있다는 것이다(Ramsey
1977, 231). 이는 인간과 늑대가 똑같이 사람으로 여겨졌음을 암시하며, 그
생각은 누믹(쇼쇼니)족의 전통 안에서 인간과 늑대의 생태적 중요성이 동일
하다는 사실에서 기인한다. 또 다른 재미있는 주제는 죽음과 환생의 반복이
다. 이는 늑대와 코요태가 세상이 어떻게 돌아가야 하는지 자주 언쟁했다
는 누믹족의 이야기를 생각할 때 이해가 된다. 늑대는 죽음이 일시적인 상

태이고, 출산이 쉽고 기분 좋은 일이며, 겨울은 존재하지 않는다는 이상적인 세상을 원한 반면, 코요테는 죽음이 영원해야 하고, 출산은 힘들어야 하며, 역경과 추운 겨울은 인간의 경험에서 주기적으로 나타나야 한다고 생각했다(Lily Pete, in A. M. Smith and Hayes 1993, 3-4; Ramsey 1977도 참조; Harney 1995; Papanikolas 1995). 이런 갈등의 예는 쇼쇼니족의 작고한 원로 코빈 하니가 들려준 이야기에도 볼 수 있다.

그렇다면, 보자. 옛날에 코요테와 늑대가 이야기를 하고 있었다. 늑대는 우리가 모두 같은 모양을 가져야 한다고 주장했다. 바위도 같아야 하고, 산쑥도 같아야 하고, 인간도 같아야 하고, 세상에 있는 모든 살아 있는 것들은 같아야 한다는 것이다. 우리는 똑같이 생각하고 똑같이 행동해야 한다는 등등의 이야기였다.

하지만 코요테는 언제나 이렇게 말했다. "우리는 모두 달라야 해. 절대 같은 모습으로 보이면 안 돼." 그래서 오늘날 주변을 돌아보면 아무것도 같은 게 없게 됐다. 바위도 다 같지 않다. 인간도 다 같지 않다. 이것이 우리가 서로를 믿지 않는 근본적인 이유다. 코요테가 말한 것처럼 된 것이다. "하나만을 믿어서는 소용이 없어. 믿지 말아야 해. 모두 다른 생각을 가져야 하고, 모두가 다른 것을 믿어야 해."

그래서 나는 항상 이렇게 말한다. 나쁜 일을 먼저 믿는 것은 쉽지만 좋은 일은 믿기 더 힘들고 이루기도 힘들다. 늑대가 이렇게 말했지. "그렇게 하면 정말 힘들어질 거야. 네가 말하고 있는 것은 서로를 믿지 말자는 것이니까." 이런 일들이 있어서 지금 세상은 코요테가 말한 것처럼 되었다. (1995, 26)

창조자로 받아들여지는 존재는 늑대지만 논쟁에서 이기는 것은 코요테임을 이 이야기는 보여준다. 그래서 코요테는 여러 가지 면에서 공동 창조자로 생각된다. 늑대는 피아 아포Pia Apo, 커다란 또는 위대한 아버지다 (쇼쇼니족은 비아 아포[Bee'a Apo]라고 발음한다. '아포'의 '오o'는 소리가 거의 나지 않으며 숨을 내쉬듯 발음한다; Miller 1972). 반면 코요테는 테이 아포Tei Apo, 즉 작은 아버지라는 뜻이다(Vander 1997, 81). 이 이야기는 늑대보다 코요테에 관한 이야기가 많은 이유를 알 수 있게 해준다. 갈등을 만들어내는 존재로서 코요테가 더 흥미로운 캐릭터이기 때문이다.

윈드리버에 사는 쇼쇼니족 사람인 비보Bivo는 선댄스Sun Dance 의식이 진행되는 동안 "태양과 아포[아버지]에게 기도를 드렸다. 아포는 코요테의 형인 늑대다"라고 말했다(Lowie 1909, 199). 코요테는 갈등을 만드는 존재지만, 상황을 좋게 바꾸는 역할을 하기도 한다. 아이들은 늑대를 모방하라고 배우면서 늑대를 코요테보다 훨씬 더 호감이 가는 존재로 보지만, 실제로 세상이 어떻게 돌아가는지 현실적인 시각을 제공하는 것은 코요테였다. 코요테는 현실주의자, 늑대는 이상주의자다―그리고 결국 누가 이길지는 분명하다.

코요테가 보통 이런 논쟁에서 이기기는 하지만, 쇼쇼니족은 코요테가 자신의 믿음이 결국 현실로 나타나는 것에 관해 무척 갈등을 겪는다고 생각한다. 다음의 「죽음에 관한 논쟁Controversy over Death」을 보자.

아주 옛날에 사람들은 절대 죽지 않았다. 코요테의 형인 늑대는 말했다. "사람들은 죽어도 이틀이 지나면 다시 일어난다." 코요테는 이게 마음에 들지 않았다. 코요테가 말했다. "우리가 죽는다면 영원히 죽어야 해." 늑대는 이게 마음에 들지 않았다. 코요테는 형에게 왜 죽은 사람들이 다시 일어나야 하는지 계속 물었다. … 그 후 늑대는 코요테의 아들[까치]이 죽었으면 하고 바랐다. … 코요테의 아들이 죽은 뒤, 코요테는 형의 집에 와서 말했다. "이틀 후에 내 아들을 다시 살려줘." 늑대는 한참 동안 아무 답을 하지 않았다. 그러더니 말했다. "코요테 너는 사람들이 영원히 죽어야 한다고 말했잖아." 늑대는 코요테에게 아들의 옷을 모두 태우고 털을 모두 잘라 태워버리라고 했다. 늑대는 코요테에게 영원히 죽는 것은 애초부터 코요테가 원한 것이라고 말했다. 코요테가 없었다면 지금쯤 사람이 너무 많아졌을 것이다.

　코요테는 아들의 옷을 태운 다음, 땅에 주저앉아 하늘을 봤다. 하늘에는 [까마귀가] 많이 있었다. … 까마귀는 형인 늑대에게 속한 존재였다. 코요테는 그 까마귀 중 한 마리가 떨어지기를 바랐다. … 한 마리가 떨어지고 있는 것이 보였다. … 코요테는 그 까마귀를 잡았고, [그리고] 갈래갈래 찢어버렸다. … 늑대에게 화가 났기 때문이다. 코요테는 아들의 장례를 치렀다. 그는 밤새도록 노래를 했다. (Commodore, Lily Pete가 번역한 네웨족 이야기를 A. M. Smith and Hayes 1993, 3에서 인용)

겉으로는 단순해 보이지만, 이 이야기는 의미심장하며 현실에 기초한다. 이는 삶과 죽음의 속성에 관한 실존적인 논쟁이 담긴 이야기이며, 논쟁에서 이기는 자는 그 '승리'에 곧 후회하게 된다는 이야기다. 코요테의 반응은 매우 인간적이다. 사랑하는 사람이 죽었을 때 '그럴 리가 없어'라고 말하지 않는 사람이 어디 있겠는가? 늑대가 이상주의자로 묘사된다고 해도, 늑대와 코요테 둘 다 실수를 하고 복수심도 가진 존재다. 생태학적인 관점에서 보면, 늑대와 코요테가 각자 선택한 복수의 대상도 흥미롭다. 까치가 코요테와 어울리는 관계는 까마귀나 큰까마귀가 늑대와 어울리는 방식과 같기 때문이다(제2장 참조). 이 이야기는 슬프지만, 네웨족은 "코요테가 없었다면 지금쯤 사람이 너무 많아졌을 것"이라고 인정한다. 이는 골치 아픈 현실 뒤에 숨은 진실을 드러내고, 자원이 한정된 상태에서 인구 과잉의 위험을 대부분의 현대 유럽인·아시아인·아프리카인·유럽-미국인보다 이 부족 사람들이 더 잘 안다는 것을 보여준다. 누믹족은 다른 문화적 전통에서 가족계획이라는 개념이 자리 잡기 수백 년 전부터 가족계획을 실시한 사람들로 알려져 있다(Wallace and Hoebel 1948).

　「창조자의 자취」 이야기에서 본 것처럼, 늑대가 세상에 실망한 후 그에게 맡겨진 역할은 죽은 사람들을 다음 세상으로 호송하는 것이었다(Vander

1997). 늘대의 집으로 가는 하늘 길 중간쯤에 **무구아**(mu'gua: 영혼)는 조아프dzo-ap, 즉 귀신으로 바뀐다. 귀신으로 바뀌기 전의 영혼은 회오리바람이라는 새로운 형태를 띠게 된다. 돌아올 수 없는 곳까지 온 것이다—즉, 죽음이 최종 확정된다(Lowie 1909, 226).

쇼쇼니족 이야기에서 아포(아버지)로서의 늘대가 기독교의 성부와 같은 존재인지, 아니면 늘대는 태양과 같으며 단순히 네웨족 전통에서 아버지로 여겨지는지 논란이 있다(Vander 1997). 실제로 기독교가 원주민 문화 전통에 들어왔을 때, 원주민들의 이런 정신적인 개념 대부분에 혼란이 발생한 듯하다. 더 오래된 쇼쇼니족 전통에서 늘대는 현명한 형이고, 코요테는 장난을 치는 동생이었으며, 둘 다 창조자 역할을 한다. 윈드리버 쇼쇼니족 일부는 늘대와 코요테 모두를 창조한 '아버지'가 있었다고 믿으며, 그 아버지가 늘대와 코요테를 '형제'로 만들었다고 생각한다(Vander 1997, 81). 아무리 좋게 말한다고 해도, 혼란을 일으키는 생각이라고 말할 수밖에 없다. 더 전통적인 쇼쇼니족 사람들은 늘대가 '아버지'(비아 아포)라고 주장한다. 이 '아버지'라는 말은 기독교 선교사들에게 혼란을 불러일으켰고, 그 결과로 많은 부족 사람이 자신의 정신적 전통과 기독교 전통을 한데 섞게 되었다. 이런 맥락에서 티턴 라코타족이 늘대를 '할아버지'라고 부르는 것은 흥미를 끈다(Marshall 1995). 그러한 호칭은 늘대와의 부자 관계를 약화시킴으로써 '우리 아버지'라는 표현이 가진 모호함을 피하면서도 늘대가 자신들의 정신적 직계 선조의 일부임을 인정한다는 뜻이다.

하지만 누믹족에게 늘대는 분명 더 나이가 많고 강력한 존재로서의 '위대한 영혼'과 연결돼 있다. 늘대는 피아(비아) 아포, 즉 "위대한 아버지"이며 "코요테는 신의 동생이다"(Vander 1997, 81). 윈드리버 쇼쇼니족 사람의 말을 인용하면, "우리는 우리가 기도를 올리는 우리 아버지(**비아 아포**)라는 이름만을 알았을 뿐이었다. 하지만 그때 이후로 우리는 그의 이름이 '신God'이라는 것을 백인들로부터 알게 됐다(Shimkin 1939, 26).

비아 아포는 쇼쇼니족에게 복잡한 존재다. 어떤 사람들은 "비아 아포가 세계 전체를 덮은 하늘이라고 생각한다"(Vander 1997, 80). 다른 사람들은 비아 아포를 태양과 연결해 생각하지만, 자신들은 태양을 숭배하지는 않으며 태양을 '통해' 기도한다고 강조한다. 앞에서 말했지만, 비아 아포는 늑대다. 이 모든 것이 더 복잡해지는 이유는 비아 아포의 영역이 서쪽 하늘, 즉 해가 지는 쪽이라는 생각이 더해지기 때문이다. 서쪽 하늘은 죽은 사람들의 최종 목적지다(80). 이런 상황은 앞에서 언급한 이야기로 우리를 돌아가게 만든다. 세상을 창조한 후, 늑대는 자신의 창조물들이 기대에 부응하지 못하는 모습에 실망해, 죽은 사람들을 다음 세상으로 호송하는 역할을 하게 된다는 이야기다.

현대의 쇼쇼니족 사이에서는 "신화에서 동물로 나타나는 제일 가까운 친척들이 혼란스럽게 늘어서 있다. 여기에는 아버지, 형, 동생, 태양, 늑대, 그리고 코요테가 포함된다"(Vander 1997, 80). 하지만 이 복잡한 우주관에도 불구하고, 늑대가 코요테의 '형'이라는 생각(Vander 1997)은 대평원과 서부 산간 지역의 공동 포식자로서 이 두 종 사이에 존재했던 생태학적·사회적 관계를 실제로 관찰한 것에 기초한다(Pierotti 2011a).

앞의 장들에서 논의했듯이, 인간과 늑대는 오랫동안 생태학적 관계와 공진화 역사를 공유해왔다(Morey 1994, 2010; Schleidt 1998; Sablin and Khlopachev 2002; Schleidt and Shalter 2003; Ovodov et al. 2011). 이런 맥락에서 코요테나 자칼이 아닌 늑대가 현대 인간의 가장 가까운 동반자 동물인 개의 직계 조상이라는 것은 매우 중요하다(J. Clutton-Brock 1984, 1995; Morey 1994, 2010; Vila et al. 1997; Derr 2011). 늑대가 북아메리카 원주민 부족들 대부분에게 매우 중요한 의미를 가지는 이유는, 인간과 늑대―야생 늑대든 가축화된 늑대든―는 어느 한 종이 아시아에서 북아메리카로 넘어오기 훨씬 전부터 협력적인 먹이 찾기 관계를 가졌기 때문이다(Morey 1994; Vila et al. 1997; Schleidt 1998; Germonpré et al. 2009;

Ovodov et al. 2011). 재미있는 사실은 북아메리카에 도착했을 때의 인간들도 토착 늑대들을 발견했고 빠르게 이들과 협력적인 관계를 구축·재구축했다는 것이다.

이런 생각은, 원주민들의 믿음 체계에서 창조자는 인간이 아닌 동물의 형태를 띠며 보통 해당 지역의 생태 공동체에서 중요하게 여겨진다는 관찰 결과에 의해 더 잘 설명된다(Pierotti and Wildcat 1997; Pierotti 2011a, 2011b). 이런 구분에서 서양의 유일신 종교는 모두 인간을 자연의 나머지와 분리한다(Gray 2002). 반면 우리가 파악한 원주민들의 우주론적 사고에서는 인간이 자연의 일부이며 수천 년 동안 먹잇감·경쟁자·동반자 역할을 해온 다른 종들과 필연적으로 연결돼 있다는 믿음에 기초한다는 점이 중요하다(Pierotti 2011a, 2011b). 이런 연결성에 관한 원주민 부족들의 기본적인 생각은, 인간이 아닌 중요한 종들을 현대의 인간과 문화적 전통을 만들어낸 창조자일 것으로 생각함으로써 더 강화된다. 태평양 연안 북서부와 알래스카의 문화 전통에서 큰까마귀가 창조자로 생각되고(Nelson 1983; E. N. Anderson 1996), 대평원과 서부 산간 지역의 문화 전통에서는 늑대와 코요테가 공동 창조자로 생각되며(Buller 1983; Marshall 1995; Vander 1997), 호주 원주민들 사이에서는 딩고가 자신들을 인간으로 만든 존재라고 생각되는 것이 그 예라고 할 수 있다(Rose 2000, 2011).

생태학적─그리고 특히 사회적 역학관계─면에서 인간과 늑대의 유사성은, 문화진화적 관점에서 보면 두 종이 사회적·생태학적으로 밀접하게 연결됐다는 증거로 해석될 수 있다(Pierotti 2011a, 2011b; Fogg, Howe, and Pierotti 2015). 일부 서양 과학자들은 생명체들이 생태학적으로 비슷하면 **생태학적 종 개념**Ecological Species Concept 하에서 동일한 분류학적 단위에 속하는 구성원이 될 수 있다고 주장한다. 생태학적 종 개념에서 정의하는 '종'이란, 범위 면에서 다른 혈통과 최소한으로 다른 적응영역(adaptive zone: 한 생물이 다양하게 분화하여 비교적 짧은 시간 동안 다수의 계통으로 갈라질 수 있는 환경—옮긴이)을 차지하며 그 범위 밖의 모든 혈통과는 독립적으로 진화하는 혈통, 또는 가깝게 연결된 혈통들의 집합을 말한다(Van Valen 1976). 이는 하나의 생태학적 적소를 차지하는 생물체들의 집합이라고 다시 설명할 수 있다(Pierotti 2011a). 생태학적 적소는 한 종 또는 종들의 집단이 이용하는 자원과 서식지의 집합이며, 서로 다른 적소들은 상당 부분 겹치기도 한다. 이 논리를 따른다면, 먹이를 찾거나 먹잇감을 선택할 때 종 안과 종 사이에서 함께 일하며 비슷한 방식으로 행동하는 늑대와 인간의 성향은, 대평원의 원주민 부족들 대부분이 늑대와 인간을 서로의 가장 가까운 친척으로 생각하게 만들었다(Marshall 1995; Fogg, Howe, and Pierotti 2015).

늑대는 대평원 환경의 포식자 중에서 가장 눈에 잘 띄는, 사회적이고 지능이 높은 포식자다. 태평양 연안 북서부에서 가장 지능이 높고 사회적이며, 자주 인간과 상호작용하면서 눈에 매우 잘 띄는 동물은 큰까마귀다(Pierotti 2011a, 2011b). 큰까마귀는 늑대와는 생태학적으로 다르며, 작은 동물을 잡아먹는 일반적인 잡식동물 포식자이자 죽은 연어나 큰 동물의 사체를 먹고 사는 청소동물이기도 하다. 하지만 큰까마귀는 늑대처럼 일부일처 체계를 가지며 확장된 가족집단을 이룬다(Heinrich 1999; Pierotti 2011a). 태평양 연안 북서부에서 큰까마귀는 창조자이자 사기꾼으로 생각된다(Nelson 1983). 하지만 제2장에서 지적한 것처럼 늑대와 큰까마귀도 생태학적·사회적으로 가까우며, 큰까마귀가 "늑대—새"(Heinrich 1999)로 불릴 정도로 둘의 관계는 우호적이다.

사냥 관계와 사냥감의 속성은 태평양 연안 북서부와 북극 지역의 촘촘한 삼림과 추운 기후에서보다 대평원과 서부 산간 지역에서 더 많이 달라진다. 큰까마귀는 늑대와 달리 인간과 가장 가까운 친척이나 인간과 동등한 존재로 생각되지 않는다. 인간과 늑대가 같은 종류의 사냥감, 즉 들소·가지뿔영양·엘크·노새사슴·큰뿔양을 사냥하는 지역에서는 늑대가 창조자로 생각된다. 큰까마귀가 창조자로 여겨지는 곳은 인간이 카리부 같은 사냥감을 사냥할 때 큰까마귀의 도움을 받는 지역이다(Brody 2000; C. L. Martin 1999).

따라서 인간이 아닌 동물 중에서 북아메리카 원주민 부족들이 창조자로 생각하는 동물은, 대부분 특정 생태계 내 인간 사회의 생활방식과 생태에 가장 밀접하게 연결된 동물인 것으로 보인다. 곰이 인간에게 식물 먹잇감에 대한 지식을 가르쳤던 북부 삼림 지역에서는, 곰이 창조자상으로 생각되기도 한다(Pierotti 2011a).

결론적으로 여러 가지 면에서 늑대를 창조자로 여기는 것은 늑대를 스승으로, 특히 사냥과 사회적 능력을 가르쳐준 스승으로 생각하는 것과 그렇게 다르지 않다. 늑대는 "기억 저편"에서부터 부족 사람들의 문화적 전통의 일부였다. 베링육교를 건너온 최초의 사람들이 현재 북아메리카라고 부르는 땅에 진입했을 때, 이들을 큰까마귀의 인도를 받고 늑대와 동행했다.

두 종은 다양한 부족들이 새로운 환경에 직면해 적응했을 때, 부족의 기억과 문화적 전통을 암호화하는 데에 도움을 준다. 더 중요한 것은 이 두 종이, 동물들이 훨씬 더 많은 것을 아는 땅에서 인간이 생존하는 데에 도움을 주었다는 점이다. 그들이 가르쳐준 생존 기술 대부분이 사냥과 죽은 동물 먹기와 관련되었기 때문에, 북아메리카 원주민 부족들이 가장 지능이 높고 사회적인 사냥꾼이면서 청소동물인 두 종을 창조자로 생각하며 두 종이 서로 가장 가까운 협력자로 보이는 것은 놀라운 일이 아니다. 늑대, 큰까마귀, 그리고 인간은 사냥한 동물을 공유하고, 서로가 죽인 동물의 남은 고기를 먹고 살았다(Schlesier 1987; Marshall 1995; Hampton 1997). 또한 이 동물들은 모두 밀접한 가족집단을 이루어 살며, 이 집단은 교배를 하는 성체 짝이 지배한다. 우리의 주장과 슐라이트와 샬터(2003)의 주장에 따르면, 늑대는 인간의 진화를 일으킨 주요한 동인이었을 수 있으며, 가족 간의 결합이 강하고 협력적이며 육상에 무리지어 사는 우리가 지능이 높은 유인원으로부터 만들어진 것은 그 동인이 아니었을 수도 있다(Rose 2000, 2011; Schleidt and Shalter 2003). 늑대(그리고 딩고)가 창조자로 여겨지는 주요한 이유는 이 종이 말 그대로 우리를 현재의 인간으로 만들었을 수 있기 때문이다.

사기꾼이란 무엇이고, 왜 사기꾼인가?

늑대가 어릿광대로 등장하고 비웃음의 대상이 되는 듯한 이야기가 현재 시베리아 일부에서 전해 내려오기는 하지만, 지구상의 어떤 문화에서도 늑대는 사기꾼으로 생각되지 않는다. 우리는 코요테와 큰까마귀를 둘 다 '사기꾼trickster'이라고 말해왔지만, 사기꾼이라는 개념을 사용하는 문화에서 그 단어가 어떤 의미를 가지는지는 논하지 않았다. 여기서 우리의 목표는 생태학적·사회적 맥락에서 사기꾼이란 무엇인지 정의를 내리고, 더 나아가 실제로 살고 있는 생물들에 기초한 존재에 대해 논의할 때 왜 이 용어가 적당하지 않은지 살펴보는 것이다.

사기꾼의 표준적인 정의는 보통 폴 라딘의 다음과 같은 묘사를 따른다. "사기꾼은 동시에 창조자이자 파괴자, 주는 존재이자 부정하는 존재이며, 다른 사람들을 속이면서 자신에게도 속는 사람이다. … 사기꾼은 선도 악도 모르지만, 둘 다의 원인이다. 사기꾼에게는 도덕이든 사회든 가치가 없지만… 그의 행동을 통해 모든 가치가 생겨난다"(1972, xxiii). L. 하이드(1998)는 이 정의에서 재미있는 점을 하나 지적했다. 이 묘사에서 사기꾼은 남을 속이는 만큼 자신도 속기 때문에 기독교의 악마, 즉 사탄은 사기꾼이 아니라는 점이다. 사기꾼은 악의 화신도 아니고 오히려 "선도 악도 모르는" 존재인 데다가 그의 행동은 사회가 받아들이는 가치를 만들어낸다.

사기꾼의 의도된 행동은 유럽인의 시각에서는 해로운 것으로 보일 때가 많다. 하지만 사기꾼을 사탄과 동일시하려는 진부한 시도가 있음에도, 사기꾼은 악마와 거의 관계가 없다. 일부 학자들(e.g., Ricketts 1966)은 사기꾼은 모두 어느 정도 "문화 영웅"이며 "북아메리카의 가장 오래된 사냥 문화에서 사기꾼와 영웅의 역할은 항상 같은 인물이 맡는다"라고 주장해왔다(329). 더 재미있는 것은 리케츠가 여기서 더 나아가 "신화와 관련하여 사기꾼의 행동은 스스로를 인간을 초월한 존재로 그려내지만, 사기꾼 자체는 인간이다"(344)라고 주장한다는 점이다. 이는 코요테가 개인적으로 갈등하면서도 복잡한 세상에서 삶의 어려움을 인식하고, 처음에는 환영받지 못하는 해결책을 결국 만들어낸다는 쇼쇼니족의 전승에서 분명해진다.

예를 들어 코요테는 죽음은 영원해야 한다고 주장하는 늑대의 유토피아적인 순진함에 맞서지만, 죽음에 관한 코요테의 해석이 현실을 반영한다는 것은 분명하다. 코요테는 신비스러운 동물이 아니다. 코요테는 때때로 역겹고 대체로 이기적이며 게으르지만, 그래도 근본적으로 합리적인 존재다. 다른 말로 하면, 쇼쇼니족 사람들은 자신들이 코요테라고 생각하지만 공개적으로 이를 인정하기에는 너무 예의바르거나 쑥스러워한다는 말이다. 쇼쇼니족은 코요테의 가면 뒤에 숨는다. 코요테는 분명히 늑대처럼 지능이 높고 작은 포식자이지만 늑대는 아니며, 자신만의 이익을 위해서 너무 똑 부러지게 굴 때가 많다.

이상주의적이며 화를 잘 내기도 하는 늑대의 이미지는, 우상파괴적이지만 실용적인 코요테와 대조를 이룬다. 늑대는 모든 것이 완전하기를 바라고, 자신이 생각한 대로 간단하게 일이 풀리지 않으면 좌절한다. 이런 이유에서 누믹족의 철학적인 전통에서는 늑대가 '천국'을 관장하는 반면, 코요테는 땅의 현실을 다룬다. 따라서 코요테는 이상주의자가 될 수 없다. 물리적인 세계는 너무나 현실적이며 무시할 수 없기 때문이다. 파이우트족 사람인 워보카가 유럽-미국 침입자들의 파괴력에 대처하기 위해 창시한 정신적 운동인 고스트댄스Ghost Dance로 인해, 실용적인 문제를 둘러싸고 재미있는 논쟁이 발생했다. 워보카는 설교를 하면서, 모든 인디언이 고스트댄스에 참여한다면 백인들이 죽인 사람들과 버펄로 모두가 살아날 것이라고 주장했다. 동부 쇼쇼니족과 라코타족 일부에게는, 되살아난 모든 사람을 어떻게 다 수용하며 누가 그들을 먹일 것인지 확실해야 했다. 이 부족 사람들이 실용적인 코요테의 후손임을 알려주는 대목이다. 반면 워보카는 자신 안의 늑대를 들먹이며, 이 창조자가 지구의 크기를 늘려 그 모든 사람이 인구밀도를 높이지 않고 살아갈 수 있을 것이라고 주장했다(Vander 1997).

유럽인들이 북아메리카에 들어와 살게 되자, 수많은 부족은 이 유럽인들을 사기꾼의 이미지와 연결해 생각하기 시작했다. 유럽인들은 의도가 불분명해 보이는 데다가, 원주민 부족이 부수적이거나 지엽적이라고 생각한 것들을 중요하게 여기는 경향을 보였기 때문이다(L. Hyde 1998; Ballinger 2004). 유럽인들은 분명히 인간이었지만, 진실을 말하는 능력과 태도가 미성숙한, 어른과 아이의 중간 어딘가에 갇힌 존재로 보였다. 유럽인들을 사기꾼과 연관 짓는 이런 생각에는 가볍게 비난하려는 의도가 있는 것으로 보인다. 삶과 환생에 대한 논의에서 보이듯이, 사기꾼 이야기는 어떻게 사는 것(또는 살지 않는 것)이 옳은지 보여주기 때문이다. 희화하는 조로 과장된 측면이 있지만, 유럽인들을 다루는 이야기는 더없이 진지했다.

사기꾼에 대한 라딘의 정의(1972)와는 대조적으로, 램지는 더 정교하고 더 원주민다운 정의를 제시했다. "사기꾼은 상상 속에 나오는 과장된 인물이다. … 사기꾼의 단편적인 모습은 가정적인 성향, 성숙함, 선한 시민의식, 겸손, 신의에 대한 적대감에 기초를 두며… 주로 신체적으로 위장하고 모양을 바꾸는 것으로 나타난다. 또한 가능성을 만들어내거나 인간의 한계를 설정한다는 점에서, 사기꾼이 기발하게 사리를 꾀하는 것은 신화에서처럼 현실을 크게 변화시킬 수 있다. 구조적인 관점에서 보면 사기꾼은 중재하는 존재다"(1999, 27-28). 램지가 **중재하는**이란 말을 쓴 것은 "하나의 생각 안에서 현실과 정의를 획득할 수 있다hold in a single thought reality and justice"라고 주장한 시인 예이츠처럼, 양 극단을 적극적으로 조율해 그 둘이 서로 양립할 수 있게 한다는 뜻이다. 이는 '절충이나 화해'를 뜻하지 않는다. 결론을 향해 한 걸음 한 걸음 나아가지는 않는, 그저 생각의 연속적인 과정이다(29).

레비-스트로스(1967)는 서부의 부족들 사이에서 인간이 아닌 사기꾼은 주로 코요테나 큰까마귀 같은 청소동물과 잡식동물이라고 주장한다. 이 동물들은 초식동물과 육식동물 사이에서 생태학적으로 중재하는 자리를 차지하여, 생존 전략의 측면에서 '중간'에 위치하게 된다. 이는 현명한 선택으로 보이며, 특히 잡식동물이면서 최소한 초기 역사에서는 청소동물이었을 인간의 눈으로 본다면 더욱 그렇다. 하지만 육식동물과 초식동물 사이에서 중재하는 역할을 맡는다는 것이 무슨 뜻인지는 분명하지 않다. 잡식동물은 과일도 어느 정도 먹고 쓰레기 더미에서 먹을 것을 찾기도 하지만, 자연 상태에서는 기본적으로 육식동물이며 어떤 경우에도 초식동물이 될 수는 없다.

램지(1999)는 레비-스트로스의 분석을 언급하지만 더 설득력 있는 주장을 한다. 그는 아메리카 원주민의 전통을 예이츠나 블레이크 같은 서양 작가들이 가진 낭만적 경향에서 생각하지 않는 게 가장 좋다고 주장한다. 아메리카 원주민들은 사기꾼을, 자신을 의식하지 않고 영웅적이지도 않지만 원주민들의 다양하고 극단적인 경험들을 모두 품은 집합적 존재로 여기는 듯하다. 상실의 슬픔과 함께 죽음을 삶의 일부로 인식하는 일, 또는 서로 존중하는 사회집단의 구성원이 되려면 (만약 십대라면) 성적인 욕구를 느낄 때마다 표시해서는 안 된다고 인식하는 일 등이 그런 경험에 포함된다.

램지의 관점에서 사기꾼의 역할은 "인간과 인간이 아닌 것들 사이에 어떤 형태로든 중간적인 위치를 차지하는 모호한 존재로서 모험하며, 인간의 정체성을 드러내는 중요한 일을 하는 것이다"(1999, 30). 하지만 인간이기도 하고 인간이 아니기도 한 이 상태는 문제가 되기도 한다. 이 상태는 인간이 아닌 것들이 이루는 자연의 질서와 '사기꾼'을 갈등하게 만들기 때문이다. 사기꾼은 탐욕스럽고 괴팍하며 자연에서 얻는 것들을 너무나 인간적으로 낭비하고 남용하기 때문에, 결국 인간이 아닌 것들의 멸시를 받게 된다. 이들은 또한 인간이 아닌 것들에게는 자연스러울 수 있다고 해도 "이상화된 인간 본성에 따른다면 허용할 수 없는" 행동들을 언제든지 할 수 있다(31).

우리도 이는 문제가 된다고 생각한다. 코요테 한 쌍이 '공개된 장소에서' 교배한다고 해도, 그걸 신경 쓰는 존재는 인간밖에 없으며 자연에서는 별로 중요한 일이 아니다. 비슷하게, 늑대 암컷이나 개 암컷이 자신의 무리에서 다른 암컷이 낳은 새끼를 죽인다면 행동 면에서는 갈등을 겪겠지만(McLeod 1990; Marshall Thomas 1993), 이는 비도덕적이거나 불법적인 일이 아니다. 그런 행동은 쇼쇼니 코머도어Commodore가 말한 틀, 즉 죽음이 현실이 아니라면 먹여야 할 입이 너무 많을 것이라는 생각의 틀에 들어맞는 행동이다.

사기꾼을 본질 면에서 훨씬 분명하게 인간적으로 만드는 요인은, 사기꾼의 주요 역할이 "부족의 선한 시민의식과 개인의 자아실현 사이에서 모순을 겪는 중재자"(Ramsey 1999, 32)라는 점이다. 사기꾼의 탐욕이나 괴팍함은 부족이나 무리의 구성원에게 어떤 종류의 행동이 받아들여지지 않는지 알려주기 위한 것이다. 이는 '경찰력'에 의존하지 않고 사회의 규범을 유지하는 데에 확실히 중요하다. 하지만 사회규범을 유지하는 일은 코요테나 큰 까마귀처럼 실제로 살고 있는 동물과는 아무런 관련이 없다.

사기꾼 이야기의 주요 기능 중 하나는 다음 세대를 교육하는 것이다. "중간에 낀 사기꾼의 또 다른 중재적 기능은 아이들이 말로 표현 못하는 공포 그리고 자신에 대한 집착—특히 자아가 성장함에 따라 같이 커지는 몸에 대한 집착—과 아이들 사이를 '중재'하는 것이다"(Ramsey 1999, 37). 사기꾼 이야기는 개인 차원에서는 죄책감과 불안감을 줄여주는 한편, 부족 전체가 공유하는 사회적 기능에 관한 중요한 교훈을 재미있게 포장해준다. 이런 이야기에는 어린아이가 사회의 규칙을 어기거나 다른 방식으로 곤경에 빠졌을 때 교정하는 기능도 있다(Basso 1996). 사기꾼은 성숙하지 않은 생각의 '모식표본'이 되며, 시작하는 시기 즉, 지금의 환생 단계에서 '사람들'이 점유하는 복잡한 현재를 가리키는 시기에 그런 미성숙한 생각을 하는 것이 얼마나 투박하고 유치한지 보여주는 역사의 예가 된다. 신화의 시대에 사기꾼이 어땠는지 아이들이 확인하려면, 그런 실수를 저지르지 않도록 주의하며 자기 자신을 세심하게 살펴보면 됐다(Ramsey 1999, 38).

아메리카 원주민들이 인간이 아닌 존재에게 사기꾼 역할을 할당한 것은 재밌는 일이다. 이와는 대조적으로 유럽의 전통에서 사기꾼은 주로 헤르메스나 로키 또는 다른 신화적 존재, 예를 들어 올림포스 신들의 전 세대인 티탄에 속한 프로메테우스 같은 신이다. 이는 아메리카 원주민들의 사기꾼이 고상하고 이타적인, '프로메테우스적인' 동기를 가지고 행동할 필요가 없다는 뜻이다. 이 사기꾼은 우연히 큰 변화를 일으키기도 하며, 죽음에 관한 코요테의 주장에서 보이듯 그것은 이기적인 동기에서 비롯되기도 한다. 코요테는 우연하게 근친상간의 위험을 보여주기도 하고, 큰까마귀는 어두울 때 사냥하는 것이 힘들어 태양을 풀어주기도 한다.

여러분의 세상이 대체로 사기꾼의 작품임을 받아들이는 것은 "세상을 있는 그대로를 알고 받아들이는 것"(Ramsey 1999, 41)이다. 세상은 완벽하지 않다. 하지만 세상을 창조한 존재를 생각해본다면, 어쩌다가 이렇게 되었을까 하는 의문이 생기기도 한다. 어쨌든 이 세상은 이 정도면 충분하고, 우리의 세상이다. 이러한 생각은 자연을 인정하고, 그에 따라 더 살기 좋은 세상을 만들기 위해 세상이 돌아가는 방법을 엄청나게 바꾸거나 '조작'할 필요가 없다는 믿음을 가지는 것이다(Gray 2002; Pierotti 2011a). 늑대는 사물을 창조해 완벽한 세상을 만들려고 노력하는 존재지만, 늑대의 동생인 코요테와 늑대의 한결같은 동반자인 큰까마귀는 이 세상을 어느 정도 문제가 있는, 현재의 세상으로 만들었다. 최근 들어서는 코요테(그리고 원주민들의 전설에 등장하는 악마 같은 괴물인 웬디고)가, 미성숙하고 탐욕스럽고 이기적인 행동 때문에 원시적이고 거만하게 보이는 유럽인들의 대역이 됐음을 알면 유익할 것이다. 강력한 힘을 가진 백인들은 아메리카에 들어와 탐욕에서 비롯된 실수를 함으로써 세상을 다시 만들려고 노력하는 역할을 맡았다(Gray 2002).

우리의 공진화적·생태학적 관점에서 보면, 이런 세계관은 충분히 이해가 간다. 원주민들에게 늑대는 스승이자 창조자였으며, 그들은 늑대를 존중하고 모범으로 삼았다. 하지만 늑대를 완전히 적으로 여기는 유럽 문화와 늑대의 상호작용은 차단당한 상태다. 늑대는 유럽인들에게 한 번도 스승이나 창조자 역할을 한 적이 없다. 이와는 대조적으로 큰까마귀와 코요테는 유럽인의 침략이 시작된 후부터 번성하기 시작했다는 것이 생태학적·진화론적 진실이다(Ballinger 2004). 그 후 이 종들은 계속해서 더 다양해졌으며, 개체수도 그에 따라 늘어났다. 이 종들은 다양한 환경에서 사는 것을 받아들이고, 그들의 동료인 백인 사기꾼들이 만든 환경에서 사는 법을 배웠기 때문이다.

모습 바꾸기에 대한 견해, 인간이 아닌 것들과의 구별

아메리카 원주민 부족들 사이에서 전해 내려오는 대부분의 이야기에 등장하는 존재들은 바다표범이나 고래를 포함한 매우 다양한 생명체로 모습을 바꿀 수 있다(Martin 1999). 이런 이야기의 많은 부분은 샤머니즘 행위 자체, 그리고 그 행위가 불러일으키는 실제 현상과 관련이 있다. 이런 논의에서 자주 생략되는 것은, 예복을 입고 춤을 추는 행위가 춤추는 사람들이 그이후에 사냥할 동물과 동일시되고 심지어는 그 동물로 '변하게 되는' 분위기를 만들기 위한 것이라는 측면이다. 로저 웰시는 버펄로댄스Buffalo Dance를 다음과 같이 설명한다. "일단 춤이 시작되면, 옷을 주렁주렁 입고 얼굴을 가린 채 춤을 추는 사람들이 누구인지 알아보기는 불가능해지며, 아무도 추측하려 들지 않는다. [사람들은] 춤추는 사람들이 이제 버펄로가 되었다고 이해한다. … 일단 버펄로댄스 예복을 걸치고 춤을 시작하면 그들은 더 이상 친척, 친구, 이웃이 아니다. 의상·기도·음악·의식이 한데 얽힌 상태에서 초저녁에는 인간이었던 존재가… 이제는 버펄로가 된다"(1992, 60). 이어서 웰시는 이렇게 말한다. "그 사람[네브래스카주 고고학자]은 춤추는 사람들의 눈을 들여다보려고 했다. 하지만 마치 사람은 없고 가면만 있는 것 같았다"(74). 결론적으로 웰시는 "버펄로댄스를 추는 사람은 인간이 아니라 영혼"(67)이라고 말한다. 버펄로, 사슴, 독수리 춤은 볼 수 있지만 늑대, 코요테, 곰, 퓨마 춤은 볼 수 없는 이유가 여기에 있다. 육식동물은 먹잇감으로 사냥되지 않으며 인간과 동등한 존재로 생각되기 때문이다. 피에로티가 직접 관찰한 바에 따르면, 비슷한 방식으로 태평양 연안 북서부에서 춤추는 사람들도 복잡한 가면과 예복을 걸치고 동물들을 너무나 정확하게 흉내 내면서 그 동물들을 소환하기 때문에, 유럽 혈통을 가진 구경꾼들에게는 당황스러울 수 있다.

이 주제의 하위분류 중에는 많은 관심을 끄는, 적어도 미디어의 관심을 끄는 것이 있다. 늑대로 모습을 바꾸는 이야기다. 이 주제는 모르몬교 신자인 주부 스테퍼니 마이어의 인기 소설『트와일라잇』시리즈에서 새 생명을 얻었다. 이 책과 영화는 (뱀파이어와 함께) 워싱턴주의 올림픽반도에 있는 원주민 보호 지역에 느슨하게 위장하며 사는 아메리카 토착 늑대인간 무리를 소재로 한다. 이런 소설은 보통 나바호족의 '마법witchcraft' 이야기나 (토니 힐러먼의 베스트셀러 소설의 세부 주제가 될 때가 많은) '스킨워커skinwalker' 이야기에서 소재를 얻는다. 이런 이야기에서 등장인물들은 늑대나 코요테의 가죽을 입고 다양하고 불쾌한 활동에 참여한다고 묘사된다(Kluckhorn 1944).

나바호 말로 이 행위를 가리키는 말은 **아디시가시**adishgash, 이 행위를 하는 사람은 **아딜가시**adilgashii다. 기병대를 따라온 영국-유럽인 선교사들과 인류학자들은 아디시가시를 '마법'으로 번역했다. '스킨워커'라는 말은 더 자주 들어보았을 것이다. 나바호 말의 **이이 나알들루시**yee naaldlooshii를 대충의 의미만 살려 번역한 것이다. 불만이 있는 사람이면 거의 누구나 아디시가시를 행할 수 있지만, 스킨워커는 늑대, 올빼미, 또는 다른 유해한 동물로 모습을 바꿀 수 있는 숙련되고 경험이 많은 악인이다. 가끔 듣는 '나바호 늑대'라는 이름은 이 스킨워커로부터 나온 것이다. 나바호족은 이 개념들을 매우 진지하게 받아들인다. 1860년 미국 기병대가 나바호족을 에워싸고… 그리고 보스크 레돈도까지 약 482킬로미터를 동쪽으로 행군시켰다. **휠디**(Hweeldii: 말 그대로 '역경')이라고 기억되는 이 사건은 나바호족에 대한 홀로코스트였다. 1864년 나바호족이 다시 돌아왔을 때, 그들은 자신들만의 마녀 숙청을 실시했다.

"마법을 행하는 이유는 모든 악마적인 행위의 유서 깊은 동기, 즉 시기와 질투다." 마법은 애리조나주 친리 지역 근처에 사는 굶주린 나바호족 집단이 부유한 이웃들을 대상으로 행한 것이었다. 피해자는 병이 들고, 피해자의 소들도 죽고, 작물도 다 엉망이 됐다. 이로 인한 숙청으로 40명이 목숨을 잃었고, 유혈 사태는 미국 군대가 진압할 때까지 계속됐다. 물질적으로 너무 성공하면 **호즈호**[hozho: 균형과 조화]라는 집단의식이 흐트러질 수 있는 것으로 보인다. 가장 근본적으로 나바호족 전통의 '마녀'는 이기적인 동기에서 행동하는 사람이다. 자원을 공유해야 한다는 문화적 명령은 너무나 강력해, 친척이 음주운전을 하고 차를 망가뜨릴 게 확실할 때도, 새 트럭을 빌려달라는 그 친척의 부탁을 거절할 수는 없다. 당신 가족의 호즈호를 망치는 것보다 차를 빌려주는 편이 낫다. (Brenner 1998)

'모습 바꾸기'의 더 그럴듯한 다른 형태는, 앞의 장에서 기술한 것과 같은 경험—인간이 늑대 무리 안에서 오랫동안 같이 생활하는 것—을 통해 늑대와 비슷한 성향을 가지는 것이다. 이런 이야기에서는 늑대가 이상화되며, 늑대가 되는 것은 고상한 변환으로 여겨진다. 이런 이야기들에서 결국 모습을 바꾸는 인물은 다른 인간들로부터 모욕을 받거나 버려진다. 「버려진 소년; 또는 늑대 형제The Forsaken Boy; or, Wolf Brother」라는 모호크족과 오논다가족의 이야기에서, 나이가 든 형들은 어린 동생을 숲에 버려 굶게 만든다. 하지만 이 소년은 늑대들이 의도적으로 제공한 먹다 남긴 고기 조각을 먹으면서 목숨을 유지하고, 결국 늑대들 사이에서 사는 방법을 배우게 된다. 소년의 형이 가족의 땅에 돌아와 버린 동생이 살아 있는 것을 발견했을 때, 소년의 변환이 시작된다. 형이 동생에게 다가가려고 열심히 시도할수록 소년의 변환은 빠르게 일어나고, 결국 소년은 "나는 늑대야!"라고 소리치고 사라져버린다.

이런 종류의 이야기는 제7장에서 다룬 조력자로서 늑대 이야기의 변형이지만, 늑대에 대한 부족의 또 다른 태도를 보여주는, 약간의 뒤틀림이 있는 이야기다. 이런 맥락에서 늑대는 잃어버린 지 오래된 동생으로 생각되며, 이런 생각은 인간과 늑대 두 종간의 호혜적인 관계를 만들어낸다. 이 이야기에서 늑대들은 소년이 살 수 있도록 자신들이 잡은 먹이의 일부를 남기고, 소년의 가족은 늑대에게 먹이를 제공해 다시 도움을 준다. 어떤 늑대가 가족이 잃어버린 형제인지 모르면서도 그렇게 한다. 이는 존경심에서 늑대와 다른 종들에게 자신이 잡은 먹잇감의 일부를 남기는 수많은 부족의 전통을 나타낸다.

원주민의 전통 이야기에 모습을 바꾸는 내용이 들어있다는 사실은, 그런 이야기가 늑대인간에 관한 유럽의 신화와 비교될 때 오해를 일으키기도 한다(Colshorn and Colshorn 1854; Summers 1966). 스테퍼니 마이어와 〈트와일라잇〉 시리즈의 제작자들은 이런 오해를 이용한 사람들이다. 유럽인들 사이에서 인간이 늑대로 변하는 이야기가 생긴 이유는, 아메리카 원주민들 사이에서 그런 이야기가 만들어진 이유와는 매우 다르다. 실제 늑대로는 전혀 생각되지 않는 나바호족의 스킨워커를 제외하면(Kluckhorn 1944), 아메리카 원주민 부족들에서 변환 이야기는 인간과 늑대 삶의 유사성을 보여주는 방법으로 이용됐다. 반면 유럽의 전통에서 그런 이야기들은 악마와 관계를 맺으면 어떻게 되는지 보여줌으로써 사람들에 겁을 주는 용도로 쓰였다.

아메리카 원주민처럼 중세 유럽인들도 동물에게 영혼이 있음을 받아들였으며, 곰과 늑대를 조상이자 토템으로 인식했다. 아메리카 원주민 사냥꾼들이 그랬던 것처럼 중세 유럽인들도 동물 가죽 등으로 만든 예복을 입고, "[동물의] 울음소리와 행동을 흉내 내고, 인간을 버릴 정도의 상태에 진입해 결국 영혼의 세계에 도달할 때까지 열심히 춤을 추었다"(Pastoureau 2007, 45). 하지만 로마 가톨릭 교회는 문화적·감성적 유대를 맺은 가축화되지 않은 동물과 유럽인들의 관계를 공격했다. 교회는 유럽인의 상상에 확고한 제동을 걸면서, 동물의 영혼이 소환되는 유럽의 샤먼 전통과 의식—예를 들어 젊은 전사들이 곰의 걸음걸이와 소리를 흉내 내며 이중의 존재가 되는 용맹한 전사Berserker의 전통—을 악마화했다. 이 전사들이 전투 준비를 위해 진짜 곰으로 변신했다고 믿는 사람도 있었다(45). 재미있는 점은 이 전사들 대부분이 실제로 '늑대 망토wolf-cloak'로 불렸다는 것이다. 무아지경에 빠지거나 전투에 돌입할 때 이들이 늑대 가죽을 입었기 때문이다.

곰은 중세 교회에게는 공포의 대상이었다. 중세 교회는 곰을 가장 위험한 동물로, 심지어 사탄과 연결된 동물이라고까지 생각했다. 이런 공포는 곰·늑대와의 전쟁을 일으켰고, 이 전쟁은 몇 세기 동안 계속됐다. 중세 교회는 동물들을 재판에 세운 다음 여러 가지 범죄 혐의를 씌워 항상 유죄판결을 내렸고(Coates 1998; Pastoureau 2011), 결국에는 곰을 조직적으로 대량 학살하기까지 했다.

곰이 거의 사라진 후, 교회는 무서울 정도로 빠르게 늑대에게로 눈을 돌렸다. 이런 전통은, 동물에게는 영혼이 없으며 인간과 동물의 속성 사이에 혼란을 조성하는 것은 혐오스러운 짓이라는 이상한 주장에서 시작됐다. 이 주장에는 아우구스티누스, 아퀴나스, 데카르트 등이 동의하기도 했다. '암흑시대'의 유럽인은 늑대를 두려워하지 않았다. 하지만 '계몽시대'가 되자 16세기에는 영국에서, 1684년에는 스코틀랜드에서, 1770년에는 아일랜드에서, 1772년에는 덴마크에서, 1847년에는 바바리아에서, 1900년에는 폴란드에서, 1927년에는 프랑스에서 늑대가 완전히 멸종했으며, 1950년에는 거의 미국 전역에서 멸종했다(알래스카는 1959년까지 미국의 주가 아니었다). 미국에서는 단순히 총으로 쏴서 늑대를 멸종시키지 않았으며, 유럽에서 온 이주민들은 매우 악랄한 방법으로 늑대를 대했다(Coleman 2004; Pierotti 2011a). 미국인들이 왜 늑대를 싫어하고 두려워하냐고 묻는 학생들이 가끔 있다. 대답은 분명하다. 이런 감정은 교회에서 비롯된 것이며, 미국 사회에서 반늑대 정서가 가장 강한 사람들은 대부분 강한 종교적 배경을 가졌다.

9

가축화의 과정:
'길들인' 대 '야생으로 돌아간' 그리고 '가축화된' 대 '야생의'

사육자들은 자신의 말, 개, 비둘기가 거의 다 자랐을 때 교배를 위해 선택을 한다. 사육자들은 이 동물들에게 자신들이 원하는 특징과 구조만 있다면, 그것들이 삶에서 전반부에 만들어졌는지 후반부에 만들어졌는지는 관심이 없다.

찰스 다윈, 『종의 기원』

18년 전 피에로티와 가족은 야생으로 돌아간 고양이(들고양이*Felis sylvestris*, 가축화된 변종)와 함께 살기로 결정했다. 처음 나타났을 때 이 고양이는 새끼 고양이, 더 정확하게는 어린 고양이었다(생후 약 3~4개월이었다). 이 고양이는 쉽게 사람에게 사회화됐지만 집고양이는 아니었고, 우리 헛간에 살면서 토끼 같은 포유동물이나 집참새*Passer domesticus*를 잡는 것을 좋아했다. 헛간에 살기 시작한 후부터, 이 고양이는 가축화된 당나귀*Equus asinus* 몇 마리와 처음 사회적 유대관계를 형성하기 시작했다. 고양이는 당나귀들이 밭으로 나갈 때 당나귀의 등에 올라타 같이 나가기도 했다. 당나귀의 등은 프레리들쥐와 거친털목화쥐를 찾아내기에 좋은 자리였기 때문이다. 고양이는 땅이 젖어있거나 눈이 왔을 때도 당나귀의 등에 올라탔다. 추운 겨울밤이면 당나귀의 등에 뛰어올라 웅크리고 자기도 했다.

이 고양이가 처음 사회적 유대관계를 맺은 대상이 사람이 아니라 당나귀였다는 사실은 두 가지 행동을 보면 확신할 수 있다. 우선, 고양이는 다 자란 우리 집 당나귀 수컷 하나, 암컷 하나와 좋은 관계를 맺었지만, 암컷 당나귀는 새끼를 낳았을 때 당연히 자기 새끼를 신경 써서 보호했다. 특히 당나귀 암컷이 포식자 육식동물이라고 알고 있는 동물은 (작은 동물이라도) 더 경계했으며, 이 고양이를 자기 새끼에게 다가오지 않도록 쫓아버리기도 했다. 그 후 몇 주 동안 우리는 고양이가 조심스럽게 당나귀 가족의 역학관계 안으로 들어가는 것을 관찰했다. 고양이는 주로 수컷 당나귀와 놀면서도 새끼 당나귀와 놀 기회를 틈틈이 엿봤다. 2~3주 동안 고양이는 당나귀 사회에 다시 진입했고 새끼 당나귀도 고양이를 자신이 속한 사회집단의 구성원으로 확실하게 받아들이게 됐다. 하지만 결정타는 고양이가 작은 새와 포유동물을 잡아 입을 대지 않은 부분을 당나귀들의 먹이통에 조심스럽게 놓아 '선물'로 주기 시작한 것이었다. 300킬로그램이나 나가는 당나귀 암컷이 먹이통에서 들쥐의 뒷다리와 엉덩이 부분을 발견했을 때 어떤 반응을 보이는지 본 적이 없다면, 인생을 제대로 산 것이 아니다!

이런 신기한 사회적 유대는 쌍방으로 진행됐다. 어느 날 피에로티는 당나귀 세 마리가 모두 소란을 피우며 울부짖는 소리를 들었다. 피에로티가 가서 보니 '당나귀들의' 고양이가 침입자 고양이를 닭장 옆 구석으로 몰아넣고 꼼짝 못하게 하고 있었다. 고양이 뒤에는 당나귀 세 마리가 반원을 그리며 둘러서 울부짖으면서 이 '침입자' 고양이에게 공격할 수 있다는 위협을 하고 있었다. 피에로티는 두꺼운 장갑을 끼고 이 침입자를 잡았다(나중에 몇 킬로미터 떨어진 버려진 농가에 놓아주었다). 피에로티가 침입자 고양이를 들것에 싣고 나자, 우리 고양이와 당나귀 세 마리는 조용해져서 같이 다른 데로 가버렸다. 따라서 피에로티는 이렇게 종이 섞인 집단에서 자신의 역할은 '주인이자 소유주'가 아니라 '임시적인 위기의 해결사'가 가장 적당하다고 믿게 됐다.

이 이야기로 장을 시작하는 이유는 다음의 질문을 하기 위해서다. 헛간에 사는 고양이를 어떤 범위에 집어넣을 것인가? 이 고양이는 가축화된 혈통의 결과물, 들고양이의 가축화된 형태다. 하지만 이 고양이는 거의 대부분을 혼자 또는 사람이 아닌 다른 동물과 살았고, 이 경험은 고양이를 적어도 **야생으로 돌아간** 고양이로 만들었다. 이와는 대조적으로 동물 가축화 분야의 중요한 학자가 제시한, **가축화된** 동물의 다음과 같은 정의를 생각해보자. "교배 방법, 영역의 구조와 먹이 공급 방법을 완벽하게 아는 인간 공동체가 경제적인 이득을 얻기 위해 잡아서 번식시킨 동물"(J. Clutton-Brock 1981, 21)이라는 정의에서 어떤 기준도 우리의 헛간 고양이에게는 적용되지 않는다. 백인들이 아프리카와 카리브해 섬의 부족들로부터 훔쳐 미국으로 데리고 온 인간들에게는 이런 묘사가 적용될 수 있을지도 모르겠다. 또한 재미있는 것은, 클러튼-브록의 정의가 지난 장들에서 다룬 인간과 늑대의 관계에는 적용할 수 없음이 분명하다는 점이다. 우리의 헛간 고양이가 인간, 심지어 낯선 인간과 잘 지낸다고 해도 이 고양이는 18년을 넘게 살면서 한 번도 인간의 집에 들어온 적이 없다. 들어올 기회를 주어도 그랬다. 게다가 이 고양이가 당나귀들과 확실하게 맺은 강한 사회적 관계는 어떻게 설명할 것인가? 당나귀들은 고양이 입장에서 가축화된 동물이었을까? 편리공생 관계였을까? 아니면 또 다른 형태의 종간 협력에서 고양이의 사회적 파트너에 불과했을까?

이 고양이가 당나귀, 인간과 맺은 관계는 '가축화'에 대한 모리의 다음과 같은 진화론적 정의에 잘 맞아 떨어진다. "가축화는… 두 생명체가 서로에게 진화적 이득을 주면서 생태학적 공생관계를 발전시키는 것이라고 보는게 가장 좋다"(2010, 67). 이 정의는 우리가 찾은 정의 중에서 가장 포괄적인 것이다. 이 정의는 열대 지역의 가위개미와 균계의 관계처럼 인간이 연관되지 않는 관계를 명확히 포함하도록 만들어졌기 때문이다. 게다가 이 정의는 인간과 늑대 관계의 초기 단계에도 분명하게 적용된다.

우리가 제안하는 협력적인 틀에 따르면, 초기 늑대와 인간 사이의 연대는 사회적 관계에 대한 우리의 이해에 부합한다. 하지만 이 연대는 가축화에 대한 인간 중심적 정의에는 부합하지 않는다(이 주제에 관한 통찰 깊은 논의는 Crockford 2006과 Morey 2010 참조). 모리는 "가축화는 과거에도 진화였고 현재도 진화다"(Rindos 1984, 1)라는 주장을 분명히 따른다. 크록포드는 다음과 같이 강조한다. "이 모든 관계를 시작한 것은 동물이지 우리가 아니며, 그 과정은 엄청나게 빨랐을 것이 틀림없다고 나는 굳게 믿는다"(2006, 43). 이 예리한 고고학자들 둘 다 가축화는 인간에 의해서만 진행된 과정이 아니며 많은 시간을 필요로 하지 않았다고 인정한다.

인간-비인간 상호작용을 논의할 때 대부분의 학자는 세 가지 기본적인 용어를 쓴다. **야생의**wild, **가축화된**domestic, 그리고 **길들인**tame이다. 네 번째 용어는 **사회화된**socialized으로 **길들인**이라는 용어보다 더 적절할 수도 있다. **길들인**이라는 말은 현대 세계에서 진짜 의미를 많이 잃어버린 포괄적인 용어로 보이기 때문이다(Ritvo 2010). 다섯번째 용어는 **야생으로 돌아간**feral으로 가축화 과정을 겪었지만 야생(또는 길들이지 않은) 상태의 삶으로 돌아간 동물을 가리킨다. 우리가 앞에서 말한 고양이가 이 상태다. 문제는 **가축화된**과 **길들인**이 서로 의미가 매우 다른데도 자주 섞여 쓰인다는 데에 있다(Crockford 2006). 게다가 **야생의**라는 말이 **가축화된**과 **길들인** 모두의 반대말인 것처럼 쓰이는 현상은 이 문제를 더 복잡하게 만든다. 이는 **가축화된**과 **길들인**이라는 말이 섞여 쓰이는 경향 때문이다. 인간이 아닌 동물은 완벽하게 가축화된 형태가 될 수 있지만 야생으로 돌아간, 즉 길들이지 않은 상태가 되기는 어렵다고 잘못 이해하기 쉽다. 중요한 점은 동물이 완벽하게 야생 상태(어떤 면에서도 가축화되지 않은 상태)일 수는 있지만 인간과 가깝게 살도록 잘 사회화되기는 어렵다는 것이다. 이는 현대 인간이 오랫동안 '가축화된' 관계를 구축해온 육식동물 두 종인 카니스 루푸스와 펠리스 실베스트리스, 즉 개와 고양이에 특히 잘 적용되는 말이다.

진화고고학자 수전 크록포드는, **가축화**에 대한 거의 모든 정의는 "인간은 자신이 이용하거나 이득을 얻기 위해 특정한 야생동물을 길들이는 선택을 했으며, 이 과정에서 그 동물들은 야생 상태에서 가축화된 상태로 변해야 했다"(2006, 34)는 것을 확실하게 표현하거나 적어도 암시한다고 지적했다. 또한 크록포드는, 비록 다윈(1859)이 가축화를 모델로 '선택을 통한 진화'라는 자신의 생각을 펼치긴 했지만, 가축화는 보통 진화생물학자가 아니라 (고고학자를 포함한) 인류학자들이 연구하는 주제라고 강조했다. 생물학자가 아닌 사람들에 의해 가축화에 대한 그런 생각이 지배적이 된다는 것은, 가축화가 과거에도 현재에도 진화라고 모리와 린도스가 주장했음에도, 그것이 충분히 연구되지 않았거나 아예 중요한 진화적 과정으로 생각되지 않는다는 의미다. 크록포드는 인류학자들이 가축화의 정의에 대해, 심지어 구체적으로 가축화된 동물이란 무엇인지조차 합의를 보지 못하는 것 같다고 주장하며, 인류학적 관점에서만 보면 "가축화는… 우리가 동물을 통제하기 위해 동물로 무엇을 했는지, 항상 우리에 초점이 맞춰진다. 여기서 그 동물들은 우리가 고안한 정교한 게임의 불행한 졸pawn일 뿐이다"(2006, 37)라고 언급한다. 이런 생각은 사피나에게서도 잘 드러나며, 그는 "'가축화된'이라는 말은 선택교배를 통해 야생의 조상으로부터 유전적으로 변했다는 뜻"(2015, 221)이라고 말한다. 사피나는 생물학 박사지만 그의 정의는 너무나 좁고 인간 중심적이라, 가축화된 순록·낙타·코끼리·물소에게는 적용이 안 된다. 또한 사피나의 정의에 따르면, 딩고는 어떻게 분류해야 할지 답이 나오지 않는다.

이렇게 확고한 정의가 없는 상황은, 진화적 사고의 부재와 인간의 행동에만 초점을 맞춘 상황과 맞물려, 호모 사피엔스와 카니스 루푸스의 관계를 생각할 때 특히 문제가 된다. 현재 인류학적 사고의 틀에서는 로미오라고 불리는 알래스칸흑색늑대 같은 개체가 들어설 자리가 없다(Jans 2015; 이 책의 결론 참조). 로미오는 인간과 상호작용할 정도로 확실히 사회화된(적어도 사회화가 가능한) 늑대였다. 로미오는 길들여진 것처럼 보이는 행동하기는 했지만, 가축화가 되거나 길들이지 않은 확실한 야생 늑대였다. 이런 늑대는 사람들에게 알려진 것보다 훨씬 더 흔하다. 인간에게 접근해 같이 놀자고 하고 인간과의 동반자 관계에 관심이 있는 것처럼 행동하는 늑대를 본 이야기는 수없이 많다(Woolpy and Ginsburg 1967; Derr 2011). 우리는 늑대들의 이런 행동들을 직접 관찰했다(제11장 참조). 이와는 대조적으로 시저 밀란이 진행하는 〈도그 위스퍼러〉와 책 『세자르 밀란의 도그 위스퍼러』(Millan and Peltier 2006, 오혜경 옮김, 이다미디어, 2008)에 나오는 가축화된 갯과 동물은 고전적인 의미에서 가축화된 동물들이다. 이 동물들은 적어도 일반적인 의미에서 길들인 동물이지만, 대부분 사회화된 동물은 아니다(주인들이 통제에 어려움을 겪는다). 오늘날 미국에서는 '행동 문제'로 수없이 많은 개가 버려지고 심지어 안락사당한다.

가축화되거나 길들여졌다고 추정되는 갯과 동물을 사회화하는 문제는, 이상하고 우울한 반늑대 정서가 보이는 장황한 글 『파트 와일드』(Terrill 2011)에서부터, 잘 길들여졌지만 사회화는 거의 안 돼 상당히 야생동물처럼 행동하는 보더콜리에 대한 학자들의 관찰(McCaig 1991)에서까지 다양하게 드러난다. 최근 피에로티는 소를 모는 보더콜리 새끼를 키우면서 이런 잠재적인 문제를 더 많이 알게 됐다. 이 보더콜리는 가족에게는 훌륭하게 사회화됐지만 다른 사람들에게는 그렇지 않다. 이 보더콜리는 나이가 더 많은 워커하운드, 털이 긴 보더콜리와 같이 사는데, 이 두 지배적 암컷들은 엄격한 행동 수칙을 강요하면서 그 보더콜리를 갯과 동물 사회에 사회화시켰다. 지능적인 데다가 활기차고 독립적인 이 생물이 같은 가족이 아닌(같은 무리가 아닌) 구성원들과의 주기적인 접촉에서 벗어나 농장에서 자신의 사회적인 환경과 삶을 어떻게 헤쳐나가는지 지켜보면, 가축화되는 것이 그저 항상 길들여지는 것은 아니라는 사실을 끊임없이 상기하게 된다.

진화생물학에서 동물의 가축화는 가장 연구가 덜 된 과정 중 하나로 보인다. 거의 알려지지는 않았지만, 가축화에 관한 찰스 다윈과 앨프리드 러셀 월리스의 이론은 서로 매우 다르며, 이 차이는 가축화가 얼마나 중요한지를 보여준다. 이들의 자연선택을 통한 진화 이론은 그 차이점을 제외하고는 상당히 비슷하다. 다윈은 가축화 과정이 진화와 선택에 확실하게 연결된다 생각한 반면, 월리스는 가축화가 인위적으로 주도된 요소가 많으므로 진화생물학과는 관련이 없다고 강력하게 주장했다(Browne 2003). 이 논쟁은 현재까지도 이어지고 있다.

아이러니하게도 월리스의 이런 생각은 인류학자들 사이에 널리 퍼진 듯하다. 모리와 크록포드처럼 통찰력이 뛰어난 학자들도 이 부분에서는 실수한다. 이들은 호모 사피엔스와 카니스 루푸스 같은 종들이 가축화로 인해 육체적 변화가 일어나기 전 수천수만 년 동안 생태학적으로 동등한 존재로 공존할 수 있었음을 인정하지 않는다. 그 예로 모리의 모범적인 연구『개: 가축화와 사회적 유대의 발생』(2010, 75)에서 모리는 "모두 동물이 시작한 것"이라는 크록포드의 주장(2006, 47)을 언급하고는, 늑대 새끼들이 어떻게 인간 사회에 들어오게 됐는지 추측하는 데에 몇 쪽을 할애한다. 물론 여기서 모리는 인간이 모든 것을 시작했다고 가정한다. 늑대 새끼가 굴을 떠날 나이가 되기도 전에 스스로 인간 집단에 들어왔을 가능성이 매우 낮기 때문이다. 우리가 과장한다고 독자들이 생각할 수 있기 때문에, 우리는 모리가 개와 늑대에서 사회적 유대가 확립되는 결정적인 시기를 논의하기 위해 이 주제를 도입한다는 점을 강조해야 할 것 같다. 이 논의에서 모리가 젖을 뗀 새끼들에 대해 이야기하고 있는 것은 확실하다. 훨씬 더 논리적인 가정은, 이 새끼들이 여전히 자신이 속했던 무리의 일부였으며 그 무리 또는 최소한 임신한 암컷이 인간과 연대를 맺었다는 것이다. 어른이 된 지 얼마 안 된 수컷이지만 인간과 인간의 가축화된 갯과 동물들과 어울리려는 의도가 확실해, 적어도 인간 한 명과 그의 개 한 마리와 강한 유대를 맺은 로미오 같은 동물도 있다(Jans 2015).

이런 개념적 충돌이 몇몇 부분에서 발생하는 이유는, 모리와 크룩포드 둘 다 인간과 늑대 사이의 유대가 더 일찍 발생했을 가능성은 인정하지만 그 시점이 현재로부터 1만 5000년 전이라는 장벽을 넘는 것을 불편해하기 때문이다. 이 학자들의 연구가 처음 출판됐을 때는 확실히 1만 4000년이 넘은 개 표본은 발견되지 않았다. 하지만 모리의 책이 나온 2010년과 지금은 상황이 다르다. 늑대 새끼가 무엇을 먹었는지 또는 새끼들이 어떻게 사냥 방법을 배웠는지에 관한 모리의 관심은, 어떤 경우든 무리 전체 또는 적어도 암컷과 새끼 들이 다 같이 인간과 유대를 맺고 배웠다고 가정한다면 의미가 없어질 것이다. 시프먼(2015)은 절충적인 입장을 취한다. 그는 여러 연구결과(Germonpré et al. 2009; Germonpré, Lázničková-Galetová, and Sablin 2012; and Germonpré et al. 2013, 2015)를 참고해, 인간이 늑대 새끼를 훔치면서도 암컷 집단과 관계를 맺는 모델을 주장을 했다. 이는 개의 가축화 과정에 "기질이 적당하지 않은 개체들을 죽이거나 쫓아버리는"(1995, 104) 과정이 포함돼야 한다고 주장한 서펠의 생각을 부정하는 것이기도 하다. 만약 늑대가 제6장에서 설명한 딩고나 제5장에서 설명한 늑대처럼 자신의 의지로 마음대로 오고 갔다면, 서펠이 주장한 상황은 발생하지 않을 것이다. 모리는 더 나이가 늑대가 "인간이 먹다 버린 고기를 주워 먹으며 산다[살았다]"(Morey 1990; Morey 2010, 69에서 인용)라고 주장하며, 코핑어와 코핑어(2001)의 '쓰레기 더미' 모델에 어느 정도 동의한다. 모리는 이 모델을 비판하기도 하는데, 이는 이 모델이 인간/개가 매장된 장소에 관한 자신의 전문적인 지식과 양립할 수 없기 때문이다.

여기서 중요한 것은 이 학자들이 원주민 부족들의 이야기를 연구하지 않았다는 점이다. 그렇게만 했다면 이들의 주장은 통찰로 가득 찼을 것이다. 인간이 동물을 죽인 장소에서 늑대가 고기를 뒤져 먹었다는 시나리오는 여러 원주민 사회의 이야기들과는 정반대다. 원주민들의 이야기에 따르면, 오히려 인간은 늑대가 죽인 동물의 고기를 뒤져 먹거나 심지어 훔쳐 먹지 못했으면 살아남을 수 없었다(Schlesier 1987; Marshall 1995; Pierotti 2011a). 늑대가 인간을 위해 먹을 것을 제공해주었다는 원주민 부족들의 이야기를 인정했다면, 다른 면에서는 빈틈없는 이 학자들이 인간이 늑대에게 구걸하지는 않았고 늑대가 인간에게 구걸했다는 부적절한 가설을 세우지는 않았을 것이다. 만약 늑대가 인간에게 구걸했다면, 인간과 늑대 사이의 역학관계 전체가 달라졌을 것이다. 이 학자들이 원주민의 이야기를 인정했다면, 많은 원주민 부족이 왜 늑대를 인간에게 사냥법을 가르친 창조자로 생각했는지도 알 수 있었을 것이다. 늑대가 인간을 가르쳤다는 생각은 인간/늑대 역학관계에 관한 인류학적 설명에는 완전히 빠져 있지만, 원주민 문화에 관한 논의에는 존재한다(Schlesier 1987 참조; Marshall 1995; Pierotti 2011a).

가축화를 진화의 과정으로 이해하지 못하는 일반적인 현상은, 유럽 또는 유럽-미국의 문화적 편견 때문에 나타난다. 이 장 처음에 인용한 다윈의 문구에서 보듯이, 고전적인 생각에 따르면 사육자는 원하는 특징을 얻기 위해 선택을 하며 이들은 그 특징과 선택 행위의 근간이 되는 유전학적 기초는 잘 모른다. 일반적으로 가축화는 인간의 행동으로만 일어난다고 생각되며, 우리가 이 책에서 주장하는 것처럼 수천수만 년 동안 두 종을 형성한 공진화 관계가 아니라 인간이 원하는 동물의 종류를 의식적으로 결정하는 과정(e.g., Safina 2015)으로 생각된다. 크록포드는 "최근 몇 백 년 동안 매우 성공적으로 동물의 품종을 조작하고 새로운 품종을 만들어낸 것이" 어떻게 동물의 초기 변화마저 인간의 의식적인 결정에 의해 일어났다는 생각으로 이어졌는지, 그런 극적인 문화적 변화가 "고대 인간 사회의 진보는 의도적이고 계획적인 것이었어야 한다"라는 생각을 만들어냈는지 설명한다(2006,

39), 제4장에서 지적했듯이, 이런 가정은 또한 헤르몽프레와 동료들(Germonpré et al. 2013, 2015)과 그 연구결과에 대한 비판자들(Morey 2010, 2014; Morey and Jeger 2015) 사이 논쟁의 기초를 이룬다. 크록포드는 가축화에 관한 그런 인간 중심적 관점이 전적으로 가정에만 의존해 만들어졌다고 주장한다. 크록포드는 그 가정이 그 어떤 사실로도 뒷받침되지 않으며 대체로 '널리 받아들여지는 미신', 즉 도그마로 작용한다고 주장하면서, 그런데도 "이 생각을 애초에 발전시킨 인류학자들만큼 생물학자들이 그 관점을 잘 받아들이고 있다"(2006, 40)라고 주장한다. 하지만 크록포드는 "[인간과 가깝게] 살기로 선택한 야생동물들이 있었고 그 선택의 결과로 변했음을 인정하며, 이 도그마를 버리려는"(42) 학자들도 있다는 것은 고무적인 현상이라고 말한다.

크록포드는 다음의 질문에 대답하려고 노력하고 있다. "사람들이 의도적으로 가축화된 동물들을 만들어내지 않았다면, 어떻게 그런 동물들이 생겨났을까?" 이는 매우 중요한 질문으로, 우리가 이번 연구에서 선택한 접근 방법에 어느 정도 수렴한다. 하지만 크록포드는 이 질문이 "어떻게 하나의 종이 다른 종으로 변할 수 있는지"(2006, 42)의 문제와 연결된다고 생각한다. 이런 주장은 크록포드가 늑대와 개를 서로 다른 종으로 생각한다는 것을 보여주며, 우리는 이런 생각을 이 책의 여러 부분에서 다뤘다. 개와 늑대의 관계를 이해하기 위한 핵심은, 표현형의 차이가 나타나더라도 개와 늑대는 모두 카니스 루푸스의 구성원이라는 사실이다(Pierotti 2012a, 2012b). 크록포드의 예리한 주장은 여러 가지 형태로 생성되는 갑상선 호르몬 양의 변화가 늑대의 성장을 멈추게 하는 원인일 수 있다는 가정에 기초를 둔다. 우리는 크록포드가 표현형의 변화, 특히 유형성숙에 영향을 미치는 요인으로 갑상선 호르몬의 조절을 찾아낸 것이 옳다고 생각한다. 유형성숙은 동물이 성장 속도를 높여 생리적으로는 성체가 되지만 물리적으로 성체가 되지 못하는 현상을 말한다. 이런 조절 변화는 **후생적**epigenetic일 가능성이 훨씬 높다—유전자 자체가 아니라 유전자 조절에서 변화가 일어나는 것이다. 이는 이런 변화가 종 분화를 일으킬 가능성은 낮지만 짧은 기간에 새롭고 특이한 표현형을 만들어 낼 가능성은 매우 높다는 뜻이다. 크록포드(2006)의 주장은, 가축화와 관련된 변화는 한 세기 또는 그보다 짧은 시간 안에 일어날 수 있다는 우리의 주장과 기본적으로 같다(G. K. Smith 1978도 참조).

실제로 종이 분화하려면 유전자 자체가 상당히 많이 변해야 한다(후성유전학적 '스위치'와는 매우 다른 개념이다). 유전자 자체가 변해야만 장기적으로 진화적 변화가 일어날 수 있으며, 이런 변화가 일어나려면 크록포드가 말한 짧은 기간보다는 더 많은 시간이 걸릴 것이다. 집단유전학의 관점에서 보면, 선택의 실제 결과와 과정은 관련된 상위성(epistatic: 여러 개의 유전자가 하나의 특성에 영향을 미치는 현상)·다면발현성(pleiotropic: 하나의 유전자가 여러 특성에 영향을 미치는 현상) 상호작용과 함께 가축화 연구에서 대체로 무시되었던 부분이다. 가축화된 개 대부분에서 인간 주도의 선택으로 나타난 해부학적 특징들은, 짧은 주둥이, 보송보송하거나 곱슬곱슬한 털, 심지어는 털이 없는 것 등 비적응적이거나 심지어 부적응적이다. 젖소, 돼지, 닭 같은 다른 종에서는 젖이나 알 생산 같은 생활사의 특징들이 선택되며, 이는 대부분의 생활사 특징이 그렇듯 유전될 확률이 매우 낮다(Roff 1992). 지향하거나 물거나 버티지 않고 인간에게 통제되는 능력 같은 행동적 특성 또한 유전 확률이 낮다(Hemmer 1990).

가축화에 포함된 선택 과정과 그 과정이 특징에 어떻게 영향을 미치는지 이해하는 데에 걸림돌이 되는 것은, 행동 특성과 해부학적 특성 사이에 (그리고 아마도 생리적인 특성과 생활사의 특성도 포함해서) 다면발현성 상호작용이 있는 듯하다는 점이다. 이는 선택이 특징에 어떻게 작용하는지에 관한 일반적인 생각이 틀렸음을 입증한다. 다면발현성은 똑같은 유전자, 더 현실적으로는 똑같은 유전자 복합체가 특정 생명체가 나타내는 여러 특징에 영향을 미친다는 뜻이다. 예를 들어 시베리아 여우 농장에 대한 벨라예프와 트루트의 유명한 연구(아래 참조)에서, '길들여짐'을 선택하면 결국 털 색깔, 귀 모양, 다리 길이, 머리뼈 모양, 치아 상태 등 상호 연계된 특성들의 변화도 같이 선택된다(Trut 1991, 1999, 2001; Morey 1994, 2010; Trut et al. 2000; Crockford 2006). 가축화에서 행동과 관련된 선택 대부분은 주로 발달(개체발생)의 속도를 변화시켜 적용되는 것으로 보인다. 유체일 때의 특징을 성체가 돼서도 유지시키는 선택에서 특히 그렇다(진화생물학자들이 **유형성숙**이라고 부르는 현상이다). 유체는 성체보다 조작하기 쉽다. 때문에 과학자들을 포함한 대부분의 사람들의 눈에는, 갓 태어난 개체 또는 어린 개체의 길들여진 모습이 유형성숙적 변화도 만들어내며 이 변화가 육체적 특성뿐만 아니라 행동 특성으로도 나타나는 것으로 보인다.

우리 관점에서 보면, 가축화는 명확한 상태나 종착점이 아니라 일종의 진화적 과정이다. 설령 가축화가 아주 드물게 종의 분화를 일으킨다고 해도 그렇다(Crockford 2006과 대조해 참조). 통찰 깊은 가축화 연구자 한 명은 다음과 같이 말했다. "가축화는 과거에도 진화였고 현재도 진화다"(Rindos 1984, 3). 이 전체적인 문맥에서 우리는 필리프 데스콜라의 다음과 같은 질문, "야생과 가축화 사이의 대립이 신석기 전통 이전, 즉 인간 역사의 대부분을 차지하는 기간에 어떤 의미가 있었는지"(2013, 33)를 되풀이한다. 우리가 논의하는 원주민 부족들이 농경시대 이전의 사회에 살고 있었기 때문에, 이는 아주 적절한 질문이다.

진화는 결과 혹은 결과의 집합이 아니라 과정이다(Pierotti 2011a). 과거 많은 경우, 인간은 가축화 상태를 일으켰을 야생종과 관계를 구축했다. 또다른 학자는 다음과 같이 말했다. "야생 상태와 길들인 상태 또는 가축화된 상태는 연속선상에 존재한다. ··· [인간의] 손이 닿지 않은 상태로 사는 동물은 거의 없다. ··· 이런 의미에서 완전히 야생이라고 할 수 있는 동물은 거의 없다[예를 들어 옐로스톤의 늑대들은 야생으로 풀려나기 전 우리에 갇힌 생활에 적응했다]. 야생의 중요성이 커지고 그 정의가 설명이 아니라 주장이 되면서,

가축화의 경계 또한 흐려졌다. **물론 그 경계가 아주 분명했던 적이 있지는 않았다.** … 21세기의 늑대들은 '야생성'이 훼손되고 길들여짐의 정도도 천차만별인 수많은 동물 중 하나가 됐다. … '야생'과 '길들인'이라는 개념은 둘 다 형태와 핵심적인 의미 면에서 그대로 유지되면서 1000년 동안 존재해왔지만, 이 개념들을 둘러싼 언어는 변했다. 결국 이해가 불가능할 정도는 아니지만 쉽지는 않은 지경에 이르게 됐다"(Ritvo 2010, 208).

현재 가축화된 육식동물 두 종인 개·고양이와 인간의 관계는 가축화된 유제류와 인간이 맺은 관계와는 분명히 다르다. 개와 고양이는 인간이 먹기 위해 기른 동물이 아니며 이들은 인간과 협력해왔기 때문이다. 오늘날 개와 고양이는 확실하게 가축화됐지만, 두 경우 모두 인간과의 관계는 편리공생 관계로 시작됐음이 거의 분명하다. 이 편리공생 관계에서 개개의 야생 늑대와 들고양이는 밀접하지만 매우 가변적인 사회적 역학관계를 구축한다. 늑대에게 이 유대는 수많은 원주민 부족이 묘사한 것처럼 사냥 활동과 관련된 것이 거의 확실하다(Schlesier 1987; Corbett 1995; Fogg, Howe, and Pierotti 2015; Shipman 2015). 이와는 대조적으로 고양이는, 인간이 일단 대규모 농업 체계를 확립하자 인간의 곡물 창고에 새와 설치류가 온다는 것을 알아낸 듯하다. 특히 새끼를 뱄거나 젖을 먹이는 암컷 고양이에게는 그런 동물들이 쉽게 얻을 수 있는 먹잇감이었다. 이런 암컷들이 낳은 고양이 새끼는 인간에 익숙하게 되고 인간을 두려워하지 않으면서 자랐을 것이다. 인간은 고양이가 농업 활동에서 '유해 동물'을 줄여준다는 사실을 빠르게 파악하고, 고양이가 주변에 사는 것을 선호하게 됐다. 이 시점에서 관계는 분명히 편리공생 관계였을 것이다. 고양이와 인간의 관계는 처음에 편리공생 관계 또는 생태학적 공진화 관계로 시작해, 이 형태로 수천수만 년 동안 지속됐을 것이다. 특정 표현형의 명백한 선택과 인간에 의한 의도적인 교배가 이뤄진 것은 비교적 최근의 일이다(Safina 2015, 221과 대조해 참조).

인간이 주도한 변화와 관련해, 헤머의 1990년 연구는 가축화의 세 가지 원칙을 설명한다. (1) 종은 반드시 잡힌 상태에서 번식할 수 있어야 한다. (2) 뇌 크기가 비교적 작은 개체는 가축화가 더 잘 된다 (3) 겉모양의 선택(예를 들어 털의 색깔)은 가축화를 일으킬 수 있으며 그 역과정도 가능하다(우호적인 행동은 겉모양의 변화를 일으킬 수 있다)(Belyaev 1979; Belyaev and Trut 1982; Morey 1994, 2010; Shipman 2015). 인간에 의한 선택의 강도에 따라 다르지만, 육식동물은 인간의 영향을 받으면서 몇 세대만 살고 교배해도 가축화가 잘 진행될 수 있다(G. K. Smith 1978; Belyaev and Trut 1982; Crockford 2006; Pierotti 2012b). 하지만 이 과정은 쉽게 뒤집어지기도 한다. 인간에게 의지하지 않고 사는 야생으로 돌아간 상태와 가축화된 상태 사이를 왔다 갔다 하는 능력을 그대로 유지한 고양이는 오늘날에도 많이 있다(Dombrosky and Wolverton 2014). 고양이를 잘 아는 사람들과 피에로티가 경험으로 증명할 수 있다.

편리공생 관계를 가진 사회적 종에서 개체들은 인간 없이 사는 삶으로 돌아갈 수 있다. 특히 가축화 초기 단계에서는 더 그렇다. 반면, 여러 세대 동안 인간과 살아왔으면서도 여전히 야생 표현형을 유지하는 개체들도 있다. 다른 표현형을 만들어내야 하는 선택압이 없는 경우가 그렇다. 아시아코끼리*Elphas indicus*나 딩고가 그 예다. 일부 유제류는 약간 변한 상태를 유지하면서 유사 또는 원시 가축화된 동물로 기능한다(Crockford 2006). 예를 들자면, 순록*Rangifer tarandus*, 야크*Bos grunniens*, 물소*Bubalus bubalus*, 단봉낙타*Camelus dromedaries*와 쌍봉낙타*C. bactrianus*가 있다(Hemmer 1990).

가축화 과정에서 나타난 가장 극단적인 표현형들도 가축화되지 않은 조상의 유전자형 안에서 잠재적 표현형으로 존재했을 것이다. 미니어처도그나 마스티프도 유전자와 내부 구조(세포·조직·기관)에는 늑대가 남아 있다. 하지만 이런 견종들은 몇 세기밖에 안 된 최근에 만들어졌으며, 이런 형태는 가축화의 공진화 단계를 거치면서 살아남지 못할 수도 있었다. 다양한 종류의 늑대가 인간과 상호작용한 결과로 차별적 선택을 겪었으며, 이 과정은 결국 현재 우리가 가축화되었다고 여기는 표현형들을 만들어냈다. 최근 몇 백 년 동안 이 다양성은 인간 주도의 선택과 결합돼, 가축화된 개를 지구상에서 분류학적으로 하나의 단위에 속하지만 해부학적으로는 가장 다양한 포유동물로 만들었다. 이 가축화된 개들의 야생 조상은 크기와 털 색깔 정도만 달랐을 것이다(Morey 1994; Vilà et al. 1997; Spady and Ostrander 2008; E. Russell 2011; Hunn 2013). 이렇게 서로 다른 사건들로 인해 만들어진 후손들은 수천 년 동안 서로 마주치면서 반복적으로 교배했음이 거의 확실하다. DNA 관계를 규명하는 작업이 불가능하지는 않지만 매우 힘든 이유가 여기에 있다(Coppinger, Spector, and Miller 2010; Pierotti 2012a, 2012b, 2014). 다양한 '개'의 혈통에 늑대와의 인위적인 교배라는 변수를 넣는다면(G. K. Smith 1987), 문제는 훨씬 더 복잡해진다.

시베리아 여우 연구

1959년, 생가죽을 얻기 위해 은여우*Vulpes vulpes*를 키우던 시베리아의 모피동물 사육장에서 가축화의 행동유전학을 연구하는 장기 실험이 시작됐다(Belyaev 1979). 연구자들은 대부분의 여우가 인간을 불신하지만 약 10퍼센트는 인간에게 두려움을 덜 느낀다는 것을 알아냈다. 두려움을 덜 느끼는 (더 우호적인) 행동의 유전학적 근거를 알아내기 위해, 그런 여우들만을 골라 그들끼리만 교배시키는 정밀한 선택교배 프로그램이 가동됐다(Belyaev 1979; Belyaev and Trut 1982). 여우가 인간을 두려워하지 않고 공격적이지 않은 방식으로 접근하는지 여부에 따라 '길들여짐' 또는 '우호적임'이라는 하나의 기준으로 실험군이 선별됐다. 두번째 집단은 대조군, 즉 비교 집단으로 '두려워하는' 행동이 유지되는 더 흔한 여우들로 구성했다. 이들은 인간에 대한 행동 반응에 관계없이 무작위로 번식시켰다(Trut 1999, 2001).

20세대가 지난 후 실험군에 속한 여우들은 육체적으로도 행동적으로도 눈에 띌 정도로 '개 같은' 특징을 보였다. "길들인 암컷들은 시상하부, 중간 뇌, 해마 영역에서 신경화학적 특징이 통계적으로 유의미하게 변했다"(Belyaev 1979, 306). 길들여짐이라는 유일한 기준을 적용한 결과, 실험군에서는 생리적·형태적 변화가 나타났고 대조군에서는 변화가 나타나지 않았다. 선택된 여우들은 인간에게 두려움과 공격성을 거의 보이지 않았으며, 대신에 호감을 보이고 인간의 관심을 끌려는 행동을 했다. 공격성과 두려움이 이렇게 줄어든 것은 뇌하수체-부신 축의 활동이 약화된 결과로 나타났으며 (Plyusnina et al. 1991), 이는 갑상선 호르몬이 표현형 변화에 영향을 미친다는 크록포드(2006)의 주장을 뒷받침한다.

실험군 여우들에게서는 감정-방어 반응의 조절과 관련된 뇌의 특정 부분에 위치한 세로토닌, 노르아드레날린, 도파민 전달 체계에서 변화가 관찰됐다(Trut 1991, 2001). 40세대가 넘게 지나자, 행동의 변화와 이와 관련된 표현형의 육체적 특징이 확실하게 유전되는 것으로 나타났다(Trut 1999, 164-65). 이런 변화는 개체발생 중에 상대적 성장 패턴이 변한 결과로 보인다. 실험군 여우들은 행동의 변화뿐 아니라 늘어진 귀, 짧거나 말린 꼬리, 색소가 없는 털, 확장되고 앞당겨진 번식기, 두개골과 치열의 크기·모양 변화를 나타내는 빈도가 높아지는 등의 변화도 일어났기 때문이다(Trut 1991, 2001). 이와 비슷한 특징은 가축화된 개의 품종들에서도 발견된다. 이는 늑대에서 '길들여짐'을 목적으로 한 선택은 짧은 다리와 늘어진 귀 같은 어릴 때의 특징을 어른이 돼서도 유지하는 것(유형성숙)을 선호한다는 추측을 가능케 했다. 사육장의 교배 기록을 확인한 결과, 실험이 시작되기 전에 새끼를 낳은 두려움을 덜 느끼는 실험군의 암컷들은 모두 6~8주간의 짝짓기 시기에서 처음 열흘 안에 배란을 해 일찍 번식했다는 사실이 밝혀졌다(Crockford 2006). 일찍 교배하는 현상은 보통 많은 종에서 우세한 표현형과 연관돼 있다(Pierotti 1982; Annett and Pierotti 1999). 이 경우 일찍 번식한 암컷들은 12개월 주기에서 두 번 이상 발정이 났다. 이 특징은 가축화된 개 품종들 대부분에서 나타나지만 러시아 라이카, 샤를로스늑대개, 늑대 같은 다른 대형 견종에서는 나타나지 않는다.

여우 연구 프로그램이 매우 흥미롭기는 하지만, 이는 인간−늑대 관계의 초기 단계를 이해하는 데에 생각만큼 중요한 역할을 하지 못할 수도 있다(e.g., Morey 1994, 2010; Crockford 2006; Shipman 2011, 2015). 실험군 여우들에게서 관찰된 육체적 변화가, 원주민 부족들의 이야기나 인간−늑대 관계가 처음 시작된 후 2만여 년 동안의 고고학 표본에서는 발견되지 않는다는 것이 주요한 이유일 듯하다. 이 러시아 연구는 단순히 하나의 특징이라고 당연시되는, 사교성 또는 '길들여짐'만을 기준으로 집중적인 선택을 한 실험이었다. 하지만 문제는 하나라고 생각됐던 이 특징이 사실은 생활사, 생리, 해부학적 구조, 행동 면에서 여러 특징의 집합이라고 밝혀졌다는 것이다. 실제로 이 선택은 주로 빠른 성장과 발생을 일으킨 듯하며, 생활사 연구를 통해 그런 현상이 번식을 앞당긴다는 사실이 알려지게 됐다(Roff 1992). 또한 빠른 성장과 발생은 유형성숙과도 관련이 있어 보인다. 앞에서 언급한 원주민 부족들의 이야기에서 추측할 수 있듯이, 인간−늑대 관계의 초기 단계 동안 인간은 가축화되지 않은 원래의 늑대 표현형에 매우 만족했으며 덩치만 큰 새끼들이 동반자가 되는 것을 원하지 않았다. 피에로티가 관찰했던 것처럼, 늑대의 대부분은 털 색깔의 변화나 육체적 특징의 분명한 변화를 나타내지 않으면서 쉽게 사회화돼 인간과 살 수 있을 것이다(G. K. Smith 1978; Jans 2015). 늑대가 유형성숙의 특징을 빠르게 나타내지 않으면서도 사회화될 수 있다는 추정을 가능케 한다.

벨랴예프/투르트의 연구결과 중 오직 두 가지만이 초기 인류에 의한 늑대의 가축화에 적용되는 것으로 보인다. 첫째, 길들여짐이나 사교성을 겨냥한 선택은 짧은 기간 안에 관련된 형태학적 변화를 일으킨다. 초기의 개로 확인된 '늑대'에서 발견된 변화가 그 예다(Germonpré et al. 2009; Morey 2010; Ovodov 2011; Germonpré, Lázničková-Galetová, and Sablin 2012; Shipman 2015). '최초의 개'를 확인하는 데에 이용된 이런 변화는 (Shipman 2015) 환경조건의 변화에 따른 약한 선택의 결과일 수도 있다. 즉, 이 변화는 인간에 의한 선택교배의 결과가 아닌, 동물들이 인간과 같이 있기로 선택하면서 자기들끼리 이종교배한 결과일 수 있다. 둘째, 여우 연구의 결과는 현대의 개 '품종들'의 조상에서 발견되는 유형성숙의 여러 가지 특징을 가진 동물을 빠른 속도로 만들어낼 수 있다고 시사한다. 이는 크록포드(2006)의 주장을 뒷받침하며, 인간이 늑대나 늑대 같은 개를 선택적으로 교배시키기 시작해 늑대로부터 현재의 개를 만들어내는 데에 1만 년, 1만 2000년, 심지어 3만 년 이상 걸렸다는 흔한 억측을 빠르게 잠재울 수 있을 것이다(제10장과 Pierotti 2012a 참조). 사교성과 관련하여 행동은 변하지만 눈에 띄는 형태학적인 변화는 나타나지 않는 현상은, 순수한 늑대에서 시작한다고 해도 강한 선택교배를 5~10세대에 걸쳐 실시하면 쉽게 나타난다(G. K. Smith 1978).

가축화된 형태는 왜 진정한 종이 아닌가

가축화된 형태를 별개의 종으로 생각해야 하는지의 문제는 늑대(카니스 루푸스)가 가축화된 개로 변하는 과정(〈그림 9.1〉)에서 특히 문제가 된다. 린네(1792)가 18세기에 구닥다리 라틴어 이명법으로 카니스 파밀리아리스라는 학명을 붙인 결과로, 다른 면에서는 존경할 만한 많은 과학자가 개에 대해서 다음의 두 가지 잘못된 가정을 하게 됐다. (1) 개의 가축화는 단 하나의 진화적 사건을 나타내며, (2) 따라서 가축화된 개는 유효한 종이다. 이 가정은 크록포드(2006)가 설명한 가축화 도그마와 관련 있다. 즉, 사교성을 높이는 방향으로 자진해서 일어난 선택과 관련된 갑상선 호르몬의 변화는 새로운 종을 만들어낼 수 있었다는 주장이다. 이는 표현형의 변화를 설명하는

그림 9.1 야생 카니스 루푸스. 낮아진 머리, 넓게 펴진 귀, 비교적 짧은 주둥이, 엉덩이와 직각을 이룬 뒷발, 꼬리가 뒷다리 무릎관절에 못 미치는 모습에 주목하라.

데에 유효할 수도 있다. 하지만 지난 20년 동안 DNA 염기서열 분석법이 비약적으로 발전함에 따라, 모든 종류의 **가축화된** 형태는 조상의 형태와 분리된 종이 아니라 **야생** 조상의 유전자형 안에 숨어 있는 변종 표현형이라는 사실이 밝혀진 상태다.

현대의 가축화된 개는 지난 약 3만 년 동안 특정 혈통들이 서로 다른 시간과 장소에서 시작돼 무질서하게 섞인 혼합물이다(Morey 1994; Derr 2011; Shipman 2011). 그 결과 현재 "개"라고 알려진 이 혼합물은 **다형적**(polytypic, 체형과 행동 유형, 즉 표현형이 여러 개)일뿐만 아니라 **다계통발생적**(거의 확실히 여러 개의 기원을 가진 것)으로 보인다(Morey 1994; Coppinger, Spector, and Miller 2010; vonHoldt et al. 2010; Pierotti 2014; Frantz et al. 2016). 종이 되기 위해서는 혈통이 단 하나의 기원을 가져야 하기 때문에, 진정한 종은 다계통발생적일 수 없다(Pierotti 2012b, 2014).

현대의 가축화된 개는 광범위한 표현형을 가졌다. 늑대 조상과는 거의 구분이 안 되는 견종들부터, 중간적인 형태를 지나 치와와, 코커스패니얼, 비숑 프리제, 요크셔테리어, 페키니즈, 퍼그처럼 늑대 새끼의 돌연변이 형태를 닮은 왜소한 표현형까지 매우 다양하다.

해부학적·행동적으로 특이하지만, 이 모든 품종은 여전히 늑대 유전자를 보유했으며, 한 번에 낳는 새끼의 수, 임신 기간, 태어났을 때의 발달 상태 등 여러 면에서 늑대 같은 생리학적·생활사적 특징을 보인다. 가축화된 개는 서양에서 가장 흔한 애완동물이며 약 5억 마리 정도가 전 세계에 분포해 있다(Coren 2012, 228). 겉으로 볼 때, 즉 외적 표현형이 가장 늑대와 닮은 품종들과 관련해 특히 유럽과 북아메리카에서는 이 품종이 늑대인지, '늑대개'인지, 아니면 단순히 '개'인지에 혼란이 존재한다(제10장 참조). 특히 사육사들이 늑대 같은 견종들을 서로 교배시키거나, 늑대를 다양한 늑대 같은 견종들과 교배시킬 때는 더욱 혼란스러워진다. 우리는 동물통제(또는 개 포획) 업무에 종사하는 사람들을 포함한 거의 대부분의 사람들이 알래스칸 말라뮤트와 저먼셰퍼드 사이의 교잡종(《그림 9.2》)을 늑대개로 여길 것이라는 생각이 든다. 알래스칸말라뮤트와 저먼셰퍼드가 기본적인 표현형 면에서 늑대와 비슷한 데다, 이 둘 사이의 교잡종은 부모 품종 어느 쪽보다 더 늑대같이 보이기 때문이다. 두 귀 사이가 넓게 벌어진 말라뮤트는 두 귀가 가깝게 모인 저먼셰퍼드와 균형을 이룬다. 셰퍼드의 연속적인 털 색깔은 흰색과 검은색이 극적인 경계를 이루는 말라뮤트의 털 색깔과 균형을 이룬다. 아마 가장 중요한 점은 말라뮤트의 꼿꼿한 자세를 보면 미국애견협회가 왜 저먼셰퍼드를 선호하는지 이해할 수 없게 된다는 것이다. 저먼셰퍼드의 기형적인 엉덩이는 다리를 몸통 한참 뒤로 뻗게 만들며, 이는 고관절이형성증을 일으키기 쉽기 때문이다.

늑대와 개를 일관된 방법으로 구분하려는 경향은 일종의 논리적 오류를 일으킨다. 저먼셰퍼드에는 더 이상 늑대 혈통이 없으며 '개' 혈통만 있다고

그림 9.2 알래스칸말라뮤트와 저먼셰퍼드의 잡종인 이 개는 부모보다도 더욱 늑대와 닮았다. 이 동물의 최근 번식사에 늑대가 전혀 들어있지 않다는 점에 주목하는 것이 중요하다. 과거의 어떤 시점에서 각각의 품종을 낳은 늑대가 아주 가까운 조상이었을 것으로 보인다.

주장하는 유전학자들이 그 예라고 할 수 있다(e.g., Vilà et al. 1997; von-Holdt et al. 2010; 다만 Frantz et al. 2016도 참조). 저먼셰퍼드 품종의 역사는 이와는 반대의 사실을 보여준다. 저먼셰퍼드(알세이션)는 1890년대가 돼서야 구별되는 표현형으로 나타났다. 저먼셰퍼드에 대한 최초의 혈통대장인 독일의『저먼셰퍼드 혈통대장』(SZ)은 SZ 41번부터 SZ 76번까지 늑대 잡종 네 마리를 보여준다(von Stephaniz 1921). 따라서 미국에서 저먼셰퍼드로 알려진 견종 중 적어도 네 종은 최근 늑대 혈통을 가진 개의 후손이다. 유럽의 알세이션은 미국의 저먼셰퍼드보다 겉모습이 훨씬 더 늑대와 닮았는데, 이로 인해 일종의 편견이 생긴 것 같다(뒤의 내용 참조). 알세이션 종을 처음 만들어낸 사람은 뒷다리가 뒤로 늘어져 미국의 개들처럼 볼품없어 보이는 특징을 피하기 위해 늑대 같은 표현형을 훨씬 더 많이 원했다. 1899년 도그쇼에 참석한 막스 폰 슈테파니츠는 헥토르 링크슈라인Hektor Link-srhein이라는 이름의 개를 보게 됐다. 개 주인의 주장으로는 늑대가 4분의

그림 9.3 최초의 저먼셰퍼드 호란트 폰 그라프라트(1855~1899). 늑대 혈통이 25퍼센트 있다고 주장되는 이 동물로부터 저먼셰퍼드 품종이 만들어졌다. 이 동물은 현대의 있기 있는 저먼셰퍼드 품종보다 훨씬 더 늑대와 비슷하게 생겼다.

1 섞인 개였다(〈그림 9.3〉). 호란트 폰 그라프라트Horand von Grafrath로 이름이 바뀐 이 개와 자손들은 알세이션, 즉 미국에서 저먼셰퍼드라고 알려진 늑대개를 만들어내는 데에 이용됐다. 폰 슈테파니츠는 『글과 그림으로 본 저먼셰퍼드』(1921)라는 책에서 이 새로운 품종의 혈통을 기술하고, 자신이 이미 이상적인 조합을 찾아내 이 품종을 만들어냈기 때문에 사육사들이 이 개들에게 "더 많은 늑대의 피를 더하지 말아주기를" 부탁했다. 이 호란트 폰 그라프라트라는 한 마리 개가 저먼셰퍼드 교배 프로그램의 핵심이 되었으며, 이 개가 인간들이 원하는 특성을 가진 다른 지역의 개들과 교배된 것이다. 따라서 저먼셰퍼드라는 가축화된 견종을 만들어내기 위해 순수한 늑대 유전자를 썼다는 기록이 문서로 존재하는 것이다. 그런데도 유전학자들은 저먼셰퍼드의 특징이 늑대와는 전혀 상관없다고 주장한다(vonHoldt et al. 2010). 슈테파니츠가 사용한 이 늑대개는 수컷이었다. 따라서 이 수컷의 영향은 유전학자들이 보고한 결과의 적어도 일부분을 설명하기 위해 사용

된 미토콘드리아 DNA에는 나타나지 않는다. 미토콘드리아 DNA는 모계로
만 유전되기 때문이다. 미국의 늑대 사육자 고든 스미스(1978)는 혈통을 개
선하기 위해 자신의 키우는 가축화된 늑대 혈통 중 일부의 서류를 미국애견
협회에 등록된 저먼셰퍼드의 서류와 바꿨다고 말한다.

카니스 루푸스의 가축화

가축화된이라는 말을 사용하거나 동물(또는 동물 유형)이 언제 가축화되는
지 정의를 내리려고 할 때 다른 사람들이 어떤 생각을 하는지 이해하려면,
그들의 문화적·지성적 전통을 이해하는 것이 핵심이다. 레이 코핑어와 로
나 코핑어는 "현재로부터 1만 2000년 전 이전에 개가 존재한 증거가 없다"
(2001, 286)라고 주장하며, **현대의 개**가 만들어지기까지 많은 시간이 걸렸
다고 생각한다. 하지만 이들은 그 말이 실제로 어떤 의미인지는 분명히 밝
히지 않는다. 이들이 생각하는 **개**는 열대와 아열대 지방에서 거리를 돌아다
니는 개인 것 같다. 인간이 거의 돌보지 않는, 뼈가 앙상하고 털이 짧은 자칼
만한 개들이다. 이런 동물은 스스로 먹이를 찾아야 하는 야생으로 돌아간
동물의 특징을 가졌기 때문에 흥미롭기는 하지만, 늑대 같은 동물은 아니며
인간과 처음 같이 산 최초의 늑대와도 비슷하지 않다. 하지만 아직 연구되
지 않은 문제는, 학자들이 어떤 의미로 **개**라는 말을 쓰는지 구체적으로 밝
힌 적이 거의 없는 데다(Hunn 2013), 인간과 처음 관계를 맺은 최초의 늑
대처럼 보이는 동물을 염두에 두는 학자가 거의 없다는 것이 분명하다는 점
이다. 이런 기만과 혼란은 공중보건과 법적인 면에서 상당한 파장을 일으킬
수 있다(뒤의 내용 참조).

　이 책 전체에서 우리가 제기하는 핵심 문제는, 행동의 변화와 해부학적
특징(골상physiognomy) 사이의 구분이다. 미국과 유럽의 견주들 대부분
은, 겉모습은 늑대와 비슷하지만 **행동은** 인간에게 잘 사회화된 개처럼 하

는 동물을 원한다(G. K. Smith 1978 참조). 이런 생각에는 문제가 있다. 시저 밀란의 인기 TV 쇼 〈도그 위스퍼러〉를 자주 보는 사람이라면 잘 알겠지만, 분명히 가축화된 개의 대부분은 사회화가 잘 돼 있지 않으며 인간에게 공격적이다. 이것이 바로 인간과 늑대―야생 늑대든 가축화된 늑대든―의 관계에서 핵심을 차지하는 어두운 비밀이다. 갯과 동물은 자연에서 사회적 집단을 이루고 사는 육식동물이지만, 그 집단 역학관계의 특징은 밖으로 드러나건 그렇지 않건 평화적인 협력과 공격이라는 요소가 섞여 있다(Spotte 2012). 여러분이 집단생활을 하는 육식동물과 같이 산다면, 이 동물은 여러분 가정의 사회적 역학관계 중 어디에 끼어들 수 있을지 알아내기 위해 애쓸 것이다. 그러는 동안 이 동물은 역학관계 안에서 어느 정도까지 할 수 있을지 한계를 시험할 것이고, 이럴 때 행동 면에서 충돌이 일어난다.

예를 들어 피에로티가 집에서 기른 늑대/저먼셰퍼드 잡종 강아지들이 생후 5주가 되서야 처음으로 그의 아내 신시아 애넛 박사와 마주친 적이 있다. 그전까지 애넛은 집에서 멀리 떨어져 일을 하고 있었다. 우리 집에서 같이 태어난 새끼 중에서 지배적인 역할을 한 강아지는 어느 날 애넛 박사에게 으르렁거리면서 접근했다. 화가 난 것이다. 강아지의 앙상한 작은 꼬리가 깃대처럼 곧게 펴진 상태였다. 동물의 사회적 행동과 공격 행위 전문가인 아내는 이 강아지의 목 뒤를 잡아 몸을 거꾸로 뒤집고는 말했다. "여기서는 내가 우두머리 암컷이야. 잊지 마." 그 순간 이 둘의 관계는 우호적으로 바뀌었다. 공격적인 상호작용도 없었으며, 이 관계는 11년 후 이 강아지가 자연사할 때까지 계속됐다.

여기서 늑대 무리와 인간/갯과 동물 관계 안에서 지배성의 속성에 관한 흥미로운 문제가 제기된다. 지금까지 잘못된 가정이 많이 제기된 이유는 지배성이라는 개념에 지나치게 의존했기 때문이다. 이 개념은 자연과 자연의 작용이 항상 위계적이라는 생각에서 비롯된다. 지배성이 계속 존재한다고 믿기 때문에, 많은 사람은 인간이 인간 동반자와 동물 동반자 모두를 항상 지배해야만 한다고 생각하는 것이다(Millan and Peltier 2006; Spotte 2012). 이는 보통 강아지 또는 심지어 다 자란 개가 명령을 듣고도 머뭇거리거나 저항하는 태도를 보일 때마다 이 동물을 땅에 내팽개치는 것이 좋다는 생각을 의미한다. 이는 실제로 '알파 롤(alpha roll, 우두머리의 굴리기)'이라는 개 훈련법 중 하나이기도 하다. 이와는 대조적으로 야생에서의 늑대 행동 전문가인 데이비드 메크는, 늑대 무리에서의 지배위계는 대부분 늑대가 인위적으로 억류된 상태에서 나타나며, 자유롭게 사는 늑대를 여러 해 연구했지만 지배적인 위치를 두고 싸움이 일어난다고 해도 자신은 본적이 거의 없다고 말했다(Mech 1999; Spotte 2012). 개인적으로 늑대개와 늑대를 경험한 피에로티도 이 말에 동의한다. 자신이 관계를 통제하고 있음을 인간이 한 번 분명히 보여주면, 이 동물들은 그 역학관계를 인정하면서 긴장을 풀기 때문이다. 시저 밀란은 개를 자신이 말하는 "침착하고 고분고분한" 상태로 만들어야 한다고 강조한다. 이 상태는 동물이 긴장을 풀고 인간의 리더십을 받아들이는 상태를 말한다(Millan and Peltier 2006). 메크에게 지배적인 행동이란 부모 역할을 하는 것과 기본적으로 같다. 인간 가족에서도 그렇지만, 훌륭한 부모가 되기 위해 새끼들과 끊임없이 지배권 갈등을 빚을 필요는 없다. 인간과 강아지의 관계에서 어린 동물은 자신의 행동 중에서 어떤 것이 받아들여지고 어떤 것이 그렇지 않은지 끊임없이 알고 싶어할 뿐이다. 따라서 생후 5주 된 늑대-개 잡종에 대한 애넷 박사의 행동은 어떤 사람들에게는 지배권 행사로 보일 수 있지만, 애넷 박사가 말했듯이 이는 밑에 있는 동물에게 어떤 행동이 받아들여지지 않는지를 보여주는 '우두머리 암캐'의 행동이라고 해석하는 것이 더 좋다. 때때로 동물을 고분고분한 상태로 만들 필요도 있지만, 그런 경우는 거의 없어야 하며 있다고 해도 사회적인 약속을 분명하게 어겼을 때로 한정해야 한다. 『파트 와일드』(Terril 2011)의 저자는 이 부분에서 실수를 한다. 이 책에서 인간은 우호적이지만 다루기가 쉽지 않은 큰 개에게 적용될 수 있는 규칙을 만드는 데에 실패해, 비극적이고 골치 아픈 결과와 직면하게 된다(제10장 참조).

우리는 **길들인**보다 **사회화된**이라는 말을 선호한다. 인간과 동물 동반자 사이의 관계는 두 종이 서로의 행동 특성을 수용하는 법을 배운 결과 나타났음이 거의 분명하기 때문이다. **길들이기**는 인간이 이 관계에서 자동으로 지배적인 존재가 된다는 뜻이지만, 현실은 훨씬 더 미묘하고 복잡하다. 시저 밀란이 반박의 소지가 있는 '지배 기술'을 사용한다고 비판하는 것이 요즘 유행이다. 하지만 자세히 보면, 밀란이 하는 일은 빠르고 효율적으로 규칙을 만들어낸 다음 사람들에게 자신의 행동을 똑같이 하는 방법을 가르치는 것임을 알 수 있다. 밀란이 거의 매회 강조하듯이, 그는 개를 훈련시키지 않는다. 밀란은 사람을 훈련시킨다. 개, 늑대 또는 늑대개가 가진 대부분의 문제는 다음의 세 가지 이유로 발생한다. (1) 인간이 해당 사회적 집단 안에서의 관계를 분명히 정의하지 않아 동물이 불안해하도록 만든다. (2) 동물이 자신이 속한 사회집단 안에서 스스로가 지배적인 위치에 있거나, 적어도 한 명 이상의 구성원과 자신의 관계가 명확하지 않다고 생각한다. (3) 인간이 자신 또는 다른 가족 구성원에 대해서 동물이 세력권을 주장하도록 허용했다(이 세번째 이유는 두번째 이유로 인한 것이다).

늑대와 관련해 **사회화된** 또는 **길들인**이라는 말과 대조를 이루는 **가축화된**이라는 말은, 인간이 매력적이거나 가치가 있다고 생각하는 특징을 구체적으로 선택해왔다는 의미를 가진다. 대부분의 사람들은 가축화 과정에 동물의 외형 변화가 포함된다고 생각하지만, 시베리아 여우 연구에서 보듯이 그 과정에는 행동 특성의 변화가 육체적인 변화만큼, 또는 그 이상으로 포함된다(Hemmer 1990; Trut 2001; Crockford 2006; Spotte 2012). 늑대 가축화의 경우, 코핑어와 코핑어(2001)의 모델이나 일부 고고학자들의 주장과는 반대로 늑대의 행동 변화가 육체적 특성의 변화보다 훨씬 먼저 일어났다. 이는 우리가 제4장에서 다뤘던 논쟁의 답이 되기도 한다. 오늘날 늑대처럼 보이는 개를 만들어내려고 하는 사람들의 관심은, 밖으로 보이는 외형은 그대로 늑대처럼 보이도록 유지하면서 행동을 변화시키는 데에 있으며, 그러한 변화는 시베리안라이카에서 나타난 것으로 보인다.

늑대, 개, 늑대개를 정의하기

피에로티는 1993년부터 2003년까지, 늑대와 개를 식별해내야 하는 법정 소송에 18번에 걸쳐 전문가 증인으로 참여했다. 우리는 피에로티의 이런 경험을 토대로, 사람들이 늑대의 가축화 과정을 어떻게 생각하는지 논의할 것이다. 캐나다 앨버타주의 한 광부는, 자연 상태의 늑대를 연구한 경험이 있는 이 지역의 늑대생물학자가 '순수한 늑대'로 확인한 동물을 키웠다(〈그림 9.4〉). 하지만 피에로티가 이 동물을 직접 본 결과, 이 생물학자가 확인 과정에서 몇 가지 실수를 했음을 금세 알 수 있었다. 우선 이 생물학자는 동물을 너무 짧은 시간(전부 다 해도 15분 이하) 관찰했으며, 이 동물의 우리에도 들어가지 않았다. 늑대생물학자의 관점에서 이 동물은 '늑대'였고 사회적인 상호작용을 하면 안 됐기 때문에, 그런 실수는 전혀 문제가 없었다. 반면, 이 동물이 사회화가 잘 되었음을 알아챈 피에로티는 우리에 들어가 이 동물을 대면했다. 이 동물은 마치 오래전에 헤어진 친구를 만난 듯이 뛰어 놀고 장난을 쳤다. 수줍음이나 두려움이 아닌 기쁨과 흥분을 나타낸 것이다. 순수한 늑대는 낯선 인간에게 절대 이렇게 행동하지 않는다. 피에로티는 동물의 행동 성향과 전체적인 외형을 살펴보기 위해 동물과 이렇게 놀면서 상호작용한다. 그 '순수한 늑대'와 관련된 소송에서, 피에로티는 이 개가 통처럼 생긴 가슴, 강력한 앞다리와 어깨를 가졌음을 바로 발견했으며, 이는 말라뮤트 혈통의 특성이었다. 그 늑대생물학자는 외형에만 집중해 '늑대'를 본 것이었다. 하지만 피에로티는 내면에 집중해 이 동물이 개라는 사실을 바로 알아냈다. 이 개는 뼈, 특히 다리뼈가 무거웠다. 또한 뒷다리가 몸 뒤로 경사를 이루면서 기울어져 있었고 코가 핑크색이었다. 두 특징 모두 일부 개

그림 9.4 앨버타주의 늑대생물학자는 겉모양만 보고 이 동물을 '순수한' 늑대로 확인했다. 뒤로 경사를 이룬 다리, 강력한 목과 어깨에 주목해보자. 이 특징들은 미국애견협회에 등록된 일부 견종의 특징이지만 늑대의 특징은 아니다(〈그림 9.1〉과 비교).

에서는 나타나지만 늑대에서는 나타나지 않는다(〈그림 9.5〉).

　이 소송의 결정적인 전환점은 변호인이 늑대생물학자에게 다음과 같이 질문했을 때였다. "개를 얼마나 잘 알고 있습니까?" 늑대생물학자는 "어릴 때 개를 키웠습니다"라고 답했다. 이 생물학자의 문화적이고 개인적인 관점을 드러낸 대답이었다. 이 동물은 이 생물학자가 개인적으로 생각하는 '개'와는 맞지 않았기 때문에 '늑대'가 돼야 했던 것이다. 특히 이런 생각은 이 생물학자의 외형적인 관찰에 기초를 두었으며, 이는 익숙함 편견―어떤 것의 실체와 상관없이 자신에게 가장 익숙한 것을 보는 심리 상태―의 예를 보여준다. 변호사의 추가적인 질문은, 이 늑대 전문가가 알래스칸말라뮤트에 익숙하지 않은 데다가 이 견종이 무엇이고 어떤 특징이 있는지 설명할 수도 없음을 드러냈다. 이 상황은 이와 비슷한 거의 모든 소송에서 나타나는 문제들을 요약해서 보여준다. '늑대의 정체성'에 관한 전문가들은 어떤 동물의 개와 비슷한 측면을 고려하지 않고, 주로 머리의 모양이나 털가죽의

색깔처럼 자신들이 늑대 같은 동물의 특징이라고 여기는 것들만 보면서 일종의 익숙함 편견을 드러낸다.

늑대와 개의 관계에 관한 이런 논쟁의 대부분은 늑대 또는 늑대개에 대한 정확한 정의에 좌우된다. 대부분의 사람들은 놀라울 정도로 이 점에 대해 무지하며, 일단 늑대처럼 생긴 개면 그냥 '늑대개'라고 생각한다. 피에로 티가 전문가 증인으로 참여한 소송들에서 동물통제 당국은 에스키모개, 시베리안허스키, 알래스칸말라뮤트, 사모예드, 심지어 벨지언시프도그처럼, 누가 보아도 '교잡종'인 잘 알려진 개를 '늑대개' 또는 심지어 '늑대'로 판명해 왔다(제10장).

게다가 대부분의 사람들은 샤를로스늑대개, 체코늑대개, 웨스트시베리안라이카 같은 품종을 전혀 모른다. 이들은 모두 유럽에서는 잘 알려진 품종이다. 최근 유럽과 러시아의 사육자들은 저먼셰퍼드 또는 토착 개들을 늑대와 교배시킨 후 여기서 나온 새끼들을 다시 교배시키는 방법으로 새로운 품종을 만들어왔다(G. K. Smith 1978 참조). 야생 늑대와는 같고 대부분의 가축화된 품종들과 앞에서 설명한 여우 실험군과는 다르게, 이 품종들은 발정기가 보통 2~3월(야생 늑대의 번식기)로 1년에 한 번밖에 없으며, 최초의 발정기는 생후 1년 반에서 2년 반 사이에 온다. 가축화된 개는 이와는 대조적으로 보통 생후 1년 안에 발정기가 오고 빠르면 6개월 만에 오는 경우도 있으며, 1년에 여러 번 오기도 한다(Spotte 2012).

이 사실은 흥미로운 질문들을 불러일으킨다. 가장 중요한 질문은 이렇다. '늑대개'란 정확하게 무엇인가? '개 같은' 성격을 가진 길들여지고 우호적인 동물을 만들 수 있는지 보기 위해 사람들이 **야생형**(wild-type, 자연적인) 표현형을 가진 늑대를 이종교배시킨다면, 이는 더 의도가 분명하긴 하지만, 초기 인류가 최초의 '개'를 만들기 위해 한 일과 비슷할 것이다(e.g., G. K. Smith 1978 참조). 이어지는 질문은 이렇다. 이 결과로 나온 동물은 개인가, 아니면 선택교배—즉, 가축화 과정—를 거친 늑대에 불과한가? 아이러니하게도 적어도 현대의 계통분류학자들의 관점에서 늑대와 개는 본질적으로 같다. 모두 카니스 루푸스이기 때문이다. '모든 개는 늑대다. 하지만 모든 늑대가 개는 아니다'라는 우리의 주장은 이런 뜻이다.

또 하나의 중요한 문제는 이런 교배 프로그램의 대상이 된 동물이 두 세대가 지나 대체적으로 인간에게 우호적이고 사교적이 된 후에 발생한다. 이 동물은 '늑대'인가, '늑대개'인가, 아니면 '개'인가? 이 장의 시작 부분에서 언급한 클러튼–브록의 정의에 따르면, 이 동물은 가축화되었다. 여기서 핵심적으로 정의에 관한 쟁점이 발생한다. 피에로티가 전문가 증인으로 참여해온 소송 대부분의 핵심이 바로 이 정의의 문제였다. 즉, 목숨이 재판 결과에 달려 있는 동물이 기능적으로 '늑대개'나 '늑대'가 아닌 개라고, 판사를 설득할 수 있을 것인가?

피에로티는 현재 이 문제가 가장 중요한 의미를 가지는 매사추세츠 소송 사건에서 전문가 증인을 맡고 있다. 소유주는 늑대처럼 보이지만 인간에게 완전히 사회화된 동물을 전문적으로 만들어내는 사육자로부터 개를 몇 마리 샀다. 이 사육자는 특히 TV와 영화에 출연시킬 동물을 전문적으로 만들었는데, 이는 '늑대'가 자주 필요한 이 분야에서 배우들이 아예 또는 거의 사회화가 안 된 동물과 상호작용하는 것을 꺼렸기 때문이다. 소송에 연루된 이 동물들은 겉으로는 늑대처럼 보였지만, 피에로티가 그동안 만났던 큰 개들 중에서 가장 우호적이었다. 생후 9개월인 수컷은 몸무게가 45킬로그램 정도로, 늑대로 보기에는 몸무게가 지나치게 많이 나갔다(제10장 참조). 앨버타 소송에서 본 것처럼(앞의 내용 참조), 큰 몸과 완전히 핑크색으로 변한 코를 보면 이 동물이 말라뮤트 혈통임을 알 수 있었다. 암컷은 털이 거의 까만색이고 흰 털이 가끔씩 섞여 있어 전형적인 늑대와 가까워 보였지만, 어느 모로 보나 늑대처럼 행동하지는 않았다. 두 동물 모두 최근 혈통에 순수한 늑대가 섞이지 않았다. 이 동물들은 적어도 10세대 동안 이종교배된 결과였다. 매사추세츠 야생동물 관리 당국은 이 동물들이 늑대라고 주장했고, 앨버타 소송에서처럼 동물과 상호작용하기를 거부했다. 전문가 한 명만이 이 동물들이 이상하게도 '우호적'이라고 증언했을 뿐이다.

이 소송의 핵심 쟁점은 다음과 같다. 개를 이용해 '늑대 같은 외형'을 만들기 위해 선택적으로 교배하는 것이 늘어진 귀, 곱슬곱슬한 털, 굵은 다리 같은 사람들이 원하는 특징을 선택하는 것만큼 쉽다는 사실을, 당국이 받아들일 수 있는가? 이 동물들은 확실히 가축화된 동물이며, 가축화된 카니스 루푸스의 표본으로 보더라도 개로 정의된다. 하지만 당국은 이 점을 반박하고 있으며, 이는 익숙함 편견과 지식의 부족을 드러내는 또 다른 예라고 할 수 있다.

이런 상황은 많은 사람이 '늑대개'를 식별해낼 수 있다고 주장하기 때문에 발생한다. 하지만 이 '전문가들'은 겉으로 '늑대 같이' 보이는 동물을 만드는 데에 사용될 가능성이 있는 종이 어떤 것들인지 거의 모르면서, 자신들의 식별 결과를 고집하고 있다. 심지어 자신들이 분명히 틀렸음이 입증되고 나서도 그래왔다(제10장 참조). 우리는 앞에서 전문가들이 벨지언시프도그와 알래스칸말라뮤트를 '늑대'로 판명한 경우들을 언급했다. 어떤 '전문가들'은 누가 봐도 늑대 같지 않은 동물을 늑대로 판명하기도 한다. 우스운 일이지만, 변호인이 이들의 증언을 반박할 전문가를 내세우지 못한다면, 법정은 이들의 증언을 심각하게 고려할 수도 있다.

이런 문제는 한 회 전체를 할애해 '늑대개' 문제를 다룬 시저 밀란의 〈도그 위스퍼러〉 쇼에서 나타난다. 우리는 시저 밀란과 그의 훈련 방법(Millan and Peltier 2006)을 깊게 존중하지만, 이 쇼에서 밀란은 기본적으로 이야기의 주도권을 한 젊은 여자에게 넘겨버렸다. '늑대 전문가'로 확인되는 그는, 매력적이기는 하지만, 확실하게 알지도 못하고 기만적이기까지 했다. 이 회는 서로 다른 세 집에서 각각 사는 세 마리의 동물에 초점을 맞췄는데, 그중 한 마리만이 알아볼 수 있을 정도의 늑대 혈통을 가졌다고 피에로티가 판명해낸 동물이었다. 첫번째 동물은 얼굴에 움푹 들어간 부분(이마)이 두드러지고 꼬리가 등 위로 말린 말라뮤트/허스키 유형의 개가 분명했다. 피에로티가 참여한 모든 소송에서는 이 특징만으로도 재판을 끝내기에 충분했다. 이 동물은 우호적이었으며 애정을 가지고 낯선 사람을 반겼다. 앞에서 말했지만, 이는 늑대보다는 개 같은 행동이다.

두번째 동물은 어느 정도 '늑대 같은' 모습을 보였다. 얼굴의 형태가 늑대 같았고 낯선 인간들에게 매우 수줍음을 탔다. 여기서 그 '전문가'는 밀란과 시청자 모두에게 필수적일 정보였을, 첫번째와 두번째 동물 사이에 존재하는 행동과 외형의 분명한 차이점을 얘기하지 않았다. 그전에도 '늑대개'를 몇 번 키운 적 있다는 주인의 집에 있는 세번째 동물은, 혼자 남겨졌을 때 극도의 사회적 불안을 겪는 특이한 개였다. 첫번째 동물처럼 이 개는 매우 우호적이고 낯선 사람에게도 쉽게 접근했다. 이런 행동은 너무나 분명해서 그 '전문가'는 이 개가 "늑대개 치고는 매우 특이하다"라고 의견을 말했을 정도였다.

잘 사회화가 안 됐거나 자신의 가족(무리)에서 지배적인 위치를 차지했던 큰 개는 문제가 될 수 있다(Coren 2012; 자료는 http://www.dogsbite.org/dangerous-dogs.php 참조). 피에로티가 개인적으로 만난 가장 위협적인 갯과 동물은 가족의 지인이 키우던 저먼셰퍼드였다. 이 동물에게는 낯선 사람이 접근할 수 없었다. 실제로 이 개는 엄마와 아들을 제외한 가족 모두에게 공격적이었다. 이 개는 〈도그 위스퍼러〉에 나온 그 어떤 '늑대개'보다 더 큰 문제였으며, 그 행동과 공격적인 성질은 매사추세츠 야생동물 당국이 '늑대개'로 판명해 '위험한' 동물이라고 기소한 개와는 정반대였다.

논란이 법과 공중보건에 미친 영향

동물의 정체를 어떻게 판명하는지의 문제를 우리가 중요하게 생각하는 이유는, 개의 최악의 적은 자신의 개가 '늑대개'라고 주장하는 주인이 될 수 있기 때문이다. 미시간주는 진짜 혈통과는 상관없이 주인이 그렇게 생각하면 어떤 동물이든 '늑대개'라고 정의한다. 여기서 얻을 수 있는 교훈은 여러분이 자신의 개를 설명할 때 매우 주의를 기울여야 한다는 것이다. 특히 동물 통제 당국이나 다른 법 집행기관, 또는 심지어 낯선 사람에게도 그래야 한다. 모든 개는 늑대일 수 있지만, 자신의 개를 '늑대'나 '늑대개'로 생각하는 주인들은 가축화된 개가 분명한 동물들에게 문제를 일으킬 수 있다.

이는 법적 소송에서 중요한 쟁점이 된다. 법 집행기관과 소위 전문가들의 대부분은 주로 또는 전적으로 외형만을 보며, 그들의 결정에서 행동 측면은 무시되거나 적어도 중요하지 않게 생각된다. 피에로티의 경험상 이는 해당 동물이 위험하지 않다고, 즉 사회화가 잘 돼었다고 주인이 충분히 입증한 다음에도, 이 동물이 법적으로 키울 수 있는 동물의 정의 안에 포함된다고 판사, 배심원, 또는 검사를 설득할 수 있는 육체적인 단서를 찾아야 한다는 뜻이다. 다행히도 현재는 행동 증거도 법정에서 인정되며, 피에로티는 육체적인 특징에만 의존할 필요가 없게 됐다.

이 부분에서 문화적 전통과 심사숙고가 중요해진다. 당국 관리들에게는 그들이 운명을 결정할지도 모르는 동물이 개에 대한 그들만의 개념에 들어맞는다는 것을 보여주어야 한다. 늑대개를 키우는 것에 반대하는 사람들은 이를 잘 알고 있으며, 늑대와 개를 구분하는 그들만의 기준을 마련하려고 한다. 이 기준은 위에서 언급한 매사추세츠 소송에서 사용됐다. 문제는 그들이 사용하는 모든 기준이 하나 이상의 늑대 같은 견종에도 적용 가능하다는 데에 있다. 제6장에서 지적했듯이, 딩고는 호주, 뉴기니, 동남아시아 일부의 야생에서 주로 살지만 가축화된 개의 한 형태로 생각된다.

최근 플로리다의 한 소송에서는 피에로티가 법정에 나갈 필요조차 없었다. 해당 동물의 개 같은 특징을 보여주는 사진과 해당 동물보다 더 늑대 같은 개로 잘 알려진 형태들의 사진을 검사에게 보내주기만 해도 됐고, 기소는 각하됐다. 이 경우 법적 문제를 일으킨 주요 이슈는 주인이 벼룩시장에 나가 '늑대'와 사진을 찍는 대가로 사람들에게 돈을 받았다는 것이었다. 앞에서 언급했지만, 늑대개 박해 운동을 하면서 미시간주는 주인이 자신의 동물을 늑대로 생각하는지 늑대개로 생각하는지를 주요 판단기준으로 삼아 기소를 했다. 여러분이 어떤 종류의 개를 키우든, 그 개는 본질적으로 늑대다. 여러분이 그 동물의 늑대 같은 특성을 자랑스러워할 수는 있지만, 그 동물의 정체성을 과장하고 싶은 마음에 여러분 또는 여러분의 아이들이 사랑하는 동물을 위험에 빠뜨려서는 안 된다.

가축화된 개와 늑대가 같은 종인지 아닌지에 대한 혼란에서 비롯된 중요한 문제 하나는, 개에게 효과적인 백신이 늑대에게도 유효한지의 문제다. 대부분의 생리학자와 지식이 많은 수의사들은 광견병 백신이 포유동물 전반에 효과가 있으며, 갯과 동물을 포함해 같은 종에 속한 모든 동물에 확실히 효과가 있다고 생각한다. 그 예로, 광견병 사死백신(살아 있는 병원균의 병원성을 약하게 만든 생生백신과 달리 아예 병원균을 죽여서 만든 백신-옮긴이)인 IMRAB는 개, 고양이, 페럿, 소, 말, 양에게 사용하는 것이 승인돼 있다 (Merial 2008). 따라서 이 백신은 광범위한 포유동물에 효과가 있음이 분명하다.

수의사 대부분을 포함해 늑대개 잡종을 반대하는 많은 사람이 빠져나갈 구멍으로 의존하는 것은, 백신이 보통 종마다 다르게 실험된다는 점이다. 종마다 다르게 실험하는 것은 살아 있는(부분적으로 죽인) 미생물에 대한 면역반응에 기초해 백신을 만들 때 가장 중요해진다. 살아있는 미생물에서는 '파손' 위험이 있을 수 있기 때문이다. 파손은 백신이 감염을 예방하는 데에 효력을 보이지 않거나, 심지어는 감염을 촉진하는 현상을 말한다. 이 상황은 IMRAB 같은 '죽인' 미생물에서는 발생할 가능성이 훨씬 낮으며, 이 미생물은 파손의 위험이 없는 면역반응을 일으키는 데에 사용된다.

1994년에 피에로티는 광견병 백신을 모든 카니스 속에 사용하는 것을 승인해야 하는지 논의하는 미국농무부의 자문 위원회에 참여했다. 질병통제센터 연구원, 몇몇 대학 교수, 스미스소니언 연구소와 미국어류및야생동물관리국 소속 전문가들을 포함해 이 위원회의 과학자들은 늑대, 늑대개, 심지어 코요테를 포함한 모든 갯과 동물에게 광견병 백신을 사용하는 것을 찬성하는 목소리를 냈다. 우리는 뭔가 과학적으로 유효한 것을 이뤄냈다는 느낌을 가지고 회의장을 떠났지만, 농무부의 수의사 하나는 우리가 실제로는 승인을 권한 것이 아니라는 목소리를 냈다. 우리가 광견병 백신 사용을 승인하면 디스템퍼(distemper, 개 홍역) 백신의 사용도 승인하게 된다는 게 이 수의사의 논리였다. 우리는 디스템퍼 백신을 평가하는 것은 인간의 건강과 관련이 없으므로, 이 문제는 우리 위원회의 목적에서 벗어난다는 데에 모두 동의했다. 하지만 그 수의사는 이러한 동의 때문에 광견병 백신 승인에 대한 우리의 권고가 '일관성 없게' 됐다고 말했다. 이 주장은 우리가 아는 한 과학적 증거를 가장 터무니없이 조작하고 오용한 예이며, 개와 늑대의 정체성에 대한 혼란이 고고학자들 사이의 난해한 논쟁에만 국한되지 않았음을 보여준다.

피에로티는 '이상한 동물' 법 제정을 위한 시의회 회의에서 증언을 한 적이 있다. 이 회의에서 동물보호단체 대표들은 개에게는 광견병 백신이 시험됐지만 늑대는 그렇지 않다고 주장했다. 시의원 중 한 명은 그 대표들에게 페럿에게는 백신을 사용해도 되는지 질문했다. 대답은 이랬다. "네, 페럿은 승인됐습니다. 페럿은 스컹크와 연결돼 있으며, 스컹크에게는 시험이 됐기 때문입니다." 이는 사실과 다르며, 엉터리 과학에 근거한 발언이다. 페럿은 구세계의 족제빗과 동물인 반면, 스컹크는 신세계의 동물이다. 이 둘은 종은 차치하더라도 심지어 같은 아종에도 속하지 않는다. 반면 개와 늑대는 같은 종이다. 보호단체 대표의 대답과 같은 헛소리는 자신이 과학자라고 생각하는 몇몇 사람들에서도 관찰된다. 모든 개는 자신의 늑대 조상과 별개로 단 하나의 진화 계통을 공유한다는 시대에 뒤떨어진 생각과 무지 때문이다. 게다가 이는 자신이 교육을 받았고 진보적이라고 생각하는 사람들에게조차 창조론적 사고가 어떻게 작용하는지, 심지어 휴머니즘마저 어떻게 기독교 전통으로부터 기원하는지 보여주는 예가 된다(Gray 2002). 개에게서 시험된 백신이 늑대에게는 효과가 없을 수 있다는 주장에는, 아주 오래된 린네의 분류 시스템이 현대의 진화적 사고를 이길 수 있으며 개와 늑대는 '별개로 창조되었다'는 생각이 담겨 있다.

광견병 백신이 카니스 속의 모든 구성원에게 효과가 있다는 것에는 의심의 여지가 거의 없다. 야생동물 생물학자들은 광견병 발발이 의심되는 지역에서 광견병 백신이 든 미끼를 풀어 코요테에게 먹인다. 게다가 멸종위기의 붉은늑대를 복원하기 위해 야생에 풀어주기 전에 복원팀은 모든 동물에게 백신을 주사하며, 옐로스톤 재도입팀처럼 회색늑대를 연구하는 많은 학자도 같은 일을 한다(Schullery and Babbitt 2003).

이런 노력에도 미국동물보호단체는 린네의 창조론적 관점을 채택해, 늑대와 가축화된 개가 같은 종이라는 과학적 합의를 인정하는 법과 규정에 반대한다. 이 주장은 농무부와 주의회 차원에서도 진지하게 받아들여진다(미시간주 2000년 제정 법 참조). 1980년대 이후의 과학 논문들에서 가축화된 개가 카니스 루푸스로 분류돼야 한다고 인정되었음에도 그렇다(Honacki, Kinman, and Koeppl 1982; D. E. Wilson and Reeder 1993). 미시간주는 "개는 카니스 파밀리아리스 또는 카니스 루푸스 파밀리아리스 종의 동물을 뜻한다"라는 정의를 택한다. 심지어 앞의 카니스 파밀리아리스는 더 이상 과학적으로 유효한 이름도 아니다.

이런 노력에 덧붙여 미국동물보호단체와 미국수의학협회는 늑대는 물론 개와 늑대의 잡종에게조차 광견병 백신을 사용하는 것을 반대하는 진영에 가담했다. 이 동물들이 서로 다른 '종'이라는 주장에 근거한다. 두 생명체가 유전학적·생리학적으로 구별이 불가능하고 개에게 사용이 승인된 광견병 백신이 고양이, 페럿, 소에게도 승인됐음에도 이런 움직임을 보이는 것이다. 미국수의학협회는 늑대와 늑대-개 잡종에게는 개 백신 사용을 승인해서는 안 된다고 권고했다(American Veterinary Medical Association 2001). 농무부의 조치에 관해 간단히 토론한 후, 동물행동 전문의이자 미국수의학협회 이사인 보니 V. 비버 박사는 다음과 같이 말했다. "수의사들은 늑대와 늑대 잡종에 광견병 백신 사용을 승인하는 것이 바람직하다고 생각하지만, 그런 제안은 광견병 백신의 효능을 증명하려면 각 종에게 직접 바이러스로 실험해야 한다는 농무부의 제한 조건을 없애버리기 때문에 공중보건에 매우 중대하고 부정적인 영향을 미칠 수 있다." 미국수의학협회는 늑대와 개의 잡종 그리고 이 잡종의 후손에게 백신 사용을 승인하면 늑대와 늑대 잡종이 '개'라고 불리는 것을 허용하는 일이기 때문에 심각한 법적 선례가 만들어질 수 있다고 주장했다. 비버 박사는 또한 다음과 같이 말했다. "분류학에서야 개와 늑대 잡종을 늑대의 아종으로 분류하지만, 다른 분야에서는 그러지 않는다"(피에로티가 개인 소장한 미국수의학협회 회의록에서 인용).

비버 박사의 발언에서 드러나는 진화생물학에 대한 무지는 심각한 결과를 초래한다. "분류학에서야 개와 늑대 잡종을 늑대의 아종으로 분류하지만, 다른 분야에서는 그러지 않는다"라는 말은 다양한 차원에서 틀린 말이다. 우선, 개는 늑대의 아종이 아니다. 개와 늑대는 같은 카니스 루푸스 종의 구성원이다. 하지만 개가 늑대의 아종이라는 비버 박사의 전제를 설령 우리가 받아들인다고 해도 개와 늑대는 여전히 같은 종이며, 따라서 광견병 백신 접종의 대상이 된다. 비버 박사의 논리를 따라서 늑대와 개가 서로 다른 종이라고 생각하면, 늑대-개 잡종은 늑대의 아종이 될 수가 없다. 진화생물학을 아는 과학자라면 잡종 또는 잡종의 집단이 하나의 아종을 만들지는 못한다고 주장할 것이다. 잡종은 두 개의 서로 다른 종이 상호교배한 결과이며, 이 잡종들이 다시 서로 교배해 하나의 새롭고 확실한 혈통을 형성하지 않는다면 분류학 체계에서 자리를 차지할 수가 없다(Pierotti and Annett 1993).

우리가 지적했듯이, 가축화된 개에게는 너무나 많은 표현형이 있기 때문에 이들 모두를 늑대와 구별되는 하나의 종이나 아종으로 부르는 것은 잘못됐다. 개의 수많은 품종이 서로 공유하는 하나의 일관된 연결고리는 늑대 혈통 밖에 없다. 늑대와 그 어떤 견종과의 교배도 잡종을 만들지는 않는다. 부모 양쪽이 같은 종의 구성원이기 때문이다. 개는 다계통발생적이기 때문에 하나의 종이나 아종이 아니다(Frantz et al. 2016). 또한 개는 연결된 다른 갯과 동물과 구별되는 일관된 특성이 없다. 개의 크기는 1킬로그램에서 100킬로그램 이상까지 다양하며, 털 색깔, 행동, 이빨의 크기, 머리뼈의 모양 등도 다양하다.

수의사들은 과학자로 훈련받은 사람들이 아니다. 수의사들은 동물치료 전문가이며 연구를 하거나 주요한 과학 논문을 거의 읽지 않는다. 수의사들의 학위가 박사(PhD)가 아니라 수의사(DVM, Doctor of Veterinary

Medicine)인 이유가 여기에 있다. 학계 바깥에 있는 사람들은 수의사가 의사(MD, Medical Doctor)처럼, 연구를 하면서 훈련을 시키거나 생물학―특히 진화생물학이나 동물행동학 같은―분야의 최신 연구 성과를 계속해서 따라잡는 것을 중요하게 생각하지 않는 전문적인 학교의 졸업생이라는 사실을 잘 모른다. 이와는 대조적으로 연구를 하면서 과학적 지식에 고유한 공헌을 하는 사람들에게는 박사학위가 주어진다. 전문가 증인으로서 피에로티의 경험에 비추어보면, 대부분의 수의사는 자신이 과학자로 훈련받지 않았으며 동물 종이 어떻게 확인되고 분류되는지를 다루는 계통분류학이나 유전학을 포함해 진화 과정에 관한 지식이 전혀 없음을 인정한다. 비버 박사의 말에서는 현대 과학에서 기존 분류학을 대체해온 계통분류학과 진화에 대한 무지가 드러난다.

10

늑대·개와 살기: 문제와 논란

지금쯤이면 여러분은 아마 이렇게 묻고 있을 것이다. 인간이 늑대와 그렇게 좋은 관계를 누렸다면 왜 지금은 그런 관계를 볼 수 없는가? 간단히 답하자면, 지금도 그 관계는 볼 수 있지만 아주 드물게 보인다. 이 장과 다음 장에서는 오늘날 경험할 수 있는 그런 관계를 연구하려는 시도를 다룰 것이다. 처음에는 부정적인 연구결과, 다음 장에서는 긍정적인 결과를 논할 것이다. 우리는 인간·개·늑대 사이의 갈등을 보여주는 관계를 논하고, 밀접해지기 위해 노력했지만 현대 미국의 문화가 만들어내는 학습된 무기력과 두려움 때문에 실패한 인간들의 (최소한 갯과 동물에 관한) 정말 비극적인 이야기들을 다루며 논의를 시작할 것이다.

　제일 처음에 언급할 가치가 있는 주제는, 우리를 포함한 모든 학자가 같은 질문에 주목한다는 점이다. 우리는 초기 인간-늑대 상호작용이 시작된 시기에 살던 야생 늑대 중 가장 잘 길들여진(또는 최소한 쉽게 사회화된) 늑대들이 어떻게 우리가 현재 개로 생각하는 가축화된 갯과 동물의 조상이 됐는지에 주목한다. 하지만 적어도 가축화된 개의 기원을 연구하는 학자들이 대부분 논의하지 않는 것은, 유럽 혈통을 가진 사람들의 카니스 루푸스에 대한 집요한 박해 운동(McIntyre 1995; Grimaud 2003; Coleman 2004; Rose 2011; Pierotti 2011a)이 오늘날 가장 수줍고 사회화되기 힘든 늑대만 야생에서 살아남도록 하는 강한 선택을 이끌었다는 사실이다. 이상하게도 모리(2010)나 시프먼(2011, 2015)처럼 개에 관한 논문이나 책을 쓰는 대부분의 학자는, 오늘날의 수줍고 겁이 많은 늑대가 모든 늑대의 전형적인 조상인 것처럼 쓴다. 이 학자들은 그러한 가정에서 시작해 왜 현대의 늑대들이 '위험하고', '포악하고', '공격적인'(이 수줍은 동물의 특징을 진정으로 오도하는 표현이다) 존재이며, 대중문화의 많은 부분에서 나타나는 늑대의 부정적인 이미지를 암묵적으로 인정하는 다른 용어들로 표현되는지 설명한다. 대중매체, 특히 영화와 TV에서 늑대는 거의 항상 포악하고 통제가 안 되는 킬러로 나온다. 이런 예는 리암 니슨의 판타지 영화 〈더 그레이〉부터 디즈니 애니메이션 〈미녀와 야수〉에 이르기까지 다양하다. 〈미녀와 야수〉에서는 주인공 야수가 먹이를 찾아다니는 늑대들로부터 여주인공 벨을 보호하면서 자신의 패기를 보여주기도 한다.

과학철학과 과학사회학에서 이미 잘 밝혀진 대로, 과학의 많은 관행은 가치중립적이 아니라 그 관행들이 주장하고자 하는 가치로 가득 차 있다(Hess 1995; Tauber 2009; Pierotti 2011a; Medin and Bang 2014). 같은 종에 속하는 가축화된 형태와 가축화되지 않은 형태, 즉 개와 늑대의 관계에 관한 연구보다 서양의 사회적 가치가 더 강하게 투영된 분야는 거의 없을 것이다. 하지만 인간과 늑대의 상호작용이 시간이 지나면서 크게 변했다면, 가축화 초기 단계에 인간의 동반자로 선택된 늑대들은 다른 선택 압을 받았을 것이고 현대 사회에서 인간과 함께 살아가는 오늘날 늑대와는 다른 행동 특성을 보였을 가능성이 높다. 인간 역사의 대부분 동안 우리는 늑대와 같이 사냥을 하고, 먹을 것을 공유하고, 심지어는 아주 가까운 거리에 살면서 가장 사회화되기 쉬운 개체를 찾아내 상호작용했다. 하지만 약 1000년 전 어딘가에서 이런 상황은 변했다. 기독교 교회는 많은 사람이 인간이 아닌 존재와 너무 가깝게 살고 있다고 판단했다. 그 가까운 관계의 기반은 존경심이었으며, 사람들은 그 존재를 문장紋章에 그려넣기도 했다. 이에 따라 교회는 곰과 늑대를 악마와 연결해 그런 관습을 금지하려고 했다(Pastoureau 2011). 그리모(2003, 96)는 자신의 책에서 프랑스 남부에 있는 로마 가톨릭 교회의 회랑에 그려진, 늑대의 얼굴을 한 악마의 그림을 설명한다. 이는 기독교가 널리 알려지기 이전에 아폴론을 루카이오스(Lukaeios, 늑대에서 태어난 존재)로 묘사한 것, 페르시아와 로마 제국 건국자의 이야기, 칭기즈칸을 늑대 암컷이 키웠다고 알려진 것과는 극명한 대조를 이룬다. 기독교 사제들의 박해는 자신들에게 익숙한 포식자를 대하는 유럽 사람들의 태도에도 변화를 불러왔다. 이는 유럽에서 늑대 말살을 초래했고, 살아남는 개체들에게는 인간과의 접촉을 피하는 행동 쪽으로 선택압이 강하게 작용했다.

북아메리카에 도착한 유럽인들은 새롭게 식민지화한 땅에서 비슷한 운동을 했다(이 땅은 유럽인이 '발견한' 땅이 아니었다). 피에로티는 이전에 쓴 책에서 유럽인과 늑대의 관계를 다음과 같이 설명했다.

> 회색늑대와 붉은늑대를 포함해 늑대들은 플로리다에서 알래스카, 뉴펀들랜드와 래브라도에서 텍사스, 뉴멕시코, 애리조나 등 북아메리카 거의 전역에 분포하고 있었다(McIntyre 1995; Coleman 2004). 하지만 오늘날 붉은늑대는 야생에서 공식적으로 멸종했으며, 미국에서 회색늑대는 알래스카, 캐나다, 그리고 미시간, 위스콘신, 미네소타, 몬태나, 아이다호에서만 소규모로 남아 있다(아이다호에서는 최근 이 주에서 늑대를 다시 멸종시키려는 법안이 통과되었다). 아이다호와 와이오밍에서 늑대를 다시 들여오려는 시도가 간간이 있었다. 하지만 북아메리카 역사상 자연에 사는 늑대가 사람을 죽였다는 확실한 기록이 없음에도, 그런 시도는 늑대가 아이들을 데려간다고 생각하는 농부와 목장주들의 강

한 반대에 부딪혔다(McIntyre 1995; J. Marshall 1995; Coleman 2004; Mech 1998). … 오히려 유럽인과 늑대의 진짜 관계는, 유럽인과 그 자손들의 늑대 말살 운동에서 보이는 상상도 할 수 없는 포악함에서 드러난다(McIntyre 1995; Coleman 2004). 늑대 말살은 계몽시대에 뿌리를 둔다(Coates 1998). 1950년대가 되자 거의 미국 전역에서… 늑대가 사라졌다(알래스카는 1959년까지 주가 아니었다). 이 말살 운동은 들소를 죽일 때처럼 단순히 총을 쏘는 것만이 아니었다. … 유럽인 이주민들이 늑대를 대하는 방법은 극도로 포악했으며, 복수심(무엇에 대한 복수인지는 분명치 않다), 공포, 혐오에 의한 것이었다(Coleman 2004). 오듀본에 따르면, 1814년 켄터키의 농부는 붙잡힌 늑대를 고문해 죽였으며 농부들과 목장주들은 늑대들의 머리에 못을 박아 처형된 범죄자처럼 공공건물에 걸어놓곤 했다(Coleman 2004). 이런 행동은 오늘날 코요테, 즉 카니스 라트란스에 대해서도 계속되었다. (Pierotti 2011a, 52)

이렇게 늑대들을 박해했고 그들에게 강한 선택압이 작용했다고 해도, 그동안 북아메리카와 다른 지역에서 인간이 독립적인 늑대들을 동반자로 소중히 여겨왔다는 사실이 변하지는 않는다.

코핑어와 코핑어(2001) 그리고 다른 학자들은 가축화된 최초의 늑대가 현대의 야생 늑대보다 더 작고, 더 겁이 많고, 더 통제가 쉬웠을 것이라고 생각한다(Crockford 2006; Morey 2010; Shipman 2011, 2015). 하지만 여러분이 강력하고 지능이 높은 사냥 파트너 개체 또는 무리를 찾는다면, 현대의 미국인들이 가축화된 개로 선호하는 작고 예민한 동물을 원하지는 않을 것이다. 즉, 종속적인 존재가 아닌 강력한 협력자 또는 동반자로서 진짜 늑대를 원할 것이다.

인간은 어떻게 늑대와 관계를 맺어야겠다고 결정하게 되었을까? 혹시 이 결정을 늑대가 한 것은 아닐까? 늑대행동 전문가 벤슨 긴즈버그는 다음과 같이 말한다. "내 경험에 비추어보면, 늑대 우리에 손을 넣었을 때 새로 태어난 새끼 중 일부는 바로 다가와서 가지 말라는 반응을 보인다. … 어떤 새끼들은 달아나고, 또 다른 새끼들은 접근-회피 반응을 보인다. 이들 중 사회성을 보이는 새끼들이 성체가 되었을 때 인간에게 사교적이 된다"(Derr 2011, 86에서 인용). 제11장에서 보겠지만, 이 말은 매우 정확하다. 18세기 유럽의 한 탐험가는, 아메리카 원주민들이 어떻게 늑대 굴에 가서 성체 늑대들이 지켜보는 와중에 새끼들과 놀고 그중 몇몇에게 황토를 칠했는지 설명한다(Hearne 1958, 240). 헌은 원주민들의 이런 행동을 이상한 의식의 일종으로 해석한다. 하지만 다른 설명에 따르면, 원주민 부족의 이런 행동은 가장 사회적인 새끼들, 즉 성체가 됐을 때 인간과 관계를 가장 잘 맺을 것 같은 새끼들을 알아내는 행동이다. 황토는 가죽과 털에 바르면 꽤 오랜 기간 그대로 남는다. 원주민들은 황토를 이용해 일종의 표시를 했을 수도 있다.

피에로티는 평생 동안 소유주, 동반자, 학자, 멘토, 조련사, 교육자, 전문가 증인 등 다양한 입장에서 늑대 20여 마리, 늑대와 개 잡종 약 100마리, 개 200마리를 다뤄왔다. 피에로티는 10여 차례에 걸쳐 이들에게 공격을 당하고 대여섯 번은 물리기도 했다. 이 모든 경우에서 피에로티와 상호작용한 동물은 큰 수컷이었으며, 확실히 가축화된 저먼셰퍼드·로트바일러·벨지언시프도그 같은 미국애견협회에 등록된 개였다. 피에로티는 가축화되지 않은 늑대로부터는 공격을 당하거나 물린 적이 단 한 번도 없다.

가축화된 개로 변한 늑대와 인간 사이에 사회적 유대가 형성됨으로써, 인간과 이 동물 동반자는 큰 즐거움도 얻었지만 그만큼 큰 갈등도 겪게 됐다. 가축화된 큰 개는 위험한 포식자의 몸 구조를 가졌으며, 이는 인간과의 상호작용에 대한 자신감과 결합돼 공격적인 행동을 초래할 수 있다. 이와는 대조적으로 늑대, 그리고 늑대와 개가 높은 비율로 섞인 잡종은 낯선 인간과 상호작용할 때 앞에서 설명한 이유로 더 수줍고 뒤로 물러서는 경향이 있다. 30년 이상 수의사 경력을 가진 노린 오버림 박사는 늑대 새끼들 사이의 서로 다른 성격 유형이 개의 새끼들에게도 적용될 수 있다는 긴즈버그의 관찰 결과에 주목했다. 개의 새끼들 중 일부는 우호적이고 자신감이 있고, 일부는 별 관심이 없으며, 또 다른 일부는 매우 수줍고 겁이 많았다. 개, 늑대, 개와 늑대의 잡종을 치료해 온 오버림 박사에 따르면, 별 관심이 없거나 수줍고 겁이 많은 범주에 속하는 개들은 행동에 문제가 많으며, 인간/개 관계에서 발생하는 위기의 원인이 될 수도 있다.

이 주장은 데이터에 근거를 둔다. 알려진 견종 중에서 수줍고 공격적이고 겁이 많은 개들이 결국 인간, 특히 어린이들을 공격하거나 죽이기까지 했다는 자료가 있다. 미국 질병통제센터 자료에 따르면, 1979년부터 1996년까지 개 403마리가 인간 300명 이상을 죽였다. 이 중 15가지 사건 정도만 늑대/개 잡종이라고 알려진 동물과 관련이 있으며, 이런 경우의 상당수는 진위가 의심스럽다(뒤의 니커슨 소송 참조). (118명을 죽인) 단연 가장 위험한 '품종'은 순종과 잡종을 포함하는 '핏불 유형'이었으며, 두번째는 67명을 죽인 로트바일러, 세번째는 다양한 교잡종, 네번째는 저먼셰퍼드였다. "미국수의학협회, 질병통제센터, 미국동물보호단체가 수행한… 가장 위험한 개 연구" 결과를 보여준다는 한 논문에 따르면, 가장 위험한 열 가지 품종은 다음과 같다. (1) 아메리칸핏불테리어, (2) 로트바일러, (3) 저먼셰퍼드(알세이션), (4) 시베리안허스키, (5) 알래스칸말라뮤트, (6) 도베르만핀셔, (7) 차우차우, (8) 프레사카나리오, (9) 복서, (10) 달마티안(Sacks et al. 2000). 이 열 가지 품종에는 스피츠 유형이 셋(말라뮤트·허스키·차우차우) 있으며, 미국애견협회가 인정한, 너무나 잘 알려진 품종인 저먼셰퍼드도 있다. 미국애견협회가 인정한 다른 다섯 개 품종은 대부분 몰로서 품종으로, 주둥이가 짧고 턱이 강한 대형견이며(핏불·로트바일러·프레사카나리오·복서) 대부분 이 품종들이 인간에게 치명적인 공격을 했다(http://www.dogbite. org/dog-bite-statistics-fatalities.php).

결론적으로 대형견이 제일 위험하다는 교훈을 얻을 수 있다. 특히 유형성숙에 의해 성격은 어리지만 힘은 센 경우 더 그렇다. 이 개들은 인간과의 유대를 지키려고 하지만, 사회적으로 미성숙해 낯선 사람과 낯선 개에게 공격적인 성향을 보인다. 치명상이 아닌 단순히 개에게 물린 것만 생각하면, 사람들이 좋아하는 작은 개 대부분이 위험한 견종에 포함될 수 있음을 알아야 한다. 작은 개들이 공격해서 치명상을 입는 경우는 드물지만, 작은 아이들의 경우에는 문제가 된다. 가축화된 작은 개들은 자신이 작은 아이들을 제압하거나 쫓아낼 수 있다고 생각하기 때문이다. 아이들은 뒤집어져서 구르거나, 배 또는 목구멍을 보이거나, 오줌을 흘릴 때(이런 행동은 개에게 복종을 뜻한다−옮긴이), 서열이 낮은 개나 강아지처럼 반응하지 않는다. 이렇게 앞뒤가 맞지 않는 행동을 한 결과, 아이들은 물리고, 다치고, 때로는 죽임을 당한다.

피에로티는 아이를 공격했을 것으로 추정되는 늑대개라고 불리는 동물에게 혐의가 씌워진 몇몇 소송에 참여한 적이 있다. 방금 문장에서 꾸미는 말들('추정되는', '불리는', '씌워진')이 몇 개나 되는지 확인해보면, 대중의 태도와 법이 얼마나 왜곡되었는지 잘 알 수 있을 것이다. 이런 소송에서는 두 가지가 확실하게 증명되어야 한다. 첫째, 해당 동물에게 실제로 최근의 늑대 혈통이 있는가(가축화된 흔한 개보다 더 많아야 한다. 모든 개는 늑대기 때문이다)? 둘째, 공격이 실제로 있었는가? 일부 소송에서는 세번째 문제도 제기되는데, 이는 어떤 동물의 늑대 또는 늑대개라는 특징이 공격으로 의심되는 일에 실제로 관련은 있는지 여부다.

우리는 이 세 개의 변수 모두를 포함한 소송을 먼저 이야기할 것이다. 1994년 미주리주 서부에서 플라스틱 칼을 들고 있던 다섯 살짜리 남자아이가 1.8미터 높이의 울타리에 나무 판이 하나 빠져 있는 것을 보게 됐다. 이 아이가 그 틈새로 안을 들여다보니, 개들(복수형이다)이 우리 안에 있었다. 이 아이가 다섯 살이고 남자아이였다는 것을 염두에 두자. 아이는 플라스틱 칼을 쥔 채 그 사이로 손을 넣어 개들을 약 올리려 했고, 그 순간 개에게 물렸다—아니 최소한, 아이의 손이 갯과 동물의 입에 잡혔다. 아이는 손을 뒤로 빼면서 두 군데에 깊은 상처를 입었다. 이 아이가 침착하게 가만히 있었다면 이런 일이 일어났을지는 의문이다. 하지만 우리는 다섯 살짜리 아이에 대해 얘기하고 있다.

아이는 병원으로 옮겨졌다. 손에 입은 상처는 수술을 해야 했고 여러 바늘을 꿰매야 했다. 아이의 부모(고등학생일 때 이 아이를 낳았다)는 경찰을 불렀고, 경찰은 개 주인이 이 개들 중 하나를 '늑대 잡종'으로 불렀다는 사실을 알아냈다. 미주리주에서는 늑대 잡종을 키우는 것이 불법이다. '야생동물'을 관장하는 미주리주 환경보존부는 이 시점에서 피에로티를 전문가 증인으로 불러 그 동물이 정말로 늑대 잡종인지 확인해달라고 요청했다. 피에로티가 이 동물이 갇혀 있는 곳으로 환경보존부 담당자와 같이 가서 보니, 이 동물은 놀랍게도 확실히 가축화된 동물이었다. 겁에 질려 떨고 있었고 전혀 공격적이지 않았다. 이 동물은 저먼셰퍼드와 황색 래브라도레트리버의 교잡종처럼 보이는, 다리가 굵고 과체중인 개였다. 피에로티는 먼저 환경보존부 담당자에게 이렇게 말했다. "농담하시는 거지요?" 거기다 결정적으로, 당국은 어떤 개가 아이를 '물었는지' 정확하게 몰랐다. 마당에는 동물이 세 마리 있었고 아이는 '공격한' 개를 실제로 보지 못했기 때문이다. 즉, 가둬둔 동물은 어떤 종류의 늑대 잡종도 아닌 데다가, 법 집행기관도 자신들이 올바른 동물을 가두고 있는지 확신이 없었다. 하지만 그럼에도 집행기관은 기소를 할 생각이었다. 동물 주인이 자신의 애완동물을 '늑대 잡종'이라고 생각했고, 동물의 정체를 알아낼 능력이 거의 없었던 관련 당국은 자신들의 눈으로 본 증거를 받아들이지 못했기 때문이다.

이 소송은 지역 언론의 관심을 끌었다. '늑대'와 관련된 뉴스였기 때문이다. 아이의 아버지는 TV에 출연해 자신의 아이가 "포악하고 공격적인 야생동물의 공격을 받았다"라고 소리쳤고, 지역 뉴스 방송이 늘 그렇듯이 "피가 나면 사람들이 본다If it bleeds it leads." 기자 한 명이 피에로티의 연구실에 전화해서 의견을 구했다. 피에로티는 기자에게 이 동물은 어떤 의미에서도 늑대가 아니며 가축화된 흔한 개 이상으로 늑대의 성질을 가지지는 않았다고 말했고, 기자는 그대로 이 내용을 뉴스에 내보냈다. 뉴스가 나간 뒤 피에로티는 바로 환경보존부 담당자의 연락을 받았고, 그 담당자는 피에로티의 '분명한 편견' 때문에 피에로티를 증인으로 부르지 않겠다는 주 정부의 입장을 전했다.

그 뒤 피에로티는 피고 측 변호인의 연락을 받았다. 전문가 증인을 서달라는 요청이었다. 이미 의견을 밝히기는 했지만, 엄밀히 따지자면 이런 형사사건에서 피에로티는 (전문가로서) 자신이 의견을 밝혔음을 확실히 한다는 차원에서 법정에 소환됐다. 법정에서 피에로티는 이 동물이 그 어떤 경우라도 '늑대 잡종'이 아니며, 포악하고 공격적이 아닌 수줍고 겁이 많은 동물이라고 증언했다. 늑대 잡종을 키운 혐의는 풀렸지만, 주인은 동물을 방치했다는 혐의로 경범죄 유죄판결을 받았다. 울타리에 난 구멍이 아마도, "동물이 자신, 사람, 다른 동물, 재산에 해를 입히지 못하도록 적당한 방법으로 제어하거나 통제하지 못함"으로 정의되는 "통제 부족" 상태를 나타냈기 때문일 것이다(1998년 미주리주 형사판결).

이렇게 절충된 약한 판결마저도 미주리주 항소법원에서 뒤집어졌다. "아이가 팔을 울타리 안으로 집어넣지 않았다면 이 개는 아이에게 상처를 입힐 수 없었다. 울타리에 난 구멍은 크지 않았으며, 아이가 의도적으로 자신을 위험에 노출하지 않았다면 이 동물은 아이에게 상처를 입힐 수 없었다"라는 것이 항소법원의 판결이었다(1998년 미주리주 형사판결).

1996년에 피에로티는 노스캐롤라이나주에서 제기된 비슷한 소송에 전문가 증인으로 참여했다. 또 다른 10대 아버지가 18개월 된 아이를 데리고 늑대개 잡종을 키우는 시설에 갔을 때 사건이 발생했다. 이 상황에서 동물의 정체성은 의심의 여지가 거의 없었고 피에로티도 그렇다고 확인했다. 따라서 이 문제는 '포악함'과 '공격'에 관한 민사소송이 됐다. 19세 나이의 아버지는 불안해하는 동물 바로 앞에서 어린 아들을 대롱대롱 흔들었으며, 심지어 쇠사슬로 만든 3미터 높이의 울타리에 바짝 붙은 상태였다. 이 동물의 주둥이가 울타리 사이를 빠져 나올 정도로 작지는 않았지만, 아이의 발은 달랐다. 다음에 어떤 일이 일어났는지는 쉽게 짐작할 수 있다. 이 동물은 아이의 발을 움켜잡았고, 아버지는 아이를 끌어당겼지만, 동물과 아버지가 줄다리기를 하는 와중에 아이는 새끼발가락을 잃었다. 경찰 조사가 이뤄졌지만, 그 상황에서 경찰은 이 동물에게 어떤 혐의도 인정하지 않았다(아버지가 아이를 위험에 빠뜨린 것은 별도의 얘기다).

늑대개의 주인이 치료비를 전부 내겠다고 했지만, 아이의 부모는 민사소송을 제기했다. 피에로티는 이 동물을 평가하기 위해 불려갔고 피고 측을 위해 증언했다. 피에로티는 동물 주인과 동물을 보고 나서, 늘 그랬듯이 우리 안에 들어가겠다고 했다. 안에 들어가보니 사고에 연관된 동물은 수줍음이 많고 낯선 사람을 만나면 뒤로 물러서는 성향이 있다는 것을 알게 됐다. 이 동물은 어떤 의미에서도 공격적이거나 포악하지 않았지만, 적당한 비율로 피가 섞인 늑대개 잡종으로서 구석에 몰리면 두려움 때문에 방어적으로 빠르게 행동했을 가능성이 있었다.

피에로티가 증인석에 섰을 때 고소인 측 변호인은 피에로티의 자격을 문제 삼았다. 피에로티가 대학에서 '개 행동학자'가 아니고 '진화생태학자'라는 것이었다. 이 변호인은 대부분의 대학에 '개 행동학자'가 있다고 생각한 것 같았다. 이 점을 문제 삼은 이유는, 이 변호인과 고소인이 약 3000달러(경비 별도)를 '개 행동 전문가'로 공인된 동물 조련사에게 지불했다는 데에 있다. 이 조련사는 울타리 밖에서 이 동물을 5분 관찰하고 '위험할 정도로 공격적'이라는 의견을 낸 사람이다. 피에로티가 동물행동 분야의 책을 썼다는 점을 판사에게 인정받아 이 변호인의 이의는 기각됐고, 피에로티는 증언을 계속할 수 있었다. 증언을 한 피에로티가 이어서 교차 심문 시간에 받은 첫번째 질문은 이랬다. "이 증언을 하고 얼마나 받습니까?" 피에로티는 늘

하는 대답을 했다. "경비만 받습니다. 내가 한 일로는 추가로 청구하지 않습니다. 나는 대학교수입니다. 이런 증언은 더 큰 공동체를 위한 나의 봉사라고 생각합니다." 이 증언을 마친 뒤 피고인 측은 추가 질의를 하지 않았고, 배심원들은 퇴장했다. 세 시간 안에 판결을 들고 돌아올 예정이었다. 결국 고소인들은 치료비밖에는 받지 못했다. 소송을 시작하기 전에 피고인이 제시했던 딱 그만큼의 비용이었다.

비슷한 소송이 하나 더 있다. 디트로이트 교외에서 어린아이가 공격당했다고 주장해 이뤄진 소송이었다. 여기서 '늑대개'가 세 살 된 여자아이를 공격하고 물어뜯은 혐의로 기소됐다. 이 상황은 동물의 주인들이 동물의 새끼들을 '늑대의 피가 높은 비율 섞인 강아지'로 팔았다는 사실 때문에 더 복잡해졌다. 사건이 일어난 원인은 최근에 태어난 새끼들과 관련이 있다. 때는 2월의 어느 포근한 날이었다. 동물 주인의 딸은 친구를 불러 마당에서 놀고 있었다. 부모 중 아무도 집에 없었다. 아이들을 지켜보던 할아버지는 3주 된 강아지를 풀어 아이들과 놀게 했다. 이 강아지들이 가족이 아닌 사람과 마당에서 노는 것은 처음이었지만, 아이들과 강아지들은 어울려서 잘 놀았다. 이때 할아버지는 말하지 못하는 어떤 이유로 이 강아지들의 어미와 아비를 풀어놓았다. 이 시점에서 놀러온 여자아이가 강아지들의 아비에 '물리게' 된 것이다. 여기서 작은따옴표를 붙인 이유는 피에로티가 이 사건에 관여한 후에 알게 된 사실 때문이다. 하지만 여자아이의 엄마가 현장에 불려오고 경찰이 출동했을 때, 이 동물은 의심스럽지만 늑대개로 알려졌으며 시 당국에 압수됐다. 이 동물의 주인은 위험한 동물을 소유했다는 혐의를 받았고, 유죄가 확정되면 주인은 벌금을 물고 동물은 죽임을 당하게 될 처지였다.

이 소송을 맡은 검사는 반드시 이기겠다고 작정한 젊은 여성이었다. 검사는 이 동물의 머리를 엑스레이로 찍어 와이오밍주 고고학자이자 와이오밍대학교 인류학과 외래 교수인 대니 워커에게 보내, 이 동물의 정체를 분석해달라고 의뢰했다. 검사는 경험이 없었고, 이런 분석이 어떻게 진행되어야 하는지 전혀 알지 못했다. 그래서 검사는 머리뼈 사진 옆에 참조 척도를 두지도 않고 동물의 치수에 관한 어떤 측량 정보도 제시하지 않았으며, 결국 동물의 크기에 관한 잘못된 정보를 제공하게 됐다. 검사는 늑대와 개가 다른 종이라는 전제 하에서 늑대에게 광견병 백신을 사용하는 것이 금지된 미시간주의 상황도 '조사'했다(미시간주 2000년 제정 법 참조). 따라서 검사는 광견병 백신이 늑대에게는 효과가 없다는 잘못된 생각에 기초해 주장을 하게 됐다.

피에로티는 재판 예정일 전날 디트로이트에 도착해 '공격'의 '피해자' 사진을 포함해 소송 증거를 검토할 수 있었다. 이 증거들을 보니 문제의 '물어뜯은 자국'은 여자아이의 등 가운데 있는 작은 상처 하나라는 것을 알 수 있었다. 모든 육식동물은 보통 위아래로 송곳니 두 개씩을 가졌기 때문에, 물었을 때 피부에 찢긴 상처를 단 하나만 남기는 것은 불가능하지는 않아도 매우 어렵다. 피에로티도 엑스레이 사진과 워커 박사의 보고서를 읽었다. 피에로티는 워커 박사가 크기에 관한 적절한 척도가 없는데도 분석한 것을 보고 놀랐다. 엑스레이 사진을 보면 이 동물은 위아래로 두 개씩 송곳니를 가졌으며, 이는 '물어뜯은 자국'에 대한 진단을 의심스럽게 만들었다.

다음날 재판이 열리기 전, 피에로티는 이 동물이 격리된 시설에 가서 오랫동안 동물을 관찰했다. 미주리주 소송에서처럼, 피에로티는 우선 자신이 놀림을 당하고 있는 듯한 느낌을 받았다. 이 동물은 몸무게가 23킬로그램 정도 되고, 중간 길이의 비단 같은 털, 움푹 들어간 부분(이마)이 두드러진 작은 동물이었으며, 이와 비슷한 크기의 귀가 꼿꼿하고 꼬리가 말리지 않은 다른 개와 비교할 때 늑대와 덜 닮았다. 이 동물은 처음에는 수줍었지만(낯선 사람들에 의해 갇혀 있었다) 곧 피에로티가 자신을 쓰다듬고 육체적 특징을 관찰하도록 해주었고, 피에로티는 자신이 생각했던 것을 발견했다—이 개에게는 다듬어지지 않은 날카로운 며느리발톱이 있었다.

기본적으로 갯과 동물의 엄지발가락인 며느리발톱은 갯과 동물이 발을 이용해 무언가를 제어할 때 주로 사용된다. 피에로티는 물린 것보다 며느리발톱 때문에 상처를 입은 적이 훨씬 더 많다. 갯과 동물은 장난치며 놀 때 주로 발을 사용하기 때문이다. 이 발견으로 피에로티는 여자아이의 등에 있는 '물어뜯은 자국'은 사실 며느리발톱으로 인한 상처라는 결론을 내렸고, 실제로 일어난 일의 역학관계를 완전히 새롭게 볼 수 있게 됐다. 당시 미시간주는 2월이었지만, 사건이 일어난 날이 포근한 날씨였음은 모두가 인정했다. 너무 포근해서 실제로 여자아이는 성기게 짠 스웨터만 맨살 위에 걸치고 있었고, 개의 며느리발톱은 여자아이의 피부에 쉽게 파고들 수 있었다. 피에로티의 해석은 다음과 같다. 아비 개는 풀려나자 자기 새끼들이 낯선 아이와 노는 모습을 발견했다. 개는 빠르게 뛰어 여자아이를 쓰러뜨리고 발을 등에 올려 아이의 움직임을 제압했다. 사회적 계급을 이해하는 잘 훈련된 강아지가 아니고 인간의 아이였기 때문에, 이 아이는 꿈틀대고 안간힘을 썼다. 그러자 개는 아이의 움직임을 통제하기 위해 더 많은 힘을 실어 발로 아이의 등을 눌렀고, 이때 개의 며느리발톱이 아이의 피부에 상처를 낸 것이다. 개의 이런 행동은 '공격'이 아니라, 자식에게 위험이 될 수 있는 요소를 통제하려는 아비의 움직임이라고 할 수 있다. 아이가 가만히 누워 있었다면, 옷이 더러워지는 것 이상의 일은 일어나지 않았을 것이다. 하지만 아이는 그렇게 하지 않았고, '포악한' 공격이 일어났다고 주장이 됐으며, 이 동물은 자기 새끼를 보호하려다 생명의 위험에 빠졌다.

　　검사는 이 동물의 정체와 실제로 어떤 일이 일어났는지에 대한 피에로티의 해석에 불만을 표시했다. 검사는 '늑대개일 수 있다'는 대니 워커의 해석에 왜 동의하지 않는지 피에로티에게 물었다. 피에로티는 검사가 척도를 정확하게 제공하지 않은 실수를 지적하며, 그 실수는 워커가 이 동물이 전형적인 늑대만하다고 착각하도록 만들었다고 말했다. 하지만 비단 같은 털이 있다는 점을 함께 생각할 때, 이 동물의 크기가 늑대의 가축화되지 않은 형태와 같을 가능성은 배제된다. 검사는 피에로티에게 증언으로 얼마를 받는지 늘 하는 질문을 했고 피에로티는 늘 하던 대답을 했다(나중에 알았지만 검사는 워커의 전문 지식에 1000달러 이상을 지불했다). 검사는 다시 광견병 문제에 대해 물었다. 피에로티는 이 동물이 분명히 가축화된 '개'이며 백신도 접종받았다고 대답했다. 하지만 실제로 개가 아이를 문 적이 없기 때문에 이 부분은 고려할 필요가 없었다. 죽인 바이러스가 다양한 포유동물에 사용됐음을 피에로티가 지적했을 때, 자포자기한 검사는 피에로티가 광견병 사백신인 IMRAB를 대변해주면서 돈을 받지는 않았는지 물었다. 물론 사실이 아니었고 판사는 검사에게 주의를 줬다. 검사가 심문을 마치자, 판사가 피에로티에게 질문이 하나 있다고 말했다. "피에로티 박사님, 이 사건이 포식자에 의한 공격이라고 생각하십니까?" 피에로티가 대답했다. "존경하는 재판장님, 만약 이게 포식자에 의한 공격이었다면 결과가 어떻게 됐을지는 누구나 다 알 겁니다." 이 말을 듣고 판사는 고개를 끄덕이더니 피고 측 변호인한테 피에로티와 함께 점심 식사를 하러 가라고 제안했다.

피고 측 변호인은 이 마지막 대화로 '승소했다'고 말했다. 피에로티가 정확한 평가를 했던 것이다. 그날 오후, 판사는 모든 혐의를 기각하고 이 동물을 주인에게 돌려보냈다. 피에로티는 사례금을 요구하지는 않았지만 강력한 요구사항이 있다고 주인에게 말했다. 그 요구사항은 주인이 파는 개를 '늑대개'로 광고하지 말라는 것이었다. 피에로티는 이런 부주의한 행동으로 사랑하는 동물을 잃을 수도 있다고 지적했다. 긴 시간의 대화 끝에 주인은 그 요구대로 하겠다고 약속했다.

이 소송들에서는 비교적 긍정적인 결과가 나왔다. 하지만 이런 상황이 심각할 정도로 부정적인 결과를 낳을 때도 많음을 반드시 알아야 한다. 사건이 일어난 뒤 피에로티가 간접적으로만 참여한 소송이 있었다. 1989년 3월 2일 오전 11시 30분, 미시간주 어퍼반도의 내셔널마인이라는 작은 마을에서 다섯 살짜리 여자아이 앤절라 니커슨이 유치원 버스에서 내렸다. 당시 집에는 책임을 질 만한 어른이 없었다(아이의 이모가 남자친구와 침대에 있었지만 정신이 다른 데에 팔려 "아무것도 듣지 못했다"). 아이는 밖에서 놀면서 적어도 개 두 마리의 주의를 끌었다. 나중에 경찰이 확인한 바로 하나는 몸무게가 50킬로그램 정도 나가는 11개월 된 '허스키' 수컷이었고, 암컷은 저먼셰퍼드와 허스키가 섞인 개였다. 수컷은 아이의 이모가 최근에 남자친구한테 얻은 것으로, 남자친구는 동물보호소에서 이 동물을 입양했다. 아이는 버스에서 내린 오전 11시 30분에서 12시 사이에 이 개 두 마리의 공격을 받고 사망했다(경찰의 사망 보고서는 http://goo.gl/8oFLfn 참조).

이 비극적 사건이 발생하고 몇 년 후, 반 늑대·늑대개 운동가인 베스 듀먼이 니커슨 소송에 대해 듣게 됐다(http://www.casinstitute.com/beth.html). 그는 학사학위를 가졌으며 스스로를 '늑대 여인, 늑대 전문가'라고 부르는 전직 고등학교 과학 교사이자 개 조련사였다. 이 소송에 연관된 모든 사람이 주요 공격자로 보이는 동물인 아이번을 개, 즉 허스키 또는 말라뮤트로 생각했음에도, 그는 이 사건이 자신의 반늑대 운동을 널리 알릴 기회라고 판단한 것 같다. 듀먼은 실제로 아이번을 본 적이 없다. 아이번은 경찰에 의해 사살돼 화장됐고, 듀먼은 아이번의 사진만 보고 판단한 것이다.

베스 듀먼은 늑대·늑대개와의 관계 면에서 흥미로운 과거를 가진 사람이다. 우리는 1994년 『스미스소니언』 잡지에 실린 듀먼의 글 「늑대와 늑대 잡종을 애완동물로 만드는 것은 큰 사업이 되지만 나쁜 생각Wolves and Wolf Hybrids as Pets Are Big Business—but a Bad Idea」(Hope 1994)을 통해 그를 알게 됐다. 이 글은 늑대를 동반자로 키우는 것에 대한 최초의 본격적인 공격이었다. 이 글에서는 듀먼 자신이 두드러지게 언급된다. 듀먼과 가족들이 순수한 늑대를 4년 동안 애완동물로 키웠기 때문이다. 듀먼은 그때 상황을 다음과 같이 말했다. "늑대는 아이들, 남편 그리고 나에게 가장 다정한 존재였다. … 생물학자이자 늑대 옹호자로서 나는 늑대를 학교에 데려가 늑대가 실제로 얼마나 사랑스러운 동물인지 보여주곤 했다." 이 늑대가 다섯 살이 되던 날, 다음과 같은 일이 일어났다. "어느 봄날 오후 밥[듀먼의 남편]과 나는 뒷마당 우리에서 늑대를 쓰다듬고 긁어주고 있었다. 그런데 갑자기, 이럴 수가! 늑대가 뒷발로 서서 앞발을 밥의 어깨에 올리더니 그를 뒤로 밀어 울타리에 부딪히게 했다. 늑대는 송곳니를 그의 오른쪽 어깨에 깊이 박고 있었다. 그때 이후로 모든 것이 끝났다. 밥은 우리에 다시는 가지 않았다. 가면 공격을 당할 것이기 때문이었다. 우리는 늑대를 없애야 했다." 듀먼에 따르면, 그의 남편은 허리 아래쪽을 다쳤으며 "늑대가 노리는 것은 작은 빈틈이다. 그리고 그 빈틈은 늑대가 다른 늑대에게서 찾아내듯이 당신의 얼굴에 있을 것이다"(39). 듀먼이 스스로를 늑대의 옹호자이자 늑대 행동의 전문가라고 말한 것을 생각하면, 이 말은 이상하다. 메크(1999)가 설명했듯이 늑대는 서로를 거의 공격하지 않는다. 특히 사회집단에 있을 때는 더 그렇다. 피에로티의 경험에 따르면, 이런 일은 늑대가 '공격하는' 사람이 늑대를 학대하는 지경까지 이르지 않는 한 거의 일어나지 않는다. 하지만 이런 경우는 듀먼의 이야기나 글에서 언급조차 되지 않았다.

듀먼은 미국수의학협회에서 남편과 늑대 사이의 상호작용에 관한 더 자세하고 미묘한 이야기를 했다(Duman 1994). 듀먼이 글로 옮겨 퍼뜨린 내용을 여기서 정확히 재현해보면 다음과 같다. "위협은 보통 조금씩 쌓여서 커지는 것 같다. 남편이 물렸을 때도, 그리고 우리가 돌이켜보니, 그전에 작은 일들이 어느 정도 일어났었다. 이런 일들이 결국 커다란 공격으로 이어진 듯하다. 하지만 우리는 그런 작은 일들이 일어났었는지 전혀 몰랐다. 우리에서 같이 살던 허스키 강아지에 쫓겨 남편이 우리 밖으로 나왔던 일처럼 너어어어무나도 사소했기 때문에, 걷잡을 수 없게 되기 전에 손을 쓸 시간은 거의 없었다."

여러 가지 면에서 이 이야기는 제1장에서 언급한, 레이 코핑어가 늑대 공원에서 캐시와 상호작용한 이야기를 떠올리게 한다. '늑대 행동 전문가'라면 "작은 일들이 일어났었는지" 몰랐을 수 없으며, 그 일들의 잠재적인 중요성을 인식하는 데에 실패했을 리가 없다. 우리 경험에 따르면, "쫓겨서 우리 밖으로 나오는" 일 같은 "작은 일들"은 개들이 견디지 못한다. 또한 "허스키 강아지"가 정확히 어떻게 그 역학관계에 들어갈 수 있었는지도 분명하게 설명되지 않았다.

이런 경험을 한 뒤 베스 듀먼은, 자신이 늑대를 애완동물로 신뢰할 수 없다면 아무도 그렇게 할 수 없을 것이라고 확신하게 된 듯하다. 듀먼은 에리히 클링하머의 늑대공원에서 '훈련'받고, 자신을 '늑대'와 '늑대개' 식별의 전문가라고 선언한다. 또한 클링하머의 인정을 받아(듀먼은 자신을 늑대공원의 "미시간주 대표"[Duman 1994]라고 생각하지만, 이 말이 무슨 뜻인지는 정확하지 않다), 듀먼은 늑대와 늑대개를 동반자 동물로 키우는 것을 금지하는 운동을 시작한다. 이런 동물들이 자신이 속한 인간 집단에서 개별적으로 얼마나 잘 기능하고 있었는지는 신경쓰지 않는다.

듀먼은 딸의 사건이 벌어지고 나서 몇 년이 지나 앤절라의 엄마인 패티 니커슨에게 접근해, 전체적인 크기로 볼 때 아이번이 '썰매개'가 아니라 '늑대개'였다고 설득했다. 재미있게도 듀먼은 미국수의학협회의 1994년 발표에서 '늑대의 몸무게 맞추기' 퀴즈를 낸 적이 있다. 듀먼은 동물의 사진을 위로 들어 올리고 물었다. "이중에서 누가 가장 똑똑한 수의사일까요? 진짜로 똑똑하지 않다면 말도 안 되겠지요? 이제 손을 들고 이 늑대의 무게가 얼마나 될지 맞춰보세요. 자, 일어나서 말해보세요. 45킬로그램? 50킬로그램? … 이 늑대의 몸무게는 32킬로그램입니다"(Duman 1994). 우리가 이런 자세한 얘기를 하는 이유는, 아이번이 몸무게 50킬로그램의 11개월 된 동물이라는 경찰 보고서를 보고도 듀먼이 아이번을 '늑대개'라고 단정했기 때문이다. 아이번은 듀먼이 1994년 미국수의학협회에서 보여준 늑대의 예시와 정면으로 대치된다. 아이번이 늑대개였다면, 듀먼이 스스로 얘기했던 늑대의 몸무게 32킬로그램보다는 몸무게가 적었어야 한다. 이런 비일관성은 베스 듀먼의 상호작용에서 나타나는 두드러진 특징이다.

죄책감에 시달리며 자신이 부모 노릇을 하지 못했다는 혐의에서 벗어나고 싶었던 니커슨은 이아번이 '부분적으로 늑대'였다는 듀먼의 주장을 붙들었다. 딸이 죽은 이유는 자신이 잘 돌보지 못해서가 아니라, '경고를 무시한' 다른 가족들과 '위험한 야생동물'을 입양 보낸 동물보호단체 동물 보호소의 잘못 때문이라고 주장했다(Nickerson 1997). 니커슨은 줄줄이 소송을 시작했다. 그중 하나는 자신의 부모가 '자신의 딸을 위험에 빠뜨렸다'는 취지의 소송이었다. 아이러니하게도 미시간동물보호단체의 프리랜서 로비스트이자 미국동물보호단체 회장 겸 최고 경영자를 역임한 아일린 리스카가 반늑대개 법을 통과시키려 로비를 벌이고 있었다. 리스카는 베스 듀먼과 패티 니커슨을 이 운동에 끌어들였다. 당시 니커슨은 동물보호단체의 동물 보호소 중 하나를 고소한 상태였는데도 그렇게 했다.

피에로티는 1997년 6월 이스트랜싱에서 열린 주 상원 위원회 청문회에서 증언하면서 이 문제와 연을 맺게 됐다. 피에로티는 미국애견협회에 등록된 품종 중 많은 품종이 '늑대개'로 쉽게 오인될 수 있으며, 모든 개는 카니스 루푸스로 재분류됐기 때문에 카니스 루푸스의 소유를 제한하는 법안의 문구가 사실상 모든 개의 소유를 금지할 수 있다고 설명했다. 니커슨의 증언이 뒤를 이었다. 니커슨은 비명을 지르고 울면서 딸의 생생한 부검 사진을 위원들에게 보여줬다.

청문회가 끝난 후 니커슨은 복도에서 피에로티를 몰아세우며 피에로티가 "딸의 죽음에 책임이 있는 사람들 중 하나"라고 비난했다. 피에로티는 딸을 잃은 것에는 유감을 표했지만, 니커슨의 딸이 늑대개의 공격으로 죽었다는 어떤 증거도 없다고 대답했다. 피에로티는 베스 듀먼의 논리와 자신의 광범위한 관찰에 따르면, 그 어떤 늑대개도 생후 11개월에 50킬로그램이 넘지 않는다고 지적했다. 가축화된 개에 비해 늑대개들은 성장과 발달 속도가 느리기 때문이다(Morey 1994). 피에로티는 그 나이의 늑대나 늑대개는 27~32킬로그램 정도 무게가 나가며, 경찰 보고서를 보아도 아이번은 이 경우에 해당하지 않는다고 강조했다. 니커슨은 자신이 아이번을 위험한 동물로 생각했었다고 증언했다(Nickerson 1997).

피에로티의 증언은 법안 통과를 초기에 막는 데에 도움이 됐다. 피에로티는 이 법이 필요하지 않다고 생각하는 주 상원 의원 두 명에게 편지를 보내기도 했다. 이 의원들은 품종을 특정하는 법을 제정하지 않고도 이미 기존의 '위험한 개' 법이 상황을 통제했으며, 새로운 법은 분명 더 많은 혼란을 일으킬 것이라는 피에로티의 설득을 받아들인 사람들이었다. 결국 니커슨의 딸을 추모하는 '앤지 법Angie's Law'이 듀먼, 니커슨, 미시간동물보호단체에 의해 추진됐으며, 글렌 슈거트(공화당, 캘러머주), 글렌 스테일(공화당, 그랜드래피즈), 조엘 구전(공화당, 오제모), 마이크 고슈카(공화당, 라킨타운십)가 이 법안에 후원했다. 이 법안은 1999년에 통과되어 2000년 7월에 발효되었다(State of Michigan 2000). 이는 반 늑대·늑대개 법안을 밀어붙이기 위해 보수적인 정치인들이 진보적이라고 추정되는 사람들과 어떻게 협력하는지를 잘 보여준다. 여러분이 이 법안을 읽는다면 '늑대개'를 식별해내는 유일한 방법은 베스 듀먼 같은 '늑대개 식별 전문가'의 의견 청취밖에는 없음을 알게 될 것이다.

미시간주에서 피에로티가 감정해달라고 요청을 받은 다음 동물은 키가 크고, 다리가 길며, 주둥이가 길고, 미색에 몸무게가 41킬로그램인 두 살짜리 저먼셰퍼드/알래스칸말라뮤트 교잡종이다(이 교잡종은 겉으로는 양쪽 부모 혈통 모두보다 더 늑대와 닮았다: 〈그림 9.2〉 참조). 주인의 전남편은 이웃에게 이 동물이 늑대개라고 말했다. 늑대개 법이 통과된 후 지역 동물통제 당국은 신고를 받고 베스 듀먼에게 식별을 의뢰해 이 동물이 늑대개임을 '확인'했다. 이 동물은 주인으로부터 압수돼 운명이 결정될 때까지 동물 보호소에 수용됐다.

이 동물은 겉으로는 늑대와 닮았지만 눈이 어두운 색이고, 코가 핑크색이며, 움푹 들어간 부분(이마)이 두드러지고, 눈 밑에 어두운 색 털가죽이 없다. 이 중에서 어느 것도 늑대의 특징이 아니다. 게다가 이 동물이 똑바로 서 있을 때 뒷다리는 골반뼈 뒤로 쭉 뻗는다. 저먼셰퍼드에서는 나타나지만 늑대에게는 전혀 나타나지 않는 특징이다. 마지막 증거는 피에로티가 우리 안에 있는 이 동물을 봤을 때 발견할 수 있었다. 피에로티는 철망 사이를 벌려 관심을 유도했다. 이때 나타난 반응은 낯선 인간, 특히 남성과 마주하게 됐을 때 늑대나 늑대개가 보이는 반응과는 매우 달랐다. 피에로티는 서류에 서명을 하고 우리 안으로 들어갔다. 우리 안에서 이 동물은 피에로티에게 몸을 비비고 감으면서 육체적인 접촉을 원하는 몸짓을 계속해서 보였다. 피에로티가 당국에 보고를 한 후 이 동물은 주인의 품으로 돌아갔고, 거기서 열네 살까지 아무 문제도 일으키지 않으면서 살았다.

베스 듀먼이 '늑대 잡종'이라고 판명한 동물을 피에로티가 살펴봐달라고 요청받은 다음의 경우는 듀먼의 식별 기준이 훨씬 더 잘못된 것이었다. 해당 동물은 몸무게가 59킬로그램 나가는 대형견으로, 다리가 짧고 굵으며, 털이 비교적 짧고 윤이 났으며(늑대는 털이 두껍고 여러 층이다), 몸이 통처럼 생겼다. 이 동물의 유일한 늑대 같은 특징은 귀가 곧게 선 것이다. 이 동물은 조금도 늑대와 비슷하지 않으며 아마 까만 래브라도와 저먼셰퍼드의 교잡종이었을 것이다. 베스 듀먼은 이 '늑대개'의 어깨 기준 키가 91센티미터였다고 기술했다. 하지만 피에로티가 동물통제 시설에서 다시 재보니 76센티미터밖에는 안됐다. 주요한 차이가 아닌 것 같지만, 이 수치는 듀먼의 측정이 20퍼센트나 틀렸다는 뜻이며 듀먼이 자신의 측정값을 해석에 맞추는 방향으로 편견을 가졌다는 뜻이 된다. 이 소송은 각하됐고 이 동물은 주인에게 돌아갔다.

우연인지는 모르지만, 자신의 경력 중에서 첫번째를 "전문가 증인: 미시간주의 다양한 늑대/개 잡종 소송"(http://www.casinstitute.com/beth.html)이라고 쓰는 베스 듀먼은 피에로티가 관련된 소송에서는 한 번도 증언한 적이 없다.

전반적으로 이런 소송에서 판사·배심원들이 증거에 기꺼이 귀를 기울인다는 것을 고려하면, 피에로티는 미국의 사법 체계가 상당히 잘 돌아간다고 생각한다. 주 의원들 역시 통찰력이 있을 수 있지만, 판사들과 달리 너무 많은 의원이 패티 니커슨 같은 사람들의 감정적인 호소에 쉽게 흔들린다. 의원들은 대중의 지지를 얻기 위해 법안을 통과시킨다. 그들은 문구조차 완전히 비과학적인 미시간주 늑대개 법에서 보이는 것처럼 과학적인 증거를 완전히 무시한다. 이는 특히 개와 늑대가 별개의 종이라고 주장하는 많은 사람에게 해당되는 얘기다. 이들은 개와 늑대가 별도의 창조 과정의 산물이라는, 창조론적이고 반진화론적인 린네의 주장을 충실히 따른다.

낭만주의와 '야생'의 개념

반늑대 정서의 영향은 수많은 이상한 상황에서 나타난다. 개발이나 환경 보호주의에 찬성하든 반대하든 미국인들은 낭만주의 철학의 전통 안에서 움직인다고 주장돼왔다(Berlin 1999; Pierotti and Wildcat 2000; Pierotti 2011a). 유럽인(그리고 유럽-미국인)은 늑대가 포악하고 파괴적인 킬러이며 특히 인간의 아이들에게 그렇다는 주장을 쉽게 받아들이다. **그 어떤 야생 늑대, 또는 심지어 잡혀 있는 순혈 늑대조차 북아메리카에서 아이들의 죽음과 연관된 적이 없다**는 사실에도 불구하고 그렇다. 우리는 이런 생각이 가축화를 연구하는 학자들의 설명에 어떻게 스며들었는지 증명한 바 있다. 가축화된 개, 특히 몰로서 품종들은 늑대개들이 죽였다고 생각되는 숫자의 몇십, 몇 백 배의 아이들을 죽였다(Sacks et al. 2000).

자신이 '늑대 편'이라고 생각하는 유럽-미국인들은 늑대를 낭만적으로 생각하는 경우가 많다. 하지만 스스로 살아가길 원하는 실제 동물과 직면했을 때, 이들은 겁에 질리고 무기력해진다. 케리드웬 테릴의 책『파트 와일드』(2011)가 적절한 예다. '늑대와 개의 세계 사이에 갇힌 동물과 함께한 한 여인의 여행'이라는 부제가 붙은 이 책은 낭만주의 전통 안에 확실하게 자리를 잡았다. 하지만 사람들이 말하지 않는 문제는 애초에 테릴이 실제로 늑대개를 키웠는지 여부다. 베스 듀먼은 테릴이 자신이 키우던 동물 인요와 겪은 문제가 테릴의 잘못이 아닌 그 위험한 동물 때문이라고 설득했다. 하지만 더 객관적인 관찰자라면, 테릴이 어린 동물을 강아지 때부터 잘못 키웠으며, 인요는 자신을 돌보고 자신의 행동을 만들어줄 능력이 있는 인간을 찾고 있었을 뿐이라고 생각하게 될지도 모른다.

테릴의 경험은 자신을 학대하던 남자친구로부터 도망치면서 시작된다. 이 남자친구는 테릴이 남기고 간 개들을 죽인 것 같다. 동물 보호소에서 새로운 개를 찾던 테릴은 '늑대개 잡종 수컷'이라는 카드가 붙어 있는 우리에서 코치스Cochise라는 동물을 발견했다. 테릴은 이 동물에 두려움과 공격성이 섞여 있는 점에 끌렸다. 그것이 야생성을 나타낸다고 생각했기 때문이다. "코치스를 봤을 때 나는 코치스에 대해 무척 부드러운 감정을 느꼈고 내 안에서 부서진 어떤 것이 스스로 치유됐다는 생각이 들었다"(4). 테릴은 이 개를 입양하겠다고 했다. 이 개는 처음에 으르렁거리고 뒤로 물러서는 반응을 보였다. 이 개는 곧 죽여야 하기 때문에 입양이 안 된다는 말을 들었을 때, 테릴은 이 '학대당하고 버려진' 개와 자신을 더 동일시하게 됐다. "늑대 여인 라 로바에 대해 읽은 적이 있다. 독립적인 정신을 가진 강하고 건강한 여인이었다. 나도 그 여자처럼, 스스로의 힘으로 서서 내 무리의 구성원들을 보호하면서 격렬하게 살고 싶었다. … 무리가 없는 사람에게 같은 무리가 돼줄 다른 늑대개를 구조해주기로 했다"(7).

테릴은 늑대보호구역에 가지만 늑대를 구하는 데에 실패했다. 친구 하나가 곧 태어날지도 모르는 '늑대를 좀 보러' 가자고 제안했다. 테릴은 실망해서 "나는 다 자란 늑대개를 구해주고 싶은 것이지, 강아지를 사려는 것은 아니었다"(2011, 11)라고 쓴다. 테릴이 얼마나 순진한지 보여주는 대목이다. 어떤 충격적인 경험을 했을지도 모르고 그동안 어떻게 지냈는지도 모르는 성견을 데리고 오는 것보다 강아지 때부터 자신만의 동물로 키우는 것이 훨씬 쉽기 때문이다. 테릴은 교외에 있는 한 집에 가서 그가 사육사로부터 '순수한 늑대'라고 들은 세 살짜리 수컷과, 늑대와 시베리안허스키의 잡종이라고 들은 두 살짜리 암컷을 보게 된다. 이 암컷은 꼬리가 등 위에서 말려 있었는데, 이는 전체 혈통까지는 아니라도 허스키의 피가 지배적이라는 뜻이다. 두 짝은 교배를 해 강아지를 만들어낼 것이다. 테릴이 사육사의 말이 사실인지 확인하려고도 하지 않았으며 자기가 하려는 일에 관해 조언도 받지 않았다는 것이 이 이야기의 핵심적인 요소다. 이는 특히 중요한데, 최근의 야생 늑대 혈통이 많이 섞였을 수 있는 두 살 된 개는 아직 번식할 준비가 되지 않았기 때문이다. 반면, 가축화된 개는 두 살이면 준비가 된다. 사육사는 테릴에게 말한다. "거칠게 다뤄야 합니다. 당신이 알파임을 보여주세요"(13). 이어 테릴은 질문을 해본다. **"늑대와 개가 같은 종이라면 왜 이 동물들은 그렇게 다르게 행동할까?"**(15). 이는 스피츠 유형의 행동은 고사하고 육체적 특징에 대해서도 테릴이 전혀 모른다는 것을 드러낸다.

테릴의 감정적 불안정성은 글에서도 반복적으로 보인다. 사람들이 그에게 왜 늑대개를 원하는지 물었을 때, 테릴은 "통제할 수 없음"을 좋아해서라고 말한다. 테릴은 "늑대개만이 배낭을 메고 떠나는 야생 여행에서 나와 같이 갈 수 있는 힘과 인내심을 가졌기 때문"이라고 주장한다. 테릴은 또한 "늑대개에는 생각하는 것 이상이 있었다. 늑대개의 야생성은 초연함과 조심성을 만들었다. … 개와도 다르고 나와도 다르게, 늑대개는 달콤한 말을 건네는 낯선 사람한테 홀리지 않았다"(2011, 17)라고 덧붙였다. 테릴은 두려움이 가득하고 통제가 안 되는 동물을 원하는 사람이었으며, 이런 특징이 이 동물을 자신의 소울메이트로 만들어줄 것으로 생각했다. 테릴은 이 동물들이 스스로 이해할 수 있는 법칙과 사회적인 관계에서 일관된 구조를 원하는 강력하고 독립적인 영혼이라고는 생각하지 않는다. 또한 자신의 야생 여행을 쉽게 따라갈 개의 품종이 없다고 테릴이 생각한다면, 이는 개의 인내심에 대한 깊은 무지를 드러내는 것이다.

자신만의 늑대개를 찾으면서, 테릴은 또 다른 상처받은 영혼에 끌린다. 10만 달러 넘게 빚을 지고 심한 우울증에 빠진 실업자 남자이며, 이 남자는 이런 사실을 밝히기 거부한다. 테릴은 사육사로부터 강아지를 입양해 '인요'라는 이름을 붙인다. 캘리포니아에서 고도가 가장 낮은 지역(데스밸리)과 가장 높은 지역(휘트니산)을 모두 가진 지방의 이름을 딴 것이다. "내가 이 작은 동물에게 내 전부를 쏟아붓게 될 것임을 알았다"(2011, 27). 앞으로 닥칠 어려움을 가장 잘 나타내주는 이야기가 그 뒤에 기술된다. "어느 날 오후 [슈퍼마켓에서] … 신선한 뼈다귀 꾸러미를 사가지고 오는 길에, 인요가 뒷좌석에서 뛰어올라 내 손에 든 꾸러미를 찢었다. … 내가 꾸러미를 다시 빼앗으려고 몸을 움직여 '옜다, 여기 너 먹을 거 있다, 착하지' 모드로 돌아가려고 했을 때, 인요는 으르렁거리며 성질을 냈다. 제 기능을 하려는 것처럼, 낫처럼 날카로워진 인요의 주둥이와 송곳니 때문에 나는 주춤했다"(83). 테릴은 물러서서 인요가 뼈 꾸러미를 계속 갖고 있도록 놔둔다. 늑대개, 또는 큰 개를 키우는 사람이라면 이런 행동이 관계의 임계점이라는 것을 알았어야 했다. 누가 관계를 통제하느냐가 여기서 결정되는 것이다. 테릴은 이 시점에서 강한 제재를 가했어야 했다. 예를 들어 트레이시 맥카티와 피터(제10장 참조)는 가끔 권력투쟁을 한다. 대부분 피터가 좋아하는 감자튀김을 놓고서 그런다. 그럴 때마다 맥카티는 물러서지 않고 자신이 통제한다는 것을 피터가 확실히 알게 만든다. 테릴은 그 관계에서 자신이 침착하고 지배적인 개체임을 확실히 보였어야 했지만, 그가 의존한 '긍정 강화'(긍정적인 행동에 보상을 주어 그 행동을 더 하게 만드는 동기부여―옮긴이)는 통하지 않았다.

대신 테릴이 한 일은 소위 전문가와 상담하는 것이었다. 그 전문가 중 하나가 '늑대행동 전문가이자 교육자'인 베스 듀먼이다. 듀먼은 다음과 같이 충고했다. "그 알파 운운하는 말은 쓰레기예요. … 그런 행동은 개를 겁에 질리게 하고 어떤 경우에는 공격적으로 만들어요. … 잡혀 있는 늑대를 다루는 사람들은 자기가 늑대를 괴롭히면 늑대도 역으로 자신을 괴롭힌다는 사실을 오래전에 알았어요. … 그러니까 일찍 죽기 싫으면 지배 모델은 버리는 게 좋아요"(2011, 84; 이런 생각은 전형적인 에리히 클링하머식 도그마다—제1장 참조). 제11장에서 우리는 듀먼의 이런 충고가 얼마나 잘못됐는지 보여줄 것이다. 이런 생각은 또한 인요의 이야기를 비극적으로 끝나게 만들었다.

테릴은 강아지의 위협에 항복한 이야기 다음에, 남편이 자신의 계좌에서 돈을 전부 인출해 잔고를 없애버린 이야기를 한다. 그 뒤 테릴은 남편의 신용 문제를 알게 돼 자살을 시도했고, 그로 인해 시설에 감금된다. 테릴은 자신의 정신 상태를 다음과 같이 설명한다. "불안감 때문에 버릇이 생겼다. 인터넷 광고를 뒤지면서 머리카락이 빠지도록 잡아당겨 두피에서 피가 날 정도로 머리를 긁곤 했다. 몇 달 동안 이를 갈아서 앞니들이 헐거워질 정도였다"(2011, 151). 테릴은 너무 스트레스를 받아, 인요를 뒷좌석에 태우고 주유소에서 기름을 넣을 때 브레이크를 밟는 것을 깜빡하기도 한다. 차는 180미터 떨어진 공터로 굴러갔고, 인요에게는 불안감의 요소가 하나 더 생긴다.

이 모든 개인적인 이야기는 자신이 무언가 잘못했을지도 모를 문제의 답을 얻기 위해 어떻게 여행을 다녔는지에 관한 이야기와 섞여 있다. 재미있게도 테릴은 자신에게 늑대개가 성질이 나쁘고 문제를 일으킨다고 말해주는 사람들만 찾아다녔다. 우리가 아는 한, 테릴은 자신에게 객관적인 평가를 제공해주는 사람들은 만나려고 한 적이 없다. 가축화가 가장 잘 된 늑대개를 사육하는 사람이 한 시간 거리인 리노에 있었음을 생각하면, 이는 불행한 일이다.

어떤 시점에서 테릴은 양아버지로부터 시베리아에 갈 돈을 빌려, 제9장에서 언급한 여우 가축화 연구의 많은 부분을 수행한 러시아의 유전학자이자 생리학자 류드밀라 트루트를 인터뷰하러 간다. 시베리아에 가려면 몇 천

달러는 든다. 테릴이 인요를 위한 적당한 우리와 쉼터를 만드는 데에 이 돈을 썼다면 문제가 덜 생겼을지도 모른다. 하지만 테릴은 자신을 이해하지 못하는 또 다른 사람을 찾는다. 테릴은 트루트에게 '미국의 **분류학자들**'이 개를 늑대의 한 형태로 다시 분류했다고 말하며, 여기서 트루트가 이를 인정하지 않는 듯했다고 보고한다. 이는 테릴의 무지를 더 드러낼 뿐이다. 테릴이 제대로 된 질문을 하는 방법을 알았다면 트루트에게 '길들인' 여우들이 통제 집단으로 이용된 여우들과 다른 종인지 물었을 것이다. 이 두 여우 집단은 개/늑대 역학관계에 대응하기 때문이다. 대신 테릴은 트루트의 반응을 보고 바로 "개는 늑대가 아닙니다. 늑대도 개가 아닙니다. 진화와 가축화가 이 사실을 확실하게 만들어왔습니다"(2011, 231)라고 주장한다. 진화와 계통분류학 모두에 대한 무지를 드러내는 말이다.

이 지점에서 테릴의 행동에 관해 더 암울한 정보를 제공하기 보다는, 인요와 인요의 사회적 상황을 더 면밀하게 검토해보자. 우리는 테릴이 자신을 스스로 구원하도록 해주고 그의 내면에 있는 라 로바(늑대 여인)를 해방시켜줄 환상 속의 인요를 말하는 것이 아니다. 인터넷과 『파트 와일드』의 사진에서 볼 수 있는 인요의 이미지를 바탕으로 상황을 살펴보고자 한다. 인요는 흥미를 불러일으키는 동물이다. 하지만 책에 있는 사진을 기초로 하면, 인요는 전혀 늑대처럼 보이지 않는다. 인요에게는 높은 비율의 늑대개에서 거의 언제나 나타나는 눈 주위의 둥근 모양이 없으며, 홍채가 어둡다. 늑대나 늑대의 부모 쪽 혈통이라고 알려진 허스키는 보통 홍채가 금색이다. 인요는 또한 '늑대개'치고는 비정상적으로 꼬리가 길다. 인요를 눈으로 직접 보고 관찰했으면 좋았겠지만, 이제는 그렇게 할 수 없다.

더 눈에 띄는 것은 인요의 행동에 대한 테릴의 설명이다. 테릴 자신의 설명 외에는 인요가 인간에게 으르렁거리거나, 공격적인 행동을 보이거나, 인간을 물었다는 얘기가 없다. 낯선 사람을 만났을 때 인요는 수줍어하거나 뒤로 물러서지 않는다. 이는 인요가 테릴이 우리에게 믿게 하려고 하는

그림 10.1 저먼셰퍼드/알래스칸말라뮤트 교잡종

만큼 '야생성'이 강하지 않음을 분명하게 보여준다. 이와 특히 관련 있는 부분은 테릴이 시설에 감금된 기간에 두드러진다. 테릴이 치료를 받으면서 몇 주에 걸쳐 인요와 떨어져 있는 동안, 테릴의 남편이 인요를 돌봤지만 아무런 문제도 발생하지 하지 않는다. 이 책의 나머지 부분에 나오는 설명을 보면, 인요가 테릴이 주장하는 비율 높은 늑대개일 가능성은 매우 낮다.

피에로티의 경험에 의하면, 인요가 가장 닮은 동물은 베스 듀먼이 늑대 개로 판명한 미시간주의 말라뮤트/셰퍼드 교잡종일 것이다. 사이먼앤드슈스터 출판사의 『파트 와일드』 표지에 있는 인요(http://books.simonand-schuster.com/Part-Wild/Ceridwen-Terrill/9781451634822)와 말라뮤트/셰퍼드 교잡종의 사진을 비교해보면 놀라울 정도로 비슷하다(〈그림 9.2〉, 〈그림 10.1〉 참조).

테릴이 말라뮤트, 저먼셰퍼드, 또는 심지어 허스키(테릴에게 물으니 그는 인요를 허스키로 생각한다고 말한다)를 키우는 것과 관련된 행동과 사회적 역학관계에 대해 조금이라도 아는 게 있다고 제시된 증거는 전혀 없다. 이는 테릴이 인요를 판 사육자에게 그가 주장한 혈통에 대해 질문을 하지 않았을 것이라는 추측을 가능케 한다.

진짜 문제는 테릴이 자신만의 낭만적인 이야기를 만들어낸 다음 자신의 환상대로 일이 풀리지 않자 좌절한 듯 보였다는 점이다. 인요는 테릴을 구하고 테릴의 수호자, 테릴의 야생 영혼이 되어야 했다. 하지만 테릴은 인요가 그런 존재는 되지 못하며 실제로는 지도가 필요한 어린 동물이라는 사실을 망각한다. 인요가 자신의 영혼을 보이자 갈등이 발생하며, 이 갈등은 이 책에서 제공된 설명에 따라 끊임없이 계속된다. 몇 가지 예를 들면, 먼저 사육사는 테릴이 없거나 바쁠 때 인요가 혼자 있지 않도록 테릴에게 새끼 두 마리를 데려가라고 권한다. 유용한 충고였을 것이다. 테릴과 인요가 겪은 문제 중 하나는 인요가 혼자 있을 때 울부짖는다는 것이다. 돌봐주는 사람이 없을 때 성숙하지 못한 어린 동물이 보이는 매우 당연한 반응이다. 혼자 남겨졌을 때 인요는 가구나 오래된 물건들을 부수기도 했다. 가축화된 개를 방치했을 때 대부분의 품종에서 보이는 문제지만, 테릴과 그의 조언자들은 이를 야생성의 증거라고 생각한다. 테릴은 동물 두 마리를 키우기는 싫어했지만, 하나가 더 있었으면 큰 도움이 될 수도 있었을 것이다. 테릴이 없을 때 인요가 혼자 있지 않아도 됐을 것이기 때문이다. 한 마리를 더 키웠으면, 인요는 혼자서 지루할 때 울부짖거나 파괴적인 행동을 하지 않았을 수도 있다. 인요는 자신이 사회적 욕구와 이에 따른 적당한 한계를 지닌 실제 존재로 여겨지길 원했다.

늑대와 늑대개에 환상을 품었다가 현실을 보고 실망한 듀먼이나 다른 사람들과 마찬가지로, 이렇게 테릴은 낭만주의 철학 전통에 확실히 자리를 잡게 된다. 이 전통 안에서 "이상, 목적, 목표는 직관이나 과학적인 방법으로 발견돼선 안 되며, … 전문가나 권위 있는 사람의 의견에 귀를 기울임으로써 발견돼서는 안 된다. … **아이디어는 아예 발견돼서는 안 되고 발명돼야 하며**, 찾아져서는 안 되고 예술이 그렇듯이… 만들어져야 한다"(Berlin

1999, 87). 이런 식으로 생각해보면, 인요에게 전혀 기회가 없었다는 것이 놀랍지 않다(인요는 세 살 때 안락사당했다). 인요는 실제로 존재했지만, 테릴의 세계에서 주변 모든 것은 환상이었다.

오식별

우리가 이렇게 낭만적인 사고 패턴에서 비롯하는 잘못된 선입견 때문에 발생할 수 있는 문제들을 논의하면서, 피에로티는 자신이 다뤘던 것 중 가장 골치 아팠던 소송을 언급하고자 했다. 자신을 늑대개 식별의 전문가라고 생각하는 많은 사람의 의도적인 오식별 또는 무능력이 나타난 소송이었다. 이 소송은 1998년에서 1999년에 걸쳐 미네소타에서 진행됐다. 문제의 동물을 살처분하라는 명령이 미니애폴리스동물통제국 국장 레슬리 요더로부터 내려졌고, 피에로티가 소송에 소환되기 전인 1998년 항소가 이뤄졌다(항소는 기각됐다).

이 소송의 구체적인 내용은 다음과 같다. 동물통제 담당자 캐시 존슨은 1998년 10월 14일 크고 까만 개 루나가 주인의 집에서 "우리 울타리를 뛰어넘어 마당으로 들어가는 것"을 보았다고 주장했다. 존슨은 "루나를 잡아서 우리 안으로 돌려보내려고 했지만," 루나는 존슨의 팔을 물었다. "피부가 두 군데 뚫리고 한 군데에서는 파열이 생겼지만, 가벼운 상처였다"(City of Minneapolis 1998). 청문회 문서에 따르면, 존슨은 개를 **원래 있던 곳**으로 돌려보내려고 시도했다. 루나는 잡혀서 동물통제 시설에 수용돼 주둥이가 묶이고 1.2미터, 1.8미터 우리에 갇혀 두 달 반을 보냈다.

10월 20일 루나가 갇힌 지 한 주가 지났을 때, 미네소타주 포레스트레이크에 위치한 야생동물과학센터의 부국장 페기 캘러핸이 루나를 살펴보기 위해 왔다. 루나를 살펴 본 후, 캘러핸은 다음과 같이 진술했다. "해당 동물은 부분적으로 늑대라는 것이 나의 전문적인 의견입니다. 귀의 위치와 크기, 털가죽, 다리 길이, 다리의 위치, 꼬리 모양, 발 크기, 얼굴 배치 등에서 늑대의 특징이 표현형으로 나타나는 것을 기초로 했습니다." 캘러핸은 "전문적으로 늑대 관련 연구를 했다"라는 자신의 13년 경력을 말하면서 "자신 감과 경험으로 이렇게 식별했다"라고 주장했다. 또한 캘러핸은 1년에 몇 천달러를 지불하면 루나를 포레스트레이크에 있는 자신의 수용 시설에서 관리하겠다고 제안했다(P. Callahan, Leslie Yoder에게 보낸 편지에서, 1998년 10월 22일, 청문회 기록에서 인용).

10월 23일, 자신을 "모피동물/야생동물에 의한 피해 전문가"라고 설명하는 미네소타천연자원부DNR의 마이클 돈카를로스는 다음과 같이 썼다. "머리의 특징, 발의 크기, 몸의 비율, 행동 그리고 다른 요인들에 기초해, 나는 이 동물이 늑대개 잡종이라고 생각합니다. 가축화된 개는 육체적·행동적 특징이 매우 다양하지만, 특히 품종이 섞여 있으면 보통 늑대개 잡종에서만 보이는 구별되는 특징들이 나타납니다. 내가 관찰한 이 동물은 이런 구별되는 특징이 많이 나타났기 때문에, 이 동물이 늑대개 잡종임을 확신할 수 있습니다(M. W. Don Carlos, Leslie Yoder에게 보낸 편지에서, 1998년 10월 23일, 청문회 기록에서 인용).

요더는 항소심에서 "현재로서 미국농무부가 승인한 [늑대개를 위한] 광견병 백신은 없으며 루나는 백신 접종을 하지 말아야 한다는 미네소타보건부의 권고를 받았다"라고 증언했다(J. B. Bender, Leslie Yoder에게 보낸 편지에서, 1998년 11월 10일, 청문회 기록에서 인용). 피에로티가 참여했던 미국농무부 자문 위원회에서 1996년 광견병 사백신을 개뿐만 아니라 야생 형태와 가축화된 형태를 포함한 모든 갯과 동물에게 사용하는 것을 만장일치로 권고한 지 2년 후에 이런 일이 일어났음을 염두에 두자. 요더는 한발 더 나아가, 루나가 그냥 개가 아니라 늑대개라고 생각했다(루나의 주인은 루나에게 광견병 백신을 맞혔다고 확인했다). 요더는 주 공중보건 수의사인 제프 벤더Jeff Bender가 1998년 11월 10일에 자신에게 보낸 편지에서 쓴 문구를 그대로

그림 10.2 등록된 벨지언그로넨달. 귀가 위로 올라가 있고 주둥이가 좁고 길며 털이 길고 부드럽다는 점에 주목해보자.

썼다는 점을 아는 것이 중요하다. 이는 앞에서 언급한 세 가지 지적을 보강한다. (1) 수의사는 과학자가 아니다. (2) 미국농무부와 미국수의학협회는 과학적 권고를 무시했으며, 클린턴 대통령 산하의 농무부 장관 댄 글리크먼이 이 입장을 지지했다. (3) 이 입장은 과학적인 사고가 아니라 창조론적 사고에 뿌리를 둔다—즉, 늑대와 개는 각각 특별히 창조되어 너무나 다르므로 동일한 의학적 처방을 양쪽에 다 쓸 수 없다.

이 모든 문제는 내가(피에로티가) 루나를 관찰하고 진단해본 결과 무의미해졌다. 나는 사육사가 주인에게 보낸 혈통 문서를 검토했는데, 이 문서에서 사육사는 루나를 그로넨달(벨지언시프도그의 까만 형태) 품종과 저먼셰퍼드 품종의 후손이라고 썼다. 둘 다 미국애견협회에 등록된 품종이다(〈그림 10.2〉). 주인이 이 문서를 청문회에 제출했지만, 항소심에서는 별 영향을 미치지 못한 것으로 보인다. '전문가들'이 루나가 늑대개라고 주장했기 때문일 것이다. 내가 동물통제 시설에 도착했을 때, 요더 국장은 루나를 관찰하는 것을 허락하지 않았다. "루나는 이미 자격을 잘 갖춘 전문가들이 평가를 마친 상태"라는 이유에서였다. 주인 측 변호인은 이 문제를 재빨리 해결했고, 결국 나는 시설에 들어가서 루나를 살펴볼 수 있었다. 하지만 요더는 내가 권리포기 문서를 쓴다고 했음에도 "이 동물이 얼마나 위험한지"를 들어 루나를 우리 밖으로 데리고 나오는 것을 거부했다. 이들이 루나를 관찰하는 것을 꺼려하는 이유는 명백해졌다. 루나는 수척해진 상태에서 자기 배설물을 온몸에 묻힌 채 우리에 누워 있었다. 요더는 루나가 "너무 위험해서" 루나의 우리를 다른 개들처럼 매일이 아닌 일주일에 한 번 청소하기로 했다고 말했다.

루나는 절대 늑대개가 아닌 것이 분명했다. 캘러핸과 돈카를로스의 주장에도 불구하고, 루나는 그로넨달 특유의 길고 비단 같은 털을 가지고 있었다. 루나의 털이 배설물로 범벅이 돼 있었기 때문에 처음에는 이 특징을 알아내기 힘들었던 것이다. 동물통제국 직원은 루나를 풀어주지 않으려고 했기 때문에, 변호사와 나는 내 사무실로 가서 보고서를 작성했다. 루나가 개의 품종임을 나타내는, 인식 가능한 특징들을 기술한 보고서였다. 이 특징들은 길고 좁은 주둥이 부분, 잘고 긴 이빨, 늑대의 멀리 떨어진 귀와 달리 머리 위에 가깝게 붙은 두 귀 등이었다(아이러니하게도 캘러핸의 편지지 윗부분에는 두 귀 사이가 넓게 벌어진, 전형적인 늑대 그림이 인쇄돼 있었다. 그런데도 루나가 늑대라고 잘못 생각한 것이다). 가장 중요한 특징은 루나의 길고 비단 같은 모피였다. 늑대나 높은 비율로 섞인 늑대개의 (털이 아니라) 털가죽과는 완전히 다른 것이다.

변호사는 판사로부터 접근 허가 명령서를 받아왔다. 그날 오후, 우리(개 주인, 변호사, 나)는 동물통제 시설로 다시 갔다. 이번에는 지역 방송국의 카메라맨과 기자를 대동하고서였다. 요더와 직원들은 마지못해 루나에게 접근하도록 해줬지만, 여전히 루나가 우리 밖으로 나오는 것은 허락하지 않았다. 내가 참여했던 모든 개 관련 소송에서, 심지어는 미시간주 소송에서도 그 정도는 통상 허락이 됐는데도 말이다. 루나의 주인과 나는 요더의 육체적 특징을 관찰하기 위해 요더를 밀어 넣어야만 했다.

루나의 주인은 빗질을 해서 더러운 것들을 떨어냈고, 그동안 나는 기자와 카메라맨에게 루나가 얼마나 잘못 다뤄지고 있는지와 루나가 실제로 미국애견협회가 인정하는 견종임을 보여주는 특징들을 찍으라는 신호를 보냈다. 좀 지나서, 나는 200마리 견종이 그려진 사무실 포스터 안에서 분명하게 보이는 그로넨달 사진에 유일하게 존경심을 보이며 행동하는 동물통제국 담당자의 관심을 끌게 됐다. 나는 이 시설이 어떤 종류든 벨지언시프도그를 다룬 적이 있는지 물었고, 그 담당자는 자신이 일한 적어도 지난 3년 동안에는 다룬 적이 없다고 대답했다.

다음날 우리의 설명(그리고 TV 방송 내용)을 기초로, 판사는 루나를 풀어주고 수의사에게 보내도록 명령했다. 두 달 반 동안 갇혀서 생긴 상처와 영양실조를 치료하기 위해서였다. 요더가 루나를 풀어주기 전에 내건 하나의 조건은 개 주인이나 나 둘 다 동물통제 시설과 직원을 동물학대 혐의로 고소하지 않는다는 것이었다. 루나가 풀려나기 전에 개 주인과 내가 루나를 보러갔을 때, 또 다른 동물통제 담당자이자 존슨의 남자친구가 나를 공격해 우리에 몰아붙였다. 동물복지를 관장하는 이 사람들이 자신들의 책임이 다시 주인에게 돌아가는 것을 반겼을지도 모르지만, 요더와 직원들 일부는 루나가 죽는 것을 보고 싶어했음이 분명했다. 왜 그런지는 확실하지 않지만, 그들의 머릿속에서 루나는 그들의 '전문가들'이 그렇게 말했기 때문에 '위험한 동물'임이 분명했다. 그 어떤 증거도 그들을 설득하지 못할 것이다. 그들은 낭만주의적인 생각에 너무 깊숙이 갇혔다. **"아이디어**[또는 이 경우 생물학적 정체]**는 아예 발견돼서는 안 되고 발명돼야 하며**, 찾아져서는 안 되고 예술이 그렇듯이… 만들어져야 한다."

우리가 아는 한, 루나는 남은 여생을 주인과 함께 살았다. 비록 루나와 주인은 요더와 직원들이 그들을 계속해서 괴롭힐 미니애폴리스를 결국 떠나야 했지만 말이다.

11
늑대·개와 잘 살기

우리의 유치족 동료 댄 와일드캣은 기자에게 이렇게 말한 적이 있다. "늑대와 함께 춤을 추고 싶은 사람은 먼저 늑대와 함께 사는 법을 배워야 합니다" (Pierotti and Wildcat 2000, 1335). 늑대·늑대개와 좋은 관계를 맺은 사람들은 예외 없이, 이 놀라운 동물들을 있는 그대로 존중하며 이들이 잘 살 수 있도록 안전하고 확실한 환경을 제공하는 사람들이다. 지난 장과는 반대로 이 장에서는 가득 차고 의미 깊은 관계를 이룬, 인간과 늑대 모두에서 특이한 개체들의 이야기를 선보일 것이다.

제7장에서 우리는 아메리카 원주민들이 늑대들과 매우 편하게 지냈다는 사실을 규명했다. 원주민들이 낭만적인 환상을 가졌다는 뜻은 아니다. 실제로는 관계가 확립되는 과정에서 인간과 늑대 사이에서 갈등이 불거졌을 것이고, 이는 샤이엔 부족의 전통적인 의식에서 중요한 요소이기도 하다 (Schlesier 1987). 인간-늑대 관계에 참여하지 않기로 한 각각의 구성원들은 언제든지 관계 밖으로 나가 상호작용을 하지 않을 수 있었다. 그럼에도 장기간에 걸쳐 두 종이 서로와의 관계에서 이득을 얻었음을 개체들 대부분

이 인식했다는 점이 중요하다.

늑대와 우호적인 관계를 구축하는 데에 관심이 있던 유럽-미국 혈통의 한 개인은 늑대개 사육의 개척자인 고든 K. 스미스다. 우리가 이 정도로 스미스를 높게 평가하는 이유는, 유럽인과 접촉하기 이전의 아메리카 원주민 일부를 예외로 한다면, 미국 역사에서 그 어떤 개인도 스미스만큼 늑대와 상호작용을 하는 데에 많은 시간을 보내지 않았기 때문이다. 스미스는 20세기 초엽 아이오와 북부에서 태어났다. 그 당시 이 지역은 미국에서 캐나다와 국경이 맞닿지 않으면서 야생 늑대를 마주칠 수 있는 곳이었다. 스미스의 아버지는 아들이 어린아이였을 때 처음 늑대를 보여줬다. 스미스는 이렇게 말한다. "씨가 뿌리내린 것이다. 그날 이후 나는 오래된 카니스 루푸스에 대한 더 완전한 지식을 얻고, 그 동물과 가까운 관계를 맺겠다는 진정한 욕망을 경험해왔다"(1978, 1). 스미스는 야생에서 늑대를 연구하고 항상 그 수가 들쑥날쑥했던 잡힌 늑대·늑대개와 같이 살면서 최소한 50년을 보냈다. 그러면서 스미스는 자신이 '늑대-개wolf-a-dog'라고 부른 이상적인 동물을 만들어내려고 시도했다. 늑대와 비슷하지만 개처럼 쉽게 인간과의 상호작용에 사회화되는 동물, 즉 진정으로 가축화된 늑대.

스미스는 1978년에 쓴 책 제1장에서 "늑대에 대해 배운 몇 가지"를 길게 나열했다. 이 항목들 대부분은 피에로티의 관찰과 경험에 거의 맞아떨어진다. 스미스는 동물행동학자로 교육받지도 않았고 그가 쓴 책이 전문적으로 편집되지도 않았지만, 스미스의 경험은 그를 값으로 따질 수 없이 소중한 정보의 원천으로 만들었다. 스미스의 주장에서 핵심은 "낯선[익숙하지 않은] 늑대 사이의 유대는 매우 어렵거나 심지어 불가능할 때가 있다"(7)라는 것이다. 이는 적절한 생각이다. 이 생각은 인간과 늑대 사이의 유대에 존재하는 문제가, 코핑어, 클링하머, 듀먼, 테릴이 주장하는 것처럼 **야생성** 자체의 문제가 아니라 익숙함의 문제임을 보여주기 때문이다. 스미스는 이 생각을 뒷받침할 충분한 증거로 다음과 같은 관찰 결과를 제공한다. "한번 강렬

한 심리학적 유대가 늑대와 늑대 또는 늑대와 인간 사이에서 구축되면, 이 유대를 깰 수 있는 것은 죽음이나 강제적인 분리밖에는 없다." 스미스는 다음과 같이 결론짓는다. "늑대는 우호적이고 어울리기를 좋아하는 동물이다. … 그리고 어쩔 수 혼자 살아야 되면 매우 슬퍼한다. … 늑대는 유순하고 안정적인 온혈동물이면 어떤 동물이든, 심지어는 인간과도 무척 유대를 맺고 싶어한다. … 늑대는 이해심이 많고 능력이 있는, 인간과 비슷한 존재 덕분에 야생 상태에서보다 잡혀 있을 때 더 행복해질 수 있다"(8).

베스 듀먼이 자신이 키우던 늑대 나하니를 묘사한 것과 비슷한 상황, 그리고 이 늑대가 듀먼의 남편을 향했던 적대적 행동에 대해 스미스는 다음과 같이 말했다. "늑대는 원한을 품는 일이 거의 없다. 오히려 바로 용서하는 경우가 훨씬 더 많다. 하지만 늑대에게 평생 증오를 심어줄 수 있는 상황이 있다. 이 증오는 한번 생기면 절대 없어지지 않는다. … [그렇지만 않다면] 늑대는 기본적으로 평화적인 동물이며 싸움이나 가벼운 다툼을 말리기도 한다"(1978, 9–10). 피에로티의 생각도 비슷하다. 늑대는 사회적인 유대가 형성되면 갑자기 주인을 자극하지 않는다. 이는 듀먼의 남편이 나하니와의 관계를 무너뜨릴 어떤 일을 했다는 뜻이다. 듀먼도 미국수의학협회에서 발표할 때 자세히 설명한 바 있다. 스미스는 이렇게 말한다. "늑대는 인간에게서 지배나 굴복을 인지한다. 또한 당신이 선천적으로 충분히 지배적이지 않다면 늑대는 [당신에게] 순응하지 않는다"(11). 여기서 스미스가 언급하는 것은 초기 관계를 구축하는 과정이지, 이미 확립된 역학관계가 아니다. 스미스는 동물이 굴복하지 않는다고 해서 공격을 한다고 말하는 것은 아니다. 단지 지배당하는 것에 저항한다는 뜻이다. 재미있게도 스미스는 다음과 같은 점에 주목한다. "늑대는 알코올중독자, 약물중독자, 불안정한 성격을 가진 사람을 믿지 않는다. 또한 교활하고 기만적인 사람을 구별해내고 [똑같이 교활하게 대하는 것으로] 반응한다"(11). 스미스는 이어 "늑대의 주인이 될 수 있었던 많은 사람을 거절했다. 내 [늑대] 수컷 우두머리들이 그들을 인정하지 않았기 때문"(12)이라고 말했다.

스미스가 늑대와 늑대개를 교배시킨 데에는 다음과 같은 분명한 목표가 있었다. 그는 야생 늑대의 멸종을 예측하고 두려워해, 자신이 말한 "개처럼 협력적이고 가축화가 쉬운 [속성은 유지하면서도] 가능한 순수한 혈통에 가까운, 인류의 늑대"(1978, 13)를 만들고 싶어했다. 하지만 스미스의 머릿속에서는 '그러한 개'의 속성이 여러 가지가 어느 정도 섞여 있었다. 스미스는 "[가축화된 개와 순수한 늑대서] 같은 정도의 두려움이 생겼을 때, 개는 늑대보다 훨씬 빨리 침착함을 잃는다"는 것을 보여주는 두려움 테스트를 실시했다. 기본적으로 낯선 인간이 접근할 때 늑대는 우리 안으로 최대한 멀리 들어가는 반면, 대부분의 개는 큰 품종이든 작은 품종이든 "낯선 인간에 겁을 먹고 물고 울부짖으며"(14) 미친 듯이 공격하기도 한다. 그렇지 않은 경우, 사회화가 잘 된 동물은 낯선 인간을 우호적으로 맞이하기도 한다. 이는 피에로티가 참여하는 소송에서 늑대나 늑대개로 주장되는 동물의 정체를 알아낼 때 사용하는 주요한 판단 기준이 됐다.

스미스는 예리한 관찰을 수없이 많이 한다. 스미스는 대평원에서 발견되는 아종인 카니스 루푸스 누빌리스, 즉 '버펄로늑대'가 "개와 비슷하다"—새끼 때부터 길렀을 때 더 쉽게 사회화된다—라고 주장한다. 이 주장이 재미있는 이유는 카니스 루푸스 누빌리스가 대평원 인디언 부족들이 제일 처음 상호작용한 최초의 아종이었을 수도 있기 때문이다. 그 우호적인 관계(Fogg, Howe, and Pierotti 2015)를 고려하면, 이는 사교성에 관한 스미스의 주장과 잘 맞아떨어진다. 불행히도 카니스 루푸스 누빌리스와 이 동물의 후손일 수도 있는 모든 가축화된 또는 사회화된 형태는 현재 멸종한 것으로 추정된다.

스미스는 야생 늑대를 관찰하고 이 동물과 상호작용한 이야기를 하며, 유럽인들이 "늑대를 없애버리지 않고 용인할 수 있었다면, 늑대는 [인간이] 많이 개입하지 않고도 반쯤 가축화된 상태로 진화했을 것이며… 개처럼 현재 호모 사피엔스와 쉽게 상호작용할 수 있었을 것"(1978, 122)이라고 결론 짓는다. 이 부분에서 자신이 살던 시대에 유럽-미국인이었던 스미스가 아메리카 원주민과 늑대의 관계를 잘 이해하지 못했음이 분명해진다. 하지만 스미스는 다음의 이야기를 한다. "1935년 5월 21일, 나는 캐나다에 가서… 인디언 가족이 집[에서] 키우던 늑대 암컷의 새끼 두 마리를 데려왔다. … 방이 하나인 이 집에서의 첫날 저녁, 아장아장 걷는 인간의 아이가… 늑대 옆에 가깝게 누워 새끼들과 노는 모습을… 보게 됐다. … 저녁 먹을 시간이 되자… 이 아이는 나이든 늑대에게 다가가 바짝 엎드려 엉덩이를 높이 들고… 젖꼭지를 찾더니 새끼들과 같이 젖을 빨기 시작했다. … 나는 인간의 아이가 늑대 암컷의 젖을 빠는 것을 보고 아연실색했다. 이를 본 가족들은 모두 웃기 시작했고 집 주인은 말했다. '늑대 젖은 아주 좋은 거야. 항상 먹도록 해. 아이가 통통해진 거 보이지?'"(85). 스미스는 아이가 똥을 싼 후에 암컷 늑대가 치우던 장면을 묘사한다. 나중에 스미스는 늑대 무리가 지켜보는 와중에 늑대가 죽인 말코손바닥사슴 암컷에서 고기를 떼내오던 일을 회상한다. 스미스는 다른 인디언 한 명이 자신에게 해준 이야기―"늑대와 같이 먹기 전에 인간은 늑대가 아니다"―를 떠올리면서, 이 늑대들과 같이 울부짖었다. 스미스는 다음과 같이 말한다. "그 늑대 무리는 내 친구였고, 나도 그들의 친구였다. 아주 먼 원시시대에 이런 일은 많이 일어나지 않았겠는가?"(154).

나중에 스미스는 늑대 반대자들을 비판하면서 자신의 입장을 밝혔다. "나는 순수한 늑대가 복잡한 존재이며 늑대를 가질 준비와 자격이 돼 있는 사람이 거의 없음을 인정한 첫번째 사람이 될 것이다. 하지만 인간 비슷한 존재와 루푸스 사이에 갈등이 없는 관계를 매우 똑똑한 보통 사람이 구축하지 못할… 이유가 없다. 그동안 살아오면서 다 자란 늑대가 나를 괴롭힌 적은 한 번도 없다. 물론 늑대는 나를 시험할 것이다. 자신들이 무리의 리더가 될 수 있을지 알아보기 위해… 아주 가끔 가볍게 그렇게 할 것이다. 하지만 결코 대놓고 도전하지는 않을 것이다"(1978, 156). 이 분명한 진술을 듀먼이 집에서 키우던 늑대와 남편과의 관계를 설명하며 했던 말과 비교해보자.

스미스는 자신이 늑대를 개와 교배시키는 과정을 이야기하면서 재미있는 말을 한다. 우리가 앞의 장들에서 언급한 것이다. "11/16(목둘레 11~16인치-옮긴이) 늑대-개를 우리한테 산 미국애견협회의 몇몇 사육사들이 자기들의 협회에 등록된 번식용 수컷 저먼셰퍼드를 우리 [동물]로 바꾼 것을 안다"(1978, 161). 이 사육사들은 자신들이 그전에 갖고 있던 번식용 수컷의 서류를 11/16 늑대-개의 서류로 바꾸고, 그 새끼들을 미국애견협회에 등록된 저먼셰퍼드로 팔았던 것으로 보인다. 의심의 여지도 없지만, 이말이 사실이라면 '개 DNA'를 연구하는 얼마나 많은 학자가 저먼셰퍼드 혈통을 만드는 데에 늑대가 쓰였다는 확실한 증거를 반복적으로 놓치고 있을지 궁금해진다(저먼셰퍼드와 알려진 늑대개와의 연관성에 관한 DNA 증거를 보려면 Frantz et al. 2016 참조).

스미스는 그의 책 말미에서, 태어날 때부터 안정적인 기질을 가진 늑대개를 만들어내는 방법을 제공한다(스미스는 이 동물들을 '잡종hybrid'이라고 부른다. 그 시대에는 개와 늑대가 별개의 종으로 생각됐기 때문이다. 스미스가 **잡종**이라는 말을 쓸 때 우리는 그 말을 더 정확한 표현인 '늑대개'로 대체한다). 스미스는 "대형 북방 아종인 암컷 늑대와 흰색 저먼셰퍼드 수컷을 [교배시키는 것]"(1978, 223)부터 시작한다.

피에로티가 늑대개 잡종과 산 경험

1989년 뉴멕시코대학교에서 늑대개를 집중적으로 연구할 때, 피에로티는 스미스가 기술한 것과 동일한 혈통을 가진 동물들을 골랐다. 어미는 순종이면서 사회화가 잘 된, '툰드라'라는 이름을 가진 알래스칸툰드라늑대*Canis lupus tundrarum*로 몸무게는 약 35킬로그램이었다(〈그림 11.1〉). 아비는 혈

그림 11.1 피에로티가 고른 늑대개 잡종의 어미 툰드라. (1) 움푹 들어간 부분(이마)이 없고, (2) 다리가 길고 날씬하고, (3) 가슴이 깊지만 좁고, (4) 꼬리가 상대적으로 짧고, (5) 어깨에서 엉덩이를 잇는 선 밑으로 얼굴을 들고 다니고, (6) 비교적 털가죽이 짧지만 두껍다는 것에 주목해보자. 모두 야생 늑대의 특징이다.

통에 고관절이형성증이 없는 쪽으로 선택된 흰색 저먼셰퍼드(역시 몸무게는 35킬로그램)였다. 피에로티가 얻은 동물들은 유전학 용어로 F1(1세대) 교잡종이었다. 이는 새끼의 표현형에서 늑대 혈통의 우성유전자가 발현되며, 개 혈통의 열성유전자가 발현될 가능성은 낮다는 뜻이다.

내가(피에로티가) 툰드라를 알게 된 시기는 이 동물이 임신한 상태에서 새끼를 낳을 굴을 파고 있을 때였다. 툰드라는 어떤 면에서도 공격적이지 않았지만, 내가 만지는 것은 싫어했으며 이는 별 문제가 아니었다. 나는 툰드라의 조심성과 신중함을 존중했다. 새끼를 낳던 날(1989년 4월 11일) 나는 암컷 새끼 두 마리를 골랐고, 이들의 시각과 청각이 활성화되기도 전에 내 냄새·소리·접촉에 익숙해지도록 상호작용했다. 이 두 마리를 선택한 이유는 다음의 두 가지다. (1) 수컷보다 암컷을 키우는 것이 더 쉽다고 생각했

그림 11.2 케이샤의 아비는 늑대와 가축화된 개의 F1 잡종으로, 케이샤의 75퍼센트가 늑대다.

다. (2) 이 두 마리는 같이 태어난 새끼들과 달리 흰색 무늬가 없었다—다른 새끼들은 부계 쪽 유전체의 일부가 얼굴의 무늬에 나타나 주둥이에 흰색 점이 나타나는 경향이 있었다. 나는 데려가 키울 수 있는 시기가 될 때까지 매일 늑대 굴에 들러 이 두 마리를 만졌다. 굴에 가 있는 동안, 더 밝은 색의 새끼(누무 또는 니마)가 지배적인 새끼이며 벌써부터 이모인 케이샤의 주의를 끌고 있다는 것을 알게 됐다. 케이샤는 뉴멕시코대학교의 마스코트 늑대로, 나이는 두 살이었다(〈그림 11.2〉). 케이샤는 마당에서 니마를 쫓아다니며 주기적으로 괴롭혔다. 니마가 지배적이거나 공격적인 행동을 조금이라도 보일 때마다 케이샤는 니마 위로 구르면서 앞발로 니마를 제압하곤 했다. 이는 명백히 미래의 경쟁자가 될 수 있는 동물에 대한 지배 행동이었으며, 어린 늑대에게 지배적인 태도를 보여서는 안 된다는 베스 듀먼의 생각이 틀렸음을 보여준다. 완전히 자란 암컷 친척이 2주 된 새끼에게 하는 확실하고 전형적인 지배 행동이다. 결국 니마는 마당을 나누는 철망으로 만든 울타리 밑으로 몰래 들어가 케이샤의 원하지 않는 주의를 피하는 법을 알게 됐다. 이 철망 밑의 자리는, 니마는 들어갈 수 있지만 케이샤가 따라 들어올 수 없는 곳이었다.

니마와 여동생 타바나니카가 생후 20일이 됐을 때 나는 무리에서 이들을 데리고 나와, 뉴멕시코주 리오랜초를 둘러싼 높은 사막지대에 있는 우리 집으로 갔다. 우리 집에서 반경 100미터 안에는 다른 집이 하나밖에 없었다. 우리 집에는 건조한 뒷마당(모래와 사막식물), 덮개가 있는 베란다, 널빤지로 만든 1.5미터 높이의 울타리가 있었으며, 새끼들을 이 울타리 안에 넣을 수 있었다. 앞마당은 콘크리트 블록으로 만든 1.2미터 높이의 담이 진입로를 제외하고 둘러싼 풀밭이었으며 소나무와 촐라선인장도 있었다. 로드러너*Geococcyx californianus* 한 쌍이 지붕 위 스웜프 쿨러(물을 증발시켜 공기를 차갑게 하는 냉방장치—옮긴이) 옆에 있는 둥지에서 살았고, 줄무늬스컹크*Mephitis mephitis* 한 마리가 뒷마당 울타리 바로 밖에 있는 작은 헛간 밑에 살았다(이 스컹크는 뛰어노는 그 두 마리 늑대 새끼들에게, 스컹크 크기 정도라도 어떤 동물은 조심해야 한다는 것을 가르쳤다).

나는 고든 스미스가 설명한, 강한 사회적 유대를 맺는 방법을 그대로 따라했다. "3~4달이 될 때까지 새끼와 밀접한 접촉을 유지하라. … 늑대가 가까이 오길 원할 때 **절대** 무시하면 안 된다. 늑대가 그렇게 하는 것은 안전함을 느끼기 위한 방법이다"(1978, 88). 이 두 마리는 서로 성격이 확실히 달랐지만 아주 잘 지냈다. 니마는 지배적 위치를 차지했다. 대부분의 레슬링 매치에서 이겼으며, 작고 얇은 꼬리를 몸 윤곽선 위로 치켜세우고 걸어 다녔다.

타바는 더 순하고 조용했다. 처음 2주 동안 새끼들은 내가 바닥에 깔고 자는 요 옆의 두꺼운 종이로 만든 상자 안 담요 위에서 잤다. 타바라는 이름(타바나니카, 즉 태양의 소리)을 지은 이유는 매일 아침 해가 뜰 때 이 동물이

그림 11.3 생후 4주 때의 타바나니카. 이름에 어울리는 행동을 보이고 있다.

고개를 들고 울부짖는 소리를 냈기 때문이다(《그림 11.3》). 이 소리는 내가
이 두 마리를 뒷마당에 데리고 가 볼일을 보게 하는 신호였고, 볼일을 마치
고 두 마리는 다시 잠들었다.

　동물 두 마리를 키우는 것은 확실히 이득이 된다. 서로가 서로의 놀잇감
과 사회적 관계 대상이 되기 때문이다. 이는 인요가 테릴과 처음에 상호작
용할 때 대부분 드러낸 파괴적인 행동이나 공격적인 행동을 이 동물들은 하
지 않았다는 뜻이다(제10장 참조). 새끼들은 아주 많이 '입을 놀렸다'—이들
은 입을 이용해 물건을 잡고 살펴보다 앞발 또는 뒷발에 놓고 씹곤 했다. 한
마리가 실제로 세게 물어뜯는 일이 생겼을 때, 우리는 주둥이를 잡고 '안 돼'
라고 말해 빨리 교정하곤 했다. 인간을 향한 실제 공격은 딱 한 번 있었다.
애넷 박사가 아칸소에서 집으로 돌아와 제9장에서 말한 상호작용을 니마와
했을 때다. 이 행동은 그 속성에서 볼 때 니마가 이모인 케이샤에게 불러일
으킨 반응과 비슷하다. 테릴이 듀먼과 다른 '늑대개 전문가들'의 말을 따라

그림 11.4 생후 8주 때 니마와 타바가 장난을 치고 있다. 니마는 꼬리와 귀를 올려 지배적 행동을 보여주고 있으며, 타바는 귀를 뒤로 젖히고 머리와 꼬리를 내려서 항복하는 자세를 취한다.

'지배적 행동은 안 된다는 생각'을 하지 않고 인요를 이와 비슷한 방식으로 대했다면, 훨씬 문제가 적게 발생했을 것이고 인요도 아직 살아 있었을 것이다.

타바와 니마가 점점 자라서 성숙해졌을 때, 이들의 성격 차이는 더 벌어졌고 활동성과 종 내 적대 행동이 늘어나기 시작했다(Fentress 1967; 다음에 나올 내용 참조). 니마는 타바에게 지배적으로 행동했지만(〈그림 11.4〉), 자신의 환경에 새로운 물체가 들어오는 것에 불안감을 나타냈다. 펜트러스는 자신이 직접 키운 늑대가 비슷한 나이에 새로운 것에 공포를 나타냈다고 보고했다. 이와는 대조적으로 타바는 우리의 '늑대 과학자'라는 평판을 빠르게 얻게 됐다. 타바는 모든 것에 관심이 있었고 새롭게 등장한 것을 탐구하곤 했기 때문이다. 타바는 가스를 내뿜을 정도로 스컹크를 괴롭혔다(다행히 그 둘 사이의 울타리 덕분에 심각한 결과는 초래되지 않았다). 생후 8주가 됐을 때, 타바는 마당에 있는 수도꼭지를 트는 법을 알아냈다. 그 바람에 뒷마당에 홍수가 날 뻔했고, 나는 결국 수도꼭지 손잡이를 떼내야 했다. 타바는 여덟

이문 열어 캐비닛에 들어가는 법도 알아냈다. 가끔 두 새끼들을 찾을 때면 타바는 찾지 못하는 경우가 있다. 그러다 벽장 안에서 소리가 들려 열어보면 타바가 나를 쳐다보고 있었다. 이와는 반대로, 니마는 사회집단의 일부가 될 수도 있는 새로운 존재와 접촉을 먼저 시도하는 쪽이었다. 타바는 모든 종의 낯선 개체로부터 물러서는 쪽이었다. 그리고 니마가 낯선 사람에게 가까이 가려고 하지 않으면 타바는 그 사람 근처에도 절대 가지 않았다. 유일한 예외는 애넷 박사였다. 뉴멕시코에서 애넷 박사가 왔을 때, 타바는 바로 애넷 박사와 연대를 맺었다.

새끼들이 자라고 아내와 내가 아칸소주로 이사를 가면서, 무리의 역학 관계가 구체적으로 나타나기 시작했다. 니마는 내가 자기와 가장 밀접한 유대를 맺었다고 생각했고, 타바는 애넷과 그렇다고 생각했다. 모두가 받아들이는 사회적 틀이 나타난 것은 나와 애넷이 각각 니마와 타바를 산책시키는 집단 나들이를 했을 때였다. 심각할 정도의 경쟁은 없었고 새끼들은 우리 둘 모두에게 잘 사회화돼 있었다. 하지만 니마와 타바에게 위협적인 개체들을 공격할 능력이 없지는 않았다. 새끼들이 15주 정도 되었을 때, 뉴멕시코에서 아칸소로 가는 동안 우리는 밤에 차를 몰았다. 때는 7월이었고 우리 차에는 에어컨이 없었기 때문이다. 오클라호마주 중부의 40번 주간고속도로에 트럭을 세우고 애넷이 타바를 산책시키고 있을 때였다. 덩치가 큰 낯선 사람이 이들에게 다가왔다. 보통 때는 순하고 수줍은 타바는 긴장을 느끼며 성질을 냈고, 하도 시끄럽게 울부짖는 바람에 그 사람이 사과를 하고 뒤로 물러났을 정도였다.

우리는 타바·니마와 살면서, 우리와 이들 사이에서 형성된 사회적 유대가 더 강해졌지만 속성 면에서는 우리 둘이 그전에 가축화된 개와 맺었던 유대보다 더 평등해졌음을 알게 됐다. 이렇게 된 주원인은, 늑대와 늑대개는 성숙해지면서 완전히 어른이 되는 반면 개를 만든 가축화 과정은 발달 단계의 시기를 변화시키기 때문인 듯하다. 가축화된 개는 인간 동반자와 어릴 때의 관계를 그대로 유지하면서 육체적·생식적으로 성숙한다. 몰로서 같은 가축화된 큰 개 품종이 그렇게 위험한 가장 큰 이유가 여기에 있다. 이런 큰 개들은 어른이 된 늑대의 몸 크기와 힘을 가진 상태에서 성질과 사회적 발달 정도는 반쯤 자란 늑대 새끼 수준밖에 안 되기 때문이다. 이는 또한 많은 사람이 늑대와 늑대개에 대해 가진 잘못된 생각을 드러내기도 한다. 사람들은 늑대가 더 독립적이기 때문에 더 위험하다고 생각한다. 하지만 바로 이 독립성이 늑대를 덜 위험하게 만든다. 늑대를 위험하게 만드는 것은 늑대의 크기와 힘밖에 없다. 위험한 품종 순위를 보면, 몰로서·프레사카나리오·코카시안셰퍼드도그가 거의 비슷한 자리를 차지한다. 이 품종들이 위험한 이유는 평생 미성숙한 행동을 그대로 하면서도 크고 강력하며, 야생 늑대보다 훨씬 더 크게 자라기 때문이다. 프레사카나리오와 코카시안셰퍼드도그는 동반자 동물로서 늑대개보다 훨씬 보기 힘들다. '전문가들'의 의견과 달리, 이 품종들은 복서, 핏불, 로트바일러 같은 흔한 몰로서 품종들과 함께 인간, 특히 아이들과 키 작은 어른을 공격하고 죽일 가능성이 늑대나 늑대개보다 훨씬 높다.

발달이 서로 시간차를 두고 일어나는 현상(유형성숙)의 결과, 우리는 개를 다룰 때 스스로를 개의 '주인master'으로 부를 수 있게 된다. 개는 어릴 때의 행동적 특징을 평생 유지하기 때문이다. 이와는 대조적으로 늑대나 늑대개는 생후 2~3년이면 '소유주owner'—더 정확히 말하면 선호하는 동반자—를 가질 수 있게 되며, 비록 늑대와 늑대개가 지배 관계를 받아들인다고 해도 '주인'을 정말 원하거나 필요로 하지 않는다(G. K. Smith 1978). 따라서 늑대나 늑대개가 어렸을 때 인간이 이 동물들의 행동을 형성하는 것이, 이 동물들이 살아 있는 동안 인간과 가지게 될 관계에 핵심적인 역할을 한다. 이 사실을 몰랐기 때문에 테릴은 인요와의 관계를 망친 것이다. 인요가 실제로 상당 부분 늑대 혈통을 가졌는지는 별개의 문제다. 테릴은 자신 있고 믿을 만한 무리의 리더로서 자신의 위치를 확보하지 못했다. 그 결과로 인요는 어른이 되면서 테릴과의 관계에 확신을 잃게 됐고, 감정적으로 불안해진 테릴은 모든 상황에서 자신과 인요 중 누가 리더가 돼야 하는지 마찬가지로 확신을 잃게 된 듯하다. 관계에서 이처럼 중요한 문제가 풀리지 않은 채 남아 있었기 때문에 인요와 테릴은 자주 충돌했고, 특히 먹을 것을 두고 더 그렇게 됐다(Terrill 2011에 있는 이들의 상호작용에 관한 설명 참조).

이와는 대조적으로 우리는 타바와 니마를 키우면서 이들에게 처음부터 우리가 관계에서 지배적인 개체임을 분명히 했다. "여기서는 내가 우두머리 암컷이야. 잊지 마"라는 애넷의 말이 좋은 예가 된다. 우리는 질이 좋은 사료, 신선한 뼈, 날고기를 섞어 이들에게 먹였다. 가장 중요한 처음 3개월 동안, 우리는 음식을 둘러싼 상호작용에 관련해 확실한 규칙을 세웠다(우리는 지금 우리 개들한테도 비슷한 규칙을 적용한다). 우리는 처음부터 이들에게 뼈를 주었지만, 충돌 없이 그 뼈를 다시 빼앗을 수도 있었다. 이것이 가능했던 이유는 새끼에게 다음과 같은 방식으로 뼈를 제공했기 때문이다. 만약 새끼가 우리한테 으르렁거리거나 뼈를 향해 달려들면, 우리는 뼈를 치워버리고 새끼를 부드럽게 굴리면서 새끼에게 으르렁거렸다. 그 결과, 이들은 완전히 다 자란 성체가 됐을 때도 걸어서 다가가 손을 내밀면 뼈를 놓았다. 이런 일을 우리가 자주 하지는 않았다. 하지만 필요하다고 느낄 때 우리는 언제든지 그런 행동을 **할 수 있다는** 사실이 확립됐다. 그 결과로 우리는 타바·니마가 죽을 때까지 거의 충돌하지 않고 살게 됐다.

우리 집단에서 충돌이 한 번도 발생하지 않았다는 뜻은 아니다. 하지만 충돌은 거의 전부 타바와 니마 사이에서만 일어났다. 이런 충돌은 대부분 조용했고, 자세를 잡거나 으르렁거리는 수준을 넘지 않았다. 그나마 이런 충돌도 실제로 싸운다기보다는 놀면서 그러는 형태를 띨 때가 더 많았다. 애넷은 '귀 접어'라는 명령을 하나 생각해냈다. 더 심각하게 진행될 것 같은 충돌을 우리가 목격했을 때 쓰는 명령이다. 충돌이 벌어질 것 같은 상황에서 늑대들이 서로에게 접근하면, 이들은 귀를 꼿꼿이 세운다. 반면 적어도 한 동물이 귀를 접으면 이는 항복하는 사회적 위치를 나타내며(〈그림 11.4〉 참조), 심각한 충돌은 이로써 사전에 차단된다. 명령은 효과가 있었다.

　성숙과 발달 단계가 차등적이라는 생각은 개와 늑대의 차이로 자주 인용되는 연구결과—개는 늑대와 비교해 사람에게 더 관심이 많다는 것—와 관련이 있다(Hare et al. 2002; Miklósi 2007; Miklósi et al. 1998a, 1998b, 2007). 이 연구결과는, '분류학자들'이 뭐라 하건 개와 늑대는 실제로 '다른 종'이라는, 창조론에 뿌리를 둔 주장을 뒷받침하는 데에 이용돼왔다(e.g., Coppinger and Coppinger 2001; Terrill 2011; Jans 2015). 하지만 잘 생각해보면 왜 개가 인간 동반자에게 더 많은 관심을 갖는지는 분명하다(Hare et al. 2002; Miklósi 2007). 어린 아이들도 다른 어른보다 자기 부모에게 훨씬 더 많은 관심을 갖는다. 그렇다고 해서 아이와 어른이 다른 종은 아니다. 아이와 어른은 단지 서로 다른 발달 단계에 있을 뿐이다. 과정으로서의 진화에 대해 우리 사회는 믿을 수 없을 정도로 무지하다. 또한 사람들은 한 종 또는 '야생'이라고 생각되는 모든 종의 구성원들이 잘라 놓은 케이크 조각처럼 비슷비슷하다고 생각한다(오늘날 이런 생각의 예는 Coppinger and Feinstein 2015 참조). 이는 진화에서 (행동적·형태학적·생리학적) 발달의 중요성을 무시하는 생각이다. 같은 종인데도 야생 형태와 가축화된 형태가 다른 이유는 발달 과정의 차이 때문이다(Ritvo 2010). 게다가 헤어 등과 미클로시 등의 이런 연구결과에는 편견이 들어 있을 가능성에도 주목해야 한다. 이들은 애완견을 대상으로 연구를 진행했기 때문이다. 태어났을 때부터 사람 손에 길러진 늑대에 대한 연구에 따르면, 이 늑대도 인간의 몸짓에 반응하며 그 정도가 개를 넘어설 정도였던 반면, 사육장에서 키운 개는 훨씬 반응성이 약했다(Udell et al. 2008; Coppinger and Feinstein 2015).

　타바와 니마는 사회적으로 성숙해지자 자신들만의 일과를 구축했다. 그리고 평생 인간 동반자를 계속 좋아했지만, 이들은 서로 가장 강한 유대를 맺었으며 각자 자신만의 삶을 살았다. 우리가 전원 지역으로 이사를 가자,

니마는 거의 집에서 잠을 자지 않았다. 대체로 날씨에 상관없이 밖에서 잤다. 타바는 집에서 자긴 했지만 혼자서 잤다. 이 둘은 새끼였을 때와 어른이 되기 전까지는 우리랑 같이 잤다. 아주 더운 날에 이들은 에어컨 바람을 즐기기도 했지만, 자신들이 파놓은 굴을 이용하기도 했다. 이 굴은 더운 날에는 주변보다 시원했고 추운 날에는 확실히 더 따뜻했다.

우리가 지금 키우는 개들과는 달리, 타바와 니마는 다른 야생동물이 울타리 밖에 있건 안에 있건 우리에게 군이 알리지 않는다. 이들은 수선을 피우지 않고 주머니쥐나 너구리를 죽이곤 했으며, 우리는 이 동물들의 유해를 보고서야 그 사실을 알 때가 많았다. 이들은 주변의 코요테에게 관심이 매우 많았고, 코요테들도 이들에게 그만큼의 관심을 보였다. 하지만 이들은 이런 상호작용을 하면서도 우리의 주의를 끌 정도로 하지는 않았다. 코요테가 울부짖는 데에 반응해 이들이 울부짖는 소리가 들리기는 했다.

이들은 독립적이었지만 인간에게 매우 잘 사회화돼 있었으며, 일관성 있게 인간과 사회집단을 형성했다. 이들이 사는 대부분의 기간 동안 속했던 사회집단에는 싸우기 좋아하는 파랑어치*Cyanocitta cristata*가 포함돼 있었다. 우리가 아칸소로 이사온 직후 어떤 사람이 동물학과에 파랑어치 새끼를 데려왔다. 새를 아주 잘 키우는 애넛 박사는 이 파랑어치를 집으로 데려와 돌보기 시작했다. 파랑어치가 성숙해지고 날려고 시도할 때, 나는 이 파랑어치를 손에 들고 늑대들에게 인사시켰다. 이때 예상치도 못하게 타바가 이 새를 입으로 잡았다. 우리는 타바의 입을 벌려 새를 꺼냈다. 새는 화가 나 있었지만 다치지는 않았다. 이 드라마 같은 일이 일어난 뒤, 상황은 일상으로 다시 돌아갔다. 파랑어치는 날아다니고 늑대개들은 바닥에서 돌아다녔다. 그 후로 11년 동안 이 서로 다른 종들은 흥미로운 협력관계를 형성했다. 예를 들어 새나 늑대개는 고양이를 좋아하지 않는데, 새는 앞마당에서 고양이를 발견하면 특정한 신호를 보냈다. 이 신호를 들은 늑대개들은 고양이가 자리잡은 창가로 달려갔다. 이 셋은 성가신 고양이에게 직접적인 악의를 드러내곤 했다.

　우리는 곧 이 늑대들이 거의 모든 상황에서 수컷보다는 암컷을 좋아하는 '성차별주의자'임을 알게 됐다. 타바와 니마가 우리 학생들, 동료들과 상호작용하는 모습을 보면 이런 성향을 분명하게 알 수 있었다. 실제로 이 늑대개들이 사는 동안 우호적이고 친밀한 관계를 맺은 수컷은 나 하나였다. 나는 그들이 갓 태어났을 때부터 평생 동안 일관되게 그들의 삶 안에 있던 유일한 수컷이었기 때문이다. 하지만 이런 유대도 떨어져 살면 위협을 받을 수 있다. 타바와 니마가 16개월이 됐을 때, 나는 우리 집에 같이 살던 여자 대학원생과 애넷에게 늑대개들을 맡기고 안식년을 맞아 떠났다. 내가 돌아왔을 때 타바와 니마는 나를 15주 동안 못 본 상태였다. 이들은 처음에는 으르렁거리면서 나를 피했다. 낯선 수컷에 대한 전형적인 반응이었다. 하지만 내가 '얘들아, 왜 그래?'라고 말하자마자, 이들은 내 목소리를 알아보고는 귀와 꼬리를 내리면서 고분고분하게 나를 반겼다. 낑낑거리면서 하위 서열에 있는 늑대가 한동안 자리를 비웠던 무리의 연장자에게 보이는 전형적인 행동을 보인 것이다.

　타바와 니마는 6개월이 됐을 때 복종 훈련을 받게 됐다. 이들의 반응에서 차이가 났다는 점이 가장 눈에 띄었다. 훈련은 개 20마리 정도와 이들의 인간 동반자들이 있는 집단에서 이뤄졌다. 늑대개 새끼 두 마리 중 어느 한 마리도 다른 인간이나 개에게 공격성을 드러내지 않았다. 타바는 더 조용하고 수줍었다. 특히 혼자서만 훈련을 받을 때 더 그랬다. 반면에 니마는 '반의 스타'였다. 니마는 거의 완벽하게 훈련을 받았으며, 다만 언젠가 한번 내가 아닌 훈련사가 주도권을 쥐고 기술을 보여주려고 했을 때는 예외였다. 이때 니마는 으르렁거리면서 성질을 부렸다. 이런 반응은 유대에 대한 의존성을 보여주는 또 다른 예라고 할 수 있다. 니마는 자신의 인간 동반자와 훈련을 받는 동안 완벽하게 행동했지만, 그 관계에 개입하려는 시도에는 바로 대처했다. 내가 다시 훈련의 주도권을 쥐자 니마는 바로 조용해졌다.

개체들과의 이런 유대관계와 이미 확립된 역학관계는 극도로 중요한 의미를 갖는다. 예를 들어 강아지들은 따로따로 훈련받아야 한다는 말을 우리가 들었을 때, 나는 니마, 아내는 타바와 함께 훈련을 받았다. 우리는 니마·타바와 같이 걸으면서 다양한 행동을 시켰다. 하지만 타바는 니마와 떨어지려고 하지 않았다. 훈련보다 니마와 떨어지지 않으려는 노력을 더 많이 할 정도였다. 반대로 니마는 나와 같이 훈련을 아주 잘 받았다. 타바는 우리 넷이 함께 훈련을 할 때는 니마와 비슷할 정도로 잘했다. 이 두 늑대개는 모두 '앉아', '그대로 있어'라는 명령은 잘 듣게 됐지만, '엎드려'라는 명령은 잘 들으려 하지 않았다. 이 명령을 들으면 항복하는 자세를 취해야 된다고 생각했기 때문일 수도 있다.

일시적으로 떨어져 있는 것도 늑대개들에게는 강한 감정적 반응을 불러일으켰다. 내가 집에 있고 애넷이 일하러 간 어느 날, 나는 타바가 토하면서 괴로워하는 모습을 보게 됐고 바로 수의사에게 데려가려고 했다. 하지만 이 상황에서 나 혼자 두 마리를 모두 다루기는 어렵다는 걸 알기 때문에, 애넷에게 전화해 집에 와서 니마와 함께 있어달라고 했다. 나는 매우 불안해하는 니마를 혼자 남겨두고 타바를 수의사한테 데려갔다. 타바는 괜찮았다. 아마 뭔가 상한 음식을 먹어 가벼운 식중독에 걸렸던 것 같다. 하지만 애넷이 집에 도착했을 때 집에는 매우 불안해하는 니마가 있었다. 니마는 애넷에게 달려와 안겨서는 낑낑거리고 울부짖었고, 내가 타바와 함께 돌아올 때까지도 계속 안정을 찾지 못했다.

타바와 니마 사이 감정적인 유대의 깊이는, 잠시라도 서로 떨어져 있을 때 가장 분명하게 나타났다. 완전히 다 성장했을 때, 이들은 각각 평생에 한 번뿐인 작은 시술을 받아야 했다. 우리는 둘 다 동물병원에 데려갔다(미국수의학협회와 달리 우리의 수의사는 광견병 백신이 모든 갯과 동물에 효과가 있음을 알았고, 늑대개나 심지어 늑대에게도 백신 접종을 주저하지 않았다). 애넷은 내가 한 마리를 데리고 들어가면 나머지 한 마리를 데리고 대기실에서 기다렸다.

시술을 받고 대기실로 돌아온 늑대개는 마취에서 회복될 때까지 담요 위에 누워서 쉬었다. 타바가 회복하고 있을 때, 니마는 타바를 보호하면서 옆에서 있었다. 회복은 몇 시간 정도 걸렸고, 간간이 우리는 니마를 밖에 데려가 볼일을 보게 했다. 그럴 때마다 타바는 고개를 들고 일어나려고 했고, 니마가 다시 타바를 지키러 들어오면 긴장을 풀고 다시 의식이 가물가물한 상태로 돌아갔다. 결국 회복이 돼서 집에 가게 되자, 타바는 우리 집 마당에서 볼일을 보고 싶어했다. 니마는 타바 옆에서 걸었고 타바가 집 안으로 다시 들어와서 누울 때까지 옆에서 계속 지켜봤다. 재미있게도 반대로 니마가 시술을 받고 났을 때, 타바는 회복실에서 니마를 지키지 않고 애넷 뒤에 숨어서 니마가 다시 일어날 수 있을 때까지 불안하게 지켜보고 있었다.

이들의 사회적 역학관계를 우리가 지켜본 바에 따르면, 니마는 관계에서 지배적 역할을 했음이 분명하다. 하지만 그렇게 간단한 생각으로는 이들 사이의 미묘한 의존관계를 설명할 수 없다. 니마가 사회적으로는 더 적극적이고 자신감이 있지만 몸집은 더 작았고, 타바가 36킬로그램 나가는 것에 비해 몸무게가 32킬로그램 나가지 않았다. 몸 크기에서 이렇게 차이가 났기 때문에, 니마는 육체적으로는 타바를 지배하지 못했다. 그래서 이들의 관계가 더 평등해진 것이다. 게다가 각자는 자신이 주로 책임을 지는, 자신만의 '지배 영역sphere of dominance'이 있었다(Hand 1986; Pierotti, Annett, and Hand 1996). '지배 영역'이라는 개념은 뛰어난 동물행동학자인 주디스 핸드가 1970년대에 피에로티와 함께 서부갈매기*Larus occidentalis*의 수컷과 암컷의 부모 역할을 연구하면서 생각해낸 것이다. 그때는 갈매기의 짝 결속에서 수컷이 더 크고 더 공격적이기 때문에 암컷에 '지배적'이라는 생각이 널리 받아들여졌다(Pierotti 1981; Pierotti and Annett 1994). 하지만 핸드는 주로 암컷이 그 결과를 통제하는 수많은 사회적 갈등이 있음을 관찰했다. 이런 갈등은 둥지나 알과 관련한 행동처럼 암컷이 수컷보다 더 많은 역할을 하는 상황에서 일어났다. 지배는 전부 아니면 전무인all-or-nothing 현상이 아니며, 전후 사정에 따라 결정되는 다양한 상황이었던 것이다(Hand 1986; Pierotti, Annett, and Hand 1996).

앞에서 말했지만, 니마는 '사회관계 비서'였으며 어떤 인간이 상호작용하기에 안전한지 살펴보고 결정하는 역할을 했다. 타바는 '늑대 과학자'이자 무생물 분야의 달인이었다. 우리가 새집으로 이사 가거나 새로운 가구를 들여올 때마다 니마는 회피 행동과 새로운 것에 대한 공포를 나타낸 반면, 타바는 바로 탐구를 시작했다(이 성향 때문에 개가 드나드는 문을 새로 만들었을 때 재미있는 상황이 벌어졌다). 예를 들어 1992년 우리가 캔자스로 이사를 가서 타바와 니마가 처음으로 진짜 겨울을 경험했을 때, 타바는 춥고 건조한 날씨에 나타나는 정전기 현상에 매료돼 자기 코와 여러 물건 사이에 스파크가 일어나는지 보고 싶어했다. 타바는 장작 난로 앞에서 정전기를 경험한 뒤, 의자나 테이블 등 다양한 물건들, 때로는 우리에게 접근했다. 그러고는 그 난로 앞에서 정전기를 경험한 거리만큼 떨어져 코를 내밀어 스파크가 일어나는지 보려고 했고, 결국에는 다시 장작 난로로 돌아가 정전기를 일으켰다. 이 모두가 2분 안에 일어난 일이다. 이와는 대조적으로 그런 경험을 했을 때 니마는 깜짝 놀라 불안해하면서 달아났다.

이런 복잡하고 미묘한 행동이 개에 대한(확장하면, 늑대에 대한) 기계적인 관점과 분명한 대조를 이룬다는 점에 주목하는 것이 중요하다. 이 관점은 최근 연구에 다음과 같이 나타난다. "개를 좋아하는 사람과 연구자들은 모두 [개의] 행동 중 얼마나 많은 부분이 복잡한 정신 상태에서 이뤄지며 연관이 있는지 성급한 결론을 내리지 않도록 조심해야 한다. … 우리는 당신의 개가 실제로 얼마나 지각이 있고 얼마나 '똑똑할' 수 있는지 아직은 판단할 수 없다고 생각한다"(Coppinger and Feinstein 2015, 208-9). 같이 태어난 늑대개 새끼들에게서 보이는 성격과 사회적 역할의 명백한 차이를 확인하는 일, 즉 타바가 정전기를 만들어낼 수 있는지 여러 가지 물건을 시험하는 것을 지켜보는 일은 위의 생각에 대한 살아있는 반박이다. 심지어 코핑어와 파인스타인은 마지막 장에서 개가 '의식이 있는지' 여부에도 의문을 제기한다. 이는 아주 오래전에 제인 구달이나 마크 베코프 같은 더 뛰어난 행동 연구자들에 의해 풀린 의문이며, 심지어 헤어와 우즈(2013)도 그들과 같은 결론을 내린 바 있다. 코핑어와 파인스타인이라면 타바의 정전기 실험을 어떻게 설명할지 생각해보는 것도 재미있을 듯하다.

타바와 니마가 세 살 정도가 돼 완전히 성숙했을 때쯤, 우리는 아칸소의 교외 생활을 접고 캔자스 북동부의 시골로 이사했다. 그곳은 호두나무, 사바나 오크나무, 저지대 식림지가 어울려 있는 20만 제곱미터 정도 넓이의 초원이었다. 우리와 이들이 같이 산 집은 더 이상 넓이 2000여 제곱미터 땅 위에 침실이 세 개 있는 타운 하우스가 아니고, 180센티미터 높이의 철망 울타리로 둘러싸인 4000여 제곱미터 땅 안의 흙둘레집이었다(3면이 흙으로 둘러싸여서 지붕만 땅 높이 위에 있다). 울타리 안의 공간은 다양한 것들로 이뤄져 있었다. 북쪽에는 소나무가 두 줄로 늘어서 바람을 막아주고 쉼터를 제공해주었으며(낯선 인간들이 들어왔던 문은 울타리의 남쪽에 있었다), 남쪽으로도 소나무가 한 줄 있어 그늘을 만들어주었다. 집 뒤에는 크고 하얀 다 자란 오크나무 한 그루와 아직 자라고 있는 포플러나무들도 한 줄로 늘어서 있었다. 타바와 니마는 이제 이웃의 개와 고양이가 아니라 코요테, 사슴, 야생 칠면조, 너구리, 주머니쥐와 상호작용을 하게 됐고, 다른 인간들이나 그들의 개를 마주치지 않고도 우리와 함께 오랫동안 (목줄을 묶은 상태에서) 산책을 할 수 있었다. 차가 밀릴 때가 많고 여러 가지 소리와 골칫거리가 많은 교외의 환경을 견디면서 다른 사람들에 둘러싸여 사는 것보다는 스트레스도 훨씬 덜 받았다. 타바와 니마는 집의 남쪽 흙벽 위에 깊이 1미터가 조금 넘는 굴을 팠다(〈그림 11.5〉). 이들은 특히 더운 여름날이면 이 굴 속으로 들어가곤 했다.

여기서 겨울을 나면서, 타바와 니마는 뉴멕시코와 아칸소에서는 하지 않았던 행동을 하기 시작했다. 눈을 좋아했던 이들은 눈이 오기 시작하면

그림 11.5 자기들이 파놓은 굴 옆에 있는 니마와 타바

밖에 나가 놀곤 했다. 이름을 부르면서 이들을 찾다가 눈 기둥이 땅에서 불쑥 솟아 흐트러지는 것을 보고 놀란 적이 여러 번이나 있었다. 늑대개들이 눈 밑에서 자고 있었던 것이다(〈그림 11.6〉). 또한 이들은 지붕을 이용하는 것을 좋아했다. 우리 집이 흙둘레집이었기 때문에 지붕 뒤쪽은 46센티미터 정도밖에 땅 위로 올라와 있지 않았고, 여기서 늑대개들은 전체 지형을 잘 관찰할 수 있었기 때문이다. 가끔 이들은 울타리 안으로 들어온 너구리, 주머니쥐, 다람쥐, 토끼, 목화쥐를 잡으면서 포식자의 모습을 드러내기도 했다. 또한 이들은 근처의 코요테들을 매료시켰다. 코요테 수컷들이 울타리로 접근해 이들에게 구애를 하곤 했던 것이다. 코요테들이 울부짖을 때 타바와 니마는 자기들도 같이 울부짖어 이들을 위협하곤 했다. 타바의 울부짖음은 낮고 구슬펐고, 니마의 울부짖음은 고음이었다. 이들의 인간 동반자가 이 울부짖음에 동참할 때면, 애넷은 니마와 나보다 더 고음을 내 타바의 저음 영역에 기여했고, 우리는 같이 코요테들을 조용하게 만들었다.

타바와 니마가 보인 다른 재미있는 행동은 뇌우에 대한 반응이었다. 다음과 같은 보고가 있다. "뇌우가 일면 개는 끙끙거리면서 움츠린다. … 이런

그림 11.6 눈 속에 있는 니마

공포가 드물게는, 가구를 망가트리고 피가 날 때까지 창문을 긁고 똥을 싸는 행동을 일으키기도 한다. … 심한 경우에는… 개들은 병이 나거나 치명적인 심장 발작을 일으키기도 한다"(Hare and Woods 2013, 230). 이와는 대조적으로 니마는 뇌우에 의연한 태도를 보였고 천둥소리가 나기 전에 번개가 먼저 친다는 사실을 알았다. 우리 집은 캔자스의 뇌우가 올라오는 서쪽이 훤하게 내다보이는 위치에 있다. 니마는 번개를 보면 울타리의 서쪽으로 달려가 울타리를 따라 뛰곤 했다. 니마가 내는 소리는 으르렁거리거나 울부짖는 정도를 넘어 목이 터질 정도의 포효였다. 예상치 못한 낯선 인간이나 개를 마주쳤을 때의 행동이었다. 타바는 니마와 같이 울타리 근처에서 뛰었지만 소리는 훨씬 덜 냈다. 늑대개들은 비가 아닌 천둥과 번개에 반응했다. 늑대개들은 비를 귀찮고 정신을 산란하게 만드는 것 정도로 생각하는 듯했다.

우리가 있건 없건, 타바와 니마는 항상 집 안을 마음대로 돌아다녔다. 아칸소에서 살 때도 그랬다. 우리는 먹을 것을 밖에 내놓지 않았으며, 옷은 전부 상자나 옷장에 넣어두어야 했다. 물건을 밖에다 놔두면 늑대개들이 자기네 굴로 가져가기 때문이었다. 이들은 물건들을 가져가 토템으로 삼은 것 같았다. 타바는 특히 애넷 박사의 모자를 좋아했다. 겨울에 사라진 모자가 다음 해 여름에 울타리의 북쪽 끝에 있는 소나무 밑에서 발견되기도 했다. 타바가 정성스럽게 숨겨둔 자리였다. 이런 사소한 문제들은 있었지만, 늑대개들이 가구나 집은 절대 상하게 하지 않았다. 흙둘레집에 입구(동시에 출구)가 하나밖에 없다는 점은 이들을 괴롭히는 듯 보였다. 이들은 아칸소에서처럼 집에 뒷문이 있었으면 하고 생각하는 것 같았다. 상황이 힘들어질 때는 뒷문으로 나갈 수 있었기 때문이다. 덥고 습기가 많은 밤이면 니마는 보통 밖에서 보초 역할을 하면서 잔 반면, 니마는 우리 침실, 때로는 침대 위에서 잤다. 우리 둘 중 하나가 여행을 갔을 때는 특히 침대 위에서 잤지만, 침대 옆 바닥에서 잔 경우가 더 많았다.

타바와 니마가 보인 또 하나의 놀라운 능력은 인간 가족 구성원을 알아보는 것이었다. 이들은 보통 낯선 인간들을 경계했지만, 가까운 가족들에게는 그러지 않았다. 우리 친척들이 집에 왔을 때 타바와 니마는 처음에 경계했지만, 냄새를 맡아보고는 바로 이들을 받아들이고, 관심과 애정을 유도하고 다시 돌려주면서 무리의 다른 구성원들을 대하듯이 행동했다. 한 번의 예외는 있었다. 이때 니마는 우리가 주의를 기울여야 한다고 경고했다. 자신이 키우는 동물들이 알코올중독자, 약물중독자, 심리적인 문제가 있는 사람들을 싫어한다는 G. K. 스미스(1978)의 기술을 돌이켜 볼 때, 니마가 우호적으로 반응하지 않은 가족 구성원이 한 명 있었다. 심지어 니마는 이 사람이 접근하자 으르렁거리면서 거리를 두는 약한 적의를 나타내기도 했다. 몇 년이 지나서 타바와 니마가 숨진 후, 이 사람의 정신 건강에 문제가 있었음을 알게 됐다.

늦대 사육의 거장이자 늑대 연구자인 고든 스미스는, 여러 가지 면에서 늑대는 잡혀 사는 것이 힘들지만 야생에서 사는 건 더 힘들다고 주장했다. 먹을 것을 찾기 어려운 때가 많은 데다, 인간이 야생 늑대를 괴롭히고 야생 늑대에게 위험이 돼 늑대들을 공포에 싸이고 불안정하게 만들기 때문이다. 스미스는 늑대가 살 수 있는 이상적인 상황은 인간과 사는 것이라고 생각했다. 우리에 갇혀 살지 않고 인간과 상호작용하면서 필요한 것을 얻는 안전한 상황, 즉 스미스에 따르면 "인간이 흔한 늑대 무리와 어울려 집단으로 사냥을 하는"(1978, 191) 상황이다. 우리가 서론에서 언급했던 기본 모델이 이것이다. 우리는 타바와 니마에게 비슷한 상황을 제공하려고 노력했다. 이들은 우리와 '함께' 있었지, 우리에게 '속해' 있지는 않았다. 이들은 안전한 환경에서 자신들의 삶을 놀라울 정도로 잘 통제하면서 산 개체들이었다.

우리는 이들이 먹이를 얼마나 적게 먹는지에 놀랐다. 매일 살점이 붙은 뼈 두 개와 개 비스킷을 먹었고, 양질의 사료 한 그릇도 항상 먹을 수 있었다. 하지만 그릇의 사료는 니마만 먹는 것 같았고, 니마도 한 그릇을 다 먹는 데에 며칠이 걸리기도 했다. 이들의 먹이 섭취량은 너무 적어서, 실제로 지난 2000년 늦봄에는 니마가 비정상적으로 적게 먹고 있었다는 사실을 한참이 지나서야 알게 될 정도였다. 우리는 니마를 수의사에게 데려갔고, 니마가 울혈성 심부전을 앓고 있었음을 알게 됐다. 12년 2개월이 되는 2000년 6월 11일, 니마는 타바가 지켜보는 가운데 세상을 떠났다.

셋이 남게 된 우리는 그날 저녁 마지막으로 울부짖었다. 니마가 죽은 뒤 타바는 4년을 더 살았지만 한 번도 울부짖지 않았다. 니마가 죽은 뒤 타바는 매우 우울해졌다. 타바는 평생의 동반자를 잃었다. 이 둘은 지난 11년 동안 몇 시간 이상을 떨어져본 적이 없다. 타바의 복잡한 감정 상태는 코핑어와 파인스타인(2015)의 기계론적인 사고를 반박한다. 우리는 타바에게 갯과 동물 항우울제를 먹이고, 니마가 죽은 뒤 몇 달 동안을 절대 혼자 두지 않았다.

타바는 무리에서 유일하게 인간이 아닌 동물인 상태에 적응해가면서, 혼자 지내는 자신만의 방법을 생각해냈다. 니마가 살아있을 때, 이 늑대개들은 울타리를 따라서 가끔 풀을 뜯어 먹는 당나귀나 벅스킨 쿼터호스와 신경전을 벌이곤 했다. 니마는 이 말과 동물들 가까이 있는 울타리를 공격하는 것을 좋아했다. 타바는 덜 적극적이지만 이 공격에 도움을 주었고, 둘 다 이 말과 동물들이 흩어져서 도망가고 때로는 놀라서 껑충 뛰는 모습을 즐기곤 했다. 하지만 니마가 죽은 지 몇 달 후, 나는 우리 늙은 말이 울타리 반대편에 서 있는 타바에게 다가가는 모습을 보게 됐다. 말은 머리를 낮추고 울타리에 코를 밀어 넣었다. 놀라운 점은 타바가 몸을 앞으로 기울여 말의 코를 핥았다는 것이다. 휴전을 한 듯했다. 몇 주 후 타바가 울타리에 기대 잠을 자고 있을 때, 우리의 늙은 시칠리아 당나귀 수컷이 반대편 울타리에서 타바에게 몸을 기대는 모습을 봤기 때문이다. 여기서 다시 코핑어와 파인스타인이 갯과 동물에는 복잡한 정신 상태가 없다는 기계론적 사고로 이런 행동을 어떻게 설명할지 궁금해진다.

니마가 가고난 후, 타바는 우리 넷이 함께 걸어갈 때 겁에 질린 듯 보였던 주변의 가축화된 개들과도 우호적인 상호작용을 하면서, 나와 함께 오랫동안 들판을 횡단하는 산책을 하게 됐다. 타바는 스스로 부드럽고 비공격적이며 고도로 사회적인 갯과 동물이 됐다. 타바는 여전히 수줍고 낯선 인간을 불편해 했지만, 다른 면에서는 마지막 몇 년을 아주 평화롭게 지냈다. 타바의 죽음은 니마의 죽음보다 덜 극적이었다. 타바가 14년 4개월이 된 어느 더운 8월의 오후, 나는 집 뒤 오크나무 밑에서 책을 읽으러 나갔다. 타바는 나를 따라 나와 발밑에 눕더니 다시는 일어나지 못했다.

늑대개와 같이 살면서 우리는 이러한 사실을 알게 됐다. 용인할 수 있는 행동과 없는 행동을 늑대에게 확실히 이해시키고 혼자 있지 않도록 신경쓴다면, 인간과 늑대개는 충돌을 최소화하면서 완벽하게 좋고 평화로운 삶을 같이 살 수 있다는 것이다. 실제로 우리가 타바·니마와 겪은 갈등은 현재 우리가 키우는 보더콜리 두 마리나 테네시워커하운드 한 마리와 겪는 갈등보다 훨씬 약하고 횟수도 적었다. 완전히 다 큰 상태에서 스스로 우리에게 온 하운드는 처음에 손님들이 부추기자 식탁 위의 음식을 먹으려고 올라왔고, 여러 번 제지를 당해야만 했다. 길거리를 돌아다니다 한 살 때 우리 집에 오게 된 나이 많은 보더콜리는 하운드와 두 번 크게 싸운 적이 있다. 애넷은 하운드를 떼어내고 나는 보더콜리를 바닥에 붙잡으면서 싸움을 뜯어말려야 했다. 이들은 이제 아주 사이가 좋으며 충돌도 거의 하지 않는다. 현재 32개월 된, 나이가 적은 쪽의 다른 보더콜리는 타바와 니마가 같은 나이였을 때와 비교해 더 독립적이고 덜 사회화된 상태다. 훈련을 적절하게 시키고 바보 같은 실수만 하지 않는다면, 늑대개와 사는 것은 다른 어떤 대형견종과 사는 것보다 대체로 스트레스를 덜 준다.

타바와 니마에 대한 기억 중 마지막으로 말할 것은 이들이 한 살 정도 됐을 때 내게 가르침을 주었다는 것이다. 아칸소에서 야생 갯과 동물을 연구할 때였다. 학생들과 나는 머리뼈를 표본으로 쓰기 위해 거기 붙어 있는 살을 떼어냈다. 잡은 코요테 유해에서 떼어낸 살점은 큰 그릇 하나에 담길 정도가 됐다. 이 그릇을 집에 가져와 타바와 니마에게 줬는데, 이들은 살점들의 냄새를 맡더니 내가 갯과 동물에게서 본 반응 중에서 가장 두드러진 역겨움을 담은 표정으로 내게 반응을 보였다. 이들은 마치 내가 이들에게 깊은 상처를 준 것처럼 나를 봤다. 이 경험으로 나는 내 생각보다 훨씬 깊은 무언가가 이 동물들에게 있음을 확신하게 됐다. 이들은 비버 고기를 포함해 다른 고기들은 사다주면 아주 열심히 먹었기 때문이다. 이들은 내게 자신들이 건너려고 하지 않는 분명한 경계가 있음을 보여주었다.

세렌과 피터: 사절로서의 늑대

타바와 니마는 모두 늑대에 관한 자원봉사 교육에 쓰일 정도로 낯선 사람에게 사회화가 잘 돼 있지는 않았다. 다행히도 1992년 캔자스시티에서 초기 늑대를 연구하고 있을 때, 피에로티는 늑대와 늑대개를 구조하는 일을 하며 성공적으로 자원봉사 활동을 하는 커플을 우연히 만나게 됐다. 늑대에 특히 관심이 많은 수의사 노린 오버림 박사와 파트너인 트레이시 맥카티다. 맥카티는 미국 전역에서 잡힌 늑대를 폭넓게 다룬 경험이 있는 전직 군인이었다. 이들은 사회화된 늑대를 사람들에게 보여주는 자원봉사 프로그램을 학교와 공립 공원에서 운영했다. 피에로티가 이들과 함께 일을 시작했을 때, 오버림과 맥카티는 자신들이 자원봉사에서 주로 함께할 동물을 나이든 늑대 암컷에서 그 늑대의 11개월 된 손자인 피터로 바꾸는 작업을 하고 있었다. 피터는 매우 사교적이고 훈련을 잘 받은 늑대였다.

자원봉사 활동 초기에 우리는 캔자스 동부 교외에 있는 고등학교에서 함께 총회를 열었다. 피에로티는 무대에서 피터의 목줄을 잡고 발표를 하고 있었다. 피터가 이렇게 낯선 사람이 많은 곳에 모습을 드러낸 것은 그때가 처음이었고, 그런 상황에서는 다들 그렇듯이 피터도 불안해했다. 아침에 먹은 것을 무대에 토할 정도였다. 십대 **호모 사피엔스** 청중이 어떤 느낌을 받았을지는 상상하기 어렵지 않다. 우리를 초청한 교사들은 대걸레, 양동이, 페이퍼 타월을 가지러 뛰어갔고, 그때 맥카티가 데리고 있던 피터의 할머니 세렌이 걸어와 손자가 무대에 토해놓은 것을 다 먹어치웠다. "으으, 더러워"라는 소리가 그전보다 몇 십 배는 더 커졌다. 피에로티는 잠시 기다리더니, 학생들(그리고 교사들)에게 이것이야말로 완벽하게 보통 늑대의 행동이며 늑대의 삶의 원칙 중 하나가 먹을 것을 낭비하지 않는 것이라고 설명했다. 곧이어 우리가 늑대 '무리'라고 부르는 것이 왜 실제로 핵가족인지, 가족이란 무엇인지 토론이 벌어졌다. 우리는 또한 행동과 태도 면에서 늑대가 인간과 얼마나 비슷한지도 자세히 설명했다.

피에로티가 피터·세렌과 함께한 다음 일은 세렌을 마지막으로 대중에 선보이는 것이었다. 세렌은 당시에 점점 나이가 들어 암이 진행되기 시작했고, 결국 이 암으로 사망하게 된다. 우리는 이 일이 적절한 기회가 되길 원했다. 그래서 피에로티와 애넷의 생태학 원칙 강의 동안, 영양 종속(trophic cascades, 상위 포식자의 존재 여부가 하위 단계에 미치는 연쇄효과—옮긴이)과 생태계 구성에서 늑대가 하는 역할에 관한 논의의 맥락에서 시나리오를 하나 짰다. 학생들은 약 200명을 수용할 수 있는 큰 강의실에 모였고, 강의실은 어두웠지만 깜깜하지는 않아서 학생들이 슬라이드를 편하게 볼 수 있었다. 75분 강의에서 40분 정도가 지났을 때(보통 이때쯤이면 학생들이 졸기 시작한다. 덥고 반쯤 깜깜한 강의실에서는 특히 더 그렇다), 맥카티와 오버림은 피터와 세렌을 강의실로 들였다. 여성 두 명이 각자 한 마리씩을 데리고 강의실 뒤에서 가운데로 난 통로를 지나 강단을 향했다. 학생들이 옆에 무엇이 지나가는지 알게 되면서, 수군거리는 소리가 점점 커지더니 웅성웅성하는 낮은 소리로 바뀌었다. 이들이 피에로티가 서 있는 강단에 도착했을 때, 피에로티는 불을 켜고 이 사람과 갯과 동물 손님을 학생들에게 소개했다. 고등학교에서 그랬듯이, 이 시점에서 우리는 늑대와 인간의 관계 그리고 늑대에 관한 광범위한 토론과 질의응답 시간을 가졌다. 학생들 대부분은 사람들로 둘러싸인 곳에서 늑대가 이렇게 조용하게 행동하는 모습을 보고 놀라움을 감추지 못했고, 늑대를 만져보고 싶어했다. 다행히도 피터와 세렌은 이런 일에 익숙했고, 만지고 싶은 학생은 누구나 가깝게 와서 늑대를 만질 수 있었다. 늑대에 대해 단순히 듣기보다 실제로 경험하는 것에 학생들이 너무나 많은 관심을 보여, 다음 수업을 시작하기 위해 교실을 정리하기가 힘들 정도였다(〈그림 11.7〉).

다음 몇 년 동안 피터, 맥카티, 피에로티는 어린이집에서 대학에 이르기까지 수십 군데 학교에서 자원봉사 강의를 했다. 공립 공원, 심지어는 캔자스 동부의 자연친화 매장들에서도 강의를 했다. (피터를 미주리주에 데리고 가지는 못했다. 미주리주에서는 교육 목적으로도 늑대를 키우는 것이 불법이기 때문이다.) 대부분의 인간들도 힘든 상황에서 침착하게 품위를 유지하는 피터를

피에로티는 점점 더 존중하게 됐다. 피터는 분명히 사회적 스트레스를 느꼈다. 피터의 꼬리는 아래로, 심지어 다리 사이로 축 늘어지기도 했다. 카니스 루푸스가 나타내는 불안감의 신호다. 하지만 피터는 단 한 번도 공격적인 태도를 보이지 않았다. 낯선 호모 사피엔스들이 좋은 의도로 피터를 만지고 눈을 들여다보기를 아무리 많이 원해도, 피터는 으르렁거리지도 입술을 쭈그러뜨리지도 않았다. 피터에게는 자기 팬들의 성격을 구별해내는 비상한 능력이 있었다. 심각한 가족 문제로 스트레스에 시달리던 젊은 여자의 무릎에 거의 한 시간 동안 머리를 눕혔던 적도 있다. 또 한 번은, 로런스의 한 초등학교에서 뇌성마비를 앓고 있는 여덟 살 된 남자아이가 50명쯤 되는 학생들 가운데 있는 모습을 피터가 본 적이 있다. 늑대는 맥카티를 그 아이에게 데려가 아이의 눈을 보고 조심스럽게 냄새를 맡았다. 피터의 이런 관심은 아이에게 자신이 특별하다고 느끼도록 만들었다. 그리고 재미있는 사실은 피터가 이 아이를 알아봄으로써 아이에 대한 학생들의 태도가 바뀌었

다는 것이다. 피터가 이 아이를 특별하게 인식하고 난 뒤, 교사들은 그전에
는 이 아이를 피하던 학생들이 이 아이와 훨씬 더 잘 어울리게 됐다고 나중
에 피에로티에게 말했다.

피터와 함께했던 가장 감동적인 경험은 눈이 멀고 자폐를 앓던 토피카
의 어느 십대와 맺은 관계였다. 맥카티와 피에로티가 지구의 날 행사에 초
대받아 피터를 데리고 갔던 날이었다. 우리와 피터만 있던 점심시간 동안,
교사가 그 아이를 데리고 왔다. 아이가 피터를 만지자마자 피터는 그 응답
으로 조심스럽게 냄새를 맡기 시작했다. 아이는 긴장이 모두 풀린 것 같았
고, 옆에 앉아 부드럽게 피터를 쓰다듬었다. 점심시간 종료를 알리는 종이
울린 후에도 아이는 계속해서 피터와 있으려고 했다. 아이가 감정적·사회
적으로 어울리는 모습을 보고 너무 기뻐한 교사는 그날 활동이 끝날 때까지
아이가 피터와 같이 있도록 허락했다. 가을에 다시 같은 고등학교에 갔을
때, 우리는 아이가 기다리고 있는 모습을 발견했다. 교사는 그날 아침에 아
이가 학교로 가는 버스를 타지 않으려고 했으며 다음과 같이 말해주기 전까
지 우울해했다고 말했다. "피터가 오늘 학교에 오는 거 알지?" 이 아이는 바
로 협조적이 됐고 피터를 보기 위해 빨리 학교에 가고 싶어하기까지 했다.

피에로티는 교육자로서 평생 수백 번의 봉사활동을 했지만, 피터를 데
리고 갔을 때만큼 학생들이 수용적이고 열심히 참여한 것을 본 적이 없다.
피에로티는 피터를 "여러분이 만날 가장 훌륭한 신사"라고 소개했지만, 피
터를 존중해야 하며 "낯선 늑대들로 가득 찬 교실에 여러분이 있다면" 어떤
느낌이 들지를 생각해보라고 했다. 아이들에게 이런 식으로 생각하도록 가
르치자, 아이들은 행동을 조심하게 됐다. 누군가가 심한 장난을 치려고 하
면 우리 모두 또는 교사가 이렇게 말만 하면 됐다. "피터를 화나게 하려는
건 아니지?" 제일 수선스러운 어린아이들도 이 말을 들으면 차분해졌다. 이
방법이 이렇게 효과적이었던 이유는, 맥카티와 피에로티가 피터에 대해 말
하는 방식과 두 개의 종으로 이뤄진 그 세 명의 구성원이 상호작용하는 방

그림 11.8 피터가 또 다른 학생들을 만나기 위해 참을성 있게 기다리고 있다. 긴장을 풀었을 때 두 귀가 양옆으로 얼마나 많이 벌어지는지 주목해보자.

식에서 우리가 얼마나 피터를 존중하는지 분명히 드러났기 때문이다. 피터와의 이러한 경험은 이 책을 쓰게 된 주요 동기가 됐다. 다른 학생들처럼 피에로티도 피터와 함께 있으면 자신이 품위와 우아함을 가지게 된다는 것을 알았기 때문이다(〈그림 11.8〉).

학생들에게 이야기하지 않은 하나의 아이러니가 있다. 피터가 집 울타리의 다른 늑대들과 있을 때와 사람들이 많은 상황에 있을 때, 피에로티와 피터 사이의 역학관계가 다르다는 것이다. 다른 늑대들처럼 피터도 성차별주의자였으며, 피에로티와 봉사활동을 갈 때를 제외하면 성인 남성과는 상호작용하지 않았다. 피터가 살았던 사회집단은 전부 여성으로만 구성돼 있다. 강의실에서 스트레스를 받을 때면 피터는 자신감을 되찾기 위해 피에로티에게 기대곤 했지만, 자신이 통제하는 세계에 있을 때는 피에로티와 어울리는 데에 아무런 관심을 보이지 않았다. 피에로티가 울타리 안으로 들어가

그림 11.9 같은 울타리에 있는 피터(앞쪽)와 피터보다 어린 사촌 4×4. 피터는 지배적인 위치를 대놓고 드러내지 않지만, 4×4가 꼬리와 몸을 낮추고 분명하게 굴복하는 자세를 보이고 있다는 점에 주목하라.

면, 피터는 뒤로 물러서서 귀와 꼬리를 내리고 낯선 인간과 마주치게 됐을 때 전형적으로 보이는 회피행동을 보였다. 피터가 공격성을 보이지는 않았다. 하지만 봉사활동의 역학관계에서 피에로티가 믿을 만하며 자신이 속한 집단의 일부라고 인정함에도, 피터는 자기 무리의 다른 늑대들과 집에 있을 때 피에로티가 어떤 역할을 하기를 원치 않았음이 분명했다.

피에로티는 니마와 타바에서 그랬던 것처럼 피터의 행동이 '지배 영역' 역학관계로부터 비롯된다는 것을 알게 됐다. 봉사활동 상황에서는 피에로티가 자신 있는 수컷의 역할을 맡아 청중에게 연설하며 어울렸고, 피터는 최소한 어느 정도 굴복하는 행동을 보였다. 이때 피터는 하위 서열 동물의 역할을 기꺼이 받아들였고, 스트레스를 받는 상황에서는 피에로티에게 의존해 감정적인 지원을 얻기까지 했다. 하지만 피터보다 어린 암컷 사촌과 수컷 사촌 두 마리로 구성된 무리의 지배적인 개체였던 피터는 자신의 텃밭에서 통제권을 쥐었다(〈그림 11.9〉). 피에로티, 즉 다른 잠재적 지배 수컷이 무리에 나타난 것은, 비록 피에로티가 낯익은 사람이라고 해도 피터를 갈등하게 했다. 피터는 피에로티에게 하위 서열로 보이기를 원하지 않았다. 그렇게 되면 동생들이지만 더 등치가 큰 수컷 사촌들의 눈에 피터의 위치가 낮아진 것으로 보일 수 있기 때문이다. 피터는 회피행동으로 반응했고, 이 행동을 무리의 다른 구성원도 따라했다. 피터는 자신의 위치를 잃지 않았다. 따라서 무리와는 별개로 자신이 사회적인 관계를 맺은 인간 수컷과의 갈등도 피하게 됐다. 완벽한 신사였던 피터는 지배적인 행동으로 피에로티에게 상처를 주기보다는 불편하게 행동하는 쪽을 선택한 것이다.

피에로티는 이 상황을 생각하면서, 어떻게 야생 갯과 동물이 자신의 종 안에서 가족집단의 훌륭한 구성원이 되면서도 인간과 관계를 유지하는지 이해할 수 있었다. 피터는 자신의 주인이면서 자신을 다뤘던 인간 암컷과 무리에서의 자신의 위치 사이에서는 갈등을 하지 않았다(인간 수컷인 피에로티와의 관계와 달랐다). 이 책의 첫 부분에서 제시한 시나리오에서 우리는 다음과 같이 설명했다. 인간과 늑대의 초기 관계가 여성과 암컷 사이에서 맺어졌으며, 여기서 인간 남성은 동료 사냥꾼으로서 늑대와 일을 하지만 여성과 늑대 사이의 더 강하고 미묘한 관계를 항상 유지하지는 않았다. 피터의 그 역학관계는 이러한 설명의 근거 중 하나가 된다. 이러한 상황은 북아메리카 대평원 부족들의 이야기에서도 똑같이 나온다. 늑대가 지켜주고 먹을 것을 갖다준 대상은 여성(때로는 아이들)이었다(제7장의 블랙풋, 샤이엔, 라코타 족의 이야기 참조). 이와는 대조적으로 인간 남성이 늑대에게 고기를 주고 늑대는 그 보답으로 남성을 더 나은 사냥꾼으로 만드는 블랙풋족 원로의 이야기에서는, 인간 남성이 늑대에게 보살핌을 받는 확장된 관계를 나타내는 부분이 전혀 없다. 치스치스타(샤이엔)족의 창조 이야기에서도 이와 비슷하게 마이윤(보호자 수컷 늑대의 영혼)이 새로 등장한 존재, 즉 인간에게 초원에서 사냥하는 법을 가르치기로 한다(Schlesier 1987). 하지만 이 또한 인간 남성과 늑대 사이의 협력적이기는 하지만 긴밀하지는 않은 사회적 관계를 암시한다.

루피, 케임브리지의 늑대

1960년대 중반 케임브리지대학의 박사과정 학생이었던 존 펜트러스는 생후 4주 된 캐나다 회색늑대를 키우기 시작했다. 당시 늑대 새끼는 몸무게가 3.2킬로그램이었다(Fentress 1967). 타바와 니마처럼 이 시점에서 새끼의 귀는 늘어져 있었고 눈은 (니마처럼) 짙은 푸른색이었으며, 비슷한 나이의 모든 갯과 동물의 특징인 짧은 주둥이를 가지고 있었다. 펜트러스는 자신이 "확고한 협력"(340)이라고 부른 개념을 가지고 이 루피를 키우기로 했다. 이는 '엄격한 지배'를 끊임없이 적용하는 것과 반대되는, 인내와 편한 접촉을 말한다. 펜트러스는 동물의 사회적 행동 발달을 연구했으며, 가축화된 개의 행동과 비교하기 위해 루피의 성장을 사진과 1킬로미터에 가까운 코다크롬 동영상 필름을 이용해 꼼꼼하게 기록했다.

펜트러스는 루피와 지낸 처음 24시간 안에 루피가 인간을 피하지 않고 다가오는 변화를 보인 것에 주목했다. 이는 어린 동물이 먹이를 주는 사람과 (최소한 겉으로라도) 빠르게 유대를 맺는 능력이 있음을 보여준다. 처음 이틀 동안 루피는 강제로 먹여야 했다. 타바와 니마에게는 이런 문제가 없었다. 하지만 피에로티는 타바와 니마가 태어나던 날부터 상호작용했으므로 펜트러스와 루피와는 그 시점이 다르다. 니마와는 아니지만 타바와는 비슷하게 루피는 밤에 혼자 남겨지면 울부짖었지만, 잠자리에 데려가면 멈췄다(341). 생후 8주가 되던 4주 후, 루피는 더 활동적이고 공격적으로 변했다. 이 시기는 테릴이 인요와 효과적으로 사회적 관계를 맺는 데에 실패해 어려움을 겪기 시작한 시기다. 또한 루피는 이 시기에 공격성 문제도 나타냈다. 가지고 놀던 대걸레를 펜트러스가 빼앗으려고 하자 으르렁거렸고, 제어를 하자 물려고 했다. 자신에게 주어진 고기 조각을 향해 달려들다가 피가 난 적도 있다. 이 시기쯤의 니마는 목줄로 제어를 하면 몸부림은 쳤지만 물려고 하지는 않았다. 니마와 타바 모두 먹이를 보여줬을 때 으르렁거리거나 달려들지 않도록 이미 훈련된 상태였기 때문일 것이다. 그 훈련의 일부로 피에로티는 뼈나 장난감을 다른 데로 치워버렸다. 이는 실제로 달려들거나 물려는 행동을 그만하고 다시 조용해져서 적절하고 순종적으로 행동할 때까지 먹이를 먹을 수 없게 된다는 뜻이었다.

생후 10주가 됐을 때, 루피는 더 안절부절 못하게 됐고 운동을 많이 시켜야 했다. 루피는 자신이 있던 방의 책상에 올라가 다락 창문을 통해 탈출했다. 하지만 지붕에서 뛰어내리지는 못했고 다시 방으로 돌아왔다. 펜트러스는 신중하게 생각한 끝에 도시를 떠나 시골로 이사하기로 결정했다. 이 시기의 타바와 니마도 매우 활동적이었지만, 이들은 항상 개 출입구를 통해 마당으로 나갈 수 있었고 우리는 목줄을 묶어 이들을 자주 산책시켰다.

생후 13주가 됐을 때, 펜트러스는 루피를 6미터 길이의 줄에 묶어 개집에서 살도록 했다. 집 안에 있으면 안절부절 못하고 파괴적이 됐기 때문이다. 하지만 이것은 좋은 생각이 아니었다. 가축화된 개를 포함해 갯과 동물은 줄에 묶이면 심각한 스트레스를 받는다. 루피는 이 시기에 닭을 몇 마리 죽였다. 죽인 닭을 먹지는 않았지만, 한 마리를 죽일 때마다 보통 먹는 먹이의 두 배를 먹었다. 포식자 행위가 식욕에 상당한 영향을 미친 것이다. 재미있는 점은 루피가 가축화된 개들에게는 공격성을 나타내지 않았고 오히려 같이 놀자는 신호를 보냈다는 것이다.

생후 20주가 되자 루피는 못 보던 물건이나 낯선 사람들에게 조심성을 나타내기 시작했다. 정상적인 행동이었다. 늑대(또는 개) 새끼들은 이 시기에 어미로부터 독립하려는 성향이 강해진다. 따라서 이들의 조심성은 적응 행동이라고 할 수 있다. 새끼들은 스스로 환경을 탐구하기 시작했으며, 그러기 위해 어떤 종이든 낯선 개체 근처에서 조심해야 했다. 이 시기는 또한 우리가 타바와 니마에게 복종 훈련을 시킨 시기이며, 이들도 가축화된 개에게 공격성을 보이지 않았다. 이 시기쯤에 루피도 자신의 사회집단 내에서 차분한 성격을 나타내기 시작했다. 낯익은 인간과 놀 때도 더 얌전해졌으며 명령에 따라 앉고 악수를 할 수 있게 됐다.

　루피는 자라고 성숙해지면서 독립성이 더 강해졌지만, 인간과 개에게는 얌전하게 행동했다. 루피는 농장의 개들과 맘껏 뛰어놀 수 있었다. 루피의 에너지와 안절부절 못하는 성향이 줄어든 것은 이 때문이다. 10개월이 됐을 때, 펜트러스는 루피를 데리고 미국으로 갔다. 한번은 루피가 목걸이 줄에서 빠져나와 탈출한 적이 있다. 루피를 찾았을 때, 루피는 한 번도 본 적이 없는 어린 여자아이와 같이 있었다. 인간에게 사회화가 잘 되었음을 보여주는 증거였다.

　생후 3년이 되는 해에, 루피는 인간을 대할 때 점점 더 침착해지고 우호적으로 변해갔다. 눈보라가 몰아치던 날 루피는 우리에서 탈출했고, 이틀이 지난 뒤 9.7킬로미터 떨어진 곳에서 개와 아이들과 함께 놀고 있는 것이 발견됐다. 늑대와 높은 비율의 잡종들이 모두 그렇듯이 루피도 낯익은 인간 옆에 있는 것을 좋아했다. 낯선 인간들 옆에서는 조심스럽게 행동했지만 공격성은 보이지 않았다. 루피는 자신과 친밀한 인간들의 관심을 적극적으로 유도하면서 3년이 넘도록 인간과 밀접한 사회적 접촉을 유지했다. 성체가 된 이후 루피가 사람을 물려고 했던 유일한 경우는 치료를 받고 있었을 때 뿐이었다.

늑대와 피아니스트

케리드웬 테릴이 인요와 성공적으로 살아가지 못했던 경우와 정반대되는 예가 있다. 늑대와 특별한 관계를 맺는 데에 성공한 젊은 여성 엘렌 그리모의 경우다. 프랑스 엑상프로방스에서 프랑스인 아버지와 이탈리아인(코르시카인) 어머니 사이에서 태어난 그리모는 모든 면에서 테릴과 같은 낭만주의적 성향이 있었지만, 둘 사이에는 결정적인 차이가 있다. 피아니스트인 그리모는 자신이 선택한 관심의 영역에 도움이 될 개인적인 훈련을 받아야만

했다는 것이다. 그 관심 영역 중 하나는 늑대보호였다. 이런 훈련 덕분에 그리모는 늑대와 같이 살고 싶다는 열망에 더 합리적으로 접근할 수 있었다.

그리모는 늑대와 보낸 처음 1년을 이렇게 묘사한다. 그 당시 미국 플로리다 탤러해시에 살던 그리모는 어느 날 밤 친구의 저먼셰퍼드를 산책시키고 있었다. "바로 그 순간 나는 그것을 처음으로 보게 됐다. 윤곽은 개인 것 같았다. 하지만 어두움에도 단번에 개가 아님을 알 수 있었다. 이 동물은 말로 설명할 수 없는 걸음걸이를 하고 있었다. 마치 몸이 간신히 들어갈 만한 터널을 통과하듯이 긴장하면서 은밀하게 걷고 있었다. 눈에서는 초자연적인 빛이 나왔다. 보라색이면서 야생성을 드러내는 약한 빛이었다. … 이 동물은 나를 쳐다보았고, 등줄기를 타고 전율이 흘렀다. 공포도 불안도 아닌 전율 그 자체였다"(Grimaud 2003, 203).

이 신비스러운 동물은 베트남전 퇴역 군인과 함께 있었다. 사람들이 "머리가 정상이 아니"며 "위험하니" 조심하라고 얘기하던 사람이었다. 이 사람은 그리모에게 "얘는 암늑대요"라고 말하며 "수줍음을 많이 타니" 움직이지 말라고 경고해줬다. 그때 그리모는 인생을 바꾼 신비한 경험을 했으며, 이는 새로운 목표와 방향을 제시해줬다. "늑대는 천천히 내게로 다가왔다. … 늑대는 내 왼손 쪽으로 오더니 냄새를 맡기 시작했다. 나는 손가락을 폈고 늑대는 머리를 낮추고 어깨를 내 손바닥에 스스로 댔다. 스파크가 일어나는 것이 느껴졌다. 몸 천체를 관통하는 충격이었다. 이 한 번의 접촉이 팔과 가슴을 통해 퍼졌고 내 몸을 부드러움으로 채웠다. … 매우 확실한 부드러움이었고, 이 부드러움은 내 안에서 신비한 노래를 일깨웠다. 미지의, 원시의 힘의 부름이었다. 동시에 늑대는 부드러워지면서 옆으로 누웠다. 늑대는 내게 배를 보여주었다"(2003, 205). 퇴역 군인은 자기 늑대가 이런 행동을 하는 것을 본 적이 없다고 말했다. "인정과 신뢰, 심지어 굴복의 표시였다"(206).

이 경험을 한 후, 그리모는 자신이 늑대와 삶을 함께하고 싶어한다는 것을 깨달았다. 그리모는 케리드웬 테릴과는 대척점에 서 있는 사람이다. 테릴과 달리 그리모는 서두르지 않았다. 순종 늑대와의 힘든 삶을 시작하기 전에 계획을 먼저 세웠다. 미국농무부의 승인을 바탕으로 그리모는 필요한 모든 허가를 다 얻었으며, 도시에서 충분히 멀리 떨어진 시골에 땅을 사고 자원봉사자들의 도움으로 지형을 개조해 안전한 울타리를 세웠다. 클래식 피아니스트의 수입으로 보호구역, 즉 늑대보존센터를 세운 것이다. 2003년이 되자 이 보호구역의 순종 늑대 수는 네 마리로 늘어났다.

현재 그리모의 늑대보존센터는 회색늑대, 붉은늑대, 멕시코늑대를 수용하는 시설로 자리잡았다. 엘렌 그리모는, 여러분이 늑대를 낭만적으로 생각하더라도 탄탄한 계획을 가지고 이 동물의 삶을 당신의 삶만큼 진지하게 대하기만 한다면, 늑대가 만족스럽고 충만한 삶을 살게 하면서 성공적이고 적극적인 늑대의 동반자가 될 수 있음을 보여준다.

결론: 우호적인 포식자

우리가 '최초의 가축화'라고 부르는 과정에서 가장 설명하기 어려운 부분은, 늑대와 개가 너무나 다정하며 인간과 강력하고 꾸준한 사회적 유대를 맺는 데에 거리낌이 없는 데다가 심지어 의욕이 아주 넘치는 태도를 보인다는 점이다. 때문에 인간은 우리와 삶을 매우 쉽게 공유하는 이 네발 달린 친척에게 지나친 자신감을 보이면서 부주의하기 쉽다. 하지만 개는 완전히 가축화된 상태에서도, 사냥하는 법을 아는 고도로 진화된 육식동물 포식자의 속성을 그대로 유지한다. 기회가 있을 때마다 개는 인간이 소중히 여기는 동물, 즉 닭이나 고양이, 때로는 양과 소를 죽이려 들며 심지어는 인간을 죽이기도 한다. 작고 얌전한 개도 늑대이기 때문에, 조상으로부터 아무리 겉모습과 행동이 많이 변했어도 포식자의 속성을 여전히 가진 것이다.

예를 들어 태즈메이니아늑대가 멸종한 주요 원인은, 실제로는 가축화된 개가 양을 죽였음에도 이 늑대가 그 혐의를 뒤집어썼다는 데에 있다(D. Owen 2003). 코요테가 가금류를 죽였다고 확신했지만 나중에 알고 보니 자기가 키우는 저먼셰퍼드가 범인이었다는 한 이웃의 이야기를 피에로티는 들은 적이 있다. 우리 집 근처에 사는 코요테는 어떤 경우에도 가축을 죽이는 일이 없는 것으로 보인다. 공격성이 강하고 굶주리거나 위협을 받는다고 느끼는 크고 강한 개는 특히 어린아이와 노약자에게 위험할 수 있다. 사망률 통계를 봐도 알 수 있지만, 이런 개는 인간의 생명에 늑대가 위협이 돼온 것보다 훨씬 더 치명적이다(Sacks et al. 2000).

인간이 자신을 늑대의 동료 포식자라고 생각하는 동안에는 늑대와 편하게 지냈다(Pierotti 2011a). 가축화가 거의 안 된 늑대였던 원시 형태의 러시아 라이카, 딩고, 아메리카 인디언 개와도 마찬가지로 편하게 지냈다. 늑대는 우리와 같이 사냥을 하고 동물을 죽이면서 호혜적인 관계에서 살았던 가장 좋은 친구였다. 하지만 인간과 늑대의 공통 사냥감이었던 염소·양·말·돼지·소 같은 다른 종들의 생명을 인간이 통제하기 시작하자, 인간은 늑대도 변화시켜야겠다고 생각했다. 이는 마렘마, 쿠바츠 등 목양견 품종에서 가장 잘 드러난다. 현재 이 개들은 직접 사냥을 돕지 않고 소나 말 같은 유제류를 늑대나 코요테로부터 지키는 역할을 한다(Coppinger and Feinstein 2015).

중세의 어느 한 시점부터 유럽인들은 늑대를 사탄이 만든 동물로 대하며 공격하기 시작했다. 사탄은 유럽 혈통을 가진 사람들의 머릿속에만 존재한다(Coates 1998; Coleman 2004; Grimaud 2003; Pastoureau 2007; Pierotti 2011a). 인간이 악당을 상상으로 만들어낸 이유는 복잡하며, 주로 기독교 교회와 관련이 있다. 교회는 '암흑시대'라고 불리는 시기 동안 인간과 육식동물의 관계를 무너뜨리려고 지난한 노력을 해왔다(Coates 1998; Pastoureau 2007). 하지만 우리가 보기에 진정한 암흑은 더 나중에 찾아왔으며, 15세기에서 19세기까지 유럽 식민주의자들이 세계에 퍼져나가면서 자행한 인간과 야생동물 대학살이 그것이다(Sale 1991; Coates 1998; Mann 2002, 2005; Coleman 2004). 인간의 사고방식에서 이러한 변화는 인간, 특히 기독교 신자들을 포식자에서 먹잇감으로 만들겠다는 (의도적으로 보이는) 결정에 따른 것이다(Coates 1998; Pierotti 2011a). 이는 진짜 셰퍼드shepherds가 실제론 양떼들의 가장 잔인한 포식자인데도, 기독교인들을 '사랑이 많고 보호자 역할을 하는 목자shepherd의 양떼'로 묘사한 데서 잘 드러난다(Pierotti 2011a).

우리가 설명한 것처럼, 세계의 대부분 지역에서 그리고 거의 대부분 인간의 역사에서 인간은 늑대, 즉 야생 개와 주로 긍정적인 상호작용을 했다. 우리는 일본의 오카미가 농부들의 가장 중요한 협력자로 여겨진 이유를 앞에서 언급했다. 오카미는 농부들의 밭을 사슴과 멧돼지로부터 지키는 데에 도움을 주었고, 홋카이도의 야생 늑대는 아이누족 사람들의 친구이자 사냥 동반자가 되었기 때문이다. 우리는 호주 원주민 부족의 외로움도 다뤘다. 이들은 5000년 전 딩고가 호주에 들어오게 됐을 때, 너무나 신나서 창조 이야기를 다시 쓸 정도였다. 상상력이 풍부하고 활동적인 인간의 제대로 된 동반자가 될 능력이 없는 동물, 주머니가 있고 알을 낳는 포유동물이 지배하던 호주 대륙에 인간과 같은 태반 포유동물이 합류하는 내용이 창조 이야기에 새로 들어가게 된 것이다(Rose 2000, 2011). 우리는 역사시대 이전에 시작돼 적어도 19세기 후반까지 계속된 늑대와의 긍정적인 관계를 담은 아메리카 원주민 부족들의 다양한 이야기도 했다(Fogg, Howe, and Pierotti 2015).

각각의 경우 이 상황은 유럽인 또는 유럽-미국인들이 공포·증오와 함께 가축을 데리고 도착할 때까지 계속됐다. 이때 늑대나 딩고는 무자비한 박해의 대상이 됐다(Coleman 2004; Walker 2005; Rose 2011). 아메리카 원주민들 사이에서는 아메리카에 도착한 유럽인들이 처음 한 행동이 늑대에 현상금을 건 것이라는 이야기가 전해 내려오며, 그들은 이어서 인디언들에게도 현상금을 걸었다(Coleman 2004; Pierotti 2011a). 이 두 상황 모두에서 늑대나 인디언을 죽였다고 인정해주는 증거는 머리가 아닌 머릿가죽이었다. 머리는 대량으로 가지고 다니기에는 무거웠기 때문이다. 북아메리카와 호주에서의 대량학살 전쟁은 늑대와 늑대의 원주민 동반자 둘 다를 대상으로 치러졌다. 아이누족과 그들의 늑대 동반자도 홋카이도에서 같은 운명을 맞았다(Walker 2005). 이는 루머나 추측이 아니며, 이러한 전쟁들과 그 과정은 문서로 잘 남아있다(McIntyre 1995; Coleman 2004; Walker 2005; Rose 2011).

　질병 때문에 침략이 쉽지 않았던 일본 남부의 섬들에서 영국인과 미국인들은 늑대만 몰살시키고 원주민은 그대로 두었다(Walker 2005). 이 패턴의 또 다른 예외는 시베리아 남부다. 시베리아 원주민 부족들은 아메리카와 호주의 원주민 부족을 거의 몰살시킨 질병에 대한 면역력과 극한의 기후 덕분에 살아남을 수 있었다(Sale 1991; Pierotti 2004, 2006, 2011a, 2011b; Rose 2000, 2011; Mann 2005). 유럽 지역 러시아인들이 실제로 시베리아로 이주 한 것은 몇 백 년밖에 되지 않았으며, 모피동물을 덫사냥하지 않으면 처벌을 받았던 제정러시아 시절의 탄압을 견디고 난 이후, 1920년부터 1990년까지 소비에트연방 시기에 이르기까지 시베리아 원주민 부족과 늑대는 실제로 박해를 겪지 않았다(Lincoln 1994). 시베리아는 아직까지 굳건하게 있으며, 늑대는 아니더라도 그와 비슷한 라이카를 품게 해주는 무엇인가가 러시아 사람의 정신에는 존재한다(Cherkassov 1962; Voilochnikov and Voilochnikov 1982; Forsyth 1992; Beregovoy 2001, 2012, Beregovoy and Porter 2001). 이런 이유로 러시아는 인간이 매우 늑대 같은 개들과 여전히 편하게 지내는 유럽의 사회로 남게 됐다.

이 책의 처음에서 우리는 인간의 집단에 합류하게 된 어린 늑대 암컷의 이야기를 했다. 현생인류의 짧은 역사 동안 인간을 두려워하지 않는 늑대를 얼마 많이 발견했는지 약간의 지식을 제공하면서 책을 마무리하고자 한다. 이 늑대의 대부분은 뒷발로 걷고 털이 거의 없는 이 이상한 영장류가 무리의 좋은 구성원이 될 수도 있다고 생각한, 자신들만의 사회집단을 구축하려는 어린 수컷과 암컷이었다. 이 늑대들은 유럽·아시아·북아메리카의 혹독한 생태학적 조건에 인간보다 훨씬 더 적응이 잘 된 상태였다. 이 늑대들이 우리의 동반자, 스승, 인도자가 된 것이다. 어떤 늑대들은 원시 치스치스타 족에게 사냥하는 법을 가르친 마이윤 늑대와 마이윤의 암컷 동반자의 모델 이 됐다. 또 어떤 늑대는 혼자 남겨져 먹을 것과 동반자가 필요했던 라코타 족과 블랙풋족 여성을 인도하고 보호한 고독한 늑대가 되었다. 또 다른 늑 대는 샌드크리크 대학살의 생존자들에게 길을 인도해줬다.

우리는 앞에서 로미오의 이야기를 했다. 이 늑대는 알래스카의 수도인 주노의 외곽 지역에서 수백 명의 사람, 그보다 더 많은 개와 우호적인 상호 작용을 하며 7년을 보낸 크지만 어린 흑색늑대다(Jans 2015). 피에로티는 '야생 지역'에서 일하는 사람들로부터, 수풀에서 나와 사람에게 다가가 먹을 것을 얻기도 하고 더 많은 경우 그냥 놀아주거나 서로 존중하고 우호적으로 상호작용하기를 원했던 '우호적인 늑대' 대한 이야기를 수없이 많이 들어왔 다. 하지만 로미오의 경우는 특히 기록이 잘 되어 있으며 우리가 다룬 주제 들 대부분과 연결되기 때문에 어느 정도 자세히 살펴볼 만하다.

『로미오라고 불린 늑대』의 저자 닉 잰스는 알래스카에서 살면서 30년 이 상 야생동물을 연구해온 현장 생물학자이자 산사람이다. 잰스가 들려주는 이야기는 서양의 사고방식에 세뇌된 사람에게는 기이하게 들릴 것이다. 하 지만 잰스는 지난 수천 년 동안 전개되어온 역학관계의 최근 사례 중 하나, 특히 늑대가 인간을 동등한 존재로 생각하면서 수천 년을 보내왔기 때문에 인간에게 적대적이지 않은 북아메리카 지역의 이야기를 하고 있을 뿐이다. 가장 경험이 많고 뛰어난 알래스카 늑대 과학자로 디날리산의 늑대를 40년 이상 연구했던 고든 헤이버는, 늑대 영역에 침입한 사람에게도 공격성을 보 이지 않고 인간의 활동에 호기심을 많이 보이며 새끼와 굴이 위협을 받을 때만 방어적인 태도를 보인 종을 기술했다(Haber and Holleman 2013). 잰 스는 로미오의 이야기를 할 때 힘들어 하는 모습을 보이는데, 이런 모습이 오히려 잰스의 이야기에 더 힘을 실어주는 요인이 된다. 잰스는 그저 순진 한 늑대 열광자가 아니며, 늑대와 생각을 합치기를 원하는 늑대 옹호자도 아니다. 잰스는 심오한 경험을 균형 잡힌 이야기로 들려주는, 경험이 풍부한 현장 생물학자다.

잰스는 로미오에 대한 생각과 자신이 말하고자 하는 것 사이에서 갈등하는 듯하다. 알래스카의 현장 생물학자로서 잰스는 사냥도 아주 잘하며, 알래스카 원주민을 연구하면서 늑대를 죽인 적도 있다. 이는 잰스가 여러 번 언급한 이야기다. 로미오를 만나게 되면서 잰스는 균형을 잃는다. "늑대와 개 사이의 거리를 재는 진짜 척도는 눈에 있다. 개의 눈은 똑똑함과 충실함을 보여줄지 모르지만 늑대의 깜빡이지 않는 시선에 사로잡히면 마치 레이저 광선이 지나가는 길에 서 있는 듯한 느낌을 받는다. … 그 모든 힘은 이 흑색늑대의 짙은 호박색 홍채에 담겨 있었지만, 그 힘 이상으로 이 늑대에게서 나오는 어떤 것은 다른 야생 늑대에서는 한 번도 느끼지 못했던 것이다. 그 어떤 것이란 나의 존재를 여유롭고 편하게 받아들이는 태도다"(2015, 5). 잰스는 로미오가 자신이 만난 다른 늑대들과는 다르다고 생각한다. 하지만 여기서 더 중요한 것은 늑대와 개가 서로 다른 종이라고 잰스가 확신한다는 점이다. 잰스는 로미오를 '기타' 범주, 즉 인간과 분리된 세계의 일부에 넣으려 한다. 이 기타 범주는 다양한 의미를 가진 포괄적인 개념이며, '다름'의 동의어—즉, 서양의 인간 사회에 속하지 않는다는 뜻—로 널리 받아들여진다(Fabian 1990) 로미오는 잰스가 상상도 못하는 방식으로 행동하는 늑대도 있음을 보여주면서 계속 잰스를 혼란에 빠뜨린다.

이와는 대조적으로 로미오와 잠깐 만나서 튼튼한 관계를 구축한 개체도 있다. 잰스가 키우는 레트리버 암컷인 다코타이다. 잰스가 쓴 책의 표지는 로미오와 다코타가 서로 만나는 장면을 보여준다. 다코타는 주인이 어떻게 생각하건 자신의 동족을 알아본 것이 분명해 보인다. 잰스의 책 전체를 관통하는 주제는 로미오가 인간보다는 개에 더 많이 끌리며 마찬가지로 개도 인간보다는 늑대에게 끌리는 듯 보인다는 것이다. 특히 잰스는 로미오가 다코타, 이웃집 보더콜리 중 한 마리, 브리튼이라는 이름의 크고 까만 래브라도 교잡종과 특히 친밀한 관계를 맺고 있다고 묘사한다. 브리튼은 이 책에서 가장 흥미로운 등장인물인 해리 로빈슨의 개다. 이 개들은 모두 암컷이다. 여기저기를 돌아다니던 젊은 수컷인 로미오는 파트너, 엄마, 또는 이 둘다의 조합을 찾고 있었을 수도 있다.

로미오는 주노를 배경으로 한 고정 캐릭터가 된다. 특히 가을에 호수가 얼어 이듬해 녹을 때까지는 더 그렇다. 대부분의 인간은 로미오에게 잘 대해준다. 물론 로미오가 존재한다는 이유만으로 죽어야 한다고 생각하는 사람들도 분명히 있다. 그런데 재미있게도 로미오를 죽여야 한다고 생각하는 사람들이 위협을 하고 자세를 취하는 것 같지만, 이 작고 서로 똘똘 뭉친 주노 공동체의 주민 누구도 로미오에게 아무런 행동을 하지 않는다. 하지만 이 책의 독자들은, 많은 주민이 그저 로미오가 잘못을 저질러 자신들의 생각을 정당화해주기를 기다리고 있을 뿐이라는 느낌을 받게 된다.

로미오는 대부분의 개와 잘 놀지만, 선을 넘는 개들에게는 징계를 내리기도 한다. 잰스에게는 다코타, 구스, 체이스라는 개 세 마리가 있었다. 구스는 전에 안내견이었던 나이 많은 까만 래브라도이며, 체이스는 한 살 된 블루힐러(오스트레일리안캐틀도그)다. 잰스는 체이스와 로미오의 만남을 다음과 같이 묘사한다.

나는 체이스의 목줄을 신발로 꽉 밟고 있었다―아니, 그렇게 생각했는지도 모르겠다. 예상도 못하고 있을 때 갑자기 줄이 당겨지는 것이 느껴졌고 체이스가 달아났다. 늑대를 향해 으르렁거리면서 돌진하는 흐릿한 형체가 보였다. … 늑대는 공격에 대처해 뛰면서 체이스와 정면으로 부딪혔다. … 이 둘의 만남으로 마치 눈이 폭발하는 것 같았고, 늑대는 입을 크게 벌리고 펄쩍펄쩍 뛰면서 발로 체이스를 찍어 눌렀다. 이 숨 막히는 순간에 체이스가 늑대 밑으로 들어가 보이지 않게 됐다. … 나는 내 자신을 결코 용서하지 못할 방식으로 일을 망쳐버린 것이다.

그때 푸른 회색의 형체가 눈 위로 솟구쳤다. 체이스는 계속 깽깽거리며 자신이 돌진할 때의 속도만큼 빨리 도망쳤다. 늑대는 입술을 안으로 말며 미소를 지었다. … 늑대는 1미터쯤 뒤에서 쫓아오더니, 이내 뒤를 돌아 천천히 걷기 시작했다. … 체이스는 떨고 있었고 털은 얼어붙은 침 때문에 뻣뻣하게 굳어 있었지만, 몸 어디를 봐도 긁히거나 파인 상처는 찾을 수 없었다. (2015, 34)

상처를 입히거나 죽이지 않고, 로미오는 버릇없이 반항하는 하위 서열의 개에게 적당한 늑대의 규율을 보여준 것이다.

피에로티가 니마를 산책시킬 때, 니마는 짖으면서 자신을 공격한 작은 개들에게 이와 비슷한 신속하고 인상적인 징계를 내린 적이 적어도 두 번 있었다. 그리고 우리 나이 많은 보더콜리도 새끼가 잘못을 할 때면 비슷한 징계를 내리곤 했다. 이런 행동은 고도로 의례적인 행동이다. 처음에는 치명적으로 보이지만(그리고 들리지만), 이 징계로 인해 상처를 입는 적은 거의 없다.

나중에 로미오는 근처 수의사의 아키타 강아지와 놀다가 "새끼의 목을 물고 버드나무가 우거진 쪽으로 뛰어 들어가버렸다"(2015, 131). 공포와 죄책감에 사로잡힌 수의사는 따라 들어갔고, 그때 갑자기 "수의사의 강아지가 낑낑거리면서 수의사 쪽으로 뛰어 나왔다. … 코에서 꼬리까지 [수의사가] 자세히 살펴보았지만 찢기거나 긁힌 상처는 하나도 발견할 수 없었다" (132). 이런 이야기에서 얻을 수 있는 핵심 교훈은 이렇다. 늑대와 가축화된 늑대의 후손들은 잘못 행동하는 집단의 어린 구성원들을 인간에게는 심각한 위험이라고 생각될 수도 있는 방식으로 징계하지만, 징계를 주거나 받는 갯과 동물들은 이를 일상적인 집단 역학관계의 일부로 생각한다는 것이다. 징계를 받는 쪽은 화가 나고 자존심이 상할 수도 있지만, 이 징계로 인한 상처는 아무리 나빠도 심리적인 상처에 불과하다.

로미오의 세계에서 가장 재미있는 인간은 해리 로빈슨이다. 로빈슨은 자신이 로미오의 말을 일반 사람들에게 해석해줄 수 있다고 생각한다(우리는 로빈슨이 자신의 이야기를 책으로 내기를 바란다). 잰스(그리고 다른 사람들)는 해리를 '늑대 위스퍼러'라고 부른다. 하도 많이 써서 진부해진 표현이다. 로빈슨은 로미오를 자신의 '친구'라고 부른다. '위스퍼러'보다는 이 말이 더 적절해 보이며, 이는 더 평등한 관계를 나타낸다. 로빈슨은 로미오의 존재가 선물이라는 것을 다른 사람들보다 더 잘 이해한다. 로미오는 이용하는 존재가 아니라 존중해야 하는 존재라는 것이다. 로빈슨과 그의 개가 근처에 좀 긴 산책을 나갈 때, 로빈슨이 '울부짖으면' 로미오가 이 산책에 합류하곤 했다. "이 셋은 사냥감의 흔적을 따라가기도 하고… 경사가 완만한 가문비-솔송나무 숲에 가기도 했다"(Jans 2015, 158). 로빈슨은 로미오가 먹잇감으로 비버를 잡는 모습을 목격하기도 하며, 로미오가 주노의 산에서는 흔한 흰바위산양*Oreamnos americanus*을 잡은 증거를 발견하기도 한다. 로미오는 분명 훌륭한 사냥꾼이며, 인간이 주는 먹이(또는 쓰레기를 뒤져 죽은 동물을 먹는 것)에 의존하지 않는다. 로미오는 자신의 친구들도 지켜준다. "어느 날 로미오는 자기들이 걸어가는 길 앞에 부스럭거리는 소리를 듣더니 으르렁거리면서 앞으로 돌진했다. 이 지역에서는 갈색곰[회색곰]이라고 부르는 곰과 다 자란 새끼 한 마리가 산길이 구부러지는 곳에 나타났던 것이다. 10미터 정도의 거리였다. 로미오가 자신의 무리를 지키기 위해 돌진하자 곰은 꽁무니를 빼고 달아났다. 로미오의 완승이었다"(159). 이런 행동을 통해 로미오는 자신의 환경에서 그 어떤 동물에게도 덤빌 수 있는 능력이 있는, 실제로 완전한 역할을 하는 야생 늑대임을 보여줬다. 이런 식으로 늑대가 인간과 갯과 동물 동반자와 어울리기로, 심지어 이들을 보호하려고 할 때, 어떤 일을 가장 먼저 하는지를 로미오는 보여준다.

우리가 보기에 가장 중요한 요소는 로빈슨이 '늑대 위스퍼러'라는 점이 아니라, 로미오가 훨씬 더 인상적인 존재, 즉 '인간 위스퍼러'일 지도 모른다는 점이다. 우리는 이 주제를 다루면서 시저 밀란의 가장 위대한 통찰을 논의하는 것이 적절하다고 생각한다. 미국에서 가장 행복하고, 가장 감정적으로 안정돼 있는 몇몇 개를 그는 이렇게 평가한다.

나는 노숙자들과 같이 사는 개가 가장 충만하고 균형 잡힌 삶을 산다고 생각한다. … 이 개들은 미국애견협회의 순위에 들지는 않지만, 항상 적절히 행동하고 공격적이지도 않다. 노숙자가 개와 걸어가는 모습을 보면 무리의 리더와 무리의 하위서열 구성원 사이 보디랭귀지의 좋은 예를 볼 수 있다. … 개는 인간의 옆이나 바로 뒤에서 따라다닌다. … 개는 유기농 사료와 일반 사료의 차이를 모른다. 개는 미용사에 대해서도 생각하지 않으며, 자연 상태에서는 수의사도 없다. … 노숙자들은… 여기저기를 걸어다니며 깡통을 줍고 먹을 것과 잠잘 곳을 찾는다. 이런 생활방식을 대부분의 사람들은 받아들이지 못할 것이다. 하지만 개에게는 이런 방식이 이상적이다. 자연이 개에게 마련해준 자연스러운 일과다. 이렇게 살다보면, 개는 필요한 만큼의 기본적인 운동을 꾸준히 하게 된다. … 어디든 마음대로 갈 수 있다. … 탐험은 동물이 타고난 특성이다. … 개의 삶에서 균형은 물질적인 것을 준다고 이룰 수 있는 것이 아니다. … 개는 자기 존재의 육체적·심리적 부분을 완전히 표현할 수 있어야 균형을 이룰 수 있다. 노숙자와 같이 사면서, 개는 여기저기로 돌아다니며… 먹이를 구하기 위한 노력을 한다. (Millan and Peltier 2006, 130-31)

로빈슨과 브리튼은 로미오에게 이와 매우 비슷한 것을 제공한다. 이들은 늑대 집단처럼 때로는 먹을 것을 찾고 때로는 모험을 찾아 여기저기를 돌아다닌다. 밀란은 다음과 같이 지적했다. "노숙자 개 주인들은 개를 애지중지하지 않지만… 개는 자기 주인이 자기를 데리고 다니는 것을 좋아한다고 느낄 수 있다"(Millan and Peltier 2006, 202-3). 노숙자 개 주인은 "결국 개에게 먹을 것과 물 그리고 쉴 곳으로 이끌, 따라다닐 수 있는 누군가"(203)가 되는 것이다. 주노 근처의 인간 중 누구 하나라도 그럴 마음이 있었다면 로미오도 기꺼이 꾸준한 동반자가 되었을 것이며, 로빈슨이 적절한 상황에서 그랬던 것처럼 인간이 원한다면 로미오도 즐겁게 목줄을 찼을 것이라는 생각을 하게 된다.

시간이 지나면서 로미오는 로빈슨의 소통 시도에 반응하는 법을 알게 됐다. "로미오는 미리 신중하게 생각하기는 했지만, 수많은 나의 명령에 복종하려고 했다. … 로미오는 상황을 관찰해 추론하려고 했고… 다만 **안 돼!**라는 말이 무슨 뜻인지는 확실하게 알았다"(Jans 2015, 158). 한 번은 로미오가 어느 퍼그를 입에 문 적이 있었다. 로빈슨은 "**안 돼!**"라고 소리쳤고 로미오는 그 개를 놓아줬다. 또 한 번은 로미오가 커다란 허스키 잡종견과 몸싸움을 하는 것을 보고 로빈슨이 개입해 떼어놓은 적도 있다.

해가 가면서 로미오는 품위 있고 우호적으로 행동해 자신이 만나는 대부분의 인간을 설득하게 된 것으로 보인다. 잰스와 로빈슨의 이야기를 읽으면서, 피에로티는 피터가 다른 인간과 상호작용하는 모습을 지켜봤던 시간들을 떠올렸다. 가장 품위 있고 행동을 잘했던 개체가 인간이 아니었다는 점에 얼마나 강한 인상을 받았는지를, 그리고 피터에게 인간들의 행동을 바꿀 능력이 있었다는 사실을 떠올렸다.

로미오는 주노 지역 밖에서 온 청년 두 명이 쓸데없이 쏜 총에 맞아 죽을 때까지, 적어도 다섯 살까지 살았다. 잰스는 자신이 '살인자'라고 부른 이들의 선명한 사진을 제공한다. 피터는 열네 살까지 살다 고령으로 죽었다. 울타리 안에서 안전하게 잘 보살핌을 받다 맞은 죽음이었다. 이 두 훌륭한 개체의 운명을 비교하여 고든 스미스(1978)의 주장을 지지하는 증거로 삼을 수 있을 지도 모르겠다. 스미스는 현대 세계에서 늑대에게 가장 이상적인 상황은 인간과 사는 것이라고 주장했다. 우리 안에 갇혀 지내지 않고 인간과 상호작용하면서 필요한 것을 얻는 안전한 상황이 늑대에게 이상적이라는 것이다. 로미오는 자유롭게 살았다. 하지만 끔찍하게 죽었다. 아껴주는 인간의 돌봄을 받으면서 결코 위험에 빠지지 않았던 피터가 경험한 안전하고 안심할 수 있는 삶과 비교해, 로미오의 삶은 더 좋은 삶이었을까, 더 못한 삶이었을까?

로미오가 인간들과 맺은 것과 비슷한 관계는 아주 많은 곳에서 아주 많이 존재했다. 이런 관계는 주노 같은 곳에서는 아직도 계속되고 있으며, 인간이 그 관계를 선물로 받아들일 준비만 돼 있다면 앞으로도 계속될 것이다. 로미오라고 불린 늑대는 그런 선물을 주었다. 해리 로빈슨처럼 어떤 사람들은 그 선물을 받을 준비가 돼 있었다. 닉 잰스 같은 사람들은 선물이 주어지는 것은 알았지만 어떻게 그 선물에 반응해야 하는지 확신이 없었다. 기독교 교회가 유럽 혈통의 사람들에게 지난 1000년 동안 강하게 새겨놓은, 공포로 가득 찬 유산의 영향을 받았기 때문이다(Coleman 2004; Pastoureau 2007; Pierotti 2011a).

인간과 늑대가 그런 선물을 교환함으로써, 이 두 종은 지난 약 5만 년 동안 변화를 겪게 됐다. 어떤 늑대들은 육체적으로 변하면서 더 유형성숙의 특질을 많이 나타내 개로 여겨지게 됐다. 오늘날 우리는 개를 가장 좋은 친구로 생각하는 반면, 늑대를 무자비한 적으로 생각하는 경향이 있다. 하지만 이런 식으로 생각하면, 이 서로 다른 육체적 형태들이 동일한 포식자 속성을 가진, 본질적으로 같은 존재임을 인식하지 못하게 된다. 우리는 늑대를 두려워하고 개를 사랑한다. 하지만 훨씬 더 사람을 많이 죽은 것은 개다. 우리는 흔히 개가 인간의 '통제' 하에 있다고 생각하기 때문에, 많은 사람이 늑대를 멸종시켜야 한다고 생각하는 것과 마찬가지로 개를 멸종시켜야 한다고 생각하지는 않는다. 특정 품종에 적용되는 법을 만들려고 하는 일부의 노력은 이 일반적인 생각에 예외가 되긴 한다. 현대 미국에서는 '우리의 자유를 위협하는' 다른 사회에 대해 말이 많다. 하지만 특히 늑대에게서 보이는 것과 같은 자유를 위협하는 것은 바로 현대의 미국인들이다. 그리고 이 미국인들은 그들의 두려움을 이용해 증오와 살육을 정당화한다.

이제 개를 육체적인 면에서 정의하는 것처럼 행동적인 면에서도 정의해야 할 때가 왔다. 제4장에서 언급한 것처럼, 이 주제는 DNA와 해부학적 구조가 가장 기본적인 특징으로 고려되는 고고학계나 표준 계통분류학과, 진화론적 사고 안에서 논란을 일으킬 수도 있다. 행동과 생리는 계통발생론에 잘 들어맞지 않기 때문이다. 하지만 해부학적인 구조가 아닌 행동 면에서 늑대를 정의하는 것이 늑대의 가축화에 더 잘 들어맞는다.

늑대를 우리가 생각하는 개의 범주 안에서 인식하려는 현대의 노력은 서양의 사고와 원주민들의 사고 사이의 차이를 더 두드러지게 한다. 원주민 부족들은 자신들과 함께 사냥을 하고, 마을을 지키고, 삶을 공유하고, 때로는 자신들을 유럽인과 다른 부족의 박해에서 구해주었던 갯과 동물(Marshall 1995; Fogg, Howe, and Pierotti 2015)을 늑대로 생각했다. 호주 원주민들은 딩고를 그렇게 생각했다(Rose 2000, 2011). 반면 유럽인들에게 인간과 같이 사는 갯과 동물은 '개'여야만 한다. 이 갯과 동물에게 독립심이 있음에도, 즉 인간과 같이 살다가 다시 혼자 힘으로 사는 삶으로 돌아가는 능력이 있음에도 그렇다. 이렇게 둘로 나뉜 세계관을 보여주는 예가 있다. 우리가 아메리카 원주민과 늑대의 관계에 대한 논문(Fogg, Howe, and Pierotti 2015)을 출판할 때, 공저자인 니마치아 하우가 논문의 초안을 블랙풋족 원로들에게 보여줬다. 우리가 주요한 연구결과라고 생각한 내용, 즉 부족과 늑대 사이에는 강하고 긍정적인 관계가 존재한다는 내용에 대한 원로들의 반응은 매우 도움이 됐다. "그게 뭐가 대단하다는 거지? 다른 사람들도 다 아는 거 아닌가?"

여러 가지 문제를 겪고 괴롭힘도 당했지만, 원주민들은 아직도 자신들의 오래된 늑대 친구들의 곁을 지키고 있다. 늑대보호를 철폐하려는 미국 연방정부의 최근 시도는 부족들의 강한 반발을 불러일으켜왔다. 위스콘신, 미네소타, 미시간 주의 치페와족들은 위스콘신 북부의 원주민 부족이 미국에 양도한 영토에서 늑대를 죽이는 것을 금지해달라고 위스콘신천연자원부에 요청했다. '오대호 인디언 어류와 야생동물 위원회GLIFWC' 상임이사 짐

존은 다음과 같이 말했다. "치페와족들은 위스콘신주에서 이뤄지는 사냥이 생물학적으로 신중하지 못하고 문화적으로 해를 끼친다고 믿는다. 이 부족들에게는 늑대가 문화적으로 중요하다. … '우리 형제를 죽이는 것을 어떻게 승인할 수 있는가?' 위원회 안에 있는 포이트 부족 상호 대책팀은, 위스콘신 내 원주민 부족이 미국에 양도한 영토의 모든 늑대를 보존하고 [늑대를] 죽이는 데에 반대하는 것이 원주민 부족들의 권리를 완벽하게 실현하기 위한 필수적인 선결 조건이라고 주장하는 발의를 만장일치로 통과시켰다"(Knight 2012). 연방정부는 늑대보호 철폐 정책을 도입하면서 이 부족들 중 어떤 부족에게도 사전에 자문을 구하지 않았다. 현재 위스콘신 내 모든 부족은 늑대 사냥을 금지시키고 부족민의 땅에서 그 어떤 사냥꾼도 늑대를 죽이지 말도록 요청해왔다(Lewis 2013; Fogg, Howe, and Pierotti 2015).

일부 부족들은 단순한 요청 차원을 훨씬 넘어서 상당한 영향력을 행사해왔다. 늑대 사냥에 대한 보복으로 치페와족 내 여섯 집단은 봄 수확 기간 동안 역대 최대 수의 농어를 작살로 잡겠다고 선포했다. 이는 1997년 맺은 주 정부와의 합의를 깨고 스포츠 낚시 시즌을 사실상 열리지 못하도록 하는 것이었다(Fogg, Howe, and Pierotti 2015). 이런 행동은 주 정부와 부족들 사이의 관계가 점점 더 긴장으로 치달아온 결과 나타났으며, 이 긴장은 늑대를 사냥하고 덫을 놓는 시즌이 2012년 열리는 것에 부족들이 강하게 반대했기 때문에 조성되었다(Knight 2012; Lewis 2013). 늑대는 치페와족들의 기원 이야기와 전설에 특히 많이 등장하며, 용기·힘·충성심과 연결돼 있다. 위스콘신에 사는 치페와족 집단들에게는 사냥이 허락돼 죽여도 되는 늑대 중 일부를 죽이지 않아도 되는 '예외'가 할당됐지만, 이들은 단 한 마리의 늑대도 죽이기를 거부했다(Lewis 2013; Fogg, Howe, and Pierotti 2015). 500년 동안 식민 지배를 받았지만, 일부 아메리카 원주민들은 자신들의 동반자·스승·창조자인 늑대를 여전히 보호하려고 노력하고 있다.

원주민이라면 로미오가 살아온 과정을 로미오 그 자체로 받아들였을 것이다. 로미오는 원주민들에게 매우 사교성 있고, 같이 살 수도 떨어져도 살 수도 있지만 인간과 삶을 공유하고 싶어하는 늑대였을 것이다. 로미오는 뛰어난 사냥 파트너가 됐을 것이며, 추운 밤에는 원주민들과 불을 나누고 그들이 안전하게 잘 수 있도록 경계를 섰을 것이다. 이와는 대조적으로 서양의 세계관은 야생 늑대가 인간에게 우호적이라는 개념에 혼란을 겪는다. 우호적인 늑대를 적어도 유럽인들이 도착하기 전까지 북아메리카에서는 일상적으로 볼 수 있었음이 거의 확실한데도 그렇다. 로미오의 삶에서 진정한 비극은 로미오가 뇌 대신에 총을 가진 무식한 바보 두 명에 의해 사살됐다는 것이 아니라, 로미오가 준 선물을 받은 사람이 거의 없다는 데에 있다.

그림 출처

그림 1.1 Asigglin 사진 촬영, Wikipedia

그림 5.1 Hartmann Schedel, Wikimedia

그림 5.2 KaOokami, Wikimedia

그림 5.3 David Michael Kennedy 제공, https://www.davidmichaelkennedy.com

그림 5.4 Vladimir Beregovoy 제공

그림 5.5 R. Pierotti가 찍은 사진

그림 7.1 화가 제공

그림 7.2 Yellowstone 소장 사진

그림 9.1 Wikipedia

그림 9.2 익명으로 남길 원하는 소유주가 제공

그림 9.3 https://retrieverman.net/2010/10/21/do-german-shepherds-have-wolf-ancestry/

그림 9.4 R. Pierotti 개인 소장 사진

그림 9.5 R. Pierotti 개인 소장 사진

그림 10.1 SSM 제공

그림 10.2 익명으로 남길 원하는 소유주가 제공

그림 11.1 R. Pierotti가 찍은 사진

그림 11.2 R. Pierotti가 찍은 사진

그림 11.3 R. Pierotti가 찍은 사진

그림 11.4 R. Pierotti가 찍은 사진

그림 11.5 C. A. Annett이 찍은 사진

그림 11.6 R. Pierotti가 찍은 사진

그림 11.7 R. Pierotti 개인 소장 사진

그림 11.8 R. Pierotti 개인 소장 사진

그림 11.9 R. Pierotti 개인 소장 사진

참고문헌

Allen, D. L. 1979. *Wolves of Minong: Isle Royale's Wild Community.* Ann Arbor: University of Michigan Press.

Allen, P. G. 1986. *The Sacred Hoop: Recovering the Feminine in American Indian Traditions.* Boston: Beacon.

Allman, J. M. 1999. *Evolving Brains.* New York: W. H. Freeman.

Altmann, J. 1990. "Primate Males Go Where the Females Are." *Animal Behaviour* 39:193–95.

American Veterinary Medical Association. 2001. "A Community Approach to Dog Bite Prevention: American Veterinary Medical Association Task Force on Canine Aggression and Human-Canine Interactions." *Journal of the American Veterinary Medical Association* 218 (11): 1732–49.

Anderson, E. N. 1996. *Ecologies of the Heart: Emotion, Belief, and the Environment.* New York: Oxford University Press.

Anderson, T. N., B. M. vonHoldt, S. I. Candille, M. Musiani, C. Greco, D. R. Stahler, D. W. Smith, B. Padhukasahasram, E. Randi, J. A. Leonard, C. D. Bustamante, E. A. Ostrander, H. Tang, R. K. Wayne, and G. S. Barsh. 2009. "Molecular and Evolutionary History of Melanism in North American Gray Wolves." *Science* 323 (5919): 1339–43.

Animal Behaviour Society. 2012. "Guidelines for the Treatment of Animals in Behavioural Research and Teaching." *Animal Behaviour* 83:301–9.

Annett, C. A., and R. Pierotti. 1999. "Long-term Reproductive Output and Recruitment in Western Gulls: Consequences of Alternate Foraging Tactics." *Ecology* 80:288–97.

Annett, C. A., R. Pierotti, and J. R. Baylis. 1999. "Male and Female Parental Roles in a Biparental Cichlid, Tilapia mariae." *Environmental Biology of Fishes* 54:283–93.

Atleo, E. R. (Umeek). 2004. *Tsawalk: A Nuu-chah-nulth Worldview.* Vancouver: University of British Columbia Press.

Audubon, M. R. 1960. *Audubon and His Journals.* New York: Dover. Originally published in 1897.

Ballinger, F. 2004. *Living Sideways: Tricksters in American Indian Oral Traditions.* Norman: University of Oklahoma Press.

Barsh, R. L. 1997. "Forests, Indigenous Peoples, and Biodiversity." *Global Biodiversity(Canadian Museum of Nature)* 7 (2): 20–24.

———. 2000. "Taking Indigenous Science Seriously." In *Biodiversity in Canada: Ecol-*

ogy, Ideas, and Action, edited by S. A. Bocking, 152–73. Toronto: Broadview.

———. n.d. "Nonagricultural Peoples and Captive Wildlife: Implications for Ecology and Evolution." Unpublished MS.

Basedow, Herbert. 1925. *The Australian Aboriginal*. Adelaide: F. W. Preece and Sons.

Basso, K. 1996. *Wisdom Sits in Places*. Albuquerque: University of New Mexico Press.

Bastien, B. 2004. *Blackfoot Ways of Knowing: The Worldview of the Sijsikaitsitapi*. Calgary: University of Calgary Press.

Bazaliiskiy, V. I., and N. A. Savelyev. 2003. "The Wolf of Baikal: The Lokomotiv Early Neolitic Cemetery in Siberia." *Antiquity* 77:20–30.

Beeland, T. D. 2013. *The Secret World of Red Wolves: The Fight to Save North America's Other Wolf*. Chapel Hill: University of North Carolina Press.

Bekoff, M. 2001. Review of *Dogs: A Startling New Understanding of Canine Origin, Behavior, and Evolution*, by Raymond Coppinger and Lorna Coppinger. *The Bark: Dog Is My Co-pilot*. http://thebark.com/content/dogs-startling-newunderstanding-canine-origin-behavior-and-evolution.

Bell, G. 1982. *The Masterpiece of Nature: The Evolution and Genetics of Sexuality*. Berkeley: University of California Press.

Belyaev, D. 1979. "Destabilizing Selection as a Factor in Domestication." *Journal of Heredity* 70:301–8.

Belyaev, D. K., and L. N. Trut. 1982. "Accelerating Evolution." *Science in the U.S.S.R* 5:24–29, 60–64.

Benton-Benai, E. 1979. *The Mishomis Book: The Voice of the Ojibway*. St. Paul: Indian Country.

Berard, H., and K. W. Luckert. 1984. *Navajo Coyote Tales: The Curly To Aheedliinii Version*. Lincoln: University of Nebraska Press.

Beregovoy, V. 2001. *Hunting Laika Breeds of Russia*. Bristol, TN: Crystal Dreams.

———. 2012. "The Concept of an Aboriginal Dog Breed." *Primitive and Aboriginal Dog Society Newsletter* 34:5–12.

Beregovoy, V. H., and J. Moore Porter. 2001. *Primitive Breeds—Perfect Dogs*. Arvada, CO: Hoflin.

Berk, A., and C. D. Anderson. 2008. *Coyote Speaks: Wonders of the Native American World*. New York: Abrams for Young Readers.

Berlin, I. 1999. *The Roots of Romanticism*. Princeton: Princeton University Press.

Bettelheim, B. 1959. "Feral Children and Autistic Children." *American Journal of Sociology* 64 (5): 455–67.

Binford, L. R. 1980. "Willow Smoke and Dogs' Tails: Hunter-Gatherer Settlement Systems and Archaeological Site Formation." *American Antiquity* 45:4–20.

Bocherens, H., D. G. Drucker, M. Germonpré, M. Lázni☒ková-Galetová, Y. I. Naito, C. Wissing, J. Bruzek, and M. Oliva. 2014. "Reconstruction of the Gravettian Food-Web at Predmosti I Using Multi-isotopic Tracking (13C, 15N, 34S) of Bone Collagen." *Quaternary International* 359–60:261–79. http://dx.doi.org/10.1016/j.quaint.2014.09.044.

Boesch, C. 1994. "Cooperative Hunting in Wild Chimpanzees." *Animal Behaviour* 48:653–67.

Boudadi-Maligne, M., and G. Escarguel. 2014. "A Biometric Re-evaluation of Recent Claims for Early Upper Paleolithic Wolf Domestication in Eurasia." *Journal of Archaeological Science* 45:80–89.

Brackenridge, H. M. 1904. *Journal of a Voyage Up the River Missouri Performed in 1811*. Edited by R. G. Thwaites. Cleveland: A. C. Clark.

Brenner, M. 1998. "A Witch among the Navajo." *Gnosis* 48:37–43.

Bright, W. 1993. *A Coyote Reader*. Berkeley: University of California Press.

Bringhurst, R. 2008. *The Tree of Meaning: Language, Mind, and Ecology*. Berkeley: Counterpoint.

Brody, H. 2000. *The Other Side of Eden: Hunters, Farmers and the Shaping of the World*. Vancouver: Douglas and McIntyre.

Brown, A. K. 1993. "Looking through the Glass Darkly: The Editorialized Mourning Dove." In *New Voices in Native American Literary Criticism*, edited by A. Krupat, 274–90. Washington, DC: Smithsonian Institution Press.

Browne, J. 2003. *Charles Darwin: A Biography. Vol. 2, The Power of Place*. Princeton: Princeton University Press.

Bruchac, J. 2003. *Our Stories Remembered: American Indian History, Culture, and Values through Storytelling*. Golden, CO: Fulcrum.

Bshary, R., A. Hohner, K. Ait-el-Djoudi, and H. Fricke. 2006. "Interspecific Communicative and Coordinated Hunting between Groupers and Giant Moray Eels in the Red Sea." *PLoS Biol* 4 (12): e431. doi:10.1371/journal.pbio.0040431.

Buller, G. 1983. "Comanche and Coyote, the Culture Maker." In *Smoothing the Ground*, edited by B. Swann, 245–58. Berkeley: University of California Press.

Cann R. L., M. Stoneking, and A. C. Wilson 1987. "Mitochondrial DNA and Human Evolution." *Nature* 325 (6099): 31–36.

Catlin, G. 1973. *Letters and Notes on the Manners, Customs, and Conditions of the North American Indians: Written during Eight Years' Travel*. New York: Dover. Originally published in 1842.

Cherkassov, A. A. 1962. "Notes of Hunter-Naturalist" [in Russian]. *Academy of Sciences of the USSR*, Moscow.

City of Minneapolis. 1998. Minutes of administrative hearing for animal control case (#98–9952). November 17.

Clark, P. U., A. S. Dyke, et al. 2009. "The Last Glacial Maximum." *Science* 325:710–14.

Clode, D. 2002. *Killers in Eden*. Sydney: Allen and Unwin.

Clutton-Brock, J. 1981. *Domesticated Animals from Early Times*. Austin: University of Texas Press.

———. 1984. "Dog." In *Evolution of Domesticated Animals*, edited by I. L. Mason, 198–211. New York: Longman.

———. 1995. "Origins of the Dog: Domestic and Early History." In *The Domestic Dog*, edited by J. Serpell, 8–20. Cambridge: Cambridge University Press.

Clutton-Brock, J., et al. 1977. "Man-made dogs." *Science* 197:1340–42.

Clutton-Brock, T. H., and P. H. Harvey. 1977. "Primate Ecology and Social Organization." *Journal of Zoology*, London 183:1–39.

Coates, P. 1998. *Nature: Western Attitudes since Ancient Times*. Berkeley: University of California Press.

Coleman, J. T. 2004. *Vicious: Wolves and Men in America*. New Haven: Yale University Press.

Colshorn, C., and T. Colshorn. 1854. *Marchen und Sagen*. Hannover: Verlag von Carl Rumpler.

Coppinger, R., and L. Coppinger. 2001. *Dogs: A Startling New Understanding of Canine Origin, Behavior and Evolution*. Chicago: University of Chicago Press.

Coppinger, R., and M. Feinstein. 2015. *How Dogs Work*. Chicago: University of Chicago Press.

Coppinger, R., L. Spector, and L. Miller. 2010. "What, if Anything, Is a Wolf?" In *The World of Wolves: New Perspectives on Ecology, Behavior, and Management*. Calgary: University of Calgary Press.

Corbett, L. K. 1995. *The Dingo in Australia and Asia*. Ithaca: Cornell University Press.

Coren, S. 2006. *The Intelligence of Dogs: A Guide to the Thoughts, Emotions, and Inner Lives of Our Canine Companions*. New York: Free Press.

———. 2012. *Do Dogs Dream? Nearly Everything Your Dog Wants You to Know*. New York: Norton.

Corless, H. 1990. *The Weiser Indians: Shoshoni Peacemakers*. Salt Lake City: University of Utah Press.

Crockett, C., and C. H. Janson. 2000. "Infanticide in Red Howlers: Female Group Size, Male Membership, and a Possible Link to Folivory." In *Infanticide by Males and Its Implications*, edited by C. P. van Schaik and C. H. Johnson, 75–98. Cambridge: Cambridge University Press.

Crockford, S. J. 2006. *Rhythms of Life: Thyroid Hormone and the Origin of Species*. Victoria, BC: Trafford.

Crockford, S. J., and Y. V. Kuzmin. 2012. "Comments on Germonpré et al., *Journal of Archaeological Science* 36, 2009, 'Fossil Dogs and Wolves from Paleolithic Sites in Belgium, the Ukraine and Russia: Osteometry, Ancient DNA and Stable Isotopes,' and Germonpré, Lázničková-Galetová, and Sablin, *Journal of Archaeological Science* 39, 2012, 'Paleolithic Dog Skulls at the Gravettian Předmostí Site, the Czech Republic.'" *Journal of Archaeological Science* 39:2797–801.

Crook, J. H., and J. C. Gartlan. 1966. "Evolution of Primate Societies." *Nature* 210:1200–1203.

Czaplicka, M. A. 1914. *Aboriginal Siberia: A Study in Social Anthropology*. Oxford: Clarendon.

Darwin, C. 1859. *The Origin of Species*. London: J. Murray.

Dawkins, R. 2006. *The Selfish Gene*. Oxford: Oxford University Press.

———. 2015. *A Brief Candle in the Dark: My Life in Science*. New York: HarperCollins.

Dayton, L. 2003a. "On the Trail of the First Dingo." *Science* 302:555–56. [김명남 옮김, 2016, 『리처드 도킨스 자서전 2: 나의 과학 인생』 김영사.]

———. 2003b. "Tracing the Road Down Under." *Science* 302:555.

Dean, W. R. J., W. R. Siegfried, and A. W. MacDonald. 1990. "The Fallacy, Fact, and Fate of Guiding Behavior in the Greater Honeyguide." *Conservation Biology* 4:99–101.

Deloria, V., Jr. 1992. "The Spatial Problem of History." In *God Is Red*, 114–34. Golden, CO: North American Press.

Derr, M. 1995. "Happy People and Laikas." http://retrieverman.net/tag/happypeople-a-year-in-the-taiga/.

———. 2011. *How the Dog Became the Dog: From Wolves to Our Best Friends*. New York: Overlook/Duckworth.

Descola, P. 2013. *Beyond Nature and Culture*. Chicago: University of Chicago Press.

Diamond, J. 1992. *The Third Chimpanzee: The Evolution and Future of the Human Animal*. New York: HarperCollins. [김정흠 옮김, 2015, 『제3의 침팬지』 문학사상.]

Dillehay, T. D., C. Ocampo, J. Saavedra, A. O. Sawakuchi, R. M. Vega, M. Pino, et al. 2015. "New Archaeological Evidence for an Early Human Presence at Monte Verde, Chile." *PLoS ONE* 10 (11): e0141923. doi:10.1371/journal.pone.0141923.

Dobie, J. F. 1961. *The Voice of the Coyote*. Lincoln: University of Nebraska Press.

Dombrosky, J., and S. Wolverton. 2014. "TNR and Conservation on a University Campus: A Political Ecological Perspective." *PeerJ* 2: e312. doi:10.7717/peerj.312.

Drake, A. G., M. Coquerelle, and G. Colombeau. 2015. "3D Morphometric Analysis of Fossil Canid Skulls Contradicts the Suggested Domestication of Dogs during the Late

Paleolithic." *Nature Scientific Reports* 5 (8299): 1–8. doi:10.1038/srep08299.

Druzhkova, A. S., O. Thalmann, V. A. Trifonov, J. A. Leonard, N. V. Vorobieva, N. D. Ovodov, A. A. Graphodatsky, and R. K. Wayne. 2013. "Ancient DNA Analysis Affirms the Canid from Altai as a Primitive Dog." *PLoS ONE* 8 (3):e57754.

Dugatkin, L. 1997. *Cooperation among Animals: An Evolutionary Perspective*. Oxford: Oxford University Press.

Dulik, M. C., et al. 2012. "Mitochondrial DNA and Y Chromosome Variation Provides Evidence for a Recent Common Ancestry between Native Americans and Indigenous Altaians." *American Journal of Historical Geography* 90:229–46. doi:10.1016/j.ajhg.2011.12.014.

Duman, E. 1994. "Is It a Wolf-Hybrid? What Will It Do? Raising a Wolf-Hybrid and Housing Requirements." Paper presented at the 131st American Veterinary Medical Association Annual Meeting, San Francisco, July 9–13.

Dunbar, R. I. M. 1988. *Primate Social Systems*. Ithaca: Cornell University Press.

———. 1992. "Neocortex Size as a Constraint on Group Size in Primates." *Journal of Human Evolution* 20:469–93.

———. 1995. "Neocortex Size and Group Size in Primates: A Test of the Hypothesis." *Journal of Human Evolution* 28:287–96.

———. 1998. "The Social Brain Hypothesis." *Evolutionary Anthropology* 6:178–90.

———. 2000. "Male Mating Strategies: A Modeling Approach." In *Primate Males*, edited by P. Kappeler et al., 259–68. Cambridge: Cambridge University Press.

Edwards, A. 2013. "Bear Strikes Up Unlikely Friendship with a Wolf as Photographer Captures Both Animals Sharing Dinner on Several Nights." *Daily Mail*, October 4. http://www.dailymail.co.uk/news/article–2443974/Bear-WOLFsunlikely-friendship-caught-camera-photographer.html#ixzz3tDb1ngIW.

Eisenberg, J. F., N. A. Muckenhirn, and R. Rudran. 1972. "The Relation between Ecology and Social Structure in Primates." *Science* 176:863–74.

Eldredge, N., and S. J. Gould. 1972. "Punctuated Equilibria: An Alternative to Phyletic Gradualism." *Paleobiology* 3 (2): 115–51.

Elliott, J. H. 1992. *The Old World and the New, 1492–1650*. New York: Cambridge University Press.

Erdrich, L. 2005. *The Painted Drum*. New York: HarperCollins.

Fabian, J. 1990. "Presence and Representation: The Other and Anthropological Writing." *Critical Inquiry* 16:753–72.

Fentress, J. C. 1967. "Observations on the Behavioral Development of a Hand-Reared Male Timber Wolf." *American Zoologist* 7:339–51.

Fogg, B. R. 2012. "The First Domestication: Examination of the Relationship between

Indigenous Homo sapiens of America and Australia and Canis lupus." MA thesis, University of Kansas.

Fogg, B. R., N. Howe, and R. Pierotti. 2015. "Relationships between Indigenous American Peoples and Wolves, 1: Wolves as Teachers and Guides." *Journal of Ethnobiology* 35:262–85.

Foltz, R. 2006. *Animals in Islamic Tradition and Western Cultures*. Oxford: Oneworld.

Forsyth, J. 1992. *A History of the Peoples of Siberia: Russia's North Asian Colony, 1581–1990*. New York: Cambridge University Press.

Fouts, R., and S. T. Mills. 1997. *Next of Kin: What Chimpanzees Have Taught Me about Who We Are*. New York: William Morrow.

Fox, M. W. 1971. *Behaviour of Wolves, Dogs, and Related Canids*. New York: Harper and Row.

Francis, R. 2015. *Domesticated: Evolution in a Man-made World*. New York: Norton.

Franklin, J. 2009. *The Wolf in the Parlor: How the Dog Came to Share Your Brain*. New York: St. Martins Griffin.

Frantz, L. A. F., V. E. Mullin, M. Pionnier-Capitan, O. Labrasseur, M. Ollivier, et al. 2016. "Genomic and Archaeological Evidence Suggests a Dual Origin of Domestic Dogs." *Science* 352:1228–31.

Freedman, A. H., I. Gronau, R. M. Schweizer, D. Ortega-Del Vecchyo, E. Han, et al. 2014. "Genome Sequencing Highlights the Dynamic Early History of Dogs." *PLoS Genet* 10 (1): e1004016. doi:10.1371/journal.pgen.1004016.

Gade, G. 2002. *Wolves, Dogs, Hybrids and Plains Indians*. http://vorebuffalojump.org/pdf/Wolves,%20dogs,%20hybrids%20and%20Indians.pdf.

Garfield, V., and L. Forrest. 1961. *The Wolf and the Raven: Totem Poles of Southeast Alaska*. Seattle: University of Washington Press.

Garrigan, D., and M. E. Hammer. 2006. "Reconstructing Human Origins in the Genomic Era." *Nature Reviews Genetics* 7:669–80.

Germonpré, M., M. Lázničková-Galetová, and M. V. Sablin. 2012. "Palaeolithic Dog Skulls at the Gravettian Předmosti Site, the Czech Republic." *Journal of Archaeological Science* 39 (1): 184–202.

Germonpré, M., M. V. Sablin, V. Despre, M. Hofreiter, M. Lázničková-Galetová, R. E. Stevens, and M. Stiller. 2013. "Paleolithic Dogs and the Early Domestication of the Wolf: A Reply to the Comments of Crockford and Kuzmin." *Journal of Archaeological Science* 40:786–92.

Germonpré, M., M. V. Sablin, M. Lázničková-Galetová, V. Despre, R. E. Stevens, M. Stiller, and M. Hofreiter. 2015. "Palaeolithic Dogs and Pleistocene Wolves Revisited: A Reply to Morey." *Journal of Archaeological Science* 54:210–16.

Germonpré, M., M. V. Sablin, R. E. Stevens, R. E. M. Hedges, M. Hofreiter, et al. 2009. "Fossil Dogs and Wolves from Palaeolithic Sites in Belgium, the Ukraine and Russia: Osteometry, Ancient DNA and Stable Isotopes." *Journal of Archaeological Science* 36:473–90.

Gibbons, A. 2011. "Who Were the Denisovans?" *Science* 333:1084–87.

———. 2013. "How a Fickle Climate Made Us Human." *Science* 341:474–79.

———. 2015. "Humans May Have Reached Chile by 18,500 Years Ago." *Science* 350:898.

Gilbert, B. 1989. *God Gave Us This Country: Tekamthi and the First American Civil War*. New York: Anchor Books.

Goebel, T. 2004. "The Early Upper Paleolithic of Siberia." In *The Early Upper Paleolithic beyond Western Europe*, edited by P. J. Brantingham, S. L. Kuhn, and K. W. Kerry, 162–95. Berkeley: University of California Press.

Golden, P. B. 1997. "Wolves, Dogs and Qipcaq Religion." *Acta Orientalia Academiae Scientiarum Hungaricae. Tomus L* 1–3:87–97.

Goldizen, A. 1987. "Tamarins and Marmosets: Communal Care of Offspring." In *Primate Societies*, edited by B. Smuts, D. Cheney, R. Seyfarth, R. Wrangham, and T. Struhsaker, 34–43. Chicago: University of Chicago Press.

Good, T. P., J. Ellis, C. A. Annett, and R. Pierotti. 2000. "Bounded Hybrid Superiority: Effects of Mate Choice, Habitat Selection, and Diet in an Avian Hybrid Zone." *Evolution* 54:1774–83.

Gould, S. J. 2003. *The Hedgehog, the Fox, and the Magister's Pox*. New York: Harmony Books.

Gould, S. J., and R. C. Lewontin. 1979. "The Spandrels of San Marco and the Panglossian Paradigm: A Critique of the Adaptationist Programme." In "The Evolution of Adaptation by Natural Selection." Special issue, *Proceedings of the Royal Society of London, Series B, Biological Sciences* 205 (1161): 581–98.

Grant, P. R., and B. R. Grant. 1992. "Hybridization of Bird Species." *Science* 256:193–97.

———. 1997a. "Genetics and the Origin of Bird Species." *Proceedings of the National Academy of Science* 94:7768–75.

———. 1997b. "Hybridization, Sexual Imprinting, and Mate Choice." *American Naturalist* 149:1–28.

Gray, J. 2002. Straw Dogs: *Thoughts on Humans and Other Animals*. New York: Farrar, Straus, and Giroux.

Grimaud, H. 2003. *Wild Harmonies: A Life of Music and Wolves*. Translated by Ellen Hinsey. New York: Riverhead Books.

Grinnell, G. B. 1926. *By Cheyenne Campfires*. Lincoln: University of Nebraska Press.

————. 1972. *Blackfoot Lodge Tales.* Williamstown, MA: Corner House. Originally published in 1892.

Guiler, E. 1985. *Thylacine: The Tragedy of the Tasmanian Tiger.* Melbourne: Oxford University Press.

Haag, W. G. 1956. "Aboriginal Dog Remains from Yellowstone National Park." Yellowstone National Park Archives, Yellowstone National Park, WY.

Haber, G., and M. Holleman. 2013. *Among Wolves: Gordon Haber's Insights into Alaska's Most Misunderstood Animal.* Fairbanks: University of Alaska Press.

Hall, R. L., and H. S. Sharp, eds. 1978. *Wolf and Man: Evolution in Parallel.* New York: Academic Press.

Hammer, M., et al. 2011. "Genetic Evidence for Archaic Admixture in Africa." *Proceedings of the National Academy of Sciences, USA* 108:15123–28.

Hampton, B. 1997. *The Great American Wolf.* New York: Henry Holt.

Hand, J. L. 1986. "Resolution of Social Conflicts: Dominance, Egalitarianism, Spheres of Dominance, and Game Theory." *Quarterly Review of Biology* 61:201–20.

Hare, B., M. Brown, C. Williamson, and M. Tomasello. 2002. "The Domestication of Social Cognition in Dogs." *Science* 298:1634–36.

Hare, B., and V. Woods. 2013. *The Genius of Dogs: How Dogs Are Smarter Than You Think.* New York: Dutton Books.

Harney, C. 1995. *The Way It Is: One Water—One Air—One Mother Earth.* Nevada City, CA: Blue Dolphin.

Harris, E. E. 2015. *Ancestors in Our Genome: The New Science of Human Evolution.* New York: Oxford University Press.

Hassrick, Royal B. 1964. *The Sioux: Life and Customs of a Warrior Society.* Norman: University of Oklahoma Press.

Head, J. J., P. M. Barrett, and E. J. Rayfield. 2009. "Neurocranial Osteology and Systematic Relationships of Varanus (Megalania) prisca Owen, 1859 (Squamata: Varanidae)." *Zoological Journal of the Linnean Society* 155:445–57.

Hearne, S. 1958. A Journey from the Prince of Wales's Fort in Hudson Bay to the Northern Ocean, 1769–1772. Toronto: Macmillan.

Heinrich, B. 1999. *The Mind of the Raven: Investigations and Adventures with Wolf-Birds.* New York: HarperCollins. [최재경 옮김, 2015. 『까마귀의 마음: 불길한 검은 새의 재발견』 에코리브르.]

Hemmer, Helmut. 1990. *Domestication: The Decline of Environmental Appreciation.* Cambridge: Cambridge University Press.

Hernandez, N. 2013. "The Other Becomes the Self: Reciprocity and Reflection in Land-Animal-Human Ecologies." Paper presented at the American Society of Literature and the Environment Conference, Lawrence, KS, May 28–June 1.

———. 2014. " 'Wolf Man' and Wolf Knowledge in Native American Hunting Traditions." Paper presented at the Society of Ethnobiology Meeting, Cherokee, NC.

Herzog, W., and D. Vasyukov. 2010. *The Happy People: A Year in the Taiga.* Potsdam, Germany: Studio Babelsberg.

Hess, D. J. 1995. *Science and Technology in a Multicultural World: The Cultural Politics of Facts and Artifacts.* New York: Columbia University Press.

Hinde, R. A. 1976. "Interactions, Relationships and Social Structure." *Man* 11:1–17.

Hobbes, T. 1985. *Leviathan; or, The Matter, Forme, & Power of a Common-wealth, Ecclesiasticall and Civill.* Edited by C. B. Macpherson. Harmondsworth, UK: Penguin. Originally published in 1651.

Hoffman, W., D. Heinemann, and J. A. Wiens. 1981. "The Ecology of Seabird Feeding Flocks in Alaska." *Auk* 98:437–56.

Honacki, J. H., K. E. Kinman, and J. W. Koeppl, eds. 1982. *Mammal Species of the World: A Taxonomic and Geographic Reference.* Lawrence, KS: Allen.

Hope, J. 1994. "Wolves and Wolf Hybrids as Pets Are Big Business—ut a Bad Idea." *Smithsonian* 25 (3): 34–45.

Hunn, E. S. 2013. " 'Dog' as Life Form." In *Explorations in Ethnobiology: The Legacy of Amadeo Rea*, edited by M. Quinlan and D. Lepofsky, 141–53. Society of Ethnobiology Contributions in Ethnobiology.

Hyde, G. E. 1968. *A Life of George Bent, Written from His Letters. Edited by S. Lottinville.* Norman: University of Oklahoma Press, OK.

Hyde, L. 1998. *Trickster Makes the World: Mischief, Myth, and Art.* New York: North Point.

Ioannesyan, A. R. 1990. *Materials on the Cynology of Hunting Dogs* [in Russian]. Moscow: Rosokhotrybolovsoyuz.

Itard, Jean-Marc-Gaspard. 1962. *The Wild Boy of Aveyron.* New York: Meredith.

Jans, N. 2015. *A Wolf Called Romeo.* New York: Mariner Books.

Janson, C. H., and M. Goldsmith. 1995. "Predicting Group Size in Primates: Foraging Costs and Predation Risks." *Behavioral Ecology* 6:326–36.

Kappeler, P. M., and E. W. Heymann. 1996. "Nonconvergence in the Evolution of Primate Life History and Socio-ecology." *Biological Journal of the Linnaean Society* 59:297–326.

Kappeler, P. M., and C. P. van Schaik. 2002. "Evolution of Primate Social Systems." *International Journal of Primatology* 23 (4): 707–40.

Kean, S. 2012. *The Violinist's Thumb and Other Tales of Love, War, Genius, as Written by Our Genetic Code.* New York: Little Brown.

Kirschner, M. W., and J. C. Gerhart. 2005. *The Plausibility of Life: Resolving Darwin's Dilemma*. New Haven: Yale University Press.

Kluckhorn, C. 1944. *Navaho Witchcraft*. Boston: Beacon.

Knight, J. 2012. "Chippewa Tribes Oppose State Wolf Hunt." *Eau Claire Leader Telegram*, August 15. http://www.leadertelegram.com/news/front_page/article_188174ec-e69a–11e1-a079–001a4bcf887a.html?mode=story.

Krings, M., et al. 1997. "Neanderthal DNA Sequences and the Origins of Modern Humans." *Cell* 90:19–30.

Kuhn, T. 1996. *The Structure of Scientific Revolutions*. 3rd ed. Chicago: University of Chicago Press. [김명자·홍성욱 옮김, 2013. 『과학혁명의 구조』 제4판, 까치글방.]

Kurz, F. 1937. "Journal of Rudolph Friedrich Kurz." *Bureau of American Ethnology Bulletin*, no. 115.

Lane, H. 1976. *The Wild Boy of Aveyron*. Cambridge, MA: Harvard University Press.

Lawson, J. 1967. *A New Voyage to Carolina: Containing the Exact Description and Natural History of That Country; Together with the Present State Thereof. And a Journal of a Thousand Miles, Travel'd thro; Several Nations of Indians. Giving a Particular Account of Their Customs, Manners, &c.* Edited by H. T. Lefler. Chapel Hill: University of North Carolina Press.

Leach, H. M. 2003. "Human Domestication Reconsidered." *Current Anthropology* 44 (3): 349–68.

Leonard, J. A., R. K. Wayne, J. Wheeler, R. Valadez, S. Guillen, and C. Vila. 2002. "Ancient DNA Evidence for Old World Origin of New World Dogs." *Science* 298:1613–16.

Lévi-Strauss, C. 1967. *Structural Anthropology*. New York: Doubleday.

Lewis, R. 2013. "Wisconsin Wolf Hunt Begins amid Warnings from Conservationists, Tribes." *Al Jazeera*, October 16.

Lewontin, R. 2001. *The Triple Helix: Gene, Organism, and Environment*. Cambridge, MA: Harvard University Press.

Lienhard, J. H. 1998–99. "Dogs." *Engines of Our Ingenuity*, no. 1431. http://www.uh.edu/engines/epi1431.htm.

Lincoln, W. B. 1994. *The Conquest of a Continent: Siberia and the Russians*. New York: Random House.

Linnaeus, C. 1792. *The Animal Kingdom; or, Zoological System of the Celebrated Sir Charles Linnaeus. Class I. Mammalia and Class II. Birds. Being a Translation of That Part of the "Systema Naturae," as Lately Published with Great Improvements by Professor Gmelin, Together with Numerous Additions from More Recent Zoological Writers and Illustrated with Copperplates.* Translated and edited by R. Kerr. London: J. Murray.

Loendorf, L. L., and N. M. Stone. 2006. *The Sheep Eater Indians of Yellowstone*. Salt Lake City: University of Utah Press.

Lopez, B. H. 1978. *Of Wolves and Men*. New York: Charles Scribner.

Lorenzen, E. D., D. Nogues-Bravo, et al. 2011. "Species-Specific Responses of Late Quaternary Megafauna to Climate and Humans." *Nature* 479:359–63.

Losey, R. J., S. Garvie-Lok, J. A. Leonard, M. A. Katzenberg, M. Germonpré, et al. 2013. "Burying Dogs in Ancient Cis-Baikal, Siberia: Temporal Trends and Relationships with Human Diet and Subsistence Practices." *PLoS ONE* 8 (5): e63740. doi:10.1371/journal.pone.0063740.

Lowie, R. H. 1909. "The Northern Shoshone." *Anthropological Papers of the American Museum of Natural History* 2:165–306.

Lumholtz, C. 1889. *Among Cannibals: An Account of Four Years' Travels in Australia and of Camp Life with the Aborigines of Queensland*. New York: Charles Scribner's Sons.

Major, P. F. 1978. "Predator-Prey Interactions in Two Schooling Fishes, Caranx ignobilis and Stolephorus purpureus." *Animal Behaviour* 26:760–77.

Malone, N., A. Fuentes, and F. J. White. 2012. "Variation in the Social Systems of Extant Hominoids: Comparative Insight into the Social Behavior of Early Hominins." *International Journal of Primatology* 25:97–164. doi:10.1007/s10764–012–9617–0.

Mann, C. C. 2002. "1491." *Atlantic Monthly*, March, 41–53.

———. 2005. *1491: New Revelations of America before Columbus*. New York: Knopf.

Margulis, L. 1998. Symbiotic Planet: A New View of Evolution. New York: Basic Books.

Marshall, Joseph III. 1995. *On Behalf of the Wolf and the First Peoples*. Santa Fe: Red Crane.

———. 2001. *The Lakota Way: Stories and Lessons for Living*. New York: Viking Compass.

———. 2005. *Walking with Grandfather: The Wisdom of Lakota Elders*. Boulder, CO: Sounds True.

Marshall Thomas, E. 1993. *The Hidden Life of Dogs*. Boston: Houghton Mifflin.

———. 1994. *The Tribe of Tiger: Cats and Their Culture*. New York: Simon and Schuster.

———. 2000. *The Social Lives of Dogs: The Grace of Canine Company*. New York: Simon and Schuster.

———. 2006. *The Old Way: A Story of the First People*. New York: Farrar Straus Giroux.

———. 2013. *A Million Years with You: A Memoir of Life Observed*. New York: Houghton Mifflin Harcourt.

Martin, C. L. 1999. *The Way of the Human Being*. New Haven: Yale University Press.

Mason, P. H., and R. V. Short. 2011. "Neanderthal-Human Hybrids." *Hypothesis* 9 (1): e1.

Maximilian, A. P. 1906. *Travels in the Interior of North America*. Edited by R. G. Thwaites. Cleveland: A. C. Clark.

McCaig, D. 1991. *Eminent Dogs, Dangerous Men: Searching through Scotland for a Border Collie*. New York: Edward Burlingame Books.

McClintock, W. 1910. *The Old North Trail*. London: Macmillan.

McFall-Ngai, M., M. G. Hadeld, T. C. G. Bosch, H. V. Carey, T. Domazet-Loso, A. E. Douglas, N. Dubilier, G. Eberl, T. Fukami, S. F. Gilbert, U. Hentschel, N. King, S. Kjelleberg, A. H. Knoll, N. Kremer, S. K. Mazmanian, J. L. Metcalf, K. Nealson, N. E. Pierce, J. F. Rawls, A. Reid, E. G. Ruby, M. Rumpho, J. G. Sanders, D. Tautz, and J. J. Wernegreen. 2013. "Animals in a Bacterial World: A New Imperative for the Life Sciences." *Proceedings of the National Academy of Sciences* 110:3229–36.

McHenry, H. M. 1992. "Body Size and Proportions in Early Hominids." *American Journal of Physical Anthropology* 87:407–31.

———. 1996. "Sexual Dimorphism in Fossil Hominids and Its Socioecological Implications." In *The Archaeology of Human Ancestry Power, Sex, and Tradition*, edited by J. Steele and S. Shennan, 91–109. London: Routledge.

McHenry, H. M., and K. Coffing. 2000. "Australopithecus to Homo: Transformations in Body and Mind." *Annual Review of Anthropology* 29:125–46.

McIntyre, Rick. 1995. *War against the Wolf: America's Campaign to Exterminate the Wolf*. Stillwater, MN: Voyageur.

McLeod, P. J. 1990. "Infanticide by Female Wolves." *Canadian Journal of Zoology* 68:402–4.

Mech, L. D. 1970. *The Wolf: The Ecology and Behavior of an Endangered Species*. New York: Natural History.

———. 1995. "A Ten-Year History of the Demography and Productivity of an Arctic Wolf Pack." *Arctic* 48:329–32.

———. 1999. "Alpha Status, Dominance, and Division of Labor in Wolf Packs." *Canadian Journal of Zoology* 77:1196–1203.

Mech, L. D., L. G. Adams. T. J. Meier, J. W. Burch, and B. W. Dale. 1998. *The Wolves of Denali*. Minneapolis: University of Minnesota Press.

Medin, D. L., and M. Bang. 2014. *Who's Asking? Native Science, Western Science, and Science Education*. Cambridge, MA: MIT Press.

Meggitt, M. J. 1965. "Association between Australian Aborigines and Dingoes." In *Man, Culture, and Animals: The Role of Animals in Human Ecological Adjustments*, edited by A. Leeds and A. P. Vayda, 7–26. Washington, DC: [American Association for the Advancement of Science].

Merial Limited. 2008. "The Benefits of IMRAB." http://imrab.us.merial.com/imrab/index.shtml.

Miklósi, Á. 2007. *Dog: Behavior, Evolution and Cognition*. New York: Oxford University Press.

Miklósi, Á., E. Kubinyi, J. Topal, M. Gacsi, Z. Viranyi, and V. Csanyi. 2003. "A Simple Reason for a Big Difference: Wolves Do Not Look Back at Humans but Dogs Do." *Current Biology* 13:763–66.

Miklósi, Á., R. Polgardi, J. Topal, and V. Csanyi. 1998a. "An Experimental Analysis of 'Showing' Behaviour in the Dog." *Animal Cognition* 3:159–66.

———. 1998b. "Use of Experimenter-Given Cues in Dogs." Animal Cognition 1:113–21.

Millan, C., and M. J. Peltier. 2006. *Cesar's Way: The Natural, Everyday Guide to Understanding and Correcting Common Dog Problems*. New York: Harmony Books. [오혜경 옮김, 2008, 『세사르 밀란의 도그 위스퍼러』 이다미디어.]

Miller, W. 1972. *Newe Natekwinappeh: Shoshoni Stories and Dictionary*. Anthropological Papers 94. University of Utah Anthropology Department.

Minta, S. C., K. A. Minta, and D. F. Lott. 1992. "Hunting Associations between Badgers and Coyotes." *Journal of Mammalogy* 73:814–20.

Mitani, J. 1990. "Experimental Field Studies of Asian Ape Social Systems." *International Journal of Primatology* 11 (2): 103–26.

Mitani, J. C., J. Gros-Louis, and J. H. Manson. 1996 "Number of Males in Primate Groups: Comparative Tests of Competing Hypotheses." *American Journal of Primatology* 38:315–32.

Moehlman, P. D. 1989. "Intraspecific Variation in Canid Social Systems." In *Carnivore Behavior, Ecology, and Evolution*, edited by J. Gittleman, 143–63. Ithaca: Cornell University Press.

Moore, R. E. 2015. *The Tonkawa Indians*. http://www.texasindians.com/tonk.htm.

Morey, D. 1986. "Studies on Amerindian Dogs: Taxonomic Analysis of Canid Crania from the Northern Plains." *Journal of Archaeological Science* 13:119–45.

———. 1990. "Cranial Allometry and the Evolution of the Domestic Dog." PhD diss., University of Tennessee, Knoxville.

———. 1994. "The Early Evolution of the Domestic Dog." *American Scientist* 82:336–47.

———. 2010. *Dogs: Domestication and the Development of a Social Bond*. New York: Cambridge University Press.

———. 2014. "In Search of Paleolithic Dogs: A Quest with Mixed Results." *Journal of*

Archaeological Science 52:300–307.

Morey, D., and R. Jeger. 2015. "Paleolithic Dogs: Why Sustained Domestication Then?" *Journal of Archaeological Science: Reports* 3:420–28.

Morris, D. 2001. *Dogs: The Ultimate Dictionary of Over 1000 Dog Breeds.* North Pomfret, VT: Trafalgar Square.

Morse, E. S. 1945. *Japan Day by Day: 1877, 1878–1879, 1882–1883.* Vol. 2. Boston: Houghton Mifflin.

Mourning Dove and H. D. Guie. 1990. *Coyote Stories.* Lincoln: University of Nebraska Press. Originally published in 1933.

Muir, J. 1916. *The Writings of John Muir.* Vol. 3. Boston: Houghton Mifflin.

Munday, P. 2013. "Thinking through Ravens: Human Hunters, Wolf-Birds, and Embodied Communication." In *Perspectives on Human-Animal Communication: Internatural Communication,* edited by E. Plec, 207–25. New York: Routledge.

National Geographic. 2013. "Solo: The Wild Dog's Tale." *Inside Wild,* March 29. tvblogs. nationalgeographic.com/2013/03/29/solo-the-wild-dogs-tale/.

Nelson, R. 1983. *Make Prayers to the Raven.* Chicago: University of Chicago.

Nickerson, P. 1997. Statement presented to Michigan House of Representatives, Lansing.

Nisbet, J., and C. Nisbet. 2010. "Mourning Dove (Christine Quintasket) (ca. 1884–1936)." Historylink.org. http://www.historylink.org/File/9512.

Niskanen, A. K., E. Hagstrom, H. Lohi, M. Ruokonen, R. Esparza-Salas, J. Aspi, and P. Savolaeinen. 2013. "MNC Variability Supports Dog Domestication from a Large Number of Wolves: High Diversity in Asia." *Heredity* 110:80–85.

Nowack, E. C., and M. Melkonian. 2010. "Endosymbiotic Associations within Protists." *Philosophical Transactions of the Royal Society B: Biological Sciences* 365 (1541): 699–712.

Nowak, R. 1979. *North American Quaternary Canis.* Lawrence: University of Kansas Monographs.

O'Brien, S. J., and E. Mayr. 1991. "Bureaucratic Mischief: Recognizing Endangered Species and Subspecies." *Science* 251:1187–88.

O'Connor, T., and H. Yu Wong. 2012. "Emergent Properties." In *The Stanford Encyclopedia of Philosophy,* edited by E. N. Zalta. http://plato.stanford.edu/archives/spr2012/entries/properties-emergent/.

Ohlson, D. L. 2005. "Tribal Sovereignty and the Endangered Species Act: Recovering the Idaho Wolves." MA thesis, San Jose State University.

Olsen, S. 1985. *Origins of the Domestic Dog: The Fossil Record.* Tucson: University of Arizona Press.

Ovodov, N. D., S. J. Crockford, Y. V. Kuzmin, T. F. G. Higham, G. W. L. Hodgins, and J. van der Plicht. 2011. "A 33,000-Year-Old Incipient Dog from the Altai Mountains of Siberia: Evidence of the Earliest Domestication Disrupted by the Last Glacial Maximum." *PLoS ONE* 6 (7): e22821. doi:10.1371/journal.pone.0022821.

Owen, D. 2003. *Tasmanian Tiger: The Tragic Tale of How the World Lost Its Most Mysterious Predator.* Baltimore: Johns Hopkins University Press.

Owen, R. 1859a. "Megalainia priscus." *Philosophical Transactions of the Royal Society of London* 149:43–48.

———. 1859b. "On the Fossil Mammals of Australia, Part II: Description of a Mutilated Skull of the Large Marsupial Carnivore (Thylacoleo carnifex Owen), from a Calcareous Conglomerate Stratum, Eighty Miles S.W. of Melbourne, Victoria." *Philosophical Transactions of the Royal Society* 149:309–22.

Packer, C., and L. Ruttan. 1988. "The Evolution of Cooperative Hunting." *American Naturalist* 132:159–98. doi:10.1086/284844.

Papanikolas, Z. 1995. *Trickster in the Land of Dreams.* Lincoln: Bison Books, University of Nebraska Press.

Pastoureau, M. 2011. *The Bear: History of a Fallen King.* Cambridge, MA: Belknap Press, Harvard University Press.

Pavlik, S. 1999. "San Carlos and White Mountain Apache Attitudes toward the Reintroduction of the Mexican Wolf to Its Historic Range in the American Southwest." *Wicazo Sa Review* 14:129–45.

Pennisi, E. 2004. "Ice Ages May Explain Ancient Bison's Boom-Bust History." *Science* 306:1454.

———. 2006. "Social Animals Prove Their Smarts." *Science* 312:1734–38.

People of Michigan. 2000. Wolf-Dog Cross Act: Act 246 of 2000. http://www.legislature.mi.gov/%28S%28yxp3ts55y131v1q313mp0k45%29%29/documents/mcl/pdf/mcl-Act–246-of-2000.pdf.

Peterson, R. O. 1995. *The Wolves of Isle Royale: A Broken Silence.* Minocqua, WI: Willow Creek.

Petto, A. J., and L. R. Godfrey. 2007. *Scientists Confront Intelligent Design and Creationism.* New York: Norton.

Pierotti, R. 1981. "Male and Female Parental Roles in the Western Gull under Different Environmental Conditions." *Auk* 98:532–49.

———. 1982. "Habitat Selection and Its Effect on Reproductive Output in the Herring Gull in Newfoundland." *Ecology* 63:854–68.

———. 1988a. "Associations between Marine Birds and Marine Mammals in the Northwest Atlantic." In *Seabirds and Other Marine Vertebrates: Commensalism, Competi-*

tion, and Predation, edited by J. Burger, 31–58. New York: Columbia University Press.

———. 1988b. "Interactions between Gulls and Otariid Pinnipeds: Competition, Commensalism, and Cooperation." In *Seabirds and Other Marine Vertebrates: Commensalism, Competition, and Predation*, edited by J. Burger, 213–39. New York: Columbia University Press.

———. 2004. "Animal Disease as an Environmental Factor." In *Encyclopedia of World Environmental History*, edited by S. Krech and C. Merchant. New York: Berkshire.

———. 2006. "The Role of Animal Disease in History." In *Encyclopedia of World History*. New York: Berkshire.

———. 2010. "Sustainability of Natural Populations: Lessons from Indigenous Knowledge." *Human Dimensions of Wildlife* 15:274–87.

———. 2011a. *Indigenous Knowledge, Ecology, and Evolutionary Biology*. New York: Routledge.

———. 2011b. "The World According to Is'a: Combining Empiricism and Spiritual Understanding in Indigenous Ways of Knowing." In *Ethnobiology*, edited by E. N. Anderson, D. M. Pearsall, E. S. Hunn, and N. J. Turner, 65–82. Hoboken, NJ: Wiley-Blackwell.

———. 2012a. "All Dogs Are Wolves." *Wolfdog* 2:8–11.

———. 2012b. "The Process of Domestication: Why Domestic Forms Are Not Species." *Wolfdog* 2:22–27.

———. 2014. "A Tapestry, Not a Tree." *Science Online* comments, February 15. http://comments.sciencemag.org/content/10.1126/science.1243650#comments.

Pierotti, R., and C. A. Annett. 1993. "Hybridization and Male Parental Care in Birds." *Condor* 95:670–79.

———. 1994. "Patterns of Aggression in Gulls: Asymmetries and Tactics in Different Roles." *Condor* 96:590–99.

Pierotti, R., C. A. Annett, and J. L. Hand. 1996. "Male and Female Perceptions of Pair-Bond Dynamics: Monogamy in the Western Gull." In *Feminism and Evolutionary Biology*, edited by P. A. Gowaty, 261–75. New York: Chapman and Hall.

Pierotti, R., and D. Wildcat. 1997. "The Science of Ecology and Native American Traditions." *Winds of Change* 12 (4): 94–98.

———. 2000. "Traditional Ecological Knowledge: The Third Alternative." *Ecological Applications* 10:1333–40.

Plyusnina, I., et al. 1991. "An Analysis of Fear and Aggression during Early Development of Behavior in Silver Foxes (Vulpes vulpes)." *Applied Animal Behavior Science* 32:253–68.

Porter, J. M., and S. G. Sealy. 1981. "Dynamics of Seabird Multispecies Feeding Flocks: Chronology of Flocking in Barkley Sound, British Columbia, in 1979." *Colonial Waterbirds* 4:104–13.

———. 1982. "Dynamics of Seabird Multispecies Feeding Flocks: Age-Related Feeding Behaviour." *Behaviour* 81:91–109.

Powell, P. J. 1979. *Sweet Medicine: Continuing Role of the Sacred Arrows, the Sun Dance, and the Sacred Buffalo Hat in Northern Cheyenne History.* Civilization of the American Indian Series. Norman: University of Oklahoma Press.

Prindle, D. F. 2009. *Stephen J. Gould and the Politics of Evolution.* Amherst, NY: Prometheus.

Prothero, D. R. 2007. *Evolution: What the Fossils Say and Why It Matters.* New York: Columbia University Press.

Pryor, K., J. Lindbergh, S. Lindbergh, and R. Milano. 1990. "A Dolphin-Human Fishing Cooperative in Brazil." *Marine Mammal Science* 6 (1): 77–82.

Quinney, P. S., and M. Collard. 1995. "Sexual Dimorphism in the Mandible of Homo neanderthalensis and Homo sapiens: Morphological Patterns and Behavioural Implications." *Archaeological Sciences* 1995:420–25.

Radin, P. 1972. *The Trickster: A Study in American Indian Mythology.* New York: Schocken Books.

Ramsey, J. 1977. *Coyote Was Going There: Indian Literature of the Oregon Country.* Seattle: University of Washington Press.

———. 1999. *Reading the Fire: The Traditional Indian Literatures of America.* Seattle: University of Washington Press.

Ray, D. 1967. *Eskimo Masks: Art and Ceremony.* Seattle: University of Washington Press.

Richard, A. F. 1978. *Behavioral Variation: Case Study of a Malagasy Lemur.* Lewisburg, PA: Bucknell University Press.

Ricketts, M. 1966. "The North American Indian Trickster." *History of Religions* 5:323–50.

Rindos, D. 1984. *The Origins of Agriculture: An Evolutionary Perspective.* Orlando: Academic Press.

Ritvo, H. 2010. *Nobel Cows and Hybrid Zebras: Essays on Animals and History.* Charlottesville: University of Virginia Press.

Roff, D. 1992. *The Evolution of Life Histories: Theory and Analysis.* London: Chapman and Hall.

Rose, D. Bird. 1996. *Nourishing Terrains: Australian Aboriginal Views of Landscape and Wilderness.* Canberra: Australian Heritage Commission.

———. 2000. *Dingo Makes Us Human: Life and Land in an Aboriginal Australian Cul-*

ture. Cambridge: Cambridge University Press.

———. 2011. *Wild Dog Dreaming: Love and Extinction*. Charlottesville: University of Virginia Press.

Rothstein, S. I., and R. Pierotti. 1988. "Distinctions among Reciprocal Altruism and Kin Selection, and a Model for the Initial Evolution of Helping Behavior." *Ethology and Sociobiology* 9:189–210.

Roughsey, R. 1973. *The Giant Devil Dingo*. http://www.austlit.edu.au/austlit/page/C317845.

Russell, E. 2011. *Evolutionary History: Uniting History and Biology to Understand Life on Earth*. New York: Cambridge University Press.

Russell, O. 1914. *Journal of a Trapper; or, Nine Years in the Rocky Mountains, 1834–1843*. Edited by L. A. York. Boise, ID: Syms York.

Sabaneev, L. P. 1993. *Hunting Dogs: Sight Hounds and Scent Hounds* [in Russian]. Moscow: Terra.

Sablin, M. V., and G. A. Khlopachev. 2002. "The Earliest Ice Age Primitive Dogs Are Found at the Russian Upper Paleolithic Site Eliseevichi." *Current Anthropology* 43:795–99.

Sacks, J. J., L. Sinclair, J. Gilchrist, G. C. Golab, and R. Lockwood 2000. "Breeds of Dog Involved in Fatal Human Attacks in the United States between 1979 and 1998." *Journal of the American Coates Medical Association* 217:836–43.

Safina, C. 2015. *Beyond Words: What Animals Think and Feel*. New York: Henry Holt.

Sale, K. 1991. *The Conquest of Paradise: Christopher Columbus and the Columbian Legacy*. New York: Knopf.

Samar, A. P. 2010. "Traditional Dog-Breeding of the Nanai People." *Journal of the International Society for the Preservation of Primitive and Aboriginal Dogs* 34:19–51.

Sankararaman, S., et al. 2012. "The Date of Interbreeding between Neanderthals and Modern Humans." *PLoS Genetics* 8: e1002947.

Savolainen, P., Y. P. Zhang, J. Luo, J. Lundeberg, and T. Leitner. 2002. "Genetic Evidence for an East Asian Origin of Domestic Dogs." *Science* 298:1610–13.

Schleidt, W. M. 1998. "Is Humaneness Canine?" *Human Ethology Bulletin* 13 (4): 3–4.

Schleidt, W. M., and M. D. Shalter. 2003. "Co-evolution of Humans and Canids: An Alternative View of Dog Domestication: Homo Homini Lupus?" *Evolution and Cognition* 9 (1): 57–72.

Schlesier, K. H. 1987. *The Wolves of Heaven: Cheyenne Shamanism, Ceremonies, and Prehistoric Origins. Civilization of the American Indian 183*. Norman: University of Oklahoma Press.

Schullery, P., and B. Babbitt. 2003. *The Yellowstone Wolf: A Guide and Sourcebook*.

Norman: University of Oklahoma Press.

Schwartz, M. 1997. *A History of Dogs in the Early Americas*. New Haven: Yale University Press.

Scott, J. P. 1968. "Evolution and Domestication of the Dog." *Evolutionary Biology* 2:243–75.

Serpell, J., ed. 1995. *The Domestic Dog*. Cambridge: Cambridge University Press.

Shapiro, B., A. J. Drummond, et al. 2004. "Rise and Fall of the Beringian Steppe Bison." *Science* 306:1561–64.

Shavit, A., and J. R. Griesemer. 2011. "Mind the Gaps: Why Are Niche Construction Processes So Rarely Used?" In *Lamarckian Transformations*, edited by S. Gisis and E. Jablonka, 307–17. Cambridge, MA: MIT Press.

Shimkin, D. 1939. "Interactions of Culture, Needs, and Personalities among the Wind River Shoshone." PhD diss., UCLA.

———. 1986. "Eastern Shoshone." In *Handbook of the North American Indians, vol. 11, Great Basin*, edited by W. d'Azevedo, 308–5. Washington, DC: Smithsonian Institution Press.

Shipman, P. 2011. *The Animal Connection*. New York: Norton.

———. 2014. "How Do You Kill 86 Mammoths? Taphonomic Investigations of Mammoth Megasites." Quaternary International 359–60:1–9.

———. 2015. *The Invaders: How Humans and Their Dogs Drove Neanderthals to Extinction*. Cambridge, MA: Harvard University Press. [조은영 옮김, 2017. 『침입종 인간: 인류의 번성과 미래에 대한 근원적 탐구』, 푸른숲.]

Shouse, B. 2003. "Ecology: Conflict over Cooperation." *Science* 299:644–46.

Shreeve, J. 2013. "The Case of the Missing Ancestor: DNA from a Cave in Russia Adds a Mysterious New Member to the Human Family." *National Geographic*, July. http://ngm.nationalgeographic.com/2013/07/125-missing-humanancestor/shreeve-text.

Simeon, A. 1977. *The She-Wolf of Tsla-a-wat: Indian Stories for the Young*. Vancouver: J. J. Douglas.

Simpson, L. 2008. "Looking after Gdoo-naaganinaa: Precolonial Nishnaabeg Diplomatic and Treaty Relationships." *Wicaso Sa Review* (Fall): 29–42.

Singh, J. A. L., and R. M. Zingg. 1966. *Wolf-Children and Feral Man*. Hamden, CT: Archon Books. Originally published in 1942.

Skabelund, A. 2004. "Loyalty and Civilization: A Canine History of Japan." PhD diss., Columbia University.

Skoglund, P., E. Ersmark, E. Palkopoulou, and L. Dalen. 2015. "Ancient Wolf Genome Reveals an Early Divergence of Domestic Dog Ancestors and Admixture into High-

Latitude Breeds." *Current Biology* 25:1–5.

Skoglund, P., A. Gotherstrom, and M. Jakobsson. 2011. "Estimation of Population Divergence Times from Non-overlapping Genomic Sequences: Examples from Dogs and Wolves." *Molecular Biology and Evolution* 28 (4): 1505–17.

Smith, A. M., and A. C. Hayes. 1993. *Shoshone Tales*. Salt Lake City: University of Utah Press.

Smith, G. K. 1978. *Slave to a Pack of Wolves*. Chicago: Adams.

Spady, T. C., and E. A. Ostrander. 2008. "Canine Behavioral Genetics: Pointing out the Phenotypes and Herding Up the Genes." *American Journal of Human Genetics* 82:10–18.

Spotte, S. 2012. *Societies of Wolves and Free-ranging Dogs*. New York: Cambridge University Press.

Spottiswoode, C. N., K. S. Begg, and C. M. Begg. 2016. "Reciprocal Signaling in Honeyguide-Human Mutualism." *Science* 353 (6297): 387–89. doi:10.1126/science. aaf4885.

State v. Choate. 1998. Missouri Court of Appeals. http://law.justia.com/cases/missouri/court-of-appeals/1998/wd54407-2.html.

Stedman, H. H., B. W. Kozyak, A. Nelson, D. M. Thesier, L. T. Su, D. W. Low, C. R. Bridges, J. B. Shrager, N. M. Purvis, and M. A. Mitchell. 2004. "Myosin Gene Mutation Correlates with Anatomical Changes in the Human Lineage." *Nature* 428:415–18.

Steenbeek, R., and C. P. van Schaik. 2001. "Competition and Group Size in Thomas's Langur (Presbytis thomasi): The Folivore Paradox Revisited." *Behavioral Ecology and Sociobiology* 49:100–110.

Stephenson, R. O. 1982. "Nunamiut Eskimos, Wildlife Biologists, and Wolves." In *Wolves of the World*, edited by F. H. Harrington and P. C. Pacquet, 434–39. Park Ridge, NJ: Noyes.

Strehlow, T. G. H. 1971. *Songs of Central Australia*. Sydney: Angus and Robertson.

Summers, M. 1966. The Werewolf. New Hyde Park, NY: University Books.

Swedell, L. 2012. "Primate Sociality and Social Systems." *Nature Education Knowledge* 3 (10): 84.

Tauber, A. I. 2009. *Science and the Quest for Meaning*. Waco, TX: Baylor University Press.

Terhune, A. P. 1935. *Real Tales of Real Dogs*. Akron, OH: Saalfield.

Terrill, C. 2011. *Part Wild: One Woman's Journey with a Creature Caught between the Worlds of Wolves and Dogs*. New York: Scribner.

Thalmann, O., et al. 2013. "Complete Mitochondrial Genomes of Ancient Canids Suggests a European Origin of Domestic Dogs." *Science* 342:871–74.

Thomas, D. H. 2000. *Skull Wars: Kennewick Man, Archaeology, and the Battle for Native American Identity*. New York: Basic Books.

Thomson, D. F. 1949. "Arnhem Land: Explorations among an Unknown People, Part III: On Foot across Arnhem Land." *Geographical Journal* 114:53–67.

Thurston, M. E. 1996. *The Lost History of the Canine Race*. Kansas City: Andrews McMeel.

Trivers, R. L. 1972. "Parental Investment and Sexual Selection." In *Sexual Selection and the Descent of Man, 1871–1971*, edited by B. Campbell, 136–79. Chicago: Aldine.

Trut, L. 1991. "Intracranial Allometry and Morphological Changes in Silver Foxes (Vulpes vulpes) under Domestication." *Genetika* 27:1605–11.

———. 1999. "Early Canid Domestication: The Farm-Fox Experiment." *American Scientist* 87:160–69.

———. 2001. "Experimental Studies of Early Canid Domestication." In *The Genetics of the Dog*, edited by A. Ruvinsky and J. Sampson, 15–42. New York: CABI.

Trut, L., et al. 2000. "Inter-hemispheric Biochemical Differences in Brains of Silver Foxes Selected for Behavior, and the Problem of Directional Asymmetry." *Genetika* 36:940–46.

Tsuda, K., Y. Kikkawa, H. Yonekawa, and Y. Tanabe. 1997. "Extensive Interbreeding Occurred among Multiple Matriarchal Ancestors during the Domestication of Dogs: Evidence from Inter- and Intraspecies Polymorphisms in the D-loop Region of Mitochondrial DNA between Dogs and Wolves." *Genes & Genetic Systems* 72:229–38.

Ude, W. 1981. *Becoming Coyote*. Amherst, MA: Lynx House.

Udell, M. A. R., N. R. Dorey, and C. D. L. Wynne. 2008. "Wolves Outperform Dogs in Following Human Social Cues." *Animal Behaviour* 76:1767–73.

Vander, J. 1997. *Shoshone Ghost Dance Religion: Poetry Songs and Great Basin Context*. Chicago: University of Illinois Press.

van Schaik, C. P. 1983. "Why Are Diurnal Primates Living in Groups?" *Behaviour* 87:120–44.

van Schaik, C. P., and J. A. R. A. M. van Hooff. 1983. "On the Ultimate Causes of Primate Social Systems." *Behaviour* 85:91–117.

Van Valen, L. 1973. "A New Evolutionary Law." *Evolutionary Theory* 1:1–30.

———. 1976. "Ecological Species, Multispecies, and Oaks." *Taxon* 25 (2–3): 233–39.

Verginelli, F., C. Capelli, V. Coia, M. Musiani, M. Falchetti, L. Ottini, R. Palmirotta, A. Tagliacozzo, I. De Grossi Mazzorin, and R. Mariani-Costantini. 2005. "Mitochondrial DNA from Prehistoric Canids Highlights Relationships between Dogs and South-east European Wolves." *Molecular Biology and Evolution* 22 (12): 2541–51.

Vila, L., P. Savolainen, J. E. Maldonado, I. R. Amorim, J. E. Rice, R. L. Honeycutt, K. E.

Crandall, J. Lundeberg, and R. K. Wayne. 1997. "Multiple and Ancient Origins of the Domestic Dog." *Science* 276:1687–89.

Voilochnikov, A. T., and S. D. Voilochnikov. 1982. *Hunting Laikas* [in Russian]. Moscow: Lesnaya Promyshlennost.

von Franz, M. L. 1995. *Creation Myths*. Rev. ed. Boston: Shambhala Books.

vonHoldt, B., J. P. Pollinger, D. A. Earl, J. C. Knowles, A. R. Boyko, H. Parker, E. Geffen, M. Pilot, W. Jedrzejewski, B. Jedrzejewska, V. Sidorovich, C. Greco, E. Randi, M. Musiani, R. Kays, C. D. Bustamante, E. A. Ostrander, J. Novembre, and R. K. Wayne. 2011. "A Genome-wide Perspective on the Evolutionary History of Enigmatic Wolf-like Canids." *Genome Research* 21:1294–305.

vonHoldt, B. M., J. P. Pollinger, K. E. Lohmueller, E. Han, H. G. Parker, et al. 2010. "Genome-wide SNP and Haplotype Analyses Reveal a Rich History Underlying Dog Domestication." *Nature* 464:898–902.

von Stephanitz, M. 1921. *"Der deutsche Schaferhund in Wort und Bild": Verein fur Deutsche Schaferhunde.* https://archive.org/stream/derdeutschesc00step#page/n7/mode/2up.

Voth, H. R. 2008. *The Traditions of the Hopi*. London: Forgotten Books. Originally published in 1905.

Walker, B. L. 2005. *The Lost Wolves of Japan*. Seattle: University of Washington Press.

Wallace, E., and E. A Hoebel. 1948. *Comanches: Lords of the Southern Plain*. Norman: University of Oklahoma Press.

Walters, J., C. A. Annett, and G. Siegwarth. 2000. "Breeding Ecology and Behavior of Ozark Bass Ambloplites constellatus." *American Midland Naturalist* 144 (2): 423–27.

Wang, X., and R. H. Tedford. 2008. *Dogs: Their Fossil Record and Evolutionary History*. New York: Columbia University Press.

Watson, L. 2016. "One Gene Doth Not a Hybrid Make—he Clever Semantics of Classification of the Dingo as 'Wild-Dog.'" Western Australian Dingo Association. http://www.wadingo.co7/Hybrid.html.

Wayne, R. K. 2010. "Recent Advances in the Population Genetics of Wolflike Canids." In *The World of Wolves: New Perspectives on Ecology, Behavior, and Management*, edited by M. Musiani, L. Boitani, and P. C. Paquet, 15–38. Calgary: University of Calgary Press.

Wayne, R. K., and S. Jenks. 1991. "Mitochondrial DNA Analysis Implying Extensive Hybridization of the Endangered Red Wolf Canis rufus." *Nature* 351:565–68.

Welsch, R. 1992. *Touching the Fire: Buffalo Dancers, the Sky Bundle and Other Tales*. New York: Villard Books.

White, D. G. 1991. *Myths of the Dog-Man*. Chicago: University of Chicago Press.

Wilson, D. E., and D. M. Reeder. 1993. *Mammalian Species of the World*. 2nd ed. Washington, DC: Smithsonian Institution Press.

Wilson, E. O. 1975. *Sociobiology: The New Synthesis*. Cambridge, MA: Harvard University Press.

———. 1978. *On Human Nature*. Cambridge, MA: Harvard University Press.

———. 1994. *Naturalist*. Washington, DC: Island.

Wilson, P. J., S. Grewal, I. D. Lawford, J. N. M. Heal, A. G. Granacki, D. Pennock, et al. 2000. "DNA Profiles of the Eastern Canadian Wolf and Red Wolf Provide Evidence for a Common Evolution Independent of the Gray Wolf." *Canadian Journal of Zoology* 78:2156–66.

Wilson, P. J., S. Grewal, F. F. Mallory, and B. N. White. 2009. "Genetic Characteristics of Hybrid Wolves across Ontario." *Journal of Heredity* 100: S80–89.

Wilson, P. J., S. Grewal, T. McFadden, R. C. Chambers, and B. N. White. 2001. "Mitochondrial DNA Extracted from Eastern North American Wolves Killed in the 1800's Is Not of Gray Wolf Origin." *Canadian Journal of Zoology* 81:936–40.

Woolpy, J. H., and B. E. Ginsburg. 1967. "Wolf Socialization: A Study of Temperament in a Wild Social Species." *American Zoologist* 7 (2): 357–63.

Worster, D. 1993. *The Wealth of Nature*. Oxford: Oxford University Press.

———. 1994. *Nature's Economy: A History of Ecological Ideas*. 2nd ed. Cambridge: Cambridge University Press.

Wrangham, R. 1980. "An Ecological Model of Female-Bonded Primate Groups." *Behaviour* 75:262–300. doi:10.1163/156853980x00447.

Wrangham, R. W., and D. Peterson. 1996. *Demonic Males: Apes and the Evolution of Human Aggression*. Boston: Houghton Mifflin.

Wroe, S. 1996. "An Investigation of Phylogeny in the Giant Extinct Rat Kangaroo Ekaltadeta (Propleopinae, Potoroidae, Marsupialia)." *Journal of Paleontology* 70:681–90.

Wroe, S., J. Brammall, and B. N. Cooke. 1998. "The Skull of Elkatadeta ima (Marsuplialia): An Analysis of Some Marsupial Cranial Features and a Reinvestigation of Propleopine Phylogeny, with Notes on the Occurrence of Carnivory in Mammals." *Journal of Paleontology* 72:738–51.

Zeder, M. A. 2006. "Archaeological Approaches to Documenting Animal Domestication." In *Documenting Domestication: New Genetic and Archaeological Paradigms*, edited by M. A. Zeder, D. G. Bradley, E. Emshwiller, and B. D. Smith, 171–80. Berkeley: University of California Press.

[허현숙, 2012. 「셰이머스 히니의 시학」, 『한국예이츠저널』 Vol. 39:181-203. doi: http://dx.doi.org/10.14354/yjk.2012.39.181]

찾아보기

【 가 】

【 사 】

지은이 레이먼드 피에로티Raymond Pierotti, 브랜디 R. 포그Brandy R. Fogg

피에로티는 캔자스대학 진화생물학과 교수로, 주 연구분야는 조류와 포유류의 진화·행동 생태학, 원주민 전통 지식의 과학적 측면이다. 주요 저서와 논문으로는『원주민의 지식, 생태학, 그리고 진화생물학Indigenous Knowledge, Ecology, and Evolutionary Biology』,「아메리카 원주민 부족과 늑대의 관계 1: 스승이자 안내자로서 늑대Relationships between Indigenous American peoples and wolves 1: Wolves as Teachers and Guides」,「가축화의 과정: 왜 가축화된 형태는 종이 아닌가The Process of Domestication: Why Domestic Forms are not Species」등이 있다. 공동 저자인 포그는 같은 대학에서 환경학과를 졸업하고 원주민 부족 연구로 석사학위를 받았다. 저자들은 늑대가 어떻게 개가 되고, 인간의 가장 가까운 친구가 되었는지 이야기한다. 늑대, 특히 무리에서 소외당한 늑대들은 구석기시대 인간과 관계를 맺으며, 서로 인정하는 각자의 능력과 감성 역량을 기초로 유대를 맺었을 것이다. 늑대가 단순히 공격적이고 위험한 종이라는 기존의 편견에서 벗어나, 저자들은 원주민 부족들의 이야기로부터 늑대-인간 관계에 대한 통찰을 얻는다.

옮긴이 고현석

연세대학교 생화학과를 졸업하고,『서울신문』과학부와『경향신문』생활과학부·국제부·사회부 등 여러 매체에서 기자로 일했다. 현재 생명과학, 천체물리학, 문화와 역사, 민주주의 등 다양한 분야의 책을 기획·번역하고 있다. 옮긴 책으로는『느낌의 진화』(공역),『페미니즘 인공지능』,『코스모스 오디세이』,『과학이 만드는 민주주의』,『토킹 투 노스 코리아』,『지구 밖 생명을 묻는다』,『세상의 모든 과학』,『인종주의에 물든 과학』,『로봇과 일자리』,『접고 오리고 붙이고 실험하는 인체과학책』등이 있다.

〈뿌리와이파리 오파비니아〉를 내며

지금부터 5억 년 전, 생물의 온갖 가능성이 활짝 열린 시대가 있었다. 우리는 그것을 캄브리아기 대폭발이라 부른다. 우리가 아는 대부분의 생물은 그때 열린 문들을 통해 진화의 길을 걸어 오늘에 이르렀다.

그러나 그보다 많은 문들이 곧 닫혀버렸고, 많은 생물들이 그렇게 진화의 뒤안길로 사라졌다. 흙을 잔뜩 묻힌 화석으로 발견된 그 생물들은 우리의 세상을 기고 걷고 날고 헤엄치는 생물들과 겹치지 않는 전혀 다른 무리였다. 학자들은 자신의 '구둣주걱'으로 그 생물들을 기존의 '신발'에 밀어넣으려고 안간힘을 썼지만, 그 구둣주걱은 부러지고 말았다.

오파비니아. 눈 다섯에 머리 앞쪽으로 소화기처럼 기다란 노즐이 달린, 마치 공상과학영화의 외계생명체처럼 보이는 이 생물이 구둣주걱을 부러뜨린 주역이었다.

뿌리와이파리는 '우주와 지구와 인간의 진화사'에서 굵직굵직한 계기들을 짚어보면서 그것이 현재를 살아가는 우리에게 어떤 뜻을 지니고 어떻게 영향을 미치고 있는지를 살피는 시리즈를 연다. 하지만 우리는 익숙한 세계와 안이한 사고의 틀에 갇혀 그런 계기들에 섣불리 구둣주걱을 들이밀려고 하지는 않을 것이다. 기나긴 진화사의 한 장을 차지했던, 그러나 지금은 멸종한 생물인 오파비니아를 불러내는 까닭이 여기에 있다.

진화의 역사에서 중요한 매듭이 지어진 그 '활짝 열린 가능성의 시대'란 곧 익숙한 세계와 낯선 세계가 갈라지기 전에 존재했던, 상상력과 역동성이 폭발하는 순간이 아니었을까? 〈뿌리와이파리 오파비니아〉는 두 개의 눈과 단정한 입술이 아니라 오파비니아의 다섯 개의 눈과 기상천외한 입을 빌려, 우리의 오늘에 대한 균형 잡힌 이해에 더해 열린 사고와 상상력까지를 담아내고자 한다.

최초의 가축, 그러나 개는 늑대다

늑대-개와 인간의 생태학적 공진화

2019년 8월 5일 초판 1쇄 찍음
2019년 8월 16일 초판 1쇄 펴냄

지은이 레이먼드 피에로티, 브랜디 R. 포그
옮긴이 고현석

펴낸이 정종주
편집주간 박윤선
편집 강민우 두동원
마케팅 김창덕
디자인 조용진

펴낸곳 도서출판 뿌리와이파리
등록번호 제10-2201호 (2001년 8월 21일)
주소 서울시 마포구 월드컵로 128-4 (월드빌딩 2층)
전화 02)324-2142~3
전송 02)324-2150
전자우편 puripari@hanmail.net

종이 화인페이퍼
인쇄 및 제본 영신사
라미네이팅 금성산업

값 25,000원
ISBN 978-89-6462-119-6 (03470)

이 도서의 국립중앙도서관 출판예정도서목록(CIP)은 서지정보유통지원시스템 홈페이지(http://
seoji.nl.go.kr)와 국가자료공동목록시스템(http://www.nl.go.kr/kolisnet)에서 이용하실 수 있습니다.
(CIP제어번호: CIP2019027945)